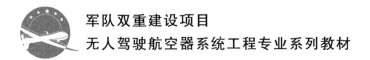

军队双重建设项目
无人驾驶航空器系统工程专业系列教材

无人机导航与控制

唐大全　鹿珂珂　编著

U0245806

北京航空航天大学出版社

内 容 简 介

导航系统和飞行控制系统是无人机的重要组成部分,是决定无人机能否正常飞行并完成预定任务的关键设备,也是无人机区别于普通遥控飞行器的标志性装置。

本书首先介绍飞行器导航和飞行控制的原理,然后讲述无人机导航系统、飞行控制与管理系统的功能、组成、工作过程及操作使用等。

本书可作为高等院校无人驾驶航空器系统工程专业本科生的教材,也可作为无人机操控人员及有人机相关专业本科生、飞行员和技术保障人员的参考书。

图书在版编目(CIP)数据

无人机导航与控制 / 唐大全,鹿珂珂编著. --北京：
北京航空航天大学出版社,2021.8
ISBN 978 - 7 - 5124 - 3584 - 1

Ⅰ. ①无… Ⅱ. ①唐… ②鹿… Ⅲ. ①无人驾驶飞机
－无线电导航②无人驾驶飞机－飞行控制 Ⅳ. ①V279

中国版本图书馆 CIP 数据核字(2021)第 156288 号

无人机导航与控制

唐大全 鹿珂珂 编著

策划编辑 董 瑞 责任编辑 董 瑞

*

北京航空航天大学出版社出版发行

北京市海淀区学院路 37 号(邮编 100191) http://www.buaapress.com.cn
发行部电话:(010)82317024 传真:(010)82328026
读者信箱: goodtextbook@126.com 邮购电话:(010)82316936
北京九州迅驰传媒文化有限公司印装 各地书店经销

*

开本:787×1 092 1/16 印张:17 字数:446 千字
2021 年 10 月第 1 版 2025 年 2 月第 4 次印刷 印数:2 501～3 000 册
ISBN 978 - 7 - 5124 - 3584 - 1 定价:56.00 元

总序言

随着无人机技术的快速发展及其地位的日益显赫,无人机装备渐次形成体系,使命任务领域逐步拓展。做好无人机人才培养顶层设计,加快无人机装备形成战斗力,为无人机部队现代化建设提供有力支撑,成为当前的一项紧迫任务。新时代军事教育方针要求"坚持党对军队的绝对领导,为强国兴军服务,立德树人,为战育人,培养德才兼备的高素质、专业化新型军事人才"。这些要求是推动高素质专业化无人机运用和指挥人才培养改革遵循的基本原则。对标教育部"无人驾驶航空器系统工程"专业,规划无人机专业系列教材建设,是推动无人机专业建设和教学改革落地生根的重要抓手。

适应新体制、新变革、新时代要求,从军队院校教育、部队训练实践和军事职业教育"三位一体"的角度准确定位院校教育的使命任务,精准对接院校与部队,紧密衔接课堂与战场,突出问题导向,坚持面向战场、面向部队、面向未来,固化教学改革创新成果,在大学、学院领导和机关的支持下,在北京航空航天大学出版社的配合下,依据"无人系统工程(无人机运用与指挥)"专业人才培养方案,策划编写了无人机专业系列教材。首批规划了《无人机飞行原理》《无人机飞行原理实践教程》《无人机构造与动力系统》《无人机导航与控制》《无人机任务载荷及运用》《无人机作战运筹分析》《无人机任务规划与作战运用》《无人机飞行综合实践教程》《无人机指挥控制系统及运用》《无人机飞行保障》系列教材,后续将根据教学改革进展适度前推至"工程力学""计算机系统与网络""自动控制原理""人工智能"等课程。

本系列教材着眼无人机运用和指挥人才学习能力、创新能力、实践能力、作战运用能力的培养,针对学历教育与首次任职岗位四年一贯制培养要求,兼顾国家无人机本科专业教育质量标准,依据人才培养目标要求,打破学科专业框架的束缚,一体化设计首次任职课程、专业背景课程和通识教育课程,从通专整合的角度打造综合化主干课程,构建难度梯度合理、有效衔接贯通的内容体系。教材力求:体现应用性,本着源于实际运用的原则,突出专业理论的实践应用,从飞行操控视角和满足特情处置需要重构内容体系;体现共用性,本着高于实际运用的原则,突出共性基础理论,力求各类型无人机通用理论的求同存异;体现前瞻性,本着引领实际运用的原则,着眼无人机技术和运用的发展,适度拓展新技术、新战法。

感谢海军航空大学副校长兼教育长朱兴动教授和青岛校区副主任、原教务处处长徐伟勤教授在无人机专业人才培养方案制定和系列教材规划中提供的支持和宝贵意见,感谢编审委员会专家为教材内容优选提供的把关定向作用,感谢学校、学院业务机关和相关教研室的大力支持和配合,感谢北京航空航天大学出版社为本系列教材的策划、选题、编写、出版提供的建设性建议和支持。

本系列教材主要面向无人机应用的相关专业,希望能对无人机应用型人才培养提供一定的借鉴,书中若有不足之处,也恳切地希望能得到同行的批评指正。

本书编委会
2020 年 5 月

前　　言

　　无人机作为一种新型作战平台,在侦察监视、电子对抗、通信中继等任务领域发挥了重要作用,成为军队作战能力新的增长点。随着飞行器相关技术和人工智能的发展进步,新型无人飞行器、新的无人机作战使用方式不断涌现,对无人机的导航与飞行控制提出了更新、更高的要求。基于视觉和多传感器融合的导航技术以及自动着陆(舰)回收技术、编队导航与控制技术等方面的研究取得了很多成果,有望在不久的将来应用到军用无人机装备中。

　　导航系统和飞行控制系统是无人机的重要组成部分,是决定无人机能否正常飞行并完成预定任务的关键设备。虽然无人机上的导航系统和飞行控制系统在基本组成和工作原理上与有人机大致相同,但由于具有自主飞行、通过地面站控制飞行或改变航线等特点,无人机的导航系统和飞行控制系统在具体组成、功能和工作方式上具有新的特点,而且两者的联系更加密切。无人机飞行控制系统不仅仅是机上的设备,还要包含控制站、数据链等设备,其自动飞行控制功能比有人机的飞行控制系统更多,如无人机飞行控制系统有起飞、降落、盘旋等控制功能。另外,由于计算机技术的发展和无人机的载荷能力有限,许多无人机把飞行管理、任务设备管理等功能集成到飞行控制计算机中,使飞行控制系统升级为飞行控制与管理系统。因此,现行有关航空导航和飞行控制系统的教材并不太适用于无人机专业的教学。

　　本书是针对高等院校无人机相关专业本科学历教育编写的,首先讲述飞行器导航和飞行控制的通用原理,然后介绍无人机导航系统、飞行控制与管理系统的功能、组成、工作过程及操作使用等。全书共分 8 章。第 1 章在对无人机系统进行简要介绍的基础上,介绍飞行器导航与自动飞行控制的概念,以及无人机导航和控制技术的历史、现状及发展趋势。第 2 章介绍与导航和飞行控制相关的基础知识,包括自动控制理论基础知识及坐标系、飞行器运动参数、地球形状、位置的表示以及相关的数学和力学知识等。第 3 章介绍导航系统和飞控系统的传感器,主要介绍陀螺仪、加速度计、大气数据系统、无线电高度表等。第 4 章较为详细地讲述无人机导航系统的原理并简要介绍实际导航设备,在介绍无线电导航、多普勒雷达导航、卫星导航、天文导航、惯性导航等主要导航方法和组合导航的概念和特点的基础上,主要讲述惯性导航系统、卫星导航系统及惯性/卫星组合导航系统。第 5 章介绍固定翼无人机飞行控制系统的原理,主要内容包括飞行控制系统的一般组成与功能、飞行控制的一般原理、无人机姿态与高度的稳定与控制、执行机构、数字式飞行控制系统等;为使读者更好地理解飞行控制律的设计原理,本章结合某型机参数介绍了主要控制回路的设计方案,并运用 Simulink 进行了仿真和参数选择。第 6 章简要介绍无人直升机及其飞行控制的原理,包括直升机的基本工作原理、无人直升机的操纵原理、直升机的数学模型分析、无人直升机的增稳系统以及无人直升机自动飞行控制系统等内容。第 7 章介绍无人机飞行控制与管理系统的组成、功用、工作流程及使用中需要注意的问题等内容。第 8 章介绍无人机地面站上的导航和飞行控制操作。每一章的最后都给出了思考题。为了让读者更好地掌握书中涉及的基本概念,在本书的最后对主要名词和术语作了解释。

　　本书的第 1 章、第 2 章及第 4～8 章由唐大全编写,第 3 章由鹿珂珂编写,全书由唐大全统稿。

需要提醒读者注意,一般的导航或惯性导航教材大多采用"东-北-天"地理系和"右-前-上"机体系,这与常用的飞行控制系统教材不一致。本书对导航和飞行控制的坐标系进行了统一,都采用"北-东-地"地理系和"前-右-下"机体系,这使得导航部分的公式与一般的导航教材有许多不同。

本书可作为高等院校无人驾驶航空器系统工程专业本科生的教材,也可作为无人机操控人员的业务参考书。由于无人机导航和飞行控制的基本原理与有人机是相同的,有人机相关专业的学生和从业人员也可将本书作为学习和工作的参考书。

吴文海教授在百忙之中审阅了本书并提出了宝贵意见,编者在此深表谢意。

无人机装备和相关技术仍在不断发展之中,加之编者水平有限,书中若有不足或错误之处,恳请专家和读者批评指正。

编著者
2021 年 2 月

目　　录

第1章　绪　　论 ……………………………………………………………… 1

1.1　无人机系统概述 …………………………………………………………… 1

  1.1.1　无人机和无人机系统的概念 …………………………………………… 1

  1.1.2　军用无人机的分类 ……………………………………………………… 2

  1.1.3　无人机系统的一般组成 ………………………………………………… 4

1.2　飞行控制技术及其发展 …………………………………………………… 5

  1.2.1　自动飞行控制与飞行自动控制系统 …………………………………… 5

  1.2.2　飞机的增稳与飞行控制系统 …………………………………………… 6

  1.2.3　飞行控制技术的发展 …………………………………………………… 7

  1.2.4　无人机飞行控制技术 …………………………………………………… 8

1.3　导航的概念及发展过程 …………………………………………………… 9

  1.3.1　导航的基本概念 ………………………………………………………… 9

  1.3.2　导航技术的发展 ……………………………………………………… 10

小　　结 ……………………………………………………………………… 11

思考题 ………………………………………………………………………… 11

第2章　基础知识 ……………………………………………………………… 12

2.1　自动控制理论基础 ………………………………………………………… 12

  2.1.1　自动控制系统的分类和组成 ………………………………………… 12

  2.1.2　控制系统的基本要求 ………………………………………………… 14

  2.1.3　控制系统的数学模型 ………………………………………………… 15

  2.1.4　控制系统的分析方法 ………………………………………………… 19

  2.1.5　控制系统的稳定性 …………………………………………………… 20

2.2　数学和力学基础 …………………………………………………………… 21

  2.2.1　矢量的运算 …………………………………………………………… 21

  2.2.2　四元数 ………………………………………………………………… 22

  2.2.3　质点和质点系的动量矩定理 ………………………………………… 24

  2.2.4　刚体的角动量及角动量定理 ………………………………………… 25

  2.2.5　科氏加速度与科氏力 ………………………………………………… 27

2.3　坐标系及飞行器的运动参数 ……………………………………………… 28

  2.3.1　坐标系 ………………………………………………………………… 28

  2.3.2　速　　度 ……………………………………………………………… 29

  2.3.3　姿态角 ………………………………………………………………… 29

  2.3.4　航迹方位角及爬升角 ………………………………………………… 30

  2.3.5　迎角和侧滑角 ………………………………………………………… 30

　　2.3.6　航迹迎角和航迹侧滑角 ……………………………………………… 30
　2.4　导航相关基础知识 …………………………………………………………… 31
　　2.4.1　时间计量 …………………………………………………………………… 31
　　2.4.2　地球和重力 ………………………………………………………………… 31
　　2.4.3　比力及加速度的测量 ……………………………………………………… 34
　　2.4.4　导航系统中位置的两种表示方法 ………………………………………… 36
　　2.4.5　扩展导航参数及其计算 …………………………………………………… 37
　小　结 ………………………………………………………………………………… 40
　思考题 ………………………………………………………………………………… 40

第3章　传感器 …………………………………………………………………………… 41
　3.1　概　述 …………………………………………………………………………… 41
　　3.1.1　飞行器运动参数的测量方法 ……………………………………………… 41
　　3.1.2　可测的无人机运动参量 …………………………………………………… 42
　3.2　陀螺仪 …………………………………………………………………………… 43
　　3.2.1　陀螺仪的基本概念 ………………………………………………………… 43
　　3.2.2　两自由度陀螺仪 …………………………………………………………… 46
　　3.2.3　单自由度陀螺仪 …………………………………………………………… 51
　　3.2.4　光学陀螺仪 ………………………………………………………………… 53
　3.3　加速度计 ………………………………………………………………………… 53
　　3.3.1　加速度计的一般原理 ……………………………………………………… 53
　　3.3.2　挠性摆式力矩反馈加速度传感器 ………………………………………… 55
　3.4　大气数据系统 …………………………………………………………………… 55
　　3.4.1　大气温度与大气压力 ……………………………………………………… 56
　　3.4.2　大气数据计算原理 ………………………………………………………… 57
　3.5　其他传感器 ……………………………………………………………………… 59
　　3.5.1　无线电高度表 ……………………………………………………………… 59
　　3.5.2　磁力计 ……………………………………………………………………… 60
　　3.5.3　迎角和侧滑角的传感器 …………………………………………………… 61
　小　结 ………………………………………………………………………………… 63
　思考题 ………………………………………………………………………………… 63

第4章　无人机导航系统 ………………………………………………………………… 64
　4.1　航空导航概述 …………………………………………………………………… 64
　　4.1.1　现代战争对导航的要求 …………………………………………………… 64
　　4.1.2　主要导航方法简介 ………………………………………………………… 64
　4.2　惯性导航概述 …………………………………………………………………… 67
　　4.2.1　惯性导航的概念及分类 …………………………………………………… 67
　　4.2.2　惯性导航系统的特点及其发展 …………………………………………… 68
　　4.2.3　惯导系统中运动参数的计算 ……………………………………………… 71
　　4.2.4　惯性导航基本方程 ………………………………………………………… 72

4.3　平台式惯性导航系统……………………………………………… 74
　4.3.1　基本概念………………………………………………………… 74
　4.3.2　惯性导航平台……………………………………………………… 75
　4.3.3　系统工作原理……………………………………………………… 79
　4.3.4　系统误差分析……………………………………………………… 84
　4.3.5　初始对准…………………………………………………………… 88
4.4　捷联式惯性导航系统……………………………………………… 93
　4.4.1　姿态的更新………………………………………………………… 94
　4.4.2　姿态更新计算的四元数法………………………………………… 97
　4.4.3　速度的计算………………………………………………………… 101
　4.4.4　位置的计算………………………………………………………… 104
　4.4.5　初始对准…………………………………………………………… 107
　4.4.6　捷联式惯导系统与平台式惯导系统的比较……………………… 108
4.5　卫星导航系统……………………………………………………… 109
　4.5.1　GPS 全球定位系统………………………………………………… 109
　4.5.2　GLONASS 全球导航卫星系统…………………………………… 114
　4.5.3　北斗卫星导航系统简介…………………………………………… 115
4.6　组合式导航系统…………………………………………………… 116
　4.6.1　组合式导航的必要性……………………………………………… 116
　4.6.2　卡尔曼滤波简介…………………………………………………… 117
　4.6.3　惯性/卫星组合导航的综合模式………………………………… 120
　4.6.4　惯性/卫星组合导航的一般算法………………………………… 123
4.7　无人机导航子系统………………………………………………… 128
　4.7.1　导航子系统的组成与功能………………………………………… 128
　4.7.2　导航子系统的工作过程…………………………………………… 130
　4.7.3　导航子系统的使用………………………………………………… 131
小　结……………………………………………………………………… 132
思考题……………………………………………………………………… 132
第5章　固定翼无人机飞行控制系统………………………………… 134
5.1　飞行器的数学模型及运动特点…………………………………… 134
　5.1.1　飞行器数学模型的表现形式……………………………………… 134
　5.1.2　飞机运动的特点及数学模型……………………………………… 135
5.2　飞行自动控制系统的组成与功用………………………………… 142
5.3　飞行自动控制的一般原理………………………………………… 144
　5.3.1　舵回路……………………………………………………………… 144
　5.3.2　比例式自动驾驶仪的控制规律…………………………………… 148
　5.3.3　一阶微分信号在比例式控制律中的作用………………………… 150
　5.3.4　积分式自动驾驶仪控制律………………………………………… 153
　5.3.5　飞行自动控制系统的控制回路…………………………………… 154
5.4　无人机的姿态控制系统…………………………………………… 155

　　5.4.1　无人机纵向角运动的稳定与控制 ……………………………………… 156

　　5.4.2　无人机侧向角运动的稳定与控制 ……………………………………… 161

　5.5　纵向轨迹的控制 ………………………………………………………………… 172

　　5.5.1　飞行高度的稳定与控制 …………………………………………………… 172

　　5.5.2　爬升与下降控制 …………………………………………………………… 176

　5.6　侧向轨迹的控制 ………………………………………………………………… 178

　　5.6.1　侧向偏离控制的几种方案 ………………………………………………… 178

　　5.6.2　侧向偏离控制系统的数学模型及工作原理 ……………………………… 179

　5.7　空速的控制与保持 ……………………………………………………………… 181

　　5.7.1　速度控制的方案 …………………………………………………………… 181

　　5.7.2　速度自动控制系统的控制律 ……………………………………………… 182

　5.8　自动着陆控制 …………………………………………………………………… 184

　　5.8.1　无人机自动着陆的过程及纵向控制 ……………………………………… 184

　　5.8.2　无人机自动着陆的横侧向控制 …………………………………………… 187

　5.9　飞行控制系统的执行机构 ……………………………………………………… 189

　　5.9.1　电动舵机 …………………………………………………………………… 189

　　5.9.2　液压式舵机 ………………………………………………………………… 191

　5.10　数字式飞行控制系统 …………………………………………………………… 192

　　5.10.1　飞行计算机控制问题的提出 ……………………………………………… 192

　　5.10.2　数字式飞行控制系统的组成与功能 ……………………………………… 194

　　5.10.3　飞行控制计算机系统的典型结构 ………………………………………… 194

　　5.10.4　数字飞控系统软件 ………………………………………………………… 196

　　5.10.5　飞行控制系统的余度技术 ………………………………………………… 199

　小　结 ………………………………………………………………………………… 201

　思考题 ………………………………………………………………………………… 201

第6章　无人直升机的飞行控制 …………………………………………………… 203

　6.1　直升机的基本工作原理 ………………………………………………………… 203

　　6.1.1　无人直升机的组成 ………………………………………………………… 203

　　6.1.2　旋翼系统 …………………………………………………………………… 204

　6.2　无人直升机的操纵原理 ………………………………………………………… 207

　　6.2.1　无人直升机稳定与操纵的基本概念 ……………………………………… 207

　　6.2.2　无人直升机的操纵机构 …………………………………………………… 208

　　6.2.3　无人直升机的操纵特点 …………………………………………………… 209

　6.3　直升机的数学模型 ……………………………………………………………… 210

　　6.3.1　直升机受力分析 …………………………………………………………… 210

　　6.3.2　直升机的运动方程 ………………………………………………………… 211

　　6.3.3　直升机的运动模态 ………………………………………………………… 215

　6.4　无人直升机的增稳系统 ………………………………………………………… 217

　　6.4.1　直升机结构图形式数学模型 ……………………………………………… 217

　　6.4.2　增稳系统工作原理 ………………………………………………………… 219

6.5　无人直升机自动飞行控制系统 ················· 220

6.5.1　直升机自动飞行控制的一般结构 ············· 220

6.5.2　各种模态一般控制律 ····················· 221

小　结 ··· 223

思考题 ··· 224

第7章　飞行控制与管理系统 ························· 225

7.1　飞行控制与管理系统的一般功能与组成 ············· 225

7.1.1　系统主要功能 ························· 225

7.1.2　系统组成与余度配置 ····················· 226

7.2　飞行控制与管理系统的性能指标 ················· 227

7.2.1　飞行性能 ·························· 228

7.2.2　"六性"要求 ·························· 229

7.3　飞行控制与管理系统的机理和工作过程 ············· 230

7.3.1　飞行控制 ·························· 230

7.3.2　飞行管理与任务设备管理 ··················· 232

7.3.3　飞行控制与管理软件的组成与功能 ············· 236

7.3.4　飞行控制与管理系统的工作过程 ············· 237

7.3.5　飞行控制与管理系统在使用中需要注意的事项 ········· 241

小　结 ··· 241

思考题 ··· 242

第8章　无人机导航与飞行控制操作 ··················· 243

8.1　无人机综合检测台简介 ····················· 243

8.1.1　综合检测台的功能 ····················· 243

8.1.2　综合检测台的组成 ····················· 243

8.1.3　综合检测软件及检测操作顺序 ··············· 244

8.2　控制站上的导航与飞行控制操作 ················· 245

8.2.1　无人机控制站简介 ····················· 246

8.2.2　航路规划 ·························· 246

8.2.3　装载航路信息 ························· 247

8.2.4　飞行控制操作 ························· 247

小　结 ··· 247

思考题 ··· 248

名词术语索引 ··· 249

符号说明 ··· 252

参考文献 ··· 254

第1章 绪 论

"无人机"是无人驾驶飞行器的简称,其英文缩写为 UAV(Unmanned Aerial Vehicle)。和有人驾驶的飞机不同,无人机是一种由无线电遥控设备和(或)机上控制装置操纵的不载人航空器。无人机作为一种新型作战平台,已经在侦察监视、电子对抗、通信中继等任务领域发挥了重要作用,成为军队作战能力新的增长点。随着飞行器相关技术和人工智能的发展,新型无人飞行器、新的无人机作战使用方式不断涌现,对无人机的导航与飞行控制提出了更新、更高的要求。本章首先简要介绍无人机系统的分类、组成,然后讲述与无人机相关的导航技术和飞行控制技术的概念及发展。

1.1 无人机系统概述

1.1.1 无人机和无人机系统的概念

无人机的定义有多种,但都强调机上无人驾驶、具备自主飞行能力和一定的载荷能力,而且无人机一般是可重复使用的。这些都是无人机有别于航模和导弹的显著特点。简要地说,无人机是一种机上无人操纵、能自主飞行、具有一定载荷能力、可反复使用的航空器。

"无人机"一词主要指无人飞行器平台。无人机系统则是由无人机平台及任务载荷、数据链、发射与回收装置、控制站、保障与维护系统等组成的,能完成特定任务的一组装备。一套无人机系统可包含若干架无人机。

无人机根据使用领域可分为军用、民用两大类。民用无人机是从事民用领域飞行活动的无机载驾驶员操纵的航空器,分为工业级和消费级两种。消费级无人机是针对个人或家庭使用的、可单人操控的微小型低成本无人机,一般具有拍摄功能,主要用于娱乐。工业级无人机则是针对企业、政府公共服务用的无人机,主要用于警务、消防、气象、农林植保、电力巡线、快递业务、摄影、广告等。民用无人机一般对于飞行器的飞行速度、高度和航程等要求较低,但对于无人机系统的综合成本及操作人员的培训有较高要求,因此需要形成成熟的产业链,提供尽可能低廉的零部件和技术支持服务。

军用无人机是用于军事目的的无人机,是随着自动化、信息化等技术及无人机系统技术不断进步而发展起来的高性能信息化武器装备,对提高战场空间感知、高风险目标突防、通信导航支援、电子战、敌防空系统压制、固定和移动目标攻击、联合作战等能力起着重要作用,其在现代战争中的地位十分突出。随着高新技术在航空领域的广泛应用以及现代战争的需要,军用无人机的应用范围和作战性能将不断地提高和扩展。尽管从目前的实际情况来看,无人机不可能很快取代轰炸机、战斗机等有人驾驶飞机,但无人机与有人驾驶飞机的配合使用将进一步提高攻防能力和作战灵活性,使战争的形态发生变化。目前,世界各国军用无人机的发展很快,已部署服役、研制和试验了多种类型的军用无人机。据报道,早在 2015 年之前,全球军用无人机已发展到了近三百种型号,总数达 3 万架左右。有媒体预测,到 2023 年中国将生产42 000 架军用无人机,销售额将达 100 亿美元。

鉴于军用无人机技术水平高、飞行器平台种类多,本书主要讲述军用无人机导航和飞行控制的原理及相关设备的操作,其中的导航、飞行控制方法也应用于许多民用无人机上。

1.1.2　军用无人机的分类

当前军用无人机的种类繁多,分类方法也比较多。现主要从以下三个方面对当前军用无人机进行归类。

1. 根据飞行器平台分类

根据飞行器平台构型来分类,无人机主要有固定翼无人机和旋翼无人机两大平台,其他小种类无人机平台还包括伞翼无人机、扑翼无人机和无人飞船等。

旋翼无人机是指通过在空气中旋转螺旋桨产生足够的升力从而实现飞行的一类无人机,可分为常规的无人直升机和多旋翼无人机两种类型。常规的直升机通过改变桨距和桨盘的倾斜角来实现飞行控制,而多旋翼无人机则通过改变各旋翼的转速进行飞行控制。

目前,军用无人机以固定翼无人机和无人直升机为主。固定翼无人机的最大特点是飞行速度快。而无人直升机是灵活性很强的无人机平台,可以原地垂直起降和悬停。

2. 根据续航时间或航程分类

根据航程、活动半径、续航时间和飞行高度不同,军用无人机可分为长航时无人机(也称战略无人机,如美国的"捕食者"、以色列的"搜捕者"等)、中程无人机(如美国的 50 型低空无人机)、短程无人机(如以色列的"先锋"、美国与以色列联合研制的"猎犬"等)和近程无人机(如以色列的"微 V 型"无人机)。

长航时无人机主要用于战区级使用,由联合部队指挥官通过卫星通信和中继来统一控制与指挥,对战场覆盖区域大,图像分辨率高,一般在固定基地起降。而短、近程无人机由基层部队指挥官实施控制与指挥,侧重战场特定区域,部署灵活,主要提供视频图像。

长航时无人机可向空中、地面和海上武装力量提供几乎是实时的侦察图像和信号情报数据。与性能相当的有人机相比,长航时无人机的航程是有人机的若干倍,但花费相对较少。与中小型无人机相比,一架大型长航时无人机采集的信息相当于十余架较小的中等飞行高度的无人机系统的总和。

3. 根据军事用途分类

根据军事用途分类,无人机可分为以下几类:

① 靶机。模拟无人机、导弹和其他各种飞行器的飞行状态。主要用于鉴定各种航(防)空兵器的性能和训练战斗机飞行员、防空兵器操作员。图 1-1-1 所示为某型舰载靶机。

② 侦察机。进行战略、战役和战术侦察,监视战场,为部队行动提供情报。侦察监视无人机是目前门类比较齐全,并在实战中大量应用的无人机,如美国的"全球鹰"无人侦察机、"暗星"隐身无人侦察机、"捕食者"无人侦察机、"骑士"无人侦察机等。

③ 诱饵无人机。诱使敌雷达等电子侦察设备开机,获取有关信息;模拟显示假目标,引诱敌防空兵器射击,吸引敌火力,掩护己方机群突防。

④ 电子对抗无人机。分为电子侦察和电子干扰无人机,前者用来收集敌方的通信情报及电子情报,例如瑞安公司的 147 系列无人机;后者用来对敌方的通信系统进行电子干扰,如美国的 air - Exjam 无人机。

⑤ 攻击无人机。又称无人战斗机,可攻击、拦截地面、水面和空中目标。攻击无人机携带

小型和大威力的精确制导武器、激光武器或反辐射导弹,可对敌雷达、通信指挥设备、坦克等重要目标实施攻击和拦截处于助推段的战术导弹。目前无人攻击机大多是空对地(舰)型的。空对空无人攻击机还处于试验研究阶段。一般来说,攻击型无人机都具有一定的侦察能力,既能执行侦察、又能进行打击的无人机称为"察打一体无人机"。图 1-1-2 所示为著名的察打一体无人机——美国"捕食者"无人机。

图 1-1-1 舰载靶机

图 1-1-2 美国 M-1"捕食者"(Predator)无人机

提高制导精度和改进战斗部是无人战斗机武器系统发展的关键,小口径智能炸弹和低成本自主攻击系统将是无人战斗机目前最理想的武器。高功率微波和激光等能束武器因其致命性和精准性,将是未来无人战斗机最有效的武器。

⑥ 通信中继无人机。利用无人机向其他军用机或陆、海军传送图像等信号,一般用安装了超高频和甚高频无线电通信设备的无人机进行中继通信。

⑦ 其他用途的无人机。无人机还可以用于目标鉴别、激光照射、远程数据传递的空中中继站、反潜、炮火校正和远方高空大气的测量以及对化学、细菌污染和核辐射的侦察等。

无人机的分类方法还有很多,例如,可根据无人机起降平台的不同将无人机分为舰载无人机、陆基无人机,还可分为固定翼无人机和旋翼无人机、无人直升机等。图 1-1-3 所示为美国 X-47B 试验型无人战斗航空器(UCAV)。

图 1-1-3 X-47B 舰载无人机

图 1-1-4 所示为美国 MQ-8A"火力侦察兵"无人直升机,图 1-1-5 所示为奥地利西贝尔(Schiebel)公司研制的 S-100 型无人直升机。

图 1-1-4　美国 MQ-8A"火力侦察兵"无人直升机

图 1-1-5　S-100 型无人直升机

1.1.3　无人机系统的一般组成

目前的军用无人机一般都具有侦察、监视功能,因此无人机都配有侦察设备。完整的军用无人机系统一般由若干架无人机、指挥控制站(车)、链路地面站(车)、链路地面天线车、情报处理车、维修检测车、作战指挥与模拟训练车、无人机运输车、差分 GPS 地面站和地面工装设备等组成,分为飞行器分系统、任务设备分系统、测控与信息传输分系统、情报处理分系统、综合保障分系统等部分,对于具有攻击能力的无人机还有武器火控分系统。由于任务设备安装在飞行器(无人机)上,一些无人机的相关资料也把任务设备分系统作为飞行器分系统的一部分。

不同型号的无人机各分系统的组成不尽相同。典型的军用无人机系统的组成如图 1-1-6 所示。

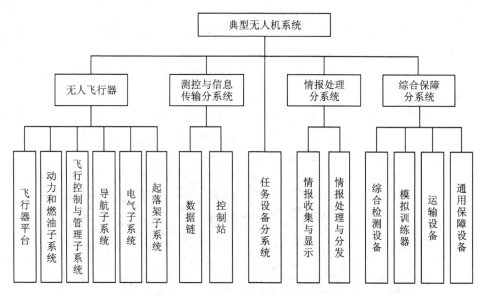

图 1-1-6　典型无人机系统的组成

飞行器分系统包括飞行器平台(机体)、动力装置(也称动力和燃油子系统)、电气子系统、导航子系统、飞行控制与任务管理子系统及起落架子系统、应急回收伞子系统。

测控与信息传输分系统包括指挥控制站、视距数据链、卫星中继数据链。

任务设备分系统包括合成孔经雷达、光电侦察设备/数码相机等。

情报处理分系统包括情报接收与显示装置、情报处理与分发装置等设备。

综合保障分系统包括检测维修设备、运输设备、通用保障设备(工具)及模拟训练器等。

安装在无人机机体中、为使无人机能正常飞行并完成一定任务而配备的各类电子、电气设备统称为无人机的机载设备,主要包括飞行器分系统中的电气子系统、导航子系统、飞行控制与任务管理子系统等设备,以及任务设备、测控与信息传输分系统中的机载设备等。

无人机电气子系统由主电源、备用电源、电源控制盒、电源插座和开关、航行灯、滤波电容等设备组成,主要功用是将发动机机械功率转换为电功率,并按预定控制要求向各机载系统设备安全供电。

导航子系统的主要功用是测量无人机的位置、速度、姿态、航向、角速度等运动参数,为无人机的飞行控制及任务设备的工作提供必要的信息。导航子系统与飞行控制系统联系密切,前者是后者的一个重要传感器。当前无人机的导航设备以惯性导航系统和卫星导航系统及二者构成的组合导航系统为主。

飞行控制与管理子系统由传感器、飞行控制与管理计算机、伺服作动控制设备三大部分以及嵌入其中的自检测模块组成。飞行控制与管理计算机是飞行控制与管理子系统的中枢,相当于人的大脑。伺服作动控制设备主要包括作动控制设备和舵机,其作用是使无人机操纵面(舵面、翼面、油门等)发生变化,以控制无人机的飞行状态,相当于人的手、脚。为提高系统的任务可靠性,这三大组成部分基本都采用了冗余技术,也就是采用了多余的部件或器件。传感器主要包括速率陀螺、垂直陀螺、磁力计、大气数据系统、组合导航系统、无线电高度表等,其作用相当于人的眼、耳等器官。这些传感器的作用如表1-1-1所列。

表1-1-1　主要传感器的作用

序　号	传感器名称	作　　用	备　注
1	导航系统	向飞行控制与管理子系统提供位置、速度、姿态和航向等导航信息	独立子系统
2	速率陀螺	测量飞行器转动角速度	属飞控与管理子系统
3	垂直陀螺	测量姿态角	属飞控与管理子系统
4	磁力计或磁传感器	用于测量(计算)磁航向	属飞控与管理子系统
5	大气数据系统	测量空速、迎角、侧滑角	属飞控与管理子系统
6	无线电高度表	测量高度	属飞控与管理子系统

由于组合导航系统可以提供飞行控制所需的所有导航参数,一些无人机的飞行控制系统采用组合导航系统作为主要传感器部件,并将大气数据系统、无线电高度表、磁传感器等作为辅助传感器,而不再配置速率陀螺、垂直陀螺等传感器。

1.2　飞行控制技术及其发展

1.2.1　自动飞行控制与飞行自动控制系统

自动飞行是在没有人参与的条件下由控制设备自动地控制飞行器(无人机、有人机、导弹等)按要求的状态飞行。实现飞行器自动飞行的装置称为飞行自动控制系统。

飞行控制技术是在有人机的基础上发展起来的。随着无人机的出现,飞行控制技术在无人机上得到了广泛应用。

在飞机问世之初,就有了实现自动控制飞行的设想。1891 年,海诺姆·马克西姆在设计和制造飞机时安装了用于改善飞机纵向稳定性的飞行控制系统。该系统中用陀螺仪提供反馈信号,用伺服作动器带动升降舵偏转。这个设计在基本概念和手段上与现代飞行自动控制系统十分相似,但由于飞机在试飞中失事而未能使该设计成为现实。

20 世纪初,有关空气动力学和飞行力学的理论还不成熟,自动控制理论也处于萌芽时期,加之飞机飞得较低、较慢、较近,人工驾驶基本上能胜任当时的飞行任务,采用自动飞行控制的必要性不是很大。

随着飞行任务的不断复杂化,对飞机性能的要求也越来越高,不仅要求飞行距离远(运输机)、高度高(侦察机),而且要求飞机有良好的机动性(战斗机)。为减轻飞行员长时间飞行的疲劳,使飞行员集中精力战斗或执行其他任务,希望用自动控制系统代替驾驶员控制飞行。随着无人飞行器(无人机、导弹等)的出现和应用,自动飞行控制成为不可回避的问题。

由于无人机上没有飞行员,人工控制无人机的飞行只能通过地面指控设备和链路设备进行,无人机飞行操作手(也就是无人机飞行员)对无人机飞行状态的掌握不够直观而且存在一定延时,这就使人工操作存在较大误差甚至会造成飞行事故,而且长时间工作会使飞行操作手产生疲劳。对于长时间飞行或需要精确控制飞行轨迹的情况,由人工控制无人机飞行显然是不可行的。因此,实现自动飞行对于无人机而言极为重要。

飞行自动控制系统的出现极大地减轻了远程轰炸机、运输机飞行员的工作强度,也是无人机能远距离、长时间飞行的重要基础。

自动飞行控制的基本原理是自动控制理论中的"反馈控制"原理。实现自动飞行必须通过自动控制系统形成回路,这些回路主要有舵回路、稳定回路和控制回路。不同回路具有不同的功能。

舵回路由舵机、放大器和反馈元件组成,其作用是改善舵机的性能。舵回路加上敏感元件和放大计算装置组成了飞行自动控制系统的核心——自动驾驶仪(Autopilot)。

自动驾驶仪可替代飞行员的眼睛、大脑和肢体。稳定回路是由自动驾驶仪与飞机组成的回路,主要功能是稳定飞机的姿态、航向,或者说稳定飞机的角运动。

稳定回路加上测量飞机位置的部件(导航系统)以及飞机运动学环节(表征飞机空间位置的几何关系)又组成一个更大的新回路,称为控制回路[①]。控制回路可以完成飞机飞行轨迹的控制,实现诸如沿预定航线巡航、编队飞行、自动起飞和下滑着陆等。

1.2.2　飞机的增稳与飞行控制系统

飞行自动控制最基本的任务是姿态、航向和高度的稳定与控制,这部分功能由自动驾驶仪实现。

20 世纪 50 年代以前,自动驾驶仪主要用于运输机和轰炸机。超声速飞机(主要是战斗机)问世后,其飞行速度、高度和过载等参数的变化范围(称为飞行包线)显著扩大,飞机自身的稳定性变差,仅靠飞行员操纵飞机较为困难。为解决这一问题,出现了由角速率陀螺、放大器和串联舵机组成的阻尼器,以增加飞机的稳定性。不过,阻尼器只是增大阻尼,改善了动稳定性。为增加静稳定性和改善操纵性,阻尼器发展成为增稳系统和控制增稳系统。

阻尼器、增稳系统的工作方式与自动驾驶仪不同。前两者从飞机起飞后就开始工作,这时

---

① 导弹、运载火箭也有相同或类似的回路,一般称为制导回路。

飞行员仍直接操纵飞机。自动驾驶仪则仅在飞机达到平稳的飞行状态(飞机的姿态、航向稳定,杆力平衡)后由飞行员接通,此后飞行员只能通过自动驾驶仪操纵台上的旋钮或专用操纵手柄操纵飞机。

飞机的增稳系统通过引入角速率、侧滑角、纵向过载或迎角、驾驶杆和脚蹬操纵量等反馈信号,不仅增加飞机的静稳定性,也增加飞机的动稳定性,性能优于阻尼器,广泛用于高性能战斗机。

不过,阻尼器或增稳系统在改善飞机稳定性的同时却降低了飞机对操纵指令的响应,使操纵性下降。控制增稳就是为解决飞机稳定性和操纵性的矛盾而产生的。控制增稳系统是在增稳系统基础上增加驾驶杆杆力传感器和指令模型构成的,目的是增加杆力灵敏度,改善操纵系统的杆力特性,增加静操纵系数。

即使自动驾驶仪不工作,阻尼器、增稳系统和控制增稳系统仍需要一直工作,这不符合自动飞行的定义,因此一般不把上述系统归为飞行自动控制系统。

一般来说,包括利用自动驾驶仪形成的飞行自动控制系统及阻尼器或增稳系统、控制增稳系统、速度控制系统等与飞行相关的自动控制系统,统称为飞行控制系统。

与有人机不同,无人机上没有机械操纵装置,自然也就没有杆力传感器。某些无人机地面站配置了类似有人机的操纵杆和脚蹬,但并不需要向无人机传送飞行操控人员对操纵杆和脚蹬的操纵力度。目前大多数固定翼无人机是静稳定的,不需要专门设计增稳系统,只是在设计飞控系统时通过控制律的选择和参数的调节保证系统的动静态性能。对无人机的飞行进行控制一般有四种模式:程序控制、指令控制、姿态遥控和舵面遥控。对无人机进行人工遥控(包括姿态遥控和舵面遥控)时,通过地面站或遥控器向无人机发送指令,经飞行控制计算机处理后控制舵机,实现对无人机飞行的控制。

在飞行控制功能的基础上增加管理的功能,这就是飞行控制与管理子系统,其主要功用是:进行飞行姿态、航向的稳定与控制,按预定航线控制飞行轨迹(自主飞行)或按地面控制指令控制无人机的飞行状态;进行起飞、着陆控制;对任务设备进行控制;对飞行控制系统及其他机载设备的工作状态进行监测等。

1.2.3　飞行控制技术的发展

飞行器控制是当前控制工程中一个专门的、重要的高技术领域,飞行控制技术是飞行器技术一个不可缺少的组成部分。自莱特兄弟的有动力、可操纵的世界上第一架飞机问世以来,不论是性能高超的无人机,还是能在月球上准确着陆的载人飞船,或者是能在宇宙空间精确翱翔、准确探测行星的空间探测器,都有一个明显的共同特点:既能飞行又能被控制。人们能够对它们施加影响,使其按照人们的要求飞行。从有人驾驶飞行器的控制技术发展过程就可以纵览飞行器控制系统的过去和未来。

自飞机诞生之后,随着飞机性能的不断提高和飞行任务的日益复杂,对于自动控制飞行的要求相应增加,人们希望有一套能代替驾驶员的自动飞行控制设备。对于无人驾驶的飞行器就更需要自动飞行控制装置来完成飞行任务。第二次世界大战期间,美国研制成功电气式自动驾驶仪,其敏感元件是电动陀螺,采用电子管放大器和电动舵机。二战后,飞机自动驾驶仪逐渐与机上其他装置耦合以控制航迹,既能稳定飞机的姿态、航向和高度,又能控制飞机沿预定航迹飞行。随着飞机突破声障(音障)及飞行包线的扩大,飞机自身的稳定性恶化,要求在机上安装包括增稳功能的飞行控制系统,以改善飞机的稳定性。20 世纪 60 年代,自动驾驶仪功能扩展,发展成为飞行自动控制系统(Automatic Flight Control System,AFCS),能够稳定和控制姿态、航向、飞行轨迹、速度等运动参数,实现巡航、转弯、爬升、下滑的自动控制。同一时期,产生了随控布局飞行器设计的思想,即在设计飞机之初就考虑飞行控制系统的设计,达到气动布局、机体结构设计、发动机设计和自动控制四个方面的协调配合,这种采用随控布局思想设计的飞机称为随控布局飞行器(Control Configured Vehicle,CCV)。为提高飞机的操控性,一些高性能飞机的机体采用放宽静稳定性设计,飞机的稳定性由飞行控制系统来保证,这时飞行控制系统已成为飞机不可缺少的组成部分,飞行控制系统是否可靠直接关系到飞机能否安全飞行。为提高飞行控制系统的可靠性,采用了余度技术和容错控制等新技术,把用于CCV的控制技术称为主动控制技术(Active Control Technology,ACT)。目前大多数固定翼无人机的飞行速度较慢、飞行高度不高,一般都不追求高机动性,即一般不采用放宽静稳定性设计。

数字计算机的迅速发展,使实现复杂而完美的控制功能成为可能。20世纪70年代,数字式飞行控制系统和电传操纵系统的出现,使飞行控制系统更便于和机上其他系统(如导航系统、火控系统等)相交联,这样,飞行控制系统就发展成为驾驶员始终参与系统工作,由人控制和自动控制相结合的主动式飞行控制系统。20世纪80年代以来,飞行控制系统向着航空综合化系统的方向发展,出现了综合航空电子系统,在军用飞机上出现了综合航空电子火控系统。这一综合化技术把飞行控制系统、火力系统、导航系统、显示系统等耦合成综合飞行控制与管理系统,使这些系统能更好地协同工作,完成飞行任务。随着航空技术的发展、集成工艺技术的提高、电子和计算机技术的日渐完善,可以预料,在新型控制理论、新型数字计算机和高性能飞机结构布局结合下,将会出现越来越多的性能好、可靠性高、综合化能力强的新型控制系统。

1.2.4　无人机飞行控制技术

由于没有驾驶员直接进行驾驶操纵,故无人机的控制方式只能是遥控、程序控制或这二者的组合。程序控制是无人机按预先确定的航路飞行,并按输入的任务规划信息对任务载荷进行控制。执行遥控需要无人机地面站与无人机之间进行连续或者间隙的通信。遥控方式主要有指令控制、姿态遥控和舵面遥控等。指令控制是飞行操控人员通过地面站向无人机发送爬升、下降、左转弯、右转弯等指令,机上飞行控制系统根据指令控制无人机操纵面,以稳定或改变无人机的飞行状态。在姿态遥控模式下,飞行操控人员通过地面站操控手柄、旋钮等装置发出姿态、航向的控制量(期望的姿态、航向),通过机上飞行控制系统相应回路实现对无人机姿态、航向的控制。在舵面遥控方式下,无人机操控人员可像有人机驾驶员一样直接操纵无人机的操纵面,改变无人机的飞行状态。不过,由于数据、指令的传输存在延时,采用舵面遥控方式很难安全、准确地操控无人机飞行,故一般只在无人机飞行控制系统发生故障或机体受损时使用。在这里,通信链路的可靠和畅通无疑是整个技术环节的关键。

随着无人机功能、任务的拓展以及无人机集群出动执行任务的需求,希望无人机具有自主控制能力,即无人机在线感知环境和态势,并按确定的使命、原则在飞行中进行动态决策并自主执行任务。人工智能(Artificial Intelligence,AI)是解决无人机自主控制问题的重要手段,自主控制水平的高低也依赖于智能技术的发展。当然,获得信息的完整和准确程度对AI系统感知形势、解释环境和做出反应的能力和效果有很大影响。自主控制的挑战就是在不确定性的条件下,实时或近乎实时地解决一系列最优化的求解问题,并且不需要人的干预。

面对不确定性的自动决策是自动控制从内回路控制、自动驾驶仪到飞行管理、多飞行器管理,再到任务管理的一种逻辑层次的进步,也是自动控制从连续反应的控制层面到离散事件驱动的决策层面的延伸。针对这种在时间尺度和技术层次存在自然分割的大系统问题,采用层阶分解的控制结构和控制技术是目前较为广泛的技术选择。"人在回路"是遥控和自主控制相结合的控制方式之一,主要解决的是无人机在线自主决策能力不足的问题。在存在诸多不确定性的条件下,如果飞行中任务规划和在线决策问题的复杂程度超过机载 AI 的自主能力时,直接利用训练有素的人的适应能力、分析能力和决策能力,无疑是一个有效和经济的手段。此外,在进行关键任务分配、目标精确识别和分配以及武器投放时,将人的智能直接嵌入到飞行控制的大回路上,可以大大降低任务风险和成本,提高无人机的综合效能。

1.3 导航的概念及发展过程

1.3.1 导航的基本概念

导航(Navigation)是指将运动物体从一个位置引导到另一个位置的过程。运动物体通常包括飞机、舰船、导弹、太空飞行器、各种车辆等,统称为载体。根据不同的应用范围,导航分为航空导航、航海导航、航天导航、陆上导航或车辆导航等。

完成导航任务的整套设备称为导航系统(Navigation System)。以航空导航为例,确定飞机位置并引导其按预定航线飞行的整套设备(包括飞机上和飞机外的设备)称为飞机的导航系统。

一架无人机从机场起飞,要按时准确地飞到另一个机场(或某一目的地)或按一定的航线飞行,除了要知道起始点和目的地(或航路点——预定航线上的某些关键点)的位置之外,还必须知道无人机航行的当前位置(称为即时位置)。只有确定了无人机的即时位置,才能将无人机控制到下一个目标点。无人机导航的主要工作就是确定无人机在空中任一时刻的地理位置。可见,导航对载体的运动是非常重要的。

导航的方法可大致分为三大类:几何定位、航位推算和匹配导航。几何定位是测量飞行器相对于基准点的位置,然后采用几何的方法计算出飞行器的位置。航位推算导航方法是根据已知的前一时刻飞行器的位置和测得的相关参数,推算出飞行器当前位置。匹配导航是通过将当前测量信息与存储的相应信息(包括图像、地形、地磁场、重力场等信息)进行比对,从而确定出飞行器位置,人工目视导航是最早的匹配导航。

导航系统有两种工作状态:一种是导航系统提供导航信息,飞行员根据这些信息操纵飞机,使飞机沿着预定的航线飞行并到达目的地;另一种是导航系统提供信息给飞行控制系统(或自动驾驶仪),飞行控制系统控制无人机(或其他飞行器)沿着预定航线飞行,这时的导航系统相当于一个测量装置。前者称为导航系统的指示状态,后者称为导航系统的自动导航状态。显然,无人机一般都工作在自动导航状态。

在实际应用中,有必要把导航和制导(Guidance)加以区分。一般来说,制导系统包括引导部分和控制部分,其功能包括:

① 建立所需航程的参数,如预定速度、航向、预定位置等,作为飞行的参考基准;

② 测量载体的实际运动,确定载体的位置、速度、航向等参数,进而确定出载体实际运动与飞行参考基准之间的偏差;

③ 产生校正指令并传输给载体的控制系统,相应地改变载体的飞行,以消除(或减小)实

际运动状态与参考基准之间的偏差。

从功能来看,制导系统与导航系统工作于自动导航的状态相同。习惯上把无人操纵的载体(如弹道式导弹、有翼导弹、运载火箭等)上的自动导航系统称为制导系统,而把有人操纵的载体(如各种有人机)上的导航设备(无论工作于指示状态还是工作于自动导航状态)称为导航系统。尽管无人机是一种机上无人操纵的飞行器,但习惯上仍把无人机的导航设备称为导航系统,而不是与飞行控制设备一起称为制导系统。导航系统是无人机实现自主起降和自主飞行的基础。

在有人机或无人机的飞行控制中,有时也用制导或导引这一概念,表示根据导航系统测量的运动参数生成输送给飞行控制系统内回路的指令,以控制飞机飞向预定航线或预定位置的过程,相应的算法称为制导律或导引律。

无人机导航系统与有人机导航系统在原理上是相同的,只是在具体组成和功能上有一定差异。有人机的导航系统在机上有供飞行员操作、向飞行员显示导航信息的装置(一般称为导航系统的控制显示单元),而无人机在机上没有导航系统的显示、控制装置,这些功能是通过地面站实现的。对无人机而言,导航系统是飞行控制系统的一个重要传感器,它把各种导航信息通过数据总线直接传送给飞行控制计算机,以实现对无人机飞行的控制。同时,这些导航信息也通过数据链传送到地面站,操控人员可通过地面站对导航系统进行操作(如初始对准、选择组合导航方式等)。

1.3.2　导航技术的发展

早期的舰船、车辆、飞机等主要靠目视导航,历史上最早的导航仪器是我国发明的指南针。20 世纪 20 年代开始发展飞机导航仪表,飞机上有了简单的仪表,但是飞机飞行的位置要靠人工计算得出。20 世纪 30 年代开始出现无线电导航,首先使用的是中波四航道无线电信标和无线电罗盘。20 世纪 40 年代初开始研制超短波的伏尔导航系统(Vor Navigation System),这是一种近程导航系统,全名为甚高频全向方位导航系统。20 世纪 50 年代初,以牛顿力学定律为基础而设计的惯性导航系统(Inertial Navigation System)开始用于无人机导航。20 世纪 50 年代末,出现多普勒导航系统(Doppler Navigation System),它是一种利用多普勒效应实现无线电导航的机载系统。20 世纪 60 年代,开始使用一种双曲线无线电导航系统——罗兰 C 导航系统(Loran-C Navigation System),罗兰的全称是远程导航,它的作用距离达 2 000 km。在 20 世纪 60 年代,还研制出塔康导航系统(Tacan Navigation System)和奥米加导航系统(Omega Navigation System),塔康导航系统是一种近程极坐标式无线电导航系统,奥米加导航系统则是一种超远程双曲线无线电导航系统,其作用距离已达 10 000 km。卫星导航系统(Satellite Navigation System)从 20 世纪 60 年代开始研制,20 世纪 70 年代后逐步发展成为全球定位(导航)系统(Global Position System)。在各种导航系统的发展过程中,为发挥不同导航系统的优点,出现了组合导航系统(Integrated Navigation System)。随着科学技术的发展,20 世纪 80 年代出现了飞行管理系统和飞行综合控制系统,其能在任务和地理、气象情况改变的条件下自动计算出最优的飞行路径,并将飞行控制系统和导航系统组合在一起完成飞行任务。这种系统对导航系统的准确性和可靠性提出了更高的要求,促使导航系统向综合化和容错化发展,即发展以惯性导航系统为主体的各种组合导航系统和容错组合导航系统。

国外已装机应用的组合导航系统有天文/惯性组合导航系统、VOR/DME/惯性组合导航系统、多普勒/惯性组合导航系统和罗兰/惯性组合导航系统等。20 世纪 70 年代发展起来的全球定位系统(GPS),具有全球性、高精度实时三维定位能力,具有优越的性能,是导航技术的新突破,它和惯导综合的导航系统是很长时间以来及今后一段时间内最理想的导航系统。我国的北斗卫星导航系统已于 2020 年全面建成并投入使用,为我国的飞机和无人机提供了一种高精度导航手段。

随着计算机视觉相关技术的发展,视觉导航逐渐成为无人机(特别是小型无人机)的一种导航手段。视觉导航利用摄像头和计算机来模拟人的视觉功能,从客观事物的图像中提取有价值的信息,对其进行识别和理解,进而获取载体的相关导航参数。视觉导航计算的是飞行器相对参照物或目标的运动状态,在参照物位置已知时可进一步获得飞行器的位置。在不能使用卫星导航的条件下,视觉导航是一种能够抑制惯性导航定位误差的有效手段。视觉导航的精度与飞行器到参照物的距离有关,一般来说距离越近精度越高,因此视觉导航在无人机自动着陆或着舰过程中具有广泛的应用。

小　结

本章讲述了无人机的概念和军用无人机的分类,简要介绍了无人机系统的一般组成及各部分的主要功用,并对飞行控制和导航的概念及发展过程进行了介绍。

根据航程、活动半径、续航时间和飞行高度不同,军用无人机可分为长航时无人机(也称战略无人机)、中程无人机、短程无人机和近程无人机;根据军事用途可分为靶机、侦察机、诱饵无人机、电子对抗无人机、攻击无人机、通信中继无人机等。完整的军用无人机系统一般由若干架无人机、指挥控制站(车)、链路地面站(车)、链路地面天线车、情报处理车、维修检测车、作战指挥与模拟训练车、无人机运输车、差分 GPS 地面站和地面工装设备等组成,分为飞行器分系统、任务设备分系统、测控与信息传输分系统、情报处理分系统、综合保障分系统等部分。

飞行控制系统是一种能够在飞行器飞行过程中对飞行器的构形或飞行姿态、航向、速度等运动参数实施控制的机载设备。导航是指将运动物体从一个位置引导到另一个位置的过程。完成导航任务的整套设备称为导航系统。导航系统是无人机实现自主飞行的基础。

思考题

1. 完整的无人机系统由哪几部分组成?

2. 什么是制导? 制导系统与导航系统的区别是什么?

3. 导航系统和飞行控制系统在无人机中的作用是什么? 它们之间存在什么联系?

4. 一般的航模能否称为无人机? 如何把航模变为无人机?

第 2 章　基础知识

　　本章介绍自动控制、飞行器运动参数、相关坐标系、地球形状、重力、比力、加速度的测量、四元数、科氏加速度与科氏力等与导航和飞行控制相关的基本概念和基础知识,为学习导航和飞行控制奠定基础。

2.1　自动控制理论基础

　　自动控制理论是研究自动控制共同规律的技术科学。在现代科学技术的众多领域中,自动控制技术起着越来越重要的作用。飞行控制就是自动控制理论和技术在飞行器上的应用。随着飞行器性能不断提高,飞行控制系统成为高性能飞行器的必要装备。特别是对于无人机,能够实现自动飞行的飞行控制系统更为重要,也是无人机区别于一般航模的重要标志。自动控制理论不仅运用于飞行控制系统,一些导航系统(如惯性导航系统及以惯性导航系统为核心的组合导航系统)在一定条件下也可视作特殊的自动控制系统进行分析和设计。

　　自动控制理论分为经典控制理论和现代控制理论。经典控制理论以传递函数为主要数学模型,主要研究单输入/单输出线性定常系统的分析和设计问题。现代控制理论主要包括线性系统、动态规划法、极小值原理及最优控制、卡尔曼滤波、自适应控制、模糊控制、神经网络控制等理论和方法。尽管现代控制理论取得了大量成果,在方法上相对经典控制理论也有一定优势,但在导航和飞行控制领域,一般应用经典控制理论就能很好地解决相关问题。因此,本章主要介绍与导航、飞行控制相关的经典控制理论基础知识。

2.1.1　自动控制系统的分类和组成

1. 自动控制系统的分类

自动控制系统的分类方法有很多种,下面介绍几种常用的分类方法。

(1) 线性控制系统和非线性控制系统

按照描述系统的数学模型不同,自动控制系统可分为线性控制系统和非线性控制系统。

线性控制系统的数学模型用线性代数方程式、线性微分方程式、线性差分方程式来描述,其主要特点是组成系统的元器件的输入/输出特性都是线性的,并且系统的响应与初始状态无关,系统的稳定性与输入信号无关,满足均匀性和叠加性。如果组成线性控制系统的元器件参数都是不随时间变化的常数,那么系统的数学模型可用系数均为常数的线性微分方程描述,这样的线性控制系统称为定常线性控制系统或线性时不变系统。

如果组成控制系统的元器件至少有一个是非线性的,则称这样的控制系统为非线性控制系统。在非线性控制系统中,系统的响应与初始状态有极大的关系,不能运用叠加原理。

现实中的系统或多或少地存在一定的非线性特性,但大多数系统可在一定条件下近似为线性系统。因此,线性控制系统成为研究的主要对象。

(2) 连续控制系统和离散控制系统

按照系统中传送信号的性质不同,自动控制系统可分为连续控制系统和离散控制系统。

连续控制系统是指系统中各部分的信号都是连续函数形式的模拟量。连续控制系统有线性连续控制系统和非线性连续控制系统两类。

离散控制系统是指在系统中至少有一处信号是离散信号。离散信号的主要特点是时间上不连续,即仅在某些特定的时间有数值,而在其他时间没有数值,如脉冲序列。工程上,离散信号有时需要进行量化,变为用有限位数字表达的数字信号。数字信号在时间和数值上都是离散的。离散控制系统有线性离散控制系统和非线性离散控制系统两类。

采用计算机作为控制律解算装置的控制系统(称为计算机控制系统、数字控制系统或采样控制系统)在计算机中处理的是数字信号,因而属于离散控制系统。在工程上也将由计算机、A/D 转换装置、D/A 转换装置及模拟器件、机电执行机构等构成的控制系统称为数模混合控制系统。

(3) 自动调节系统和随动系统

按照系统输入信号的变化规律,自动控制系统可分为自动调节系统和随动系统。

自动调节系统(又称自动调整系统、自动稳定系统或恒值控制系统)是一种反馈控制系统,它的基本作用是使系统的输出量不受扰动因素的影响而保持恒定。也就是说,在存在扰动的情况下,自动调节系统将系统的实际输出量保持在希望的数值上。这类系统的输入信号在一段时间内为常量,称为参考信号或基准信号。

随动系统(又称跟踪系统)也是一种反馈控制系统,它的基本作用在于使系统的输出量能够不受扰动因素的影响而及时、准确地随着输入量的变化而变化。也就是说,在存在扰动的情况下,将系统的实际输出量与输入量的偏差控制到最小。这类系统的输入信号通常是时间的不确定函数,随工作要求发生变化。

2. 自动控制系统的组成

现实中的自动控制系统大多采用闭环控制,其基本组成包括测量装置、比较装置、校正装置、计算装置、放大装置和执行机构。

图 2-1-1 所示为一个典型的自动控制系统基本组成方框图,各部分的基本作用如下。

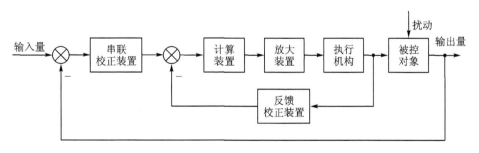

图 2-1-1 自动控制系统基本组成

① 测量装置:对系统输出量及其他物理量进行测量,也称为敏感元件或传感器。

思考:图 2-1-1 中并没有"测量装置"方框,测量装置体现在哪儿呢?

② 比较装置:也称综合器,其作用是对输入量和输出量或系统中的其他变量进行综合(在数值上进行加减运算)。大多数情况下,比较装置是将输出量测量值与输入量进行比较,得到偏差信号。在系统方框图中,综合器用符号"$\otimes$"表示。

③ 计算装置:根据比较装置综合后的信号进行控制律计算,得出控制量(或称为控制信号)。计算装置可以是电路、机械装置或数字计算机。

④ 放大装置:对控制信号进行功率放大和变换,输出具有足够功率和满足要求的物理量,以驱动后级的执行机构。

⑤ 执行机构:在放大装置输出的信号驱动下,完成对被控对象的控制任务。

⑥ 校正装置:用来改善部件或整个系统的性能,包括串联校正装置和反馈校正装置。在计算机控制系统中,校正装置的作用可通过计算机来实现,因此校正装置可看作是计算装置的一部分,或者说是特殊的计算装置。

⑦ 被控对象:自动控制系统需要进行控制的机器、设备或生产过程。

图 2-1-1 中,信号从输入端沿箭头方向到达输出端的传输通路称为前向通路,系统输出量反馈到输入端的传输通路称为主反馈通路;前向通路与主反馈通路一起构成主回路。此外,还有局部反馈通路以及由它组成的内回路,如计算装置、放大装置、执行机构、反馈校正装置和综合器构成的内回路。只有一条反馈通路的闭环控制系统称为单回路系统,有两条以上反馈通路的闭环控制系统称为多回路系统。

在实际控制系统中,扰动总是不可避免的,它可以作用于系统中的任何部位。控制系统通常受两种外作用,即有用的输入信号和外部扰动,它们都是系统的输入信号。系统的有用输入信号决定系统被控制量的变化规律,而外部扰动是系统不希望的外作用。一般情况下,扰动破坏了有用信号对系统输出量的控制。应当指出,通常所说的系统输入信号一般是指有用信号。

在数模混合控制系统中,系统校正和控制律的计算都由计算机完成,系统的组成可分为4个部分:测量装置(传感器)、控制计算机、放大装置和执行机构。

2.1.2　控制系统的基本要求

对于任何一个能够正常工作的控制系统,首先必须是稳定的,这是对控制系统的一个基本要求。除了稳定性好外,控制系统还应具有准确度高、响应速度快的特点,即控制系统应满足稳、准、快的要求。这里所说的"稳、准、快"是相对的。在工程上,除了要求稳定性、控制精度、响应速度满足系统性能要求外,还应考虑体积、重量、成本等方面的要求。也就是说,在控制系统满足稳定性、控制精度、响应速度及体积、重量、成本等各方面性能指标要求的基础上,再追求稳定性更好、响应速度更快、准确度更高。

1. 稳定性

稳定性是保证控制系统正常工作的先决条件。一个稳定的控制系统,其被控量相对期望值的偏差应随时间的增加逐渐减小并趋于零。具体来说,对于稳定的自动调节系统,当被控量因扰动而偏离期望值时,在经过一段时间后,被控量应恢复到原来的期望值状态;对于稳定的随动系统,被控量应能始终跟踪输入量的变化。反之,不稳定的控制系统,其被控量相对期望值的偏差将随时间的增加而越来越大(称为发散),因此,不稳定的控制系统无法实现预定的控制任务。

对于具有反馈作用的闭环控制系统,系统的输出量通过反馈支路反馈到系统的输入端,并利用其与输入信号的偏差对系统进行控制,这就有可能使系统出现振荡(系统中的信号和输出量出现波动式变化)。如果随着时间的增加系统振荡的振幅是逐渐减小,并很快恢复到原来的平衡状态,则称这种振荡为衰减振荡,这时系统是稳定的;反之,随着时间的增加系统振荡的振幅是恒值或者逐渐增加,则称为等幅振荡或发散振荡,这样的系统是不稳定的。

2. 响应速度

稳定的控制系统在没有受到外作用时(输入量没有变化,系统也没有干扰),总是处于一个稳定的平衡状态,系统的输出保持其原来的状态不变。可是,当系统受到外作用时,其输出将会发生相应变化。由于系统中总是包含具有惯性或储能特性的元件,故系统的输出量不可能立刻按希望的规律变化,而是要经过一段时间的变化才能达到稳态。系统输出量从刚开始发生变化到达到稳态的过程称为过渡过程或暂态过程,过渡过程经历时间的长短反映了系统的响应速度。

为了很好地完成控制任务,控制系统仅仅满足稳定性要求是不够的,还必须对其过渡过程的形式和快慢提出要求,一般称为动态性能。

3. 准确度

控制系统的准确度一般用系统在稳态工作时的误差来衡量。系统在输入信号的作用下,其输出量经过渡过程进入某种稳态后的量值与希望值之间存在的误差叫作稳态误差。稳态误差是衡量控制系统控制精度的重要标志。

理想情况下,当过渡过程结束后,系统被控量达到的稳态值(平衡状态的量值)应与期望值一致。但实际上,由于受系统结构、控制律、外作用形式及摩擦、间隙等非线性因素的影响,被控量的稳态值与期望值之间会有一定误差,即存在稳态误差。

2.1.3 控制系统的数学模型

控制系统的数学模型是运用数理逻辑方法和数学语言建立的描述控制系统内部各物理量(或变量)之间关系的模型,用数学表达式、图、表等形式表达。在研究控制系统的性能时,最关键也是最困难的一步就是建立起能以足够的精度反映系统工作实质的控制系统数学模型。在静态条件下(变量的各阶导数为零),描述各变量之间关系的数学方程称为静态模型;在动态过程中,各变量之间的关系用微分方程描述,称为动态模型。由于微分方程中各变量的导数反映了它们随时间变化的特性,例如在运动过程中,一阶导数表示速度,二阶导数表示加速度等,故微分方程完全可以描述系统的动态特性。这里主要介绍控制系统的动态数学模型,简称数学模型。

在控制系统的分析和设计中,建立合理的系统数学模型是一项极为重要的工作,它直接关系到控制系统能否实现给定的任务。对于一个控制系统来说,合理的数学模型是指它的数学模型能够以最简化的形式正确地表示被控对象或系统的动态特性。在建立数学模型的过程中,根据系统要处理的问题、系统要求达到的精度或系统的工作范围等方面的不同,可以得到不同形式的数学模型。通常,根据系统的实际结构、参数及精度等,可以暂时先忽略一些比较次要的物理因素(如系统中存在的分布参数、随时间变化的参数、非线性因素等)而得到简化的数学模型,这样的数学模型既能准确地反映系统的动态本质,又能简化分析计算工作。应当指出,简化的数学模型必须是合理的,否则对系统进行理论分析的结果会与实验研究结果和系统实际工作情况有很大出入。现实中的大多数系统都可简化为线性定常系统。

控制系统的数学模型主要有时域数学模型、复数域数学模型、结构图及信号流图等,这些模型分别应用于不同的研究方法。时域数学模型是一个或一组描述系统输入量、被控量及其导数之间关系的微分方程,其作用是在时间域描述系统的动态性能。复数域数学模型是由微分方程表达的时域数学模型经过一种称为拉普拉斯变换(简称拉氏变换)的转换后得到的表达式,是零初始条件下输出的拉氏变换与输入的拉氏变换之比,即传递函数。传递函数是分析、设计一个控制系统用到的主要数学模型,由传递函数可方便地得到系统在各种典型输入下的输出,还可根据传递函数的极点和零点分析稳定性和动态特性。控制系统的结构图是描述系统各组成元部件之间信号传递关系的数学图形,它表示了系统输入变量与输出变量之间的因果关系及对系统中各变量所进行的运算,是控制工程中描述复杂系统的一种简便方法。与系统原理框图相比,系统结构图强调数学描述的准确性,因此,结构图也是系统的一种数学模型。

考虑到导航系统与飞行控制系统相关内容学习的需要,下面主要介绍拉氏变换的基本概念以及传递函数和结构图。为便于读者理解,这里对传统的结构图做了一些改进和简化。

1. 拉氏变换

(1) 定　义

对于实变量 t 的函数 $f(t)$,其拉氏变换为

$$F(s) = L[f(t)] = \int_0^\infty f(t) e^{-st} \, dt \tag{2-1-1}$$

式中,$s = \sigma + jw$ 为一个复变数。$f(t)$ 应满足下列条件:

a. 若 $t < 0$,则 $f(t) = 0$;

b. 若 $t > 0$,则 $f(t)$ 分段连续;

c. 若 $t \to \infty$,则 e^{-st} 较 $f(t)$ 衰减得更快。

经过拉氏变换,原来的实变量函数 $f(t)$ 转化为复变量函数 $F(s)$。

(2) 拉氏变换的基本定理

① 线性定理。

两个函数之和的拉氏变换等于每个函数拉氏变换的和,即

$$L[f_1(t) + f_2(t)] = L[f_1(t)] + L[f_2(t)] = F_1(s) + F_2(s) \tag{2-1-2}$$

当函数放大 K 倍,其拉氏变换亦放大 K 倍,即

$$L[Kf(t)] = K \cdot L[f(t)] = K \cdot F(s) \tag{2-1-3}$$

② 微分定理。

在零初始条件下,函数求导的拉氏变换等于函数拉氏变换乘以 s 的求导次幂,即当初始条件满足 $f(0) = f'(0) = \cdots = f^{(n-1)}(0) = 0$,有

$$L[f^n(t)] == s^n F(s) \tag{2-1-4}$$

③ 积分定理。

在零初始条件下,函数积分的拉氏变换等于函数拉氏变换除以 s 的积分次幂,即

$$L\left[\underbrace{\int \cdots \int f(t) \, dt^n}_{n}\right] == \frac{F(s)}{s^n} \tag{2-1-5}$$

④ 初值定理。

$$\lim_{t \to 0} f(t) = \lim_{s \to \infty} sF(s) \tag{2-1-6}$$

⑤ 终值定理。

$$\lim_{t \to \infty} f(t) = \lim_{s \to 0} sF(s) \tag{2-1-7}$$

2. 传递函数

(1) 定　义

线性定常系统的传递函数定义为零初始条件下系统输出量的拉氏变换与输入量的拉氏变换之比。由于单位脉冲函数的拉氏变换为1,故传递函数为系统脉冲响应函数的拉氏变换。

设线性定常系统由下述 n 阶线性常微分方程描述:

$$a_0\frac{\mathrm{d}^n}{\mathrm{d}t^n}c(t)+a_1\frac{\mathrm{d}^{n-1}}{\mathrm{d}t^{n-1}}c(t)+\cdots+a_{n-1}\frac{\mathrm{d}}{\mathrm{d}t}c(t)+a_nc(t)$$

$$=b_0\frac{\mathrm{d}^m}{\mathrm{d}t^m}r(t)+b_1\frac{\mathrm{d}^{m-1}}{\mathrm{d}t^{m-1}}r(t)+\cdots+b_{m-1}\frac{\mathrm{d}}{\mathrm{d}t}r(t)+b_mr(t) \tag{2-1-8}$$

式中, $c(t)$ 是系统输出量; $r(t)$ 是系统输入量; $a_i(i=1,2,\cdots,n)$ 和 $b_j(j=1,2,\cdots,m)$ 是与系统结构和参数有关的常系数。设 $r(t)$ 和 $c(t)$ 及其各阶导数在 $t=0$ 时的值均为零,即零初始条件,则对上式中各项分别进行拉氏变换,并用 $R(s)$ 和 $C(s)$ 分别表示 $r(t)$ 和 $c(t)$ 的拉氏变换,可得 s 的代数方程为

$$[a_0s^n+a_1s^{n-1}+\cdots+a_{n-1}s+a_n]C(s)=[b_0s^m+b_1s^{m-1}+\cdots+b_{m-1}s+b_m]R(s) \tag{2-1-9}$$

于是,由定义得系统传递函数为

$$G(s)=\frac{C(s)}{R(s)}=\frac{b_0s^m+b_1s^{m-1}+\cdots+b_{m-1}s+b_m}{a_0s^n+a_1s^{n-1}+\cdots+a_{n-1}s+a_n} \tag{2-1-10}$$

(2) 传递函数的零点和极点

用 $M(s)$ 和 $N(s)$ 分别表示传递函数 $G(s)$ 的分子和分母,即

$$M(s)=b_0s^m+b_1s^{m-1}+\cdots+b_{m-1}s+b_m, \qquad N(s)=a_0s^n+a_1s^{n-1}+\cdots+a_{n-1}s+a_n$$

对 $M(s)$ 和 $N(s)$ 进行因式分解后,传递函数可写为如下形式:

$$G(s)=\frac{b_0(s-z_1)(s-z_2)\cdots(s-z_m)}{a_0(s-p_1)(s-p_2)\cdots(s-p_n)}=K\frac{\prod\limits_{i=1}^m(s-z_i)}{\prod\limits_{j=1}^n(s-p_j)} \tag{2-1-11}$$

式中, $z_i(i=1,2,\cdots,m)$ 是分子多项式的零点,称为传递函数的零点; $p_j(j=1,2,\cdots,n)$ 是分母多项式的零点,称为传递函数的极点;系数 K 称为传递系数或根轨迹增益。传递函数的极点决定了所描述系统自由运动的模态,而零点会影响各模态在响应中所占的比重。

3. 结构图的组成

结构图由对信号进行单向运算的方框和连线组成,包含四种基本单元。

① 信号线:带有箭头的直线,箭头表示信号的传递方向,线上常标记信号的名称(可用英文字母、汉字或时域、复数域函数符号),如图 2-1-2(a)所示。

② 引出线(测量点):表示信号引出或测量的位置。从同一位置引出的信号,在数值和性质方面完全相同,如图 2-1-2(b)所示。

③ 比较点(综合点):对两个以上的信号进行加减运算,"+"表示相加,"-"表示相减,如图 2-1-2(c)所示。符号"+"可省略。

④ 方框(环节):表示对信号进行的数学变换。方框中为元部件或环节的传递函数,如图 2-1-2(d)所示。方框的输出变量等于其输入变量与方框中的传递函数的乘积。当结构

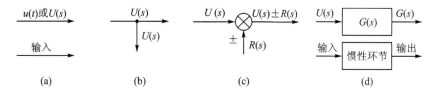

图 2-1-2 结构图的基本组成单元

图用于定性分析或原理性说明时,方框内也可用文字、曲线简要标明方框输入与输出的数学关系。

4. 典型环节的特性及其在结构图中的表示

比例环节、积分环节、微分环节、惯性环节和振荡环节是控制系统的五种典型环节。在结构图中,典型环节可以用标有该环节传递函数(拉普拉斯表达式)或说明该环节的文字或环节输出曲线的方框表示,方框中注明该环节传递函数,用于准确描述一个控制系统。可根据结构图中各环节的传递函数及结构图的结构准确求出控制系统的传递函数,并据此对该系统进行分析和设计。方框中注明文字或输出曲线用于对一个控制系统进行结构性描述,并据此对系统进行定性分析。

(1) 比例环节

比例环节用于改变信号幅值或增大信号功率,其输出量与输入量成比例关系(比例系数称为放大系数或增益),即

$$输出量 = 增益 \times 输入 \tag{2-1-12}$$

比例环节在结构图中为一个标记放大系数(字母代号或数字)的方框,如图 2-1-3(a)所示。比例环节可与其他环节合并在一个方框中描述。

(2) 积分环节

积分环节的输出为输入量的时间积分值或与该值成比例的值。积分环节在消除控制系统中的静态误差方面极为有效,常使用在距离(位置)、转角等物理量的精确控制上。

在结构图中,积分环节用方框中加 $\frac{1}{s}$ 或积分符号 $\int$ 或文字"积分"表示,如图 2-1-3(b)所示。其中,s 为拉普拉斯算子,是一个复变量。$\frac{1}{s}$ 即为积分环节的传递函数。

(3) 微分环节

微分环节的输出为输入量对时间的导数值(即输入量的变化速度)或与该值成比例的值。在控制系统中,微分环节的引入可使系统的输出及早得到修正。在结构图中,微分环节用方框中加 s 或文字"微分"表示,如图 2-1-3(c)所示。

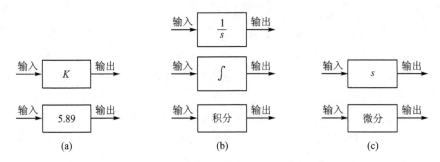

图 2-1-3　比例、积分、微分环节在结构图中的表示

(4) 惯性环节

惯性环节体现了元部件在其输出跟随输入量变化的过程中试图保持其原来状态的特性,这一特性和力学中物体的"惯性"十分相似,故称为惯性环节。在稳态时,惯性环节的输出量与输入量成比例关系,比例系数称为惯性环节的增益;但在过渡过程中,输出量并不与输入量同

步按比例变化,而是小于输入量与增益的乘积。过渡过程的快慢用时间常数表示,时间常数越小,过渡过程越快。

在结构图中,惯性环节用方框中加 $\dfrac{K}{Ts+1}$ 或文字"惯性环节"或过渡过程变化曲线表示,如图 2-1-4(a)所示,其中,K 为惯性环节的增益,T 为时间常数。

(5) 振荡环节

振荡环节的输入量发生变化时,输出量常会呈现周期性变化,其频率仅与环节有关,与信号的幅值和变化速度无关,所以振荡频率称为自然频率或无阻尼振荡频率。振荡环节对应于二阶常微分方程,故又称为二阶振荡环节。振荡环节是否振荡由阻尼比(也称相对阻尼系数)决定,而振荡过程中幅值的衰减情况则受阻尼比与自然频率的乘积影响。在环节稳定的情况下,当阻尼比大于 0 但小于 1(称为欠阻尼)时,振荡环节的输出会振荡且幅值不断减小,阻尼比与自然频率的乘积越大幅值衰减越快;当阻尼比为 0 时,输出振荡的幅值不会衰减。当阻尼比为 1(称为临界阻尼)时,振荡环节退化为两个相同的惯性环节串联构成的子系统,环节输出没有振荡。当阻尼比大于 1(称为过阻尼)时,振荡环节相当于两个不同的惯性环节串联构成的子系统,环节输出没有振荡。稳态时,振荡环节的输出量与输入量成比例关系,比例系数称为振荡环节的增益。

在结构图中,振荡环节用方框中加 $\dfrac{K}{s^2+2\zeta\omega_n s+\omega_n^2}$ 或文字"振荡环节"表示,如图 2-1-4 (b)所示。其中,K 为振荡环节的增益,ζ 为阻尼比,ω_n 为自然频率。

图 2-1-4　惯性环节和振荡环节在结构图中的表示

2.1.4　控制系统的分析方法

在经典控制理论中,常用时域分析法、根轨迹法和频域分析法来分析线性控制系统的性能,这些方法的分析手段不同,适用范围也不一样。

时域分析法是在时间域内研究控制系统稳定性、暂态性能和稳态精度的一种直接分析法,可以提供系统时间响应的全部信息,具有直观、方便、较准确的特点,尤其适用于一阶和二阶系统的分析和计算。但是,在可变参数较多的情况下进行综合系统分析时,往往难于简捷地确定变动哪些参数才能使系统的性能满足要求。

根轨迹法是分析和设计线性定常系统的图解方法。开环系统某一参数从零变化到无穷时,闭环系统特征方程[①]的根在 s 平面上变化的轨迹称为根轨迹。因为系统的稳定性由系统闭环极点唯一确定,而系统的稳态性能和动态性能又与闭环零、极点在 s 平面上的位置密切相关,所以根轨迹图不仅可以直接给出闭环系统时间响应的全部信息,而且可以指明开环零、极

---

① 闭环系统特征方程为令闭环传递函数的分母等于零得到的代数方程。

点应该怎样变化才能满足给定的闭环系统的性能指标要求。通过分析根轨迹图，可以获知某一参数变化对系统性能的影响，也可借此确定较佳的参数取值。

频域分析法是应用频率特性研究自动控制系统的一种经典方法，又称频率响应法。它与根轨迹法一样也是一种图解方法，不必直接求解微分方程，而是间接地运用系统的开环特性分析系统的闭环响应特性；所不同的是，频域分析法所依据的数学模型是频率特性。频域分析法研究的问题是自动控制系统控制过程的性能，主要包括稳定性、快速性和稳态精度。

2.1.5　控制系统的稳定性

稳定是控制系统重要的性能，也是它能够工作的首要条件。因为控制系统在实际运行中，总会受到外界和内部一些因素的扰动，常见的有系统参数的变化、环境条件的改变、负载或能源的波动等，假如系统不稳定，系统就会在任何微小的扰动作用下偏离原来的平衡状态，并随时间的推移而发散。因此，如何判别系统的稳定性和使系统处于稳定的工作状态，是自动控制理论的基本任务之一。

1. 稳定的基本概念

关于稳定性有多种定义方法，在这里讨论的稳定性是指平衡状态稳定性，由俄国学者李雅普诺夫于 1892 年首先提出并一直沿用至今。

李雅普诺夫关于稳定性的定义为：如果系统受到有界扰动，不论扰动引起的初始偏差有多大，当扰动消失后，系统都能以足够的准确度恢复到初始平衡状态，则这种系统称为大范围稳定的系统；如果系统受到有界扰动后，只有在扰动引起的初始偏差小于某一范围时，系统才能在扰动消失后恢复到初始平衡状态，则这样的系统称为小范围稳定的系统。

对于稳定的线性系统，它必然在大范围和小范围内都能稳定。只有非线性系统才可能出现在小范围内稳定而在大范围内不稳定的情况。

在分析线性系统稳定性时，关心的是系统的运动稳定性，即系统在不受任何外界输入作用下，其运动方程的解在 $t \rightarrow \infty$ 时的渐近行为。然而，按照李雅普诺夫的定义，平衡状态稳定性是指系统受到扰动后的运动稳定性，因此，严格来说，平衡状态稳定性与运动稳定性并不是一回事，但是可以证明，对于线性系统它们是等价的。

于是，根据李雅普诺夫稳定性理论，线性控制系统的稳定性可定义为：如果线性控制系统在初始扰动 $\delta(t)$ 的影响下，其动态过程随着时间的推移逐渐衰减并趋向于零，则称该系统为渐近稳定，简称为稳定；反之，若在初始扰动 $\delta(t)$ 影响下，系统的动态过程随时间的推移而发散，则称系统为不稳定。稳定性是系统去掉扰动后其自身的一种恢复能力，是系统本身固有的特性，它只取决于系统的结构和参数，而与初始条件和输入信号无关。

2. 线性系统稳定的条件

可以证明，如果系统所有的闭环特征根分布在 s 平面的左半部，则系统稳定；如果有一个或一个以上的闭环特征根分布在 s 平面的右半部，则系统不稳定。因此，把 s 平面的右半平面称为不稳定区，分布在不稳定区的根称为不稳定根或右根；s 平面的左半平面（不包括虚轴）称为稳定区，分布在稳定区的根称为稳定根或左根。

由此可见，线性控制系统稳定的充分必要条件是：闭环系统特征方程的所有根都具有负实部，或者说，闭环传递函数的极点均位于左半 s 平面（不包括虚轴）。

2.2　数学和力学基础

2.2.1　矢量的运算

具有大小和方向的量称为矢量(也称为向量)。当一个矢量 $\boldsymbol{a}$ 在某个直角坐标系的坐标值 a_x，a_y 和 a_z 已知，该矢量可表达为

$$\boldsymbol{a} = \begin{bmatrix} a_x & a_y & a_z \end{bmatrix}^{\mathrm{T}} \qquad (2-2-1)$$

或

$$\boldsymbol{a} = a_x \boldsymbol{i} + a_y \boldsymbol{j} + a_z \boldsymbol{k} \qquad (2-2-2)$$

式中，$\boldsymbol{i}$，$\boldsymbol{j}$，$\boldsymbol{k}$ 为坐标系的单位坐标矢量。

设有矢量 $\boldsymbol{r}$ 和 $\boldsymbol{s}$，则在坐标系 n 各轴上的投影分别表达为

$$\boldsymbol{r}^n = \begin{bmatrix} r_x^n & r_y^n & r_z^n \end{bmatrix}^{\mathrm{T}} \qquad (2-2-3)$$

$$\boldsymbol{s}^n = \begin{bmatrix} s_x^n & s_y^n & s_z^n \end{bmatrix}^{\mathrm{T}} \qquad (2-2-4)$$

或

$$\boldsymbol{r}^n = r_x^n \boldsymbol{i} + r_y^n \boldsymbol{j} + r_z^n \boldsymbol{k} \qquad (2-2-5)$$

$$\boldsymbol{s}^n = s_x^n \boldsymbol{i} + s_y^n \boldsymbol{j} + s_z^n \boldsymbol{k} \qquad (2-2-6)$$

矢量 $\boldsymbol{r}$ 和 $\boldsymbol{s}$ 的夹角记为 $\widehat{\boldsymbol{r},\boldsymbol{s}}$。

1. 矢量的模

矢量 $\boldsymbol{r}$ 的大小(或长度)称为它的模或绝对值，记为 $|\boldsymbol{r}|$，其数值为

$$|\boldsymbol{r}| = \sqrt{(r_x^n)^2 + (r_y^n)^2 + (r_z^n)^2} \qquad (2-2-7)$$

模等于 1 的矢量称为单位矢量，模等于零的矢量称为零矢量。

2. 矢量的加法与减法

对于矢量 $\boldsymbol{r}$ 和 $\boldsymbol{s}$，它们的加(减)运算为

$$\boldsymbol{r}^n \pm \boldsymbol{s}^n = \begin{bmatrix} r_x^n \pm s_x^n & r_y^n \pm s_y^n & r_z^n \pm s_z^n \end{bmatrix}^{\mathrm{T}} \qquad (2-2-8)$$

或

$$\boldsymbol{r}^n \pm \boldsymbol{s}^n = (r_x^n \pm s_x^n)\boldsymbol{i} + (r_y^n \pm s_y^n)\boldsymbol{j} + (r_z^n \pm s_z^n)\boldsymbol{k} \qquad (2-2-9)$$

矢量相减可转换为矢量相加，即

$$\boldsymbol{r} - \boldsymbol{s} = \boldsymbol{r} + (-\boldsymbol{s}) \qquad (2-2-10)$$

矢量加法满足交换律和结合律。

3. 矢量的数乘

以实数 λ 乘矢量 $\boldsymbol{r}$ 称为数乘，记作 $\lambda\boldsymbol{r}$，且

$$\lambda\boldsymbol{r}^n = \begin{bmatrix} \lambda r_x^n & \lambda r_y^n & \lambda r_z^n \end{bmatrix}^{\mathrm{T}} \qquad (2-2-11)$$

或

$$\lambda\boldsymbol{r}^n = \lambda r_x^n \boldsymbol{i} + \lambda r_y^n \boldsymbol{j} + \lambda r_z^n \boldsymbol{k} \qquad (2-2-12)$$

4. 矢量的点积

矢量的点积也称为标量积、数量积、内积。

对于矢量 $\boldsymbol{r}$ 和 $\boldsymbol{s}$，它们的点积 $\boldsymbol{r} \cdot \boldsymbol{s}$ 是一个标量，即

$$\boldsymbol{r} \cdot \boldsymbol{s} = r_x^n s_x^n + r_y^n s_y^n + r_z^n s_z^n \qquad (2-2-13)$$

矢量 $\boldsymbol{r}$ 和 $\boldsymbol{s}$ 的点积与它们的模和夹角 $\widehat{\boldsymbol{r},\boldsymbol{s}}$ 存在如下关系：

$$\boldsymbol{r} \cdot \boldsymbol{s} = |\boldsymbol{r}| \cdot |\boldsymbol{s}| \cos(\widehat{\boldsymbol{r},\boldsymbol{s}}) \qquad (2-2-14)$$

在已知矢量 $\boldsymbol{r}$ 和 $\boldsymbol{s}$ 的点积的情况下，两矢量的夹角可按下式求解：

$$\widehat{\boldsymbol{r},\boldsymbol{s}} = \arccos\left(\frac{\boldsymbol{r} \cdot \boldsymbol{s}}{|\boldsymbol{r}||\boldsymbol{s}|}\right) \tag{2-2-15}$$

点积运算适合下列规律：

① $\boldsymbol{r} \cdot \boldsymbol{s} = \boldsymbol{s} \cdot \boldsymbol{r}$（交换律）

② $\boldsymbol{r} \cdot (\boldsymbol{s} + \boldsymbol{t}) = \boldsymbol{r} \cdot \boldsymbol{s} + \boldsymbol{r} \cdot \boldsymbol{t}$（分配律）

③ $(\lambda \boldsymbol{r}) \cdot (\mu \boldsymbol{s}) = (\lambda \mu) \boldsymbol{r} \boldsymbol{s}$（数乘的结合律）

④ $\boldsymbol{r} \cdot \boldsymbol{r} = \boldsymbol{r}^2 = |\boldsymbol{r}|^2$

5. 矢量的叉积

矢量的叉积也称为矢量积、外积。

对于矢量 $\boldsymbol{r}$ 和 $\boldsymbol{s}$，它们的叉积 $\boldsymbol{r} \times \boldsymbol{s}$ 是一个矢量，其长度为

$$|\boldsymbol{r} \times \boldsymbol{s}| = |\boldsymbol{r}| \cdot |\boldsymbol{s}| \sin(\widehat{\boldsymbol{r},\boldsymbol{s}}), \quad 0 \leqslant \widehat{\boldsymbol{r},\boldsymbol{s}} \leqslant \pi \tag{2-2-16}$$

其方向垂直于矢量 $\boldsymbol{r}$ 和 $\boldsymbol{s}$，且 $\boldsymbol{r}, \boldsymbol{s}, \boldsymbol{r} \times \boldsymbol{s}$ 构成右手系。

矢量 $\boldsymbol{r}$ 和 $\boldsymbol{s}$ 的叉积可按下式计算：

$$\boldsymbol{r} \times \boldsymbol{s} = \begin{vmatrix} \boldsymbol{i} & \boldsymbol{j} & \boldsymbol{k} \\ r_x^n & r_y^n & r_z^n \\ s_x^n & s_y^n & s_z^n \end{vmatrix} \tag{2-2-17}$$

或

$$\boldsymbol{r} \times \boldsymbol{s} = \begin{bmatrix} 0 & -r_z^n & r_y^n \\ r_z^n & 0 & -r_x^n \\ -r_y^n & r_x^n & 0 \end{bmatrix} \begin{bmatrix} s_x^n \\ s_y^n \\ s_z^n \end{bmatrix} \tag{2-2-18}$$

在已知矢量 $\boldsymbol{r}$ 和 $\boldsymbol{s}$ 的叉积的情况下，两矢量的夹角可按下式求解：

$$\widehat{\boldsymbol{r},\boldsymbol{s}} = \arcsin\left(\frac{|\boldsymbol{r} \times \boldsymbol{s}|}{|\boldsymbol{r}||\boldsymbol{s}|}\right) \tag{2-2-19}$$

叉积运算适合下列规律：

① $\boldsymbol{r} \times \boldsymbol{s} = -\boldsymbol{s} \times \boldsymbol{r}$（反交换律）

② $(\boldsymbol{r} + \boldsymbol{s}) \times \boldsymbol{t} = \boldsymbol{r} \times \boldsymbol{t} + \boldsymbol{s} \times \boldsymbol{t}$（分配律，次序不能交换）

③ $(\lambda \boldsymbol{r}) \times (\mu \boldsymbol{s}) = \lambda \mu (\boldsymbol{r} \times \boldsymbol{s})$

④ $[(\lambda + \mu)\boldsymbol{r}] \times \boldsymbol{s} = (\lambda + \mu)(\boldsymbol{r} \times \boldsymbol{s}) = \lambda(\boldsymbol{r} \times \boldsymbol{s}) + \mu(\boldsymbol{r} \times \boldsymbol{s})$

⑤ $\boldsymbol{r} \times \boldsymbol{r} = \boldsymbol{0}$

2.2.2　四元数

四元数用于捷联式惯性导航系统的姿态更新解算。

1. 四元数的定义

四元数是由四个元构成的数：

$$\boldsymbol{Q} = q_0 + q_1 \boldsymbol{i} + q_2 \boldsymbol{j} + q_3 \boldsymbol{k} \tag{2-2-20}$$

式中，q_0, q_1, q_2, q_3 是实数；$\boldsymbol{i}, \boldsymbol{j}, \boldsymbol{k}$ 既是互相正交的单位向量，又是虚单位 $\sqrt{-1}$，满足如下四元数乘法关系：

$$\left. \begin{array}{l} \boldsymbol{i} \otimes \boldsymbol{i} = -1, \quad \boldsymbol{j} \otimes \boldsymbol{j} = -1, \quad \boldsymbol{k} \otimes \boldsymbol{k} = -1 \\ \boldsymbol{i} \otimes \boldsymbol{j} = \boldsymbol{k}, \quad \boldsymbol{j} \otimes \boldsymbol{k} = \boldsymbol{i}, \quad \boldsymbol{k} \otimes \boldsymbol{i} = \boldsymbol{j} \\ \boldsymbol{j} \otimes \boldsymbol{i} = -\boldsymbol{k}, \quad \boldsymbol{k} \otimes \boldsymbol{j} = -\boldsymbol{i}, \quad \boldsymbol{i} \otimes \boldsymbol{k} = -\boldsymbol{j} \end{array} \right\} \tag{2-2-21}$$

2. 四元数的表达方式

（1）矢量式

$$Q = q_0 + q \qquad (2-2-22)$$

式中，q_0 为四元数 Q 的标量部分，q 为矢量部分。显然，q 可表达为 $q = q_1 i + q_2 j + q_3 k$。

（2）复数式

式（2-2-20）即为四元数的复数式表达，可视为一个超复数，其共轭复数（共轭四元数）记为

$$Q^* = q_0 - q_1 i - q_2 j - q_3 k \qquad (2-2-23)$$

（3）三角式

$$Q = \cos\frac{\theta}{2} + u \sin\frac{\theta}{2} \qquad (2-2-24)$$

式中，θ 为实数（旋转角度），u 为单位向量。

（4）指数式

$$Q = \mathrm{e}^{u\frac{\theta}{2}} \qquad (2-2-25)$$

式中，θ 为实数（旋转角度），u 为单位向量。

（5）矩阵式

$$Q = \begin{bmatrix} q_0 \\ q_1 \\ q_2 \\ q_3 \end{bmatrix} \qquad (2-2-26)$$

3. 四元数的大小

四元数的大小用四元数的范数来表示，即

$$\|Q\| = q_0^2 + q_1^2 + q_2^2 + q_3^2 \qquad (2-2-27)$$

若 $\|Q\| = 1$，则称 Q 为规范化四元数。

4. 四元数的运算

设 $Q = q_0 + q_1 i + q_2 j + q_3 k$，$P = p_0 + p_1 i + p_2 j + p_3 k$，$R = r_0 + r_1 i + r_2 j + r_3 k$。

（1）加法和减法

$$Q \pm P = (q_0 \pm p_0) + (q_1 \pm p_1) i + (q_2 \pm p_2) j + (q_3 \pm p_3) k \qquad (2-2-28)$$

（2）乘　法

$$aQ = aq_0 + aq_1 i + aq_2 j + aq_3 k \qquad (2-2-29)$$

$$P \otimes Q = m_0 + m_1 i + m_2 j + m_3 k \qquad (2-2-30)$$

式中：

$$\begin{bmatrix} m_0 \\ m_1 \\ m_2 \\ m_3 \end{bmatrix} = \begin{bmatrix} p_0 & -p_1 & -p_2 & -p_3 \\ p_1 & p_0 & -p_3 & p_2 \\ p_2 & p_3 & p_0 & -p_1 \\ p_3 & -p_2 & p_1 & p_0 \end{bmatrix} \begin{bmatrix} q_0 \\ q_1 \\ q_2 \\ q_3 \end{bmatrix} = M(P)Q \qquad (2-2-31)$$

或

$$\begin{bmatrix} m_0 \\ m_1 \\ m_2 \\ m_3 \end{bmatrix} = \begin{bmatrix} q_0 & -q_1 & -q_2 & -q_3 \\ q_1 & q_0 & q_3 & -q_2 \\ q_2 & -q_3 & q_0 & q_1 \\ q_3 & q_2 & -q_1 & q_0 \end{bmatrix} \begin{bmatrix} p_0 \\ p_1 \\ p_2 \\ p_3 \end{bmatrix} = \boldsymbol{M}'(\boldsymbol{Q}) \boldsymbol{P} \qquad (2-2-32)$$

其中,$\boldsymbol{M}(\boldsymbol{P})$ 和 $\boldsymbol{M}'(\boldsymbol{Q})$ 分别为由四元数 $\boldsymbol{P}$ 和 $\boldsymbol{Q}$ 各系数组成的矩阵。

由式(2-2-31)可知,标量为 0 的规范化四元数 $\boldsymbol{P}_0$ 与其自身相乘的结果为 -1,即

$$\boldsymbol{P}_0 \otimes \boldsymbol{P}_0 = -1 \qquad (2-2-33)$$

四元数乘法不满足交换律,但满足分配律和结合律,即

$$\boldsymbol{P} \otimes \boldsymbol{Q} \neq \boldsymbol{Q} \otimes \boldsymbol{P} \qquad (2-2-34)$$

$$\boldsymbol{P} \otimes (\boldsymbol{Q} + \boldsymbol{R}) = \boldsymbol{P} \otimes \boldsymbol{Q} + \boldsymbol{P} \otimes \boldsymbol{R} \qquad (2-2-35)$$

$$\boldsymbol{P} \otimes \boldsymbol{Q} \otimes \boldsymbol{R} = (\boldsymbol{P} \otimes \boldsymbol{Q}) \otimes \boldsymbol{R} = \boldsymbol{P} \otimes (\boldsymbol{Q} \otimes \boldsymbol{R}) \qquad (2-2-36)$$

(3) 除　法

若 $\boldsymbol{P} \otimes \boldsymbol{Q} = 1$,则称 $\boldsymbol{Q}$ 为 $\boldsymbol{P}$ 的逆,记为 $\boldsymbol{Q} = \boldsymbol{P}^{-1}$,或称 $\boldsymbol{P}$ 为 $\boldsymbol{Q}$ 的逆,记为 $\boldsymbol{P} = \boldsymbol{Q}^{-1}$。

根据乘法和范数的定义,有

$$\boldsymbol{P} \otimes \boldsymbol{P}^* = p_0^2 + p_1^2 + p_2^2 + p_3^2 = \|\boldsymbol{P}\| \qquad (2-2-37)$$

所以 $\boldsymbol{P} \otimes \dfrac{\boldsymbol{P}^*}{\|\boldsymbol{P}\|} = 1$,故 $\dfrac{\boldsymbol{P}^*}{\|\boldsymbol{P}\|}$ 为 $\boldsymbol{P}$ 的逆,即

$$\boldsymbol{P}^{-1} = \frac{\boldsymbol{P}^*}{\|\boldsymbol{P}\|} \qquad (2-2-38)$$

2.2.3　质点和质点系的动量矩定理

1. 质点的动量矩定理

用 m 表示质点的质量,v 表示质点的速度,r 表示质点相对某点的矢径。质点的动量矩可由质点的动量与质点的矢径的矢积来表示,即

$$\boldsymbol{m}_o(m\boldsymbol{v}) = \boldsymbol{r} \times m\boldsymbol{v} \qquad (2-2-39)$$

质点对于某一固定点的动量矩对于时间的导数等于作用在质点上的力对于同一点之矩,即

$$\frac{\mathrm{d}}{\mathrm{d}t}(\boldsymbol{r} \times m\boldsymbol{v}) = \boldsymbol{r} \times \boldsymbol{F} \qquad (2-2-40)$$

这就是质点的动量矩定理。

由式(2-2-40)可知,若作用于质点的力对于某定点或某定轴之矩恒等于零,则质点对于该定点或定轴的动量矩保持不变,这就是质点的动量矩守恒定律。

2. 质点系的动量矩定理

质点系内所有质点的动量对于某固定点之矩的矢量和称为质点系对于该点的动量矩,表示为

$$\boldsymbol{G}_o = \sum \boldsymbol{m}_o(m\boldsymbol{v}) \qquad (2-2-41)$$

质点系对于某一固定点的动量矩对于时间的导数等于作用在质点系上所有外力对于同一点之矩的矢量和,即

$$\frac{\mathrm{d}\boldsymbol{G}_o}{\mathrm{d}t} = \frac{\mathrm{d}}{\mathrm{d}t} \sum \boldsymbol{m}_o(m\boldsymbol{v}) = \boldsymbol{M}_o \qquad (2-2-42)$$

这就是质点系的动量矩定理。

若作用于质点系的所有外力对于某一固定点之矩恒等于零,则该质点系对于同一点的动量矩保持不变,这就是质点系的动量矩守恒定律。

2.2.4　刚体的角动量及角动量定理

1. 角动量

对于绕定轴转动的刚体,刚体内各质点的动量与其到轴的距离之乘积的总和,也就是刚体内各质点的动量对轴之矩的总和,称为刚体对该轴的角动量或动量矩。表达式为

$$\boldsymbol{H}_l = J_l \boldsymbol{\omega}_l \tag{2-2-43}$$

式中,J_l 为刚体对轴 l 的转动惯量,$\boldsymbol{\omega}_l$ 为刚体绕轴 l 的转动角速度矢量,角动量 $\boldsymbol{H}_l$ 的方向与角速度 $\boldsymbol{\omega}_l$ 一致。

对于绕定点转动的刚体,刚体内各质点的矢径与其动量的矢量积之总和,即刚体内各质点的动量对定点之矩的总和,称为刚体对该点的角动量或动量矩。

取直角坐标系 $Oxyz$ 与刚体固连,因随刚体一起转动,故为动坐标系。用向量表示角动量矢量和角速度矢量,即

$$\boldsymbol{H} = \begin{bmatrix} H_x \\ H_y \\ H_z \end{bmatrix}, \quad \boldsymbol{\omega} = \begin{bmatrix} \omega_x \\ \omega_y \\ \omega_z \end{bmatrix}$$

则刚体对定点的角动量可表达为

$$\begin{bmatrix} H_x \\ H_y \\ H_z \end{bmatrix} = \boldsymbol{J} \begin{bmatrix} \omega_x \\ \omega_y \\ \omega_z \end{bmatrix} \tag{2-2-44}$$

式中,$\boldsymbol{J}$ 称为刚体对于 $Oxyz$ 坐标系的惯性张量,是由转动惯量和惯量积组成的 3×3 矩阵,具体为

$$\boldsymbol{J} = \begin{bmatrix} J_x & -J_{xy} & -J_{zx} \\ -J_{xy} & J_y & -J_{yz} \\ -J_{zx} & -J_{yz} & J_z \end{bmatrix} \tag{2-2-45}$$

通常把动坐标轴取的与刚体的惯性主轴相重合,而使刚体对各动坐标系轴的惯量积都等于零。于是,式(2-2-44)可简化为

$$\begin{bmatrix} H_x \\ H_y \\ H_z \end{bmatrix} = \begin{bmatrix} J_x & 0 & 0 \\ 0 & J_y & 0 \\ 0 & 0 & J_z \end{bmatrix} \begin{bmatrix} \omega_x \\ \omega_y \\ \omega_z \end{bmatrix} \tag{2-2-46}$$

式(2-2-46)表明:当动坐标轴与刚体的惯性主轴重合时,定点转动刚体对动坐标轴的角动量就等于刚体对该轴的转动惯量与刚体转动角速度在该轴上的分量之乘积。

一般情况下,刚体对各动坐标轴的转动惯量不相等,角动量的方向与角速度的方向是不一致的。但当刚体的转动角速度在某个动坐标轴的分量远大于在其他轴的分量时,刚体角动量的方向近似与该动坐标轴一致。

2. 角动量定理

角动量定理也常称为动量矩定理。该定理反映了刚体角动量的变化率与作用于刚体的外

力矩之间的关系。

绕定轴转动时刚体的角动量定理如下：

$$\frac{\mathrm{d}\boldsymbol{H}_l}{\mathrm{d}t} = \boldsymbol{M}_l \qquad (2-2-47)$$

式(2-2-47)表明：刚体对定轴的角动量对时间的导数(即角动量的变化率)等于绕该轴作用于刚体的外力矩。

将式(2-2-43)代入式(2-2-47)，可得

$$J_l \frac{\mathrm{d}\boldsymbol{\omega}_l}{\mathrm{d}t} = \boldsymbol{M}_l \qquad (2-2-48)$$

式(2-2-48)称为刚体对轴的角动量定理。该定理表明：刚体对轴的转动惯量与刚体的角加速度的乘积等于绕该轴作用于刚体的外力矩。

绕定点转动时刚体的角动量定理如下：

$$\frac{\mathrm{d}\boldsymbol{H}}{\mathrm{d}t} = \boldsymbol{M} \qquad (2-2-49)$$

式(2-2-49)表明：刚体对定点的角动量矢量对时间的导数(即角动量矢量的变化率)等于绕该点作用于刚体的外力矩矢量。$\dfrac{\mathrm{d}\boldsymbol{H}}{\mathrm{d}t}$ 是在惯性系中刚体对某定点的角动量矢量对时间的矢导数，称为角动量矢量的绝对导数，可分解为

$$\frac{\mathrm{d}\boldsymbol{H}}{\mathrm{d}t} = \frac{\mathrm{d}\boldsymbol{H}}{\mathrm{d}t}\bigg|_r + \boldsymbol{\omega} \times \boldsymbol{H} \qquad (2-2-50)$$

式中，$\dfrac{\mathrm{d}\boldsymbol{H}}{\mathrm{d}t}\bigg|_r$ 是在动坐标系中刚体对某定点的角动量矢量对时间的导数，称为角动量矢量的相对导数，它代表了相对于动坐标系的角动量变化率。而 $\boldsymbol{\omega} \times \boldsymbol{H}$ 则代表动坐标系的转动角速度改变了角动量的方向而引起的角动量变化率。

角动量 $\boldsymbol{H}$ 的绝对导数 $\dfrac{\mathrm{d}\boldsymbol{H}}{\mathrm{d}t}$ 可看成是 $\boldsymbol{H}$ 矢端的绝对速度，$\boldsymbol{H}$ 的相对导数 $\dfrac{\mathrm{d}\boldsymbol{H}}{\mathrm{d}t}\bigg|_r$ 可看成 $\boldsymbol{H}$ 矢端的相对速度，而 $\boldsymbol{\omega} \times \boldsymbol{H}$ 可看成是 $\boldsymbol{H}$ 矢端的牵连速度。显然，式(2-2-50)符合速度合成定理，即 $\boldsymbol{H}$ 矢端的绝对速度等于相对速度与牵连速度的矢量和。

将式(2-2-50)代入式(2-2-49)，绕定点转动时刚体的角动量定理可表达为

$$\frac{\mathrm{d}\boldsymbol{H}}{\mathrm{d}t}\bigg|_r + \boldsymbol{\omega} \times \boldsymbol{H} = \boldsymbol{M} \qquad (2-2-51)$$

这就是以矢量形式表达的刚体定点转动的欧拉动力学方程式。其几何解释是：刚体对定点的角动量矢端的相对速度与牵连速度的矢量和等于绕该点作用于刚体的外力矩矢量。

由式(2-2-46)可知，当动坐标轴取得与刚体的惯性主轴相重合时，有

$$\frac{\mathrm{d}\boldsymbol{H}}{\mathrm{d}t}\bigg|_r = \begin{bmatrix} \dfrac{\mathrm{d}H_x}{\mathrm{d}t} \\[2mm] \dfrac{\mathrm{d}H_y}{\mathrm{d}t} \\[2mm] \dfrac{\mathrm{d}H_z}{\mathrm{d}t} \end{bmatrix} = \begin{bmatrix} J_x & 0 & 0 \\ 0 & J_y & 0 \\ 0 & 0 & J_z \end{bmatrix} \begin{bmatrix} \dfrac{\mathrm{d}\omega_x}{\mathrm{d}t} \\[2mm] \dfrac{\mathrm{d}\omega_y}{\mathrm{d}t} \\[2mm] \dfrac{\mathrm{d}\omega_z}{\mathrm{d}t} \end{bmatrix} = \boldsymbol{J}\frac{\mathrm{d}\boldsymbol{\omega}}{\mathrm{d}t} \qquad (2-2-52)$$

式(2-2-52)表明：角动量矢端的相对速度取决于刚体运动的角加速度。稳态时，角加速度为

零,角动量矢端的相对速度也为零,此时式(2-2-51)变为

$$\boldsymbol{\omega} \times \boldsymbol{H} = \boldsymbol{M} \tag{2-2-53}$$

式(2-2-53)表明:若动坐标轴取的与刚体的惯性主轴相重合,在稳态时,刚体转动产生的角动量矢端的牵连速度等于作用于刚体的外力矩矢量。由矢量乘积的性质可知,当有外力矩作用于具有角动量的刚体时,会使刚体产生垂直于外力矩矢量的角速度。

2.2.5　科氏加速度与科氏力

根据点的加速度合成定理,在牵连运动为转动的情况下,质点的加速度除了相对加速度和牵连加速度以外,还有一项附加加速度——科氏(Coriolis,科里奥利)加速度,质点的绝对加速度 $\boldsymbol{a}$ 应等于相对加速度 $\boldsymbol{a}_r$、牵连加速度 $\boldsymbol{a}_e$ 与科氏加速度 $\boldsymbol{a}_c$ 三者的矢量和,即

$$\boldsymbol{a} = \boldsymbol{a}_r + \boldsymbol{a}_e + \boldsymbol{a}_c \tag{2-2-54}$$

设质点在一个坐标系中的矢径(位置矢量)为 $\boldsymbol{r}$,其相对动坐标系的速度为 $\boldsymbol{v}_r$,动坐标系相对惯性系以角速度 $\boldsymbol{\omega}$ 旋转,则质点相对于惯性系的绝对速度为

$$\boldsymbol{v} = \boldsymbol{v}_r + \boldsymbol{\omega} \times \boldsymbol{r} \tag{2-2-55}$$

式中,$\boldsymbol{\omega} \times \boldsymbol{r}$ 为牵连速度,用 $\boldsymbol{v}_e$ 表示。

将绝对速度和相对速度表达为矢径对时间的导数,即

$$\boldsymbol{v} = \left.\frac{\mathrm{d}\boldsymbol{r}}{\mathrm{d}t}\right|_i, \quad \boldsymbol{v}_r = \left.\frac{\mathrm{d}\boldsymbol{r}}{\mathrm{d}t}\right|_r \tag{2-2-56}$$

式中,$\left.\dfrac{\mathrm{d}}{\mathrm{d}t}\right|_i$ 和 $\left.\dfrac{\mathrm{d}}{\mathrm{d}t}\right|_r$ 分别表示在惯性系和动坐标系中将一个矢量对时间求导,通俗地讲,是在惯性系和动坐标系中测量或观察同一个矢量随时间的变化率。于是,式(2-2-55)可写为

$$\left.\frac{\mathrm{d}\boldsymbol{r}}{\mathrm{d}t}\right|_i = \left.\frac{\mathrm{d}\boldsymbol{r}}{\mathrm{d}t}\right|_r + \boldsymbol{\omega} \times \boldsymbol{r} \tag{2-2-57}$$

式(2-2-57)描述了当动坐标系相对惯性空间旋转时,绝对速度与相对速度及动坐标系转动角速度、矢径之间的关系,常称为科氏定理。

设动坐标系相对惯性系的转动角速度 $\boldsymbol{\omega}$ 为常数,将式(2-2-55)两端对时间求导,可得绝对加速度为

$$\boldsymbol{a} = \left.\frac{\mathrm{d}\boldsymbol{v}}{\mathrm{d}t}\right|_i = \left.\frac{\mathrm{d}\boldsymbol{v}_r}{\mathrm{d}t}\right|_i + \left.\frac{\mathrm{d}(\boldsymbol{\omega} \times \boldsymbol{r})}{\mathrm{d}t}\right|_i = \left.\frac{\mathrm{d}\boldsymbol{v}_r}{\mathrm{d}t}\right|_i + \boldsymbol{\omega} \times \boldsymbol{v} = \left.\frac{\mathrm{d}\boldsymbol{v}_r}{\mathrm{d}t}\right|_i + \boldsymbol{\omega} \times (\boldsymbol{v}_r + \boldsymbol{v}_e)$$

$$\tag{2-2-58}$$

其中,最右边第一项可展开为

$$\left.\frac{\mathrm{d}\boldsymbol{v}_r}{\mathrm{d}t}\right|_i = \left.\frac{\mathrm{d}\boldsymbol{v}_r}{\mathrm{d}t}\right|_r + \boldsymbol{\omega} \times \boldsymbol{v}_r \tag{2-2-59}$$

于是,式(2-2-58)可写为

$$\boldsymbol{a} = \left.\frac{\mathrm{d}\boldsymbol{v}}{\mathrm{d}t}\right|_i = \left.\frac{\mathrm{d}\boldsymbol{v}_r}{\mathrm{d}t}\right|_r + 2\boldsymbol{\omega} \times \boldsymbol{v}_r + \boldsymbol{\omega} \times \boldsymbol{v}_e \tag{2-2-60}$$

式中,$\left.\dfrac{\mathrm{d}\boldsymbol{v}_r}{\mathrm{d}t}\right|_r$ 为质点的相对加速度 $\boldsymbol{a}_r$,$\boldsymbol{\omega} \times \boldsymbol{v}_e$ 为牵连加速度 $\boldsymbol{a}_e$,科氏加速度 $\boldsymbol{a}_c$ 为

$$\boldsymbol{a}_c = 2\boldsymbol{\omega} \times \boldsymbol{v}_r \tag{2-2-61}$$

科氏加速度是由相对运动与动坐标系的牵连转动相互影响而出现的附加加速度。如果动坐标系不旋转,或即使动坐标系旋转但没有相对运动,则科氏加速度是不存在的。

科氏力是与科氏加速度对应的惯性力。若质点的质量为 m，则科氏力为

$$\boldsymbol{F}_c = -2m\boldsymbol{\omega} \times \boldsymbol{v}_r \qquad (2-2-62)$$

2.3 坐标系及飞行器的运动参数

飞行器的运动分为线运动和角运动。线运动一般采用位置（包括水平位置和高度）、速度（或马赫数）、加速度（或过载）等参数描述，此外还用一系列的角度描述飞行器的角运动状态、运动方向或速度方向与机体轴之间的关系。本节主要介绍角度类运动参数。

地理坐标系、机体坐标系、气流坐标系、航迹坐标系是描述、分析飞行器运动状态的重要坐标系。姿态角[①]体现了机体坐标系与地理坐标系之间的关系，航迹坐标系与地理坐标系之间的关系可用航迹方位角和爬升角描述，而迎角和侧滑角体现了气流坐标系与机体坐标系之间的关系。

2.3.1 坐标系

描述物体的位置时，需要选择参照物建立参考坐标系。这样，物体的位置就可以通过物体在坐标系中的位置来描述，物体的运动（线运动和转动）都是在坐标系里描述的。

在导航中用到的坐标系分为惯性坐标系和非惯性坐标系两类。

1. 惯性坐标系

与惯性空间相固联的坐标系称为惯性坐标系。所谓惯性空间是指原点取在不动点或做匀速直线运动的点上而又无转动的参考系。由于物质运动的永恒性，绝对静止的物体或空间是不存在的，也不可能找到一个做匀速直线运动的物体。因此，惯性坐标系的选择只能依靠观察、实验和测量。它取决于所要求达到或所能达到的测量精度。

大家知道，太阳连同太阳系一起绕银河系运动。天文学研究表明，太阳对银河系中心的向心加速度近似为 $2.4 \times 10^{-11} g$（g 为地球上物体的重力加速度），转动角速度为 0.001 角秒/年。可见，太阳相对银河系的运动是非常缓慢的，以太阳中心为原点，以指向任意恒星的直线为坐标轴而构成的日心坐标系可以看作惯性系，称为日心惯性坐标系。

地球围绕太阳的公转运动也是非常缓慢的。实验证明，在地球上可以建立一个惯性坐标系（称为地心惯性坐标系），该坐标系以地球中心为原点，一根坐标轴沿地球自转轴方向，另两根轴在地球赤道平面内，三根轴都指向空间固定方向而不与地球一起转动，通常用 $Ox_iy_iz_i$ 表示。在近地面使用的导航系统中，一般选用地心惯性坐标系就足够准确了。

2. 非惯性坐标系

在导航中用到的非惯性坐标系主要有：

地球坐标系（记为 $Ox_ey_ez_e$）：原点取在地心，x_e 轴取赤道平面与本初子午面的交线，z_e 轴与地球自转轴重合，y_e 轴则与 x_e 轴、z_e 轴构成右手坐标系。

地理坐标系（记为 $Ox_gy_gz_g$）：原点在无人机重心或地球表面某一点，x_g 轴沿当地子午线切线指向地理北（故称 x_g 轴为北向轴），y_g 轴在当地水平面内指向东（故称 y_g 轴为东向轴），z_g 沿垂线指向下，三轴形成右手坐标系，也称为"北-东-地"地理系。地理系各轴还可按"东、北、天"安排。

---

① 这里的"姿态"指全姿态，包括俯仰、横滚和偏航。工程上的"姿态"有时仅指俯仰角和倾斜角。

机体坐标系(也称为基座坐标系,记为 $Ox_by_bz_b$):当作为无人机机体坐标系时,原点在无人机重心,x_b 轴沿无人机纵轴向前,y_b 轴沿无人机横轴向右,z_b 轴沿无人机竖轴向下,与 x_b、y_b 构成右手坐标系。当作为基座坐标系时,轴的指向视需要而定。

平台坐标系(记为 $Ox_py_pz_p$):用于惯性导航中,其原点在无人机重心或平台中心,y_p 和 z_p 轴分别沿平台的俯仰轴和方位轴,x_p 轴与 y_p、z_p 形成右手坐标系。平台系代表平台的实际姿态,当平台相对机体的姿态、方位角为零时,平台系与机体系重合。

气流坐标系(记为 $Ox_ay_az_a$):原点取在无人机重心处,x_a 轴沿飞行速度[1]的方向,z_a 轴处于无人机参考面(过去也常称为对称面)内垂直于 x_a 轴指向下方,y_a 轴垂直于 x_a-O-z_a 平面指向右方。

航迹坐标系(记为 $Ox_ky_kz_k$):原点取在无人机重心处,x_k 轴沿航迹速度(地速)方向(与无人机重心轨迹的切线方向一致),z_k 轴处于包含 x_k 轴的铅垂面内垂直于 x_k 轴指向下方,y_k 轴垂直于 x_k-O-z_k 平面指向右方。

2.3.2 速　度

飞行器的速度分为空速和地速。

空速是飞行器重心相对于未受飞行器流场影响的空气的速度,飞行速度、飞机速度一般指空速。

地速,也称航迹速度,为飞行器重心相对于地面的速度。

2.3.3 姿态角

姿态角体现了机体与地理系之间角度的关系(见图 2-3-1[2]),姿态角定义如下:

① 俯仰角 θ:无人机机体纵轴(机体系 x_b 轴)与水平面的夹角(x_b 轴与它在水平面的投影 x_{bg} 之间的夹角),以抬头时为正。

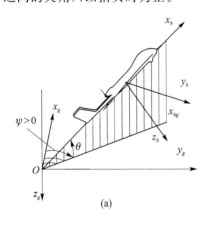
(a)

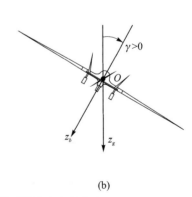
(b)

图 2-3-1　地理坐标系与机体坐标系的关系及姿态角的定义

② 航向角 ψ[3]:机体纵轴在水平面上的投影 x_{bg} 与地理系北向轴(x_g 轴)之间的夹角,机

---

① 在不特别说明的情况下,飞行速度指飞机重心相对于未受飞机流场影响的空气的速度,其沿 x_a 轴的分量等于空速。

② 图中为描述方便,将地理系沿无人机纵轴方向进行了平移。

③ 在一些文献甚至国家标准《飞行力学 概念、量和符号 第一部分:坐标轴系和运动状态变量》(GB/T 14410.1—2008)中将航向角称为偏航角。不过作者认为"偏航"一词用于描述飞机实际航向相对理想航向或某一基准航向的偏差更为合适。

头右偏时 ϕ 为正。需要说明,相对地理北定义的航向角也称为真航向角(简称真航向),而机体相对磁北的航向角称为磁航向角(简称磁航向)。

③ 倾斜角 ϕ 或 γ:又称滚转角,为机体竖轴(机体系 z_b 轴)与包含机体纵轴的铅垂面(x_b-O-x_{bg} 平面)之间的夹角,机体右倾时 ϕ 为正。

2.3.4　航迹方位角及爬升角

航迹方位角和爬升角体现了航迹坐标系和地理系之间的关系(见图 2-3-2),航迹方位角和爬升角定义如下:

① 航迹方位角 ψ_k:往往简称航迹角,为航迹速度方向在水平面内的投影与地理北的夹角(图 2-3-2 中为 Ax_{kg} 与 x_g 轴的夹角),以右偏为正。

② 爬升角[①] θ_k:为航迹速度与水平面的夹角,无人机上升为正,下降为负。当爬升角为负时,常称之为下滑角。

2.3.5　迎角和侧滑角

飞行器的迎角和侧滑角体现了飞行速度(空速)矢量与机体系之间的关系(见图 2-3-3),定义如下:

① 迎角 α:又称攻角,为飞行速度在无人机参考面内的投影与机体纵轴(x_b 轴)之间的夹角。当飞行速度沿竖轴的分量为正(飞行速度在对称面的投影在 x_b 轴之下)时,迎角为正。

② 侧滑角 β:为飞行速度与无人机参考面之间的夹角。当飞行速度沿横轴的分量为正(飞行速度处于参考面右侧)时,侧滑角为正。

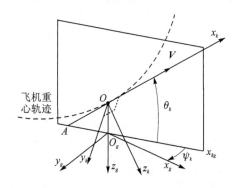

图 2-3-2　航迹方位角及爬升角

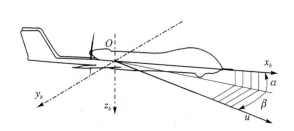

图 2-3-3　迎角和侧滑角

2.3.6　航迹迎角和航迹侧滑角

航迹坐标系相对机体坐标系的角度用航迹侧滑角、航迹迎角和航迹倾斜角描述,其中航迹迎角和航迹侧滑角与上面介绍的迎角和侧滑角相对应,前者体现航迹速度(地速)与机体系之间的关系,而后者体现空速与机体系之间的关系。航迹迎角和航迹侧滑角的定义如下:

① 航迹迎角 α_k:航迹速度在无人机参考面内的投影与机体纵轴(x_b 轴)之间的夹角。当

① 一些国内经典教材将爬升角称为航迹倾斜角,如文献[34]和[35]。不过,在《飞行力学 概念、量和符号 第一部分:坐标轴系和运动状态变量》(BG/T 14410.1—2008)中,"航迹倾斜角"指文献[34]和[35]中的"航迹滚转角"。本书采用国家标准中的定义。

航迹速度沿竖轴的分量为正时,航迹迎角为正。

② 航迹侧滑角 β_k:航迹速度与无人机参考面之间的夹角。当航迹速度沿横轴的分量为正时,航迹侧滑角为正。

对于同一架飞机而言,在风速为零的情况下,航迹迎角和航迹侧滑角分别与迎角和侧滑角相同。

2.4 导航相关基础知识

2.4.1 时间计量

空间和时间是物质存在的基本形式。描述一个物体的运动,除了需要知道它的即时位置外,还需要知道它的速度、加速度等与时间有关的量。因此不仅要建立空间的概念,还要引入时间的概念。

时间的计量以物质的周期性运动作为标准。为了保证时间计量的准确性,要求这种周期性运动是均匀的、连续的。从这个意义上说,任何具有这种性质的周期运动均可作为计量时间的标准。地球的自转运动是非常稳定的,它具有均匀、连续的特性,一般把它作为计时标准。为了准确计时,通常把太阳或恒星取作参考系以便观察地球的自转运动。

恒星日就是相对于恒星测得的地球自转运动的周期,把恒星日分成 24 等分,就是恒星时。太阳日则是相对于太阳测得的地球自转运动的周期,并规定地球相对于太阳自转一周的时间叫作真太阳日。地球围绕太阳运动的轨道为椭圆,这使真太阳日长度不均匀。为方便计时,天文学家假想了一个太阳,称为平太阳,地球相对于平太阳自转一周的时间是均匀的,叫作平太阳日,一个平太阳日又分为 24 个平太阳时,这就是目前科学技术和日常生活中采用的计时单位。平太阳时简称小时或时(量纲记为 h),并可细分为分(量纲记为 min)、秒(量纲记为 sec 或 s)。当用平太阳日作为计量标准时,地球自转角速度为

$$\Omega = 15.041\ 069\ 4(°)/h = 7.292\ 115\ 8 \times 10^{-5}\ rad/s$$

2.4.2 地球和重力

1. 地球的形状

(1) 地球参考椭球

在地球表面有高山、深谷和平原,有大海、河流和湖泊,所以地球表面的形状是一个相当不规则的曲面。根据工程上的需要,通常以平静的海平面为基准,并把它向大陆延伸形成的一个封闭曲面称为大地水准面,它所包围的几何形状称为大地水准体,如图 2-4-1(a)所示。由于地球质量分布不均,加上太阳、月亮等天体运动的影响,大地水准体也不是一个规则的几何体,但它很近似一个椭球体,如图 2-4-1(b)所示。

可用椭球近似表示地球的形状,如图 2-4-2 所示,方程如下:

$$\frac{x_e^2}{R_e^2} + \frac{y_e^2}{R_e^2} + \frac{z_e^2}{R_p^2} = 1 \qquad (2-4-1)$$

式中,R_e 和 R_p 分别为参考椭球的长轴半径和短轴半径。也可用扁率(或称椭圆度)表示地球的形状,表达式为

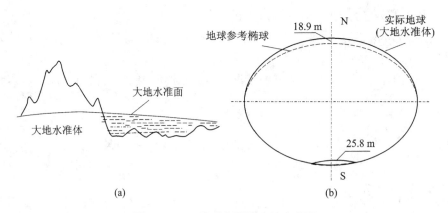

图 2 - 4 - 1　地球表面及大地水准面

$$e = \frac{R_e - R_p}{R_e} \tag{2-4-2}$$

通过大地测量取得参数并用数学式表达的椭球曲面称为地球参考椭球。在计算参考椭球的参数时,一般采用个别国家和局部地区的大地测量资料进行推算。我国目前采用的大地坐标系为 2000 国家大地坐标系,于 2008 年正式启用,采用的地球参考椭球参数为

$$R_e = 6\ 378\ 137\ \mathrm{m}, \quad e = 1/298.257\ 222\ 101, \quad R_p \approx 6\ 356\ 752.314\ 14\ \mathrm{m}$$

为便于理解导航原理,有时将地球近似为一个圆球体,其半径约为 6 371 km。

为进行导航,必须先确定一个公认的方向基准——真北。所谓真北方向,就是沿测量者所在的子午面与当地水平面的交线(即子午线,经线)的切线指向地理北极的方向。

(2) 地球表面的曲率半径

惯性导航系统在计算飞行器的经纬度或由航迹速度引起的飞行器重心处地理系的转动角速度时,需要知道地球表面的曲率半径。由于地球近似一个椭球,地球表面的曲率半径不是一个常数,而是随位置和运动方向的不同发生变化。

如图 2 - 4 - 3 所示,$\overline{MQ}$ 为过点 M 的法线,平面 NMS 为过点 M 的子午面,平面 EMF 为与该子午面相垂直且过 $\overline{MQ}$ 的平面。子午面 NMS 与椭球表面的交线在点 M 的曲率半径用 R_N 表示,平面 EMF 与椭球表面的交线在点 M 的曲率半径用 R_E 表示。R_N 和 R_E 称为地球在点 M 的主曲率半径。

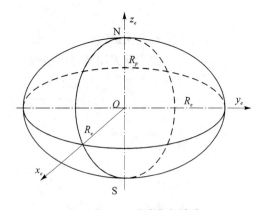

图 2 - 4 - 2　地球参考椭球

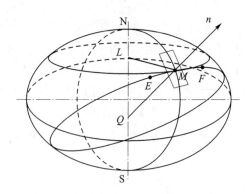

图 2 - 4 - 3　地球参考椭球的曲率半径

经推导可得

$$\begin{cases} R_N = R_e(1-e)^2\left[1-(2-e)e\sin^2\varphi\right]^{-\frac{3}{2}} \approx R_e(1-2e+3e\sin^2\varphi) \\ R_E = R_e\left[1-(2-e)e\sin^2\varphi\right]^{-\frac{1}{2}} \approx R_e(1+e\sin^2\varphi) \end{cases} \quad (2-4-3)$$

或表示为

$$\begin{cases} \dfrac{1}{R_N} \approx \dfrac{1}{R_e}(1+2e-3e\sin^2\varphi) \\ \dfrac{1}{R_E} \approx \dfrac{1}{R_e}(1-e\sin^2\varphi) \end{cases} \quad (2-4-4)$$

2. 重力与重力加速度

与地球形状直接相关的是地球的重力场特性。假如地球是一个匀质球体,悬浮在空中且不旋转,则同一物体在地球表面不同位置的引力相等。但是,由于实际地球存在旋转运动(地球的自转),使得地球表面物体除了受地心引力外还受地球自转产生的离心力的作用。

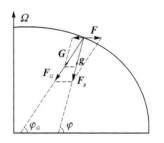

图 2-4-4 引力、离心力和重力

重力就是由地球的质量和转动对地球表面的物体产生的作用力,它是地球引力和由地球自转引起的离心力的矢量和,三个力之间的关系如图 2-4-4 所示。由图可见,引力和重力的方向是不同的。

地球表面质量为 m 的物体所受的引力大小为

$$F_G = mG \quad (2-4-5)$$

式中,G 为引力加速度,其数值约为 9.831 1 m/s² (注意:这一数值与重力加速度的数值是不同的!)。引力和引力加速度的方向指向地心。

地球自转在质点上产生大小与质量成正比、方向垂直于地球自转轴、指向外侧的离心力,其数值为

$$F = m\Omega^2 R\cos\varphi \quad (2-4-6)$$

式中,R 为地球半径;φ 为质点到地心的连线与地球赤道平面的夹角(纬度)。随着地球的自转,质点绕自转轴的运动轨迹为圆,其半径为 $R\cos\varphi$。引力与离心力的合成,即为质点所受的重力。单位质量的物体所受的重力就是通常所说的重力加速度。

由于地球质量分布不均匀且地球形状不规则,在地球表面不同点上的重力加速度是不同的,其近似值为 9.78 m/s²。

根据图 2-4-4,重力、引力和地球自转引起的离心力之间的关系为

$$\boldsymbol{F}_g = m\boldsymbol{g} = \boldsymbol{F}_G + \boldsymbol{F} = m\boldsymbol{G} - m\boldsymbol{\Omega} \times (\boldsymbol{\Omega} \times \boldsymbol{R}) \quad (2-4-7)$$

式中,$\boldsymbol{g}$ 为重力加速度;$\boldsymbol{G}$ 为引力加速度;$\boldsymbol{R}$ 为地球表面物体的矢径。

由式(2-4-7)可知,重力加速度与引力加速度之间存在如下关系:

$$\boldsymbol{g} = \boldsymbol{G} - \boldsymbol{\Omega} \times (\boldsymbol{\Omega} \times \boldsymbol{R}) \quad (2-4-8)$$

3. 经度、纬度和垂线的概念

经度和纬度用于表示一个物体在地球上的位置,是导航中的重要参数。如图 2-4-5 所示,一个物体所处的经度是其所在子午面与本初子午面的夹角,而纬度则是其所在地球表面点的垂线与赤道平面的夹角。地球不是一个圆球体,所以垂线有几种不同的定义:

① 地心垂线——从地球表面某点到地球中心的连线。

② 引力垂线——地球表面某质量所受地球引力的方向。

③ 测地垂线——参考椭球表面某点的法线方向,也叫地理垂线。

④ 重力垂线——地球表面某质量所受重力的方向,它与大地水准面相垂直,有时也叫天文垂线。

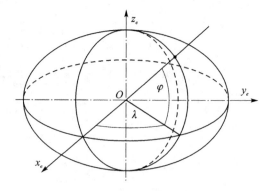

图 2 - 4 - 5　经度纬度的定义

相应地,有四种不同的纬度:

① 地心纬度——地心垂线和赤道平面之间的夹角。研究一般导航问题时,通常采用地心纬度,这时实际上是把地球看作圆球体。

② 引力纬度——引力垂线和赤道平面之间的夹角。由于它和地心纬度之间的差别很小,并且不易测量,故一般不使用引力纬度。

③ 测地纬度——参考椭球的法线和赤道平面之间的夹角。在大地测量、地图绘制及精确导航中都采用测地纬度。在惯性异航中,经度的计算一般采用测地纬度。由于测地纬度用来决定地理位置,故通常又叫地理纬度、大地纬度。

④ 天文纬度——实际重力方向与赤道平面之间的夹角。这个纬度可以通过天文方法进行测定,因此就叫天文纬度。在惯性导航中,加速度计的工作是以天文纬度为基础的。

由于测地纬度和天文纬度很接近,通常把天文纬度和测地纬度笼统地称为地理纬度或简称纬度。

在将地球近似为圆球体的情况下,可简单将垂线理解为地球表面某点到地球中心的连线。

2.4.3　比力及加速度的测量

众所周知,由加速度积分可得到速度,而对速度积分可得到位移。惯性导航系统正是利用这一性质对速度和位置进行计算的,因此,加速度是惯性导航系统中一个需要测量的重要参数。然而,加速度并不能直接测量,惯导系统中的加速度计测量到的是比力。

由牛顿第二定律可知,设有一质点 M,其质量为 m,在受到外力 F 作用后,质点 M 将产生大小与外力成正比、方向与外力一致的加速度 a_I,即

$$F = ma_I \qquad (2-4-9)$$

式中,F 是地球引力、太阳引力、月亮引力和其他一切外力的合力;a_I 表示质点相对惯性空间的绝对加速度。

根据牛顿万有引力定律,任何两个具有一定质量的物体间总存在引力。由于太阳、月亮及其他星体距地球较远,地球表面运载体所受的引力主要是地球对载体的引力。因此,讨论无人机导航时,可以仅考虑地球引力。如地球引力用 F_G 表示,地球引力加速度用 G 表示,则有

$$G = \frac{F_G}{m} \qquad (2-4-10)$$

把质点 M 所受的除引力之外的其他作用力用 F_S 表示,并令

$$f = \frac{F_S}{m} \qquad (2-4-11)$$

则由式(2 - 4 - 9)~式(2 - 4 - 11)得

$$f = a_I - G \qquad (2-4-12)$$

f 表示单位质量对应的外作用力(除引力之外的力),称为比力,式(2 - 4 - 12)称为比力式。由比力式可知,比力是质点相对惯性空间的加速度 a_I 与引力加速度 G 之差,因此比力亦称为非引力加速度。显然,一个物体的比力与其相对惯性空间的运动加速度无论在大小还是方向上都是不一样的。

假设无人机位于地心惯性坐标系 $Ox_iy_iz_i$ 中的点 M,位置矢量(也称矢径)为 R。在无人机上装有一个简单的加速度计,它包括一个敏感质量 m 和与其相连的弹簧,其敏感轴与无人机纵轴平行,如图 2 - 4 - 6 所示。加速度计随无人机运动时,其位置可用地心惯性系中的位置矢量 R 表示。不考虑加速度计中敏感质量同壳体之间的摩擦力,敏感质量所受的力包括壳体的支承力 F_N(F_N 垂直于加速度计敏感轴)、弹簧力 F_S 和地球引力 F_G(其方向近似认为指向地心)。

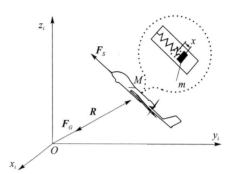

图 2 - 4 - 6   比力与加速度

设无人机沿纵轴(加速度计敏感轴)的绝对加速度分量为 a_{Is},F_S、F_G 在敏感轴上的分量分别为 F_{Ss}、F_{Gs}。由于 F_N 与敏感轴垂直,F_N 在加速度计敏感轴方向没有分量。因此,只有弹簧力和地球引力沿加速度计敏感轴方向的分量对敏感质量的运动有影响,且满足

$$F_{Ss} + F_{Gs} = ma_{Is} \qquad (2-4-13)$$

则比力(准确地说是比力在敏感轴的分量)为

$$f_s = \frac{F_{Ss}}{m} = a_{Is} - G_s \qquad (2-4-14)$$

式中,G_s 为引力加速度在加速度计敏感轴上的分量。在加速度计敏感轴方向,敏感质量所受的外力只有弹簧力 F_{Ss} 和引力 F_{Gs}。同时,弹簧受到大小与 F_{Ss} 相同但方向相反的作用力 $-F_{Ss}$,该作用力实际上就是地球引力和惯性力的合力在加速度计敏感轴的分量。在 $-F_{Ss}$ 的作用下,弹簧发生变形,质量 m 产生位移,这个位移量就是加速度计的输出。弹簧力越大,质量的位移量就越大。可见,加速度计的输出与敏感质量受到的弹簧力的大小成正比,或者说加速度计测量的是比力 f_s。准确地说,加速度计测量了沿敏感轴方向通过支承作用在加速度计的比力。由于加速度计实际测量的是比力而不是加速度,故加速度计又叫作比力计或比力敏感器。

由式(2 - 4 - 14)可知,要得到绝对加速度 a_I 在加速度计敏感轴上的分量 a_{Is},必须从比力 f_s 中扣除掉引力加速度分量 G_s,即

$$a_{Is} = f_s + G_s = \frac{F_{Ss}}{m} + G_s \qquad (2-4-15)$$

显然,如果加速度计敏感轴与引力 F_G 相垂直,那么引力加速度 G 在敏感轴上的分量 G_s 就为零,此时

$$a_{Is} = f_s + G_s = \frac{F_{Ss}}{m} \qquad (2-4-16)$$

这样,加速度计的输出就只与加速度 a_{Is} 有关了。

以上讨论的是绝对加速度的测量。惯性导航系统就是利用加速度的测量值进行导航解算的,不过飞行器、车辆和舰船所用的惯性导航系统要求测量的是对地加速度,以便进一步计算出地速、航向角、经度和纬度等导航参数。关于对地加速度的测量(准确地说是计算)在第 4 章介绍。

2.4.4　导航系统中位置的两种表示方法

对于飞行器导航,除了短距离航行或着陆飞行等某些特殊情况采用相对地面上某点的相对定位表示方法表示位置以外,一般都以地球中心为原点,采用某种与地球相固连的坐标系(如地球系)作为基准来表示飞行器的位置。常用的位置表示方法有两种,即空间直角坐标系表示方法和经纬度与高度的表示方法。

1. 空间直角坐标系位置表示方法

采用地球坐标系,即坐标系原点为地球的中心,x 轴和 y 轴位于赤道平面(此处省略了下标 e),x 轴通过零子午线(也称为本初子午线),z 轴与地球自转轴(称为极轴)一致,地面上空载体 P 的坐标以 (X,Y,Z) 来表征,如图 2-4-7 所示。图中,P_0 为过点 P 的垂线与地球表面的交点,N 为过点 P 且平行于地球自转轴的直线与赤道平面的交点。X,Y 的数值为点 N 在平面坐标系 Oxy 中的坐标,Z 的数值为线段 $\overline{PN}$ 的长度。

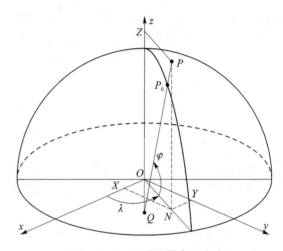

图 2-4-7　两种位置表示方法

空间直角坐标系在某些长距离无线电定位系统、GPS 全球定位系统以及导弹和空间载体的定位方法中经常用到。

2. 经纬度和高度位置表示方法

利用与地球固连的直角坐标系和地球本身作为基准,根据载体的高度和所在地面的经纬度,就可确定载体 P 相对于地球的位置。参见图 2-4-7 及前述经度和纬度的定义,经度 λ 为直线 $\overline{ON}$ 与 x 轴的夹角,纬度 φ 为 $\overline{ON}$ 与垂线 $\overline{PQ}$ 的夹角,高度为点 P_0 到点 P 的距离。

3. 两种位置表示的参数转换

导航计算中有时须将两种位置表示方法的定位参数进行相互变换。

(1) 从经纬度和高度变换为空间直角坐标

参见图 2-4-7,假设已知载体经度 λ、纬度 φ 和高度 H,并将地球看作圆球体。先计算线段 $\overline{ON}$ 和 $\overline{PN}$ 的长度,有

$$\begin{cases} \overline{ON} = (R+H)\cos\varphi \\ \overline{PN} = (R+H)\sin\varphi \end{cases} \qquad (2-4-17)$$

$\overline{PN}$ 即为沿 z 轴的坐标。由 $\overline{ON}$ 和经度得

$$\begin{cases} X = \overline{ON}\cos\lambda \\ Y = \overline{ON}\sin\lambda \end{cases} \qquad (2-4-18)$$

于是可得空间直角坐标与经纬度和高度的关系：

$$\begin{cases} X = (R+H)\cos\varphi\cos\lambda \\ Y = (R+H)\cos\varphi\sin\lambda \\ Z = (R+H)\sin\varphi \end{cases} \qquad (2-4-19)$$

上式即为从 λ、φ、H 向空间直角坐标 X、Y、Z 的变换式。

如果考虑地球的椭圆度（用 e 表示），则式（$2-4-19$）变为

$$\begin{cases} X = (R_E+H)\cos\varphi\cos\lambda \\ Y = (R_E+H)\cos\varphi\sin\lambda \\ Z = [R_E(1-e)^2+H]\sin\varphi \end{cases} \qquad (2-4-20)$$

（2）从空间直角坐标转换为经纬度和高度

由式（$2-4-19$）可知

$$\begin{cases} \lambda = \arctan\dfrac{Y}{X} \\ \varphi = \arctan\left[\left(\dfrac{R_e+H}{R_p+H}\right)^2\dfrac{Z}{\sqrt{X^2+Y^2}}\right] \end{cases} \qquad (2-4-21)$$

若 H 未知，首先根据式（$2-4-21$）的第 1 式求出经度 λ，然后按下述迭代计算方法计算出纬度和高度：

初始化：$i=0$；

$$\varphi_i = \arctan\left[\left(\dfrac{R_e}{R_p}\right)^2\dfrac{Z}{\sqrt{X^2+Y^2}}\right];$$

第 1 步：$(R_E)_{i+1} = R_e\left[1-(2-e)e\sin^2\varphi_i\right]^{-\frac{1}{2}}$；

第 2 步：$(R_E+H)_{i+1} = X/(\cos\varphi_i\cos\lambda)$；

第 3 步：$e_1^2 = \dfrac{\sqrt{R_e^2-R_p^2}}{R_e}$；

$$\varphi_{i+1} = \arctan\left[\dfrac{(R_E+H)_{i+1}}{(R_E+H)_{i+1}-(R_E)_{i+1}e_1^2}\cdot\dfrac{Z}{\sqrt{X^2+Y^2}}\right];$$

第 4 步：$i=i+1$；

第 5 步：如 i 小于设定迭代步数 k，则返回第 1 步；否则计算高度 $H=(R_E+H)_k-(R_E)_k$。

2.4.5　扩展导航参数及其计算

导航所需的最基本导航参数就是载体的位置、速度和航向，此外还需应飞航迹角、航迹角（或航迹角误差）、偏航距和待飞距离（或待飞时间）等参数，这些参数称为扩展导航参数。根据导航系统输出的上述参数，飞行控制计算机可以计算出无人机的操纵指令，通过飞行控制系统，实现无人机的自动飞行。

1. 扩展导航参数的定义

各参数之间的关系如图 $2-4-8$ 所示，图中，航迹角的概念已在前面介绍。

（1）应飞航迹角和航迹角误差

应飞航迹角为预先设定的航迹角，也称理想航迹角。

航迹角误差就是实际的航迹角和应飞航迹角之间的差值。

（2）侧偏距和侧偏移速度

侧偏距也称为偏航距，为飞行器当前位置相对预定航线的距离。另一种说法也许更好理解：侧偏距是在无人机飞行方向上，无人机在水平面的投影与航线的垂直距离，以无人机在航线右边为正。

侧偏移速度表示侧偏距的变化率，侧偏距增大时为正。

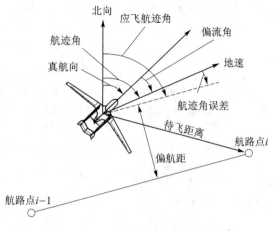

图 2 - 4 - 8　无人机导航参数示意图

（3）待飞距离和待飞时间

待飞距离简称待飞距，为飞行器当前位置距下一个航路点的距离。

待飞时间是飞行器从当前位置到达下一个航路点所需的时间。待飞距离除以地速即得到待飞时间估算值。

（4）偏流角

偏流角是指飞行器空速在水平面的投影与地速在水平面的投影之间的夹角，在导航中也常指飞行器飞行时在大地水平面上机身纵轴与地速方向之间的夹角，地速在机身右侧时为正。

2. 扩展导航参数的计算

如图 2 - 4 - 9 所示，设无人机位于地球上点 P，其位置为 (φ, λ, h)。用 $\boldsymbol{u}$ 表示无人机所在地垂线的单位向量，其在地球系的坐标表达为

$$\boldsymbol{u}^e = \begin{bmatrix} \cos\varphi\cos\lambda \\ \cos\varphi\sin\lambda \\ \sin\varphi \end{bmatrix} \tag{2-4-22}$$

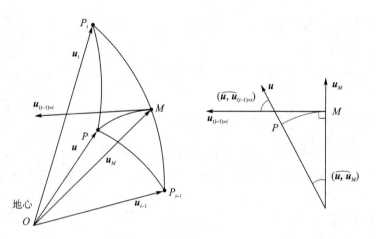

图 2 - 4 - 9　无人机当前位置与航路点 P_{i-1} 和 P_i 之间的关系

无人机自航路点 $P_{i-1}(\varphi_{i-1}, \lambda_{i-1}, h_{i-1})$ 飞往下一个航路点 $P_i(\varphi_i, \lambda_i, h_i)$，对应的地垂线单位向量分别为 $\boldsymbol{u}_{i-1}$ 和 $\boldsymbol{u}_i$，有

$$\boldsymbol{u}_{i-1}^{e} = \begin{bmatrix} \cos \varphi_{i-1} \cos \lambda_{i-1} \\ \cos \varphi_{i-1} \sin \lambda_{i-1} \\ \sin \varphi_{i-1} \end{bmatrix} \tag{2-4-23}$$

和

$$\boldsymbol{u}_{i}^{e} = \begin{bmatrix} \cos \varphi_{i} \cos \lambda_{i} \\ \cos \varphi_{i} \sin \lambda_{i} \\ \sin \varphi_{i} \end{bmatrix} \tag{2-4-24}$$

为简便起见，下面略去上标"e"。

（1）待飞距离和待飞时间的计算

用 $(\widehat{\boldsymbol{u}, \boldsymbol{u}_i})$ 表示单位向量 $\boldsymbol{u}$ 和 $\boldsymbol{u}_i$ 之间的夹角，因 $\boldsymbol{u}$ 和 $\boldsymbol{u}_i$ 为单位向量，有

$$\boldsymbol{u} \cdot \boldsymbol{u}_i = \cos(\widehat{\boldsymbol{u}, \boldsymbol{u}_i}) = \cos \varphi \cos \varphi_i (\cos \lambda \cos \lambda_i + \sin \lambda \sin \lambda_i) + \sin \varphi \sin \varphi_i \tag{2-4-25}$$

于是，从无人机当前位置点 P 到下一个航路点 P_i 的距离（待飞距离）为

$$D = (R + H) \arccos \left[\cos \varphi \cos \varphi_i (\cos \lambda \cos \lambda_i + \sin \lambda \sin \lambda_i) + \sin \varphi \sin \varphi_i \right] \tag{2-4-26}$$

而从点 P 到点 P_i 的待飞时间为

$$T_{PP_i} = D/V \tag{2-4-27}$$

式中，V 为无人机的地速。

（2）侧偏距的计算

记 $\boldsymbol{u}_{(i-1) \times i}$ 为垂直于 $\boldsymbol{u}_i$ 和 $\boldsymbol{u}_{i-1}$ 的单位向量，有

$$\boldsymbol{u}_{(i-1) \times i} = \frac{\boldsymbol{u}_{i-1} \times \boldsymbol{u}_i}{|\boldsymbol{u}_{i-1} \times \boldsymbol{u}_i|} \tag{2-4-28}$$

根据 2.2.1 节中所述矢量叉积的计算方法，有

$$\boldsymbol{u}_{i-1} \times \boldsymbol{u}_i = \begin{bmatrix} 0 & -\sin \varphi_{i-1} & \cos \varphi_{i-1} \sin \lambda_{i-1} \\ \sin \varphi_{i-1} & 0 & -\cos \varphi_{i-1} \cos \lambda_{i-1} \\ -\cos \varphi_{i-1} \sin \lambda_{i-1} & \cos \varphi_{i-1} \cos \lambda_{i-1} & 0 \end{bmatrix} \begin{bmatrix} \cos \varphi_i \cos \lambda_i \\ \cos \varphi_i \sin \lambda_i \\ \sin \varphi_i \end{bmatrix}$$

$$= \begin{bmatrix} -\sin \varphi_{i-1} \cos \varphi_i \sin \lambda_i + \cos \varphi_{i-1} \sin \lambda_{i-1} \sin \varphi_i \\ \sin \varphi_{i-1} \cos \varphi_i \cos \lambda_i - \cos \varphi_{i-1} \cos \lambda_{i-1} \sin \varphi_i \\ -\cos \varphi_{i-1} \sin \lambda_{i-1} \cos \varphi_i \cos \lambda_i + \cos \varphi_{i-1} \cos \lambda_{i-1} \cos \varphi_i \sin \lambda_i \end{bmatrix} \tag{2-4-29}$$

记

$$\begin{bmatrix} U_x \\ U_y \\ U_z \end{bmatrix} = \begin{bmatrix} -\sin \varphi_{i-1} \cos \varphi_i \sin \lambda_i + \cos \varphi_{i-1} \sin \lambda_{i-1} \sin \varphi_i \\ \sin \varphi_{i-1} \cos \varphi_i \cos \lambda_i - \cos \varphi_{i-1} \cos \lambda_{i-1} \sin \varphi_i \\ -\cos \varphi_{i-1} \sin \lambda_{i-1} \cos \varphi_i \cos \lambda_i + \cos \varphi_{i-1} \cos \lambda_{i-1} \cos \varphi_i \sin \lambda_i \end{bmatrix}$$

有

$$U = |\boldsymbol{u}_{i-1} \times \boldsymbol{u}_i| = \sqrt{U_x^2 + U_y^2 + U_z^2}$$

故

$$\boldsymbol{u}_{(i-1) \times i} = \frac{1}{U} \begin{bmatrix} U_x \\ U_y \\ U_z \end{bmatrix} \tag{2-4-30}$$

设 M 为大圆弧 $\overset{\frown}{P_{i-1},P_i}$ 上到无人机当前位置点 P 距离最短的点,其所在垂线的单位向量为 $\boldsymbol{u}_M$。显然,$(\widehat{\boldsymbol{u},\boldsymbol{u}_M})=90°-(\widehat{\boldsymbol{u},\boldsymbol{u}_{(i-1)\times i}})$,再参照式(2-4-25),有

$$\sin(\widehat{\boldsymbol{u},\boldsymbol{u}_M})=\cos(\widehat{\boldsymbol{u},\boldsymbol{u}_{(i-1)\times i}})=\boldsymbol{u}\cdot\boldsymbol{u}_{(i-1)\times i} \qquad (2-4-31)$$

故

$$\widehat{\boldsymbol{u},\boldsymbol{u}_M}=\arcsin(\boldsymbol{u}\cdot\boldsymbol{u}_{(i-1)\times i})=\arcsin\left(\frac{1}{U}\begin{bmatrix}\cos\varphi\cos\lambda & \cos\varphi\sin\lambda & \sin\varphi\end{bmatrix}\begin{bmatrix}U_x\\U_y\\U_z\end{bmatrix}\right)$$

$$=\arcsin\left[(U_x\cos\varphi\cos\lambda+U_y\cos\varphi\sin\lambda+U_z\sin\varphi)/U\right] \qquad (2-4-32)$$

于是,侧偏距为

$$D_y=(R+H)\widehat{\boldsymbol{u},\boldsymbol{u}_M}=(R+H)\arcsin\left[(U_x\cos\varphi\cos\lambda+U_y\cos\varphi\sin\lambda+U_z\sin\varphi)/U\right]$$

$$(2-4-33)$$

小　结

本章介绍了与导航和飞行控制相关的基础知识。

自动控制理论是学习和研究飞行器导航和控制问题的基础,飞行控制系统及惯性导航系统等设备的分析和设计都要用到自动控制理论。控制系统的基本要求包括稳定性、响应速度和准确度三个方面。对于任何一个能够正常工作的控制系统,首先必须是稳定的,这是对控制系统的一个基本要求。除了稳定性好外,控制系统还应具有响应速度快、准确度高的特点,即控制系统应满足稳、准、快的要求。

飞行器运动参数的定义与坐标系相关。坐标系可分为惯性坐标系和非惯性坐标系两类,地心惯性系、地球系、地理系、机体系、平台系、气流系、航迹系等是导航系统和飞行控制系统分析中常用的坐标系。姿态角、航迹方位角和爬升角、迎角和侧滑角以及航迹迎角和航迹侧滑角分别体现了机体系与地理系之间、航迹系与地理系之间、飞行速度与机体系之间、航迹速度与机体系之间的关系。导航相关的基本概念包括地球参考椭球和地球曲率半径、经度和纬度、应飞航迹角和偏航距等导航参数的定义、导航系统中位置的表示等。

本章还介绍了与导航和飞行控制相关的数学和力学基础知识,主要包括矢量的运算、四元数、科氏加速度和科氏力、角动量及角动量定理等知识,这些概念和定理是理解陀螺仪和惯性导航原理的关键。

思 考 题

1. 什么是闭环控制?与开环控制相比,闭环控制有何优缺点?

2. 什么是稳定性?系统动态响应特性主要用哪几个指标衡量?它们是如何定义的?

3. 加速度计能否直接测量飞行器的加速度?如何才能测量加速度?

4. 什么是比力?其量纲是什么?

5. 设无人机以 $300\ \text{km/h}$ 的速度一直向东飞行,该无人机有对地加速度吗?

第3章　传感器

惯性导航系统是无人机最基本的导航系统,其通过加速度计和陀螺仪这两种传感器来完成无人机的加速度和角运动(角位移或角速度)的测量工作。无人机飞行控制系统的工作需要用到姿态角、航向角、转动角速度、速度、位置、高度等信息,这些信息除了可由惯性导航系统提供外,还可通过相应的传感器获得。本章介惯性绍导航系统和飞控系统常用的传感器,包括陀螺仪、加速度计、磁传感器、大气数据系统、高度传感器(无线电高度表、气压高度表)等。

3.1　概　　述

3.1.1　飞行器运动参数的测量方法

要实现飞行的自动控制,首先要解决的问题是如何精确测量飞行器的各种运动参数,例如飞机的姿态角、角速度、过载、飞行高度和速度等。惯性导航系统可对飞行控制所需的几乎所有运动参数进行测量,除此之外,飞行控制系统还可通过陀螺仪表、加速度计、大气数据系统、高度传感器等测量这些参数。

一个运动参数传感器从探测物理量到将其测量值用于飞行控制,可分成测量、变换、传输、纯化、处理等五个部分。

(1) 测　　量

为了确定一个运动变量,首先要找到一种能测量这个变量的物理效应。如果这个变量本身是不能测量的,应寻求一种替代量,通过这个替代量计算出所要的变量(例如通过动压计算飞行速度、通过对地速度计算航向等)。

(2) 变　　换

应把物理效应变换成便于测量的转动、位移等物理量或电信号,也可以将其直接变换成数字量。通常,这类变换以多个等级进行(如机械—电—模拟量—数字量),而且尽量要包括对非线性和误差影响的补偿,并换算成所希望的测量变量。

(3) 传　　输

应把测量数据从测量点传送给导航系统、飞控系统或者显示、存储装置。老式系统使用单线传输,甚至飞控系统、导航系统和显示系统各使用不同的传感器,而现代传感器测量系统通常采用数据总线来传输。

(4) 纯　　化

在进一步处理之前,测量值要做纯化处理,即检验测量值的有效性,通过滤波去除测量噪声,以便抑制测量误差。

(5) 处　　理

处理就是采用计算机把测量数据换算成所希望的运动变量,如大气数据计算机根据测量的大气参数计算出空速等运动变量,惯性导航计算机根据测量的比力计算出地速、航向等。

在飞行测量中应用的物理效应与其他测量技术领域基本一样。由于要求不同,故所采用的技术差别很大。与一般物理量的测量相比,飞行测量技术的特殊性表现在:要测量的是飞行器6个自由度的运动;测量装置一般位于运动的飞机上,并在加速度、振动和大温度范围的气候等影响下工作;最后,飞行控制对测量信息的可靠性要求很高。

在机上测量飞行器运动参数的方法大致包括基于空气动力学原理的方法、惯性测量方法、无线电测量方法及磁传感器测量等。近些年来,基于计算机视觉技术的视觉导航、基于天体观测的天文导航等也开始运用于无人机。

3.1.2　可测的无人机运动参量

可测量的无人机运动参量可分为直接可测量的量、间接可测量的量和需要复杂计算得到的量。

1. 直接可测量的量

直接可测量的量主要包括:① 大气状态(大气压强和温度);② 加速度(更准确地应称为比力);③ 角速度;④ 姿态角;⑤ 航向角;⑥ 迎角和侧滑角。

上述物理量可由相应传感器直接测量。例如,加速度计测量加速度,速率陀螺仪测量角速度,垂直陀螺或陀螺平台测量姿态角,航向陀螺或磁罗盘测量航向角等。

2. 间接可测量的量

间接可测量的量主要包括:① 角加速度;② 飞行速度;③ 高度;④ 马赫数(测量压力和温度);⑤ 气压高度(测量静压);⑥ 航迹速度和位置、距离;⑦ 航向角;⑧ 航迹方位角和爬升角(导航系统)。

上述物理量需要测量装置根据测得的其他量计算才能得到。例如,可根据向心加速度的变化计算出角加速度,根据动压计算飞行速度(空速),根据静压计算高度(称为气压高度),惯性导航系统根据测得的加速度计算速度、位置、航向角、航迹方位角、爬升角等。

3. 需要复杂计算得到的量

下面的一些量只有通过大量复杂的测量、计算才能确定,而且在飞行中还不能足够准确地加以确定,主要有:① 风速梯度;② 风速矢量;③ 力矩矢量和力矢量;④ 飞机质量、惯性矩。

上述4种参量可通过基于空气动力学原理的方法、惯性测量方法、无线电测量方法及磁传感器等进行测量。在无人机导航系统和飞行控制系统的传感器中,陀螺仪和加速度计测量的是惯性量,而大气数据系统测量的是空气动力学量,无线电高度表采用无线电测量方法。导航系统虽是飞行控制系统的传感器,但因其构造、工作原理十分复杂,将在第4章中进行详细介绍。下面主要介绍陀螺仪、加速度计、大气数据系统、无线电高度表、磁力计等传感器。

陀螺仪和加速度计除了用于飞行控制系统,它们还是惯性导航系统中两个重要的传感器,分别测量载体相对惯性空间的角运动(角位移或角速度)和线运动(加速度),统称惯性器件。陀螺仪和加速度计测量的数据是惯导系统工作的重要基础,因此,这两个惯性器件的精度在很大程度上就决定了惯导系统的精度。

3.2　陀螺仪

3.2.1　陀螺仪的基本概念

1. 陀螺仪的概念及分类

陀螺仪是敏感载体相对惯性空间角运动的装置。作为传感器的陀螺仪问世至今已有 100 多年的时间,最初的陀螺仪是由高速旋转的刚体转子支承在框架上构成的。随着科学技术的发展,数十种可以用来敏感角运动的物理效应相继被发现。人们把"陀螺仪"这一名称扩展到没有刚体转子而功能与经典陀螺仪等同的传感器。

目前在使用和基本研制成功的陀螺仪可分成两大类:一类以经典力学为基础,称为传统陀螺仪,如刚体转子陀螺仪、流体转子陀螺仪、振动陀螺仪等;另一类以近代物理学为基础,称为新型陀螺仪,如激光陀螺仪、光纤陀螺仪、核磁共振陀螺仪、超导陀螺仪等。微机械陀螺仪虽然是采用新材料、新技术、新工艺制造的新型陀螺仪,但目前成熟的微机械陀螺仪是基于科里奥利效应工作的,因此与传统陀螺仪在原理上的联系十分密切。

刚体转子陀螺仪是把绕自转轴高速旋转的刚体转子支承起来,使自转轴获得转动自由度。陀螺仪按支承轴的数目可分为单自由度陀螺仪和两自由度陀螺仪(也称双自由度陀螺仪),或按转子相对陀螺仪壳体所具有的转动自由度的数目分为二自由度陀螺仪和三自由度陀螺仪。按转子支承方式的不同,可分为框架陀螺仪、液浮陀螺仪、气浮陀螺仪、挠性陀螺仪、静电陀螺仪等。

在刚体转子陀螺仪中,框架陀螺仪在航空陀螺仪表、飞行控制系统、战术导弹制导系统等方面被广泛应用,但因框架轴上的轴承存在较大的摩擦力矩,陀螺仪不可能达到很高的精度。为了满足惯性导航系统对陀螺仪的精度要求,传统的技术途径是把陀螺仪的框架做成薄壁密封浮子,并由浮液[①]的浮力来支承浮子组件,这就是液浮陀螺仪。提高刚体转子陀螺仪精度的另一个技术途径是去除其框架装置,采用各种特殊的支承方法来支承转子。其中,应用转子高速旋转时产生的气体动压力来支承转子的称为动压气浮陀螺仪,利用挠性接头来支承转子的称为挠性陀螺仪[②],采用在真空腔内的静电悬浮来支承转子的称为静电陀螺仪。静电陀螺仪的精度在刚体转子陀螺仪中是最高的,其成本也很高,一般应用在核潜艇和远程飞机上。

虽然惯性导航系统和飞行控制系统都用到陀螺仪,但两个系统的陀螺仪在选型和性能上有很大差别。飞控系统的陀螺仪一般为传统陀螺仪,而目前的惯性导航系统更多地采用光学陀螺仪。即使惯性导航系统也采用传统陀螺仪,其性能要求要比飞控系统的陀螺仪高很多。为了减小导航系统的成本和体积,许多民用小型无人机采用微机械陀螺仪和微机械加速度计。

按测量的角运动参数的不同,陀螺仪分为速率陀螺仪、位置陀螺仪。

速率陀螺仪用于测量载体相对惯性空间的角速率,并将其按比例转换为电压信号输出。虽然飞控系统中的速率陀螺仪与用于惯导系统的速率陀螺在基本原理上是相同的,但由于对两者的性能要求有很大不同,飞控系统和惯导系统的速率陀螺在技术手段上有较大差异。

---

① 一种特殊的油液,常用的浮液有氟氯油和氟溴油。

② 常见的挠性陀螺仪有细颈式和动力调谐式两种,惯导系统中应用的挠性陀螺仪主要是后者。

速率陀螺仪的类型很多,最常用的有三类:扭杆式速率陀螺仪、反馈式速率陀螺仪以及积分陀螺仪。随着光纤陀螺在技术上日益成熟,且成本显著降低,光纤陀螺仪在无人机飞控系统上已开始应用。

根据陀螺仪的精度,常把随机漂移率达到 0.015(°)/h 的陀螺仪称为惯性级陀螺仪。一般来说,惯导系统中的陀螺仪应至少达到惯性级陀螺仪的要求。

按陀螺仪的基本功能,可将陀螺仪分为角位置陀螺仪和角速率陀螺仪。前者用于敏感角位置或角位移(即角度的相对变化值),常简称位置陀螺仪(速率积分陀螺仪可归于此类);后者用于敏感角速度,常简称速率陀螺仪。这两种陀螺仪都可用于惯性导航系统。

2. 传统框架陀螺仪的基本组成

(1) 两自由度陀螺仪

两自由度陀螺仪是指自转轴具有两个转动自由度的陀螺仪。其基本组成如图 3-2-1 所示,由内环和外环组成的环架装置使陀螺自转轴获得两个转动自由度。

陀螺转子借助自转轴上的一对轴承安装于内环中,内环借助内环轴上的一对轴承安装于外环中,外环轴借助外环轴上的一对轴承安装于基座或仪表壳体上。自转轴线与内环轴线垂直且相交,内环轴线与外环轴线垂直且相交,这三根轴线相交于一点,称为环架支点。陀螺转子由电机驱动绕自转轴高速旋转,转子连同内环可绕内环轴转动,转子连同内环和外环又可绕外环轴转动。转子具有绕自转轴、内环轴和外环轴这三个轴转动的自由度,而转子的自转轴具有绕内环轴和外环轴这两个轴转动的自由度。

在实际的陀螺仪中,内环和外环一般加工成如图 3-2-2 所示结构,图示形状的内环俗称陀螺房。

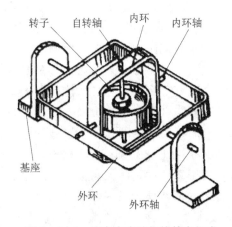

图 3-2-1　两自由度陀螺的基本组成

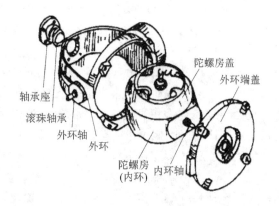

图 3-2-2　两自由度陀螺常见的内、外环结构

(2) 单自由度陀螺仪

单自由度陀螺仪是指自转轴具有一个转动自由度的陀螺仪,其基本组成如图 3-2-3 所示。同两自由度陀螺仪相比,单自由度陀螺仪只有内环而无外环。

陀螺转子借助自转轴上的一对轴承安装于内环中,内环借助内环轴上的一对轴承安装于基座或仪表壳体中。转子具有绕自转轴和内环轴这两个轴转动的自由度。而自转轴具有绕内环轴的一个转动自由度。

3. 陀螺力矩

刚体转子陀螺仪的转子高速旋转,使转子具有一定的角动量,角动量的方向沿转子自转轴并与转子旋转方向一致。取动坐标系与陀螺转子支承环架(内环)相固连,这样动坐标轴就与陀螺仪转子及内环的惯性主轴相重合。根据 2.2.4 节介绍的角动量定理,当外界对陀螺仪施加的力矩在垂直于转子自转轴和内环轴的方向上有分量时,陀螺仪内环将带动转子绕内环轴一起转动,外力矩 M、陀螺仪角动量 H 及转动角速度 ω 之间的关系为

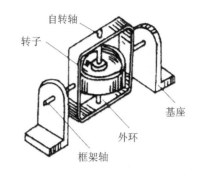

图 3-2-3 单自由度陀螺仪的基本结构

$$\omega \times H = M \qquad (3-2-1)$$

此时,陀螺仪的转动方向与外力矩的作用方向不一致,而是与后者相垂直,这种特性称为陀螺仪的进动。式(3-2-1)就是以矢量形式表示的陀螺仪进动方程式。需要指出,这种进动是瞬间实现的,即在外力矩加在陀螺仪的瞬间,陀螺仪立刻出现进动,陀螺角动量矢量立刻出现变化率而相对惯性空间改变方向。

作用与反作用是同时存在的一对矛盾。有作用力(或力矩),必有反作用力(或力矩),二者大小相等,方向相反,但分别作用在两个不同的物体上。当外界对陀螺仪施加力矩使它进动时,陀螺仪也必然存在反作用力矩,其大小与外力矩的大小相等,而方向与外力矩的方向相反,并且是作用在给陀螺仪施加力矩的那个物体上。这就是陀螺仪反作用力矩,通常称为陀螺力矩。由式(3-2-1)可知,陀螺力矩与角动量和转子进动角速度的关系为

$$M_g = H \times \omega \qquad (3-2-2)$$

陀螺力矩是转子内所有质点的科氏惯性力所形成的科氏惯性力矩。

图 3-2-4 所示为陀螺仪进动过程中转子内质点在不同位置科氏加速度的变化(该图是从自转轴 z 的正向俯视陀螺仪)。取内环坐标系 z 轴为自转轴,x 轴为内环轴,y 轴与 x 轴和 z 轴构成右手坐标系,初始状态下,y 轴与外环轴重合。设转子绕自转轴 z 的正向以角速度 Ω 相对内环转动,即角动量方向为 z 轴正向。沿 x 轴正向对陀螺仪施加外力矩 M,在外力矩 M 作用下,转子以角速度 ω_y 进动,由式(3-2-1)可知,转子的进动方向为 y 轴正向。转子内同一个质点的线速度 V 在转动过程中大小是相同的,但方向随转动而改变。由式(2-2-61)可知,科氏加速度为 $a_c = 2\omega_y \times V$,即垂直于进动角

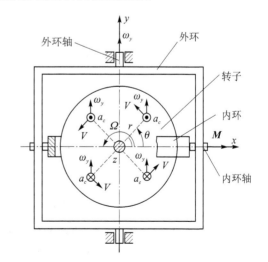

图 3-2-4 陀螺仪转子内质点的科氏加速度

速度和相对运动线速度。当质点转到 y 轴正向区域(第 1、2 象限)时,科氏加速度指向 z 轴正向,科氏力指向 z 轴负向;质点转到 x 轴坐标值为 0 时,科氏加速度和科氏力的幅值最大;当质点转到 y 轴负向区域(第 3、4 象限)时,科氏加速度指向 z 轴负向,科氏力指向 z 轴正向;质点转到 x 轴坐标值为 0 时,科氏加速度和科氏力的幅值最大。虽然同一个质点在不同位置时

科氏力的大小是不同的,方向也会发生改变,但在同一位置,对应的科氏力的大小和方向是相同的。由转子所有质点的科氏力构成了绕 x 轴负向的力矩,其大小与外力矩 M 相同,方向与外力矩 M 相反,这就是陀螺力矩。

引入陀螺力矩后,陀螺仪内环轴或外环轴上的合力矩就是陀螺力矩在该轴上的分量与作用于该轴的外力矩之和。正常情况下,陀螺仪内环轴或外环轴上的合力矩为零,这意味着,陀螺仪绕内环轴或外环轴要么静止,要么以恒定的角速度转动。

3.2.2　两自由度陀螺仪

1. 两自由度陀螺仪的基本特性

两自由度陀螺仪的转子没有自转时,其运动表现与一般刚体没有区别。而陀螺仪的转子高速自转,即具有较大的角动量时,其运动表现与一般刚体大不相同。两自由度陀螺仪的基本特性,最主要是进动性和稳定性。

(1) 进动性

两自由度陀螺仪受外力矩作用时,若外力矩绕内环轴作用,则陀螺仪绕外环轴转动(见图3-2-5(a));若外力矩绕外环轴作用,则陀螺仪绕内环轴转动(见图3-2-5(b))。陀螺仪的转动方向与外力矩的作用方向不一致,而是与后者垂直,把陀螺仪这种绕着与外力矩方向相垂直方向的转动称为进动,其转动角速度称为进动角速度,把陀螺仪进动所绕的轴称为进动轴。陀螺仪进动的方向可以这样简单判断:角动量矢量沿最短途径趋向外力矩矢量转动的方向,即为陀螺仪进动的方向。或者说,从角动量矢量沿最短途径握向外力矩矢量的右手旋进方向,即为进动角速度的方向,如图3-2-6所示。

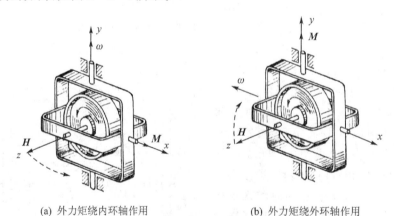

(a) 外力矩绕内环轴作用　　　　　　　　(b) 外力矩绕外环轴作用

图3-2-5　两自由度陀螺仪在外力矩作用下的进动

由式(3-2-1)可知,角动量、进动角速度和外力矩三者之间存在如下关系:

$$\boldsymbol{\omega} \times \boldsymbol{H} = \boldsymbol{M}$$

而由式(3-2-2)可知,在陀螺仪进动的同时,会在垂直于进动轴的另一轴上产生陀螺力矩:

$$\boldsymbol{M}_g = \boldsymbol{H} \times \boldsymbol{\omega}$$

可见,陀螺力矩与外力矩都作用于同一轴上,大小相等、方向相反。

当外力矩作用于内环轴、陀螺仪绕外环轴进动时,角动量、进动角速度和外力矩三者始终相互垂直,三者的大小存在如下关系:

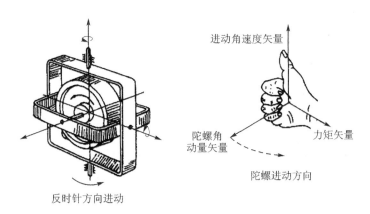

图 3-2-6　陀螺仪进动方向的判定

$$M = H \cdot \omega \tag{3-2-3}$$

但当外力矩作用于外环轴、陀螺仪绕内环轴进动时,自转轴(角动量)和外环轴(外力矩方向)不能保持垂直状态。此时,陀螺力矩 $H \times \omega$ 与外力矩 M 不在一条线上,外力矩应与陀螺力矩在外环轴上的分量大小相等,即

$$M = H\omega\cos\theta \tag{3-2-4}$$

式中,θ 为自转轴偏离外环轴垂直位置的角度,如图 3-2-7
所示。显然,式(3-2-3)是式(3-2-4)的特例。由式(3-2-4)可知,陀螺进动角速度的大小取决于外力矩的大小、角动量的大小及陀螺自转轴偏离外环轴垂直位置的角度,即

$$\omega = \frac{M}{H\cos\theta} \tag{3-2-5}$$

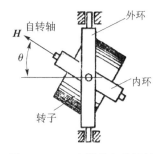

需要指出,两自由度陀螺仪的进动性只有在自转轴与外环轴不重合时才会出现。如果自转轴绕内环轴的进动角度达到 $90°$,或者基座带动外环轴绕内环轴方向的转动角度达到 $90°$,那么自转轴就与外环轴重合,陀螺仪也就失去了一个

**图 3-2-7　自转轴与外环轴
不垂直的情况**

转动自由度。这时,陀螺特性消失,绕外环轴作用的外力矩将使外环连同内环绕外环轴转动起来。这种状态称为环架自锁或环架锁定,因为把内、外环锁定在一起时,也会出现这种运动现象。

(2) 稳定性

两自由度陀螺仪具有抵抗干扰力矩,力图保持其自转轴相对惯性空间方位稳定的特性,称为陀螺仪的稳定性或定轴性。

在内环轴和外环轴上没有任何干扰力矩的理想情况下,只要自转轴与外环轴不重合,无论基座或仪表壳如何转动,都不会影响自转轴相对惯性空间的方位。不过,在实际的陀螺仪中,总是不可避免地存在着干扰力矩,例如环架轴上支承的摩擦力矩、陀螺组合件的不平衡力矩以及其他因素引起的干扰力矩。在干扰力矩作用下,陀螺仪将产生进动,使自转轴偏离原来的惯性空间方位。这种干扰力矩所引起的陀螺仪的进动,称为陀螺仪的漂移,简称陀螺漂移。陀螺漂移的角速度常称为漂移率。陀螺漂移率越小,自转轴相对惯性空间的方位稳定精度越高。

设陀螺角动量为 H,作用在陀螺仪上的干扰力矩为 M_d,自转轴偏离外环轴垂直位置的角度为 θ,则陀螺漂移角速度为

$$\omega_d = \frac{M_d}{H\cos\theta} \qquad (3-2-6)$$

由式(3-2-6)可知,虽然陀螺仪在干扰力矩作用下会产生漂移,但只要具有较大的角动量,陀螺漂移角速度就会很小,在一定时间内自转轴相对惯性空间的方位改变也就很微小。在干扰力矩作用下,陀螺仪以进动的形式做缓慢漂移,这是陀螺仪稳定性的一种表现。陀螺角动量越大,陀螺漂移也就越缓慢,陀螺仪的稳定性也就越高。

当作用于陀螺仪的干扰力矩是冲击力矩时,自转轴将在原来的空间方位附近做锥形振荡运动,这种振荡运动称为章动。在冲击力矩作用下陀螺仪以章动的形式做微幅振荡,这是陀螺仪稳定性的又一表现。陀螺角动量越大,章动振幅也越微小,陀螺仪的稳定性也就越高。

2. 垂直陀螺仪

垂直陀螺仪是两自由度陀螺仪的一个典型应用,用于测量飞行器的俯仰、倾斜姿态角信号。

(1)垂直陀螺仪的结构

垂直陀螺仪由两自由度陀螺仪(也称为位置陀螺仪)、修正机构、角度传感器、托架伺服系统等部分组成,如图3-2-8所示。俯仰角和倾斜角通过安装在内环轴和外环轴上的角度传感器输出。液体开关及安装在内环轴和外环轴上的修正电机构成修正机构。

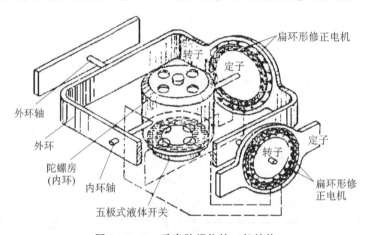

图3-2-8　垂直陀螺仪的一般结构

(2)修正机构

理想的两自由度陀螺仪是相对惯性空间稳定的。在飞机飞行过程中,为准确测量飞机的倾斜角和俯仰角,要求陀螺仪的自转轴始终与水平面相垂直。但是,由于地球的自转、飞机的运动以及陀螺仪受到不平衡、摩擦等干扰力矩的影响,陀螺的自转轴不能与水平面保持垂直。修正机构就是为了使陀螺自转轴始终垂直于水平面而设置的。

自由悬挂的单摆因重力的作用对地垂线敏感,可以稳定地指向地垂线或围绕地垂线以很小的幅度摆动。但是,当有加速度时,摆质量会同时受到重力和惯性力的作用,此时单摆围绕地垂线以一定幅值摆动;加速度消失后,若单摆支承轴存在摩擦力矩或阻尼力矩,单摆将振荡衰减回位。

由上可知,陀螺转子具有抵抗干扰力矩保持相对惯性空间指向的稳定性,但其指向并不受重力的影响;而摆对地垂线敏感,在没有加速度时可准确指向地垂线。垂直陀螺仪将两者相结合,即将敏感地垂线的摆式元件直接装在陀螺仪的内环上,判别陀螺转子轴相对地垂线的偏差并输出偏差信号。在实际设备中,摆式敏感元件通常采用液体开关(又称液体电门)或水银开关(又称水银电门)。

利用两自由度陀螺仪的进动性,可以根据转子轴和摆式元件之间的偏差方向和大小,输出偏差信号分别送给装在内、外环轴上的修正电机产生修正力矩,使陀螺转子绕内环轴或外环轴进动来消除偏差,使转子轴指向地垂线。例如,当陀螺仪转子轴出于某种原因绕外环轴偏离了地垂线,摆式元件就产生一个电信号,送到安装在内环轴上的修正电机,使之产生绕内环轴的修正力矩作用到陀螺仪上,使转子轴绕外环轴产生进动而恢复到地垂线的方向。同理,如果陀螺仪转子轴绕内环轴偏离了地垂线,则摆式元件产生的电信号送到安装在外环轴上的修正电机,使之产生绕外环轴的修正力矩,从而使转子轴绕内环轴进动而恢复到地垂线的方向。

(3) 托架伺服系统

直接用两自由度陀螺仪构成姿态测量装置有一个弊端,假设陀螺仪外环轴与飞机纵轴平行,当飞行俯仰角达到 90°,陀螺转子轴、内环轴和外环轴就会在一个平面,这种状态称为环架锁定。在环架锁定状态下,飞机绕竖轴的转动将破环转子轴的稳态状态;此外,由于外环轴与转子轴在一条直线上,当外环轴上有摩擦力矩时,将会使外环带动内环一起转动,内环轴上的干扰力矩也将使转子轴偏离原来的方位。为避免出现环架锁定,有些垂直陀螺仪增加了一个托架,如图 3 - 2 - 9 所示。

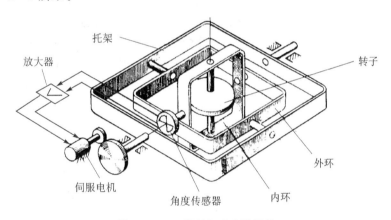

图 3 - 2 - 9　带托架垂直陀螺仪

用一个角度传感器敏感陀螺仪绕内环轴相对外环的转动角度,当有角度输出时,通过托架伺服系统产生力矩驱动托架并带动外环绕内环轴转动,使陀螺转子轴与外环轴保持垂直,从而避免出现环架锁定。安装在托架轴和外环轴上的角度传感器分别输出飞机的倾斜角和俯仰角。

3. 挠性陀螺仪

陀螺仪是惯性导航系统的核心元件,是决定惯导系统工作精度最重要的因素之一。常规的框架陀螺仪采用环架装置并由滚珠轴承来支承,使转子获得所需的转动自由度。但是,滚珠轴承不可避免地存在摩擦力矩而造成陀螺漂移。通过提高滚珠轴承生产工艺来降低陀螺漂移是十分困难的。因此,为满足惯导系统对陀螺仪的精度要求,必须在陀螺仪中采用新的支承方式,而挠性陀螺仪就是为了适应这种需要而出现的一种陀螺仪。

在挠性陀螺仪中,转子是由挠性接头来支承的。挠性接头是一种无摩擦的弹性支承,最简单的结构是做成细颈轴,转子借助于挠性接头与驱动轴相连,如图 3 - 2 - 10 所示。挠性接头易于弯曲,"挠性"二字形象地表示了这种支承形式的特点。驱动电机带动驱动轴经过挠性接头使转子高速旋转,从而产生陀螺角动量。挠性接头允许转子绕着垂直于自转轴的两个正交轴方向旋转,从而使转子获得绕这两个正交轴的转动自由度。也就是说,挠性陀螺仪的转子具有三个转动自由度,而自转轴具有两个转动自由度。所以,挠性陀螺仪同样具有前述两自由度陀螺仪的基本特性,即陀螺仪的进动性和稳定性。

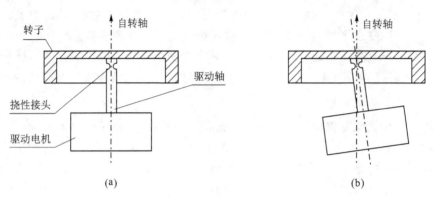

图 3 - 2 - 10　挠性接头支承转子的原理

　　挠性陀螺仪同框架陀螺仪一样,都有一个高速旋转的刚体转子,但两者的支承形式有很大的区别。挠性支承从根本上去除了支承的摩擦,因而挠性陀螺仪易于实现低漂移。

　　不过,挠性支承是一种弹性元件,在它弯曲变形时必然产生一个弹性力矩作用到转子上使它进动,从而使自转轴偏离原来所稳定的惯性空间方位。挠性陀螺仪必须对挠性支承所固有的弹性力矩进行补偿,这是采用挠性支承所要解决的一个主要问题。

　　挠性陀螺仪转子调整旋转时,由于转子周围介质阻尼和磁场感应涡流阻尼等影响,将产生阻尼力矩作用于转子。当自转轴与驱动轴重合时,驱动力矩与阻尼力矩恰好平衡,作用于转子的总力矩为零。当自转轴相对驱动轴出现偏角时,阻尼力矩仍是沿自转轴方向,但电机的驱动力矩与阻尼力矩不再共线,驱动力矩在克服阻尼力矩的同时,在垂直于自转轴的方向会对转子作用一个力矩分量,如图 3 - 2 - 11 所示。由于这个力矩分量与自转轴垂直,并且与转子的阻尼力矩有关,故称之为正交阻尼力矩。在正交阻尼力矩作用下,转子将产生进动,使自转轴趋于同驱动轴

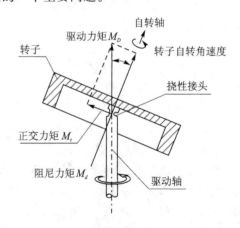

图 3 - 2 - 11　挠性陀螺仪的正交阻尼力矩

重合。因此,减小正交阻尼力矩,也是挠性陀螺仪必须要解决的一个重要问题。

　　动力调谐式挠性陀螺仪(简称动力调谐陀螺仪)是一种应用十分广泛的挠性陀螺仪,它也是目前在航空惯导系统中应用最多的刚体转子陀螺仪,其精度较高而成本相对较低。动力调谐陀螺仪的原理结构如图 3 - 2 - 12 所示。转子通过一对外扭杆与平衡环连接,平衡环通过一对内扭杆与电机轴连接。由于扭杆具有很大的抗弯刚度和很小的抗扭刚度,故电机的驱动力矩可通过内、外扭杆传给陀螺转子,而转子可绕内、外扭杆轴线转动,具有两个转动自由度,所

以动力调谐陀螺仪是一种两自由度陀螺仪。陀螺仪壳体上安装了位置中心对称的两对信号器和两对力矩器,力矩器用于对陀螺仪施加力矩;信号器用来测量转子相对壳体基准面的偏转角,同轴上的信号器输出接成差动形式。

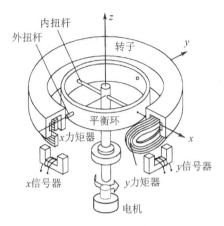

图 3-2-12　动力调谐陀螺仪原理结构

在动力调谐陀螺仪中,内外扭杆组成的挠性接头支承转子的作用与细颈轴完全相同。当自转轴与驱动轴之间出现相对偏角时,由于扭杆的扭转变形,故同样会产生弹性力矩作用到转子上,即它同样具有一般的机械弹簧效应。但是,这种挠性接头又与细颈轴有着根本的区别。当自转轴与驱动轴之间出现相对偏角时,平衡环会产生振荡运动(或称扭摆运动),它将产生一个与扭杆弹性力矩方向相反的动力反弹性力矩作用到转子上。适当选择扭杆的刚性系数、转子的自转角速度及平衡环的转动惯量,可使平衡环的动力反弹性力矩正好补偿了挠性支承(扭杆)的机械弹性力矩,在这种情况下,自转轴相对惯性空间才会具有很高的方位稳定性。这就是所谓的"动力调谐",这也是这种陀螺仪被称为动力调谐式挠性陀螺仪的原因。

3.2.3　单自由度陀螺仪

1. 单自由度陀螺仪的基本特性

单自由度陀螺仪的基本特性,是它具有敏感绕其缺少自由度方向转动的特性。当基座绕陀螺自转轴或内环轴方向转动时,单自由度陀螺仪的转子不会一起转动,即内环仍然起隔离运动的作用。但是,当基座绕陀螺仪缺少自由度的 y 轴正向以角速度 ω_y 转动时,如图 3-2-13 所示,必然有一个力矩通过内环轴支承作用到陀螺仪上,其方向与 ω_y 的方向一致。这相当于两自由度陀螺仪在外环轴上有一个外力矩,这个力矩会使陀螺仪产生绕内环轴的进动,进动角速度沿内环轴 x 的负向,使自转轴 z 趋向与 y 轴重合。不过,与两自由度陀螺仪不同的是,这个力矩还强迫陀螺仪跟随基座转动。

可以用陀螺力矩来解释上述现象。当基座绕陀螺仪缺少自由度的 y 轴正向以角速度 ω_y 转动时,便有绕内环轴 x 负向的陀螺力矩 $H\omega_y$ 作用在陀螺仪上,在这个陀螺力矩作用下,陀螺仪产生绕内环轴的转动——进动,使自转轴趋向与基座转动角速度的方向重合。如果此时绕内环轴作用有外力矩,并且恰好能够平衡陀螺力矩 $H\omega_y$,那么陀螺仪绕内环轴便停止转动。

下面分析单自由度陀螺仪受到绕内环轴的外力矩作用时的运动情况。如图 3-2-14 所示,假设外力矩 M_x 绕内环轴 x 的正向作用,那么陀螺仪将力图以角速度 M_x/H 绕 y 轴的正向进动。显然,由于内环轴上一对支承和基座的约束,这个进动是不可能实现的。在外力矩 M_x 的作用下,陀螺仪如一般刚体那样绕内环轴转动,方向与外力矩方向一致。

角速度是飞行器的重要运动参数。利用单自由度陀螺仪具有敏感绕其缺少自由度方向转动的特性可制成角速度测量装置,这就是角速度陀螺仪(或称速率陀螺仪),其敏感轴(或称输入轴)为缺少转动自由度的方向,而输出轴为内环轴。在内环轴上设置能产生弹性反力矩的装置及角度传感器,以平衡驱动陀螺仪进动的陀螺力矩,测量陀螺仪进动角度或弹性反力矩的大小,即可计算出基座转动角速度。

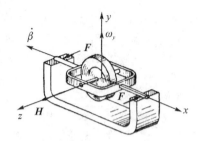

图 3 - 2 - 13　基座绕缺少自由度的方向转动

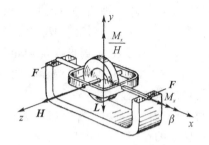

图 3 - 2 - 14　外力矩绕内环轴作用

2. 扭杆式速率陀螺仪

扭杆式速率陀螺仪采用弹性扭杆产生弹性反力矩,同时,设置阻尼器抑制陀螺仪进动过程的振荡,如图 3 - 2 - 15 所示。速率陀螺仪的输入轴、输出轴与转子转动方向三者之间相互垂直。当飞行器绕输入轴有角速度时,陀螺仪壳体将通过支承迫使转子跟着转动;与此同时,沿输出轴会产生陀螺力矩使转子绕输出轴进动,引起扭杆扭转,沿输出轴遂产生一个弹性力矩,弹性力矩与陀螺力矩方向相反。稳态时,扭杆弹性力矩与陀螺力矩相平衡,陀螺仪进动达到某一角度,扭杆也不再继续扭转;转子绕输出轴进动角度的大小与扭杆弹性力矩也就是陀螺力矩成正比,而陀螺力矩与输入角速度成正比,所以转子绕输出轴的转角与飞行器的角速度成正比。用角度传感器测量陀螺仪进动角度,即可得到飞行器的角速度。

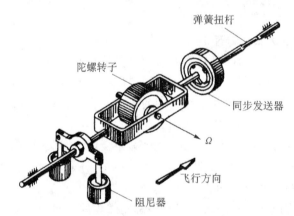

图 3 - 2 - 15　速率陀螺仪

扭杆式速率陀螺仪因结构简单而广泛用于飞行器姿态控制。它的缺点是有角速度输入时转子会偏离零位,使输出产生交叉耦合误差。输入角速度越大,这个误差越大,因而精度不太高。

3. 反馈式速率陀螺仪

为了弥补扭杆式速率陀螺仪的缺点,采用电动力矩器替代机械扭杆产生力矩。将角度传感器的输出信号经放大后反馈到输出轴上的力矩器中构成回路,以电弹簧代替机械扭杆。只要回路的增益足够大,就能使转子始终保持在零位附近。流入力矩器的电流正比于输入角速度,可作为仪表的输出。

4. 积分陀螺仪

速率陀螺仪去掉扭杆(或弹簧)而仅保留阻尼器则成为积分陀螺仪。当飞行器绕积分陀螺仪输入轴有角速度时,沿陀螺仪输出轴会产生陀螺力矩,转子绕输出轴进动;同时,阻尼器产生大小与进动角速度成正比、方向与进动角速度相反的阻尼力矩。稳态时,陀螺力矩与阻尼力矩达到平衡。因陀螺力矩与输入角速度成正比,稳态时进动角速度与输入角速度呈比例关系,即进动角度与输入角速度的积分(飞行器转动角度)成正比。通过输出轴上的角度传感器可输出与飞行器转角成正比的信号。

由于输入是角速度而输出是角度信号——角速度的积分,故称为积分陀螺仪。

3.2.4　光学陀螺仪

以近代物理学为基础的陀螺仪中,最为突出的代表是激光陀螺仪,其主体是一个环形谐振腔,在谐振腔的环路中有沿正反向绕行的激光束。光纤陀螺仪的工作机理与激光陀螺仪相似,它用光纤线圈构成激光传播的通路。激光陀螺仪和光纤陀螺仪已成为目前捷联式惯导系统主要的角运动传感器。激光陀螺仪和光纤陀螺仪统称光学陀螺仪,都是利用萨格纳克(Sagnac)效应制成的角速率敏感器件,主要有干涉型、谐振型和受激布里渊散射型。

如图 3-2-16 所示,两束光波在一个注入点同时进入圆形闭合光路,并分别围绕光路的逆时针方向和顺时针方向传播,对应的光程长度用 $L_逆$ 和 $L_顺$ 表示。两束光沿相反方向循环一周后会合于注入点,产生干涉。假设光路正在旋转,那么两束光波的实际光程就会不同(图中光路顺时针旋转,逆时针传播光程 $L_逆$ 比顺时针传播光程 $L_顺$ 要长一些),两束光之间会产生相位差或频率差,从而使干涉条纹发生移动或差拍,这就是萨格纳克效应。通过光电探测器检测干涉效应,即可计算出转动角速度。

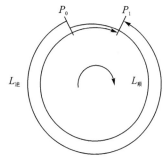

图 3-2-16　萨格纳克效应示意图

3.3　加速度计

加速度传感器是用来测量飞机运动加速度的装置。飞机运动包括重心的线运动和绕机体三轴的角运动,因此,加速度传感器也分为线加速度传感器和角加速度传感器。多数飞机的角加速度信号是通过速率陀螺仪与微分电路得到的,所以这里仅介绍广泛用于各类飞机上的线加速度传感器。一般所说的加速度计就是指测量线运动加速度的装置,又称加速度表。

加速度计按输出与输入的关系可分为加速度计、积分加速度计;根据检测质量的支撑结构形式和材料特点可分为挠性加速度计、液浮加速度计、气浮加速度计、石英加速度计等;根据将测得的加速度转换为电信号时利用的物理原理不同,又可分为摆式陀螺加速度计、压电加速度计、振弦加速度计等。此外,还有采用新材料、新工艺的新型加速度计,如利用微机电技术(MEMS)的硅微机械加速度计和石英振梁式加速度计等。按输出信号的方式,加速度计分为模拟式和数字脉冲加速度计;按敏感加速度输入轴的数目,加速度计分为单轴、双轴和三轴加速度计。

3.3.1　加速度计的一般原理

将加速度计的敏感轴置于机体的三个轴向,可测量飞机三个轴向的线加速度。图 3-3-1 所示为一种简单的加速度计工作原理图。

加速度计主要由弹簧和弹簧所支承的可动质量块(称为敏感质量)以及信号变换器(图中

为电位计)和阻尼器等部分组成。质量块可沿
敏感轴方向移动,电位计电刷与质量块固连,
因此,电位计输出的电压体现了质量块在仪表
壳体内的位置。

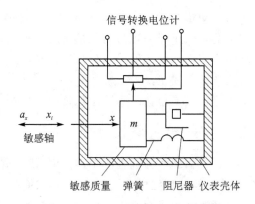

图 3-3-1　加速度计工作原理图

设质量块的质量为 m,弹簧的弹性系数为
K,阻尼器的阻尼系数为 D。假定飞机在惯性
空间内运动,其位移量为 x_i,相应的线加速度
为 $a_x = \dfrac{\mathrm{d}^2 x_i}{\mathrm{d}t^2}$。由于加速度计通过仪表壳体
与飞机固连,飞机的位移量也就是仪表壳体的
位移量,而其线加速度就是加速度计的输入
量。仪表中的敏感质量块具有惯性,相对惯性空间有运动,其位移量为 z。电刷固连于质量块
(包括阻尼器的活塞),在仪表壳体内相对电位计骨架(仪表壳体)的位移量为 x。质量块相对
位移量 x 与其绝对位移量 z 和飞机位移量 x_i 之间的关系为

$$x = z - x_i \tag{3-3-1}$$

忽略弹簧质量和电刷与电位计间的摩擦力。质量块所受的力包括惯性力 $m \dfrac{\mathrm{d}^2 z}{\mathrm{d}t^2}$,阻尼力
$D \dfrac{\mathrm{d}x}{\mathrm{d}t}$,弹簧力 Kx,相应的运动方程为

$$m \frac{\mathrm{d}^2 z}{\mathrm{d}t^2} + D \frac{\mathrm{d}x}{\mathrm{d}t} + Kx = 0 \tag{3-3-2}$$

将式(3-3-1)代入,消去变量 z,可得

$$\frac{\mathrm{d}^2 x}{\mathrm{d}t^2} + \frac{D}{m} \frac{\mathrm{d}x}{\mathrm{d}t} + \frac{K}{m} x = -\frac{\mathrm{d}^2 x_i}{\mathrm{d}t^2} \tag{3-3-3}$$

将 $a_x = \dfrac{\mathrm{d}^2 x_i}{\mathrm{d}t^2}$ 代入式(3-3-3),可得相应的传递函数为

$$\frac{x(s)}{a_x(s)} = -\frac{1}{s^2 + 2\zeta\omega_0 s + \omega_0^2} \tag{3-3-4}$$

式中,$\zeta = \dfrac{D}{2\sqrt{mK}}$ 为相对阻尼系数;$\omega_0 = \sqrt{\dfrac{K}{m}}$ 为固有频率。

稳态时,$\dfrac{\mathrm{d}x}{\mathrm{d}t} = 0$,$\dfrac{\mathrm{d}^2 x}{\mathrm{d}t^2} = 0$。由式(3-3-3)得

$$x = -\frac{m}{K} a_x \tag{3-3-5}$$

上式表示当飞机做等加速度运动时,敏感质量块惯性力 ma_x 与弹簧变形引起的弹簧力
Kx 大小相等、方向相反,从而使质量块处于平衡位置 x。

将输出电压 $U = K_U x$(K_U 为电位计传递系数)代入式(3-3-5),可得

$$U = -\frac{K_U m}{K} a_x \tag{3-3-6}$$

上式表明:线加速度传感器的输出电压正比于飞机线加速度,但相位差为 $180°$。

简单的加速度计构造简单、价格较低,广泛用于增稳、控制增稳和电传操纵系统以及自动

驾驶仪中。但这种传感器的电刷与电位计之间存在摩擦力,而且质量块的移动易受振动等因素的影响,弹簧工作特性易受温度影响,造成传感器的线性度较差,灵敏度比较低,精度不高(一般为 0.5% ~ 1%),难以满足高精度的要求。为了解决上述问题,可用力矩器取代弹簧。

3.3.2　挠性摆式力矩反馈加速度传感器

挠性摆式力矩反馈加速度计(简称挠性加速度计)是目前在惯导系统中用得较多的一种加速度计,主要由挠性支撑(也称挠性轴)、摆组件、角位移信号器、力矩器及反馈电子组件(放大器和校正网络等)组成,如图 3-3-2 所示。

摆组件顶端到挠性轴的连线称为摆性轴。输入轴(敏感轴)与挠性轴和摆性轴相垂直。挠性轴对摆组件起支承作用;摆组件用于敏感加速度,当沿输入轴方向有加速度时,摆组件会朝着与加速度相反的方向偏移,偏转量与加速度的大小成正比;角位移信号器用于敏感摆组件偏转,输出与摆组件偏转大小和方向相对应的电信号,该电信号经放大后送入力矩器线圈,使力矩器产生与摆组件偏转方向相反的力矩(称为再平衡力矩);力矩器产生的力矩和挠性轴的弹性反力矩共同平衡由摆组件的惯性力产生的力矩。需要指出,角位移信号器输出的电信号并非是加速度计的输出。实际的挠性加速度计中力矩器的传递系数很大,摆组件

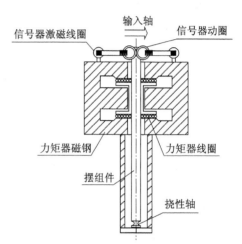

图 3-3-2　挠性摆式力矩反馈加速度计结构示意图

的偏转角度非常小,惯性力产生的力矩主要由力矩器产生的力矩平衡,即再平衡力矩的大小与加速度的大小成正比。在稳定状态下,摆组件的偏转、信号器输出的电信号都很小,而力矩器线圈的电流与输入加速度成正比。因此,加速度计的输出是由力矩器线圈电流转换而来的。

当沿加速度输入轴方向有加速度 a 输入时,摆组件将产生惯性力,该惯性力的作用方向与加速度 a 的方向相反。稳态时惯性力为 ma,对挠性轴产生惯性力矩 $M=mla$。设力矩器对挠性轴产生的再平衡力矩为 $M_t=K_t I$,并忽略挠性轴产生的弹性力矩。这时 $K_t I=mla$,即

$$I = \frac{mla}{K_t} \tag{3-3-7}$$

式中,m 为摆的质量,l 为摆长,K_t 为力矩系数,I 为力矩器线圈的电流。式(3-3-7)表明,力矩器线圈电流与输入加速度成正比。

挠性摆式力矩反馈加速度传感器具有较高的精度和可靠性,在惯性导航和飞行控制中得到了广泛应用。

3.4　大气数据系统

气压高度、垂直速度、飞行速度(空速)和马赫数等运动参数,都是空气总压、静压、总温等大气参数的函数。大气数据系统就是通过测量飞机所在位置的大气参数,从而计算出飞机运动参数的装置。

大气数据系统由空速管、大气温度传感器、迎角传感器及大气数据计算机(简称大气机)等构成,它向飞机的其他系统提供所需的真空速、气压高度等信息。

3.4.1　大气温度与大气压力

1. 大气温度

(1) 静　温

大气静温是指大气静止时的冷热程度。

在大气的对流层中,大气静温随高度的升高而降低,每升高 1 000 m 温度下降约 6.5 ℃;在平流层的 25 km 以下,大气静温几乎不变。

(2) 总　温

当气流流经物体表面时,由于物体表面的阻碍作用,使气流流速降为零的点称为驻点,该点的温度就是总温。其数学表达式为

$$T_t = T_s(1 + 0.2Ma^2) \tag{3-4-1}$$

式中,T_t 为大气总温;T_s 为大气静温;Ma 为飞行马赫数。

由式(3-4-1)可看出,总温由两部分组成:一部分是静温,另一部分是因气流受阻而由动能转化而来的附加温度(简称动温)。总温的大小与飞行高度和速度直接相关。

(3) 阻滞温度

由于任何感温元件在测温的过程中都存在热能损耗,故飞机上实际测得的温度都小于总温。把实际测得的温度称为阻滞温度,其与总温有如下关系:

$$\frac{T_r}{T_t} = N \tag{3-4-2}$$

式中,T_r 为阻滞温度;N 为温度恢复系数(或称品质因数),表示动能转换热能的恢复程度。

将式(3-4-2)代入式(3-4-1),得阻滞温度与静温之间的关系为

$$T_r = NT_s(1 + 0.2Ma^2) \tag{3-4-3}$$

大气数据系统感测大气温度一般采用阻滞温度传感器。阻滞温度传感器又称总温探头,用于测量飞行中的阻滞温度,并向大气机提供总温信号,以便计算与大气温度有关的大气参数。

2. 大气压力

大气压力是大气层中的物体受大气层自身重力产生的作用于物体上的压力。大气压力分为总压、静压和动压。

静压是指飞机周围自由空气的压力,它是空气作用在相对静止物体表面上的单位面积上的力。

总压是空气作用到相对运动物体表面上的单位面积上的总压力。气流的定向运动具有动能,飞机在大气中运动时,在正对大气运动的表面,空气完全受阻,此处的空气速度为零,空气的动能转变为压力能和热能,其压力称为全受阻压力,简称全压或总压。

总压与静压之差,称为动压。

动压是因飞机与大气的相对运动产生的,飞行速度越大,动压越大。而静压与飞行高度有关。

3.4.2　大气数据计算原理

1. 气压高度

飞行高度是飞机在空中距离某一基准面的垂直距离。测量基准面不同,测出的高度也不同。如图 3-4-1 所示,按选定基准面的不同,飞行高度可以分为下列几种:

① 绝对高度——飞机与海平面之间的垂直距离,也称为海拔高度。

② 真实高度——飞机与地面目标(山顶、地面等)之间的垂直距离。

③ 相对高度——飞机与机场地面之间的垂直距离。

④ 标准气压高度——飞机与气压为 101 325 Pa 的气压面之间的垂直距离。

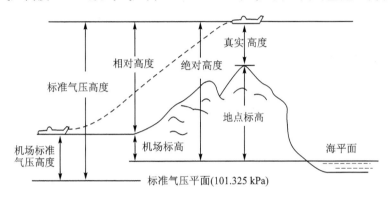

图 3-4-1　飞行高度的定义

气压高度与静压和大气温度存在一定的函数关系,但由于标准大气温度的不连续性,故只能用分段函数的形式描述气压高度与静压之间的关系。

气压高度 H_p 与大气静压之间的函数关系如下:

$$\begin{cases} H_p = [1-(P_s/P_0)^{0.190\,3}] \times 10^4/0.225\,694 \,(\text{m}), & H_p \leqslant 11\,000\ \text{m} \\ H_p = 11\,000 + 14\,593.7(\log P_{11\,000} - \log P_s)\,(\text{m}), & H_p > 11\,000\ \text{m} \end{cases}$$

$$(3-4-4)$$

式中,P_0 为标准海平面大气压,数值为 101.325 kPa;$P_{11\,000}$ 为 11 000 m 高度时的标准大气压,数值为 22.615 kPa;P_s 为大气静压。

2. 空　速

真空速是飞机相对于空气的运动速度,或者说考虑空气密度影响的飞机运动速度,简称为空速。

指示空速则是归划到标准空气速度(海平面的空气密度 $\rho_0 = 1.225$ kg/m³)的真空速,或者说忽略空气密度变化的飞机运动速度。指示空速又称为仪表空速,简称表速。

(1)计算空速的基本方法

通常,飞行速度小于 400 km/h 时,可以认为空气是不可压缩的,其流动过程是等密的,空速 V 可按下式计算:

$$V = \sqrt{\frac{2(P_t - P_h)}{\rho_h}} = \sqrt{\frac{2\Delta P}{\rho_h}}$$

$$(3-4-5)$$

式中,P_t 为总压;P_h 为高度 h 处的大气静压;ρ_h 为高度 h 处的大气密度;ΔP 为总压与静压之差,也就是动压。

当飞行速度大于 400 km/h 时,空气压缩效应较显著,空速 V 计算公式为

$$V = \sqrt{\frac{2\gamma P_h}{(\gamma-1)\rho_h}\left[\left(1+\frac{\Delta P}{P_h}\right)^{\frac{\gamma-1}{\gamma}}-1\right]} \tag{3-4-6}$$

式中,γ 为比热比,$\gamma=1.4$。

不过,式(3-4-5)和式(3-4-6)难以直接用来计算空速,因为高度 h 处大气密度的确切数值并不知道。

当飞行速度大于 1 400 km/h(即 $Ma>1.14$)时,将产生激波,动压和飞行速度的关系可由下式确定

$$\Delta P = \frac{167V^2}{c^2(7V^2-c^2)^{2.5}}-1 \tag{3-4-7}$$

式中,$c=\sqrt{\lambda R T}$ 为声速,其中,λ 为定压比热与定容比热之比,$\lambda=1.4$;T 为热力学温度,量纲为 K;R 为普适气体常数,$R=287.14$ J。

必须指出,当超声速飞行时,对静压的测量是十分困难的。在空速管前面通常都会产生激波,其轴线稍有倾斜,就会产生很大的测量误差。

(2) 指示空速与真空速的计算

由于大气密度不易测准,为此人们用标准大气下海平面的空气密度 ρ_0 与压力 P_0 代替高度 h 时的空气密度 ρ_h 和静压 P_h,即忽略了密度随飞行高度的变化。当飞行速度小于 400 km/h 时,表速 V_{bs} 按下式计算:

$$V_{bs} = \sqrt{\frac{2(P_t-P_0)}{\rho_0}} = \sqrt{\frac{2\Delta P}{\rho_0}} \tag{3-4-8}$$

真空速 V_{zs} 与表速的关系为

$$V_{zs} = V_{bs}\sqrt{2\,\frac{P_0}{P_h}\frac{T_h}{T_0}} \tag{3-4-9}$$

式中,P_0,T_0 为标准大气下海平面的压力与热力学温度;P_h,T_h 为高度为 h 处的大气压力与热力学温度。

3. 马赫数

马赫数是飞行速度与飞机所在高度的声速之比。

当飞机马赫数 Ma 超过临界马赫数 Ma_{cr} 时,飞机某些部位由于局部激波的出现,使得飞机的空气动力特性发生显著的变化,导致飞机的稳定性和操纵性变坏。

由于 $Ma=\dfrac{V}{c}$,而声速为

$$c = \sqrt{\lambda R T_h} \approx 20\sqrt{T_h} = c_0\sqrt{\frac{T_h}{T_0}} \tag{3-4-10}$$

式中,c_0 为标准海平面处的声速。

当飞行速度小于 400 km/h 时,即认为空气是不可压缩的情况下,由前述可知

$$V = \sqrt{\frac{2(P_t-P_h)}{\rho_h}} = \sqrt{\frac{2\Delta P}{\rho_h}} \tag{3-4-11}$$

所以

$$Ma = \frac{1}{c_0}\sqrt{\frac{2T_0\Delta P}{T_h\rho_h}} = A\sqrt{\frac{\Delta P}{\rho_h}} \tag{3-4-12}$$

式中，$A = \dfrac{1}{c_0}\sqrt{\dfrac{2T_0}{T_h}}$ 为常数。

当飞行速度大于 400 km/h 时，即认为空气是可压缩的情况下，由前述可知

$$V = \sqrt{\dfrac{2\gamma P_h}{(\gamma-1)\rho_h}\left[\left(1+\dfrac{\Delta P}{P_h}\right)^{\frac{\gamma-1}{\gamma}}-1\right]} \qquad (3-4-13)$$

所以

$$Ma = \sqrt{\dfrac{2}{(\gamma-1)}\left[\left(1+\dfrac{\Delta P}{P_h}\right)^{\frac{\gamma-1}{\gamma}}-1\right]} \qquad (3-4-14)$$

可见马赫数 Ma 仅与 ΔP 和 P_h 有关，而与 T_h 无关。

3.5　其他传感器

3.5.1　无线电高度表

无线电高度表用来测量无人机到地面的真实高度和垂直速度，主要用于无人机的自动起飞和着陆。

无线电高度表由发射装置和接收装置组成，其工作范围通常是 0～762 m（0～2 500 ft）或 0～600 m，称为低高度无线电高度表。

无人机高度表的一般工作机理是：通过发射装置向地面发射无线电波，经地面反射后被接收装置接收，无线电波经历两倍飞行高度的行程；电波传播的速度为恒值，只要测出这段时间便可求出飞行高度。

无线电高度表按工作方式分为两种：

① 调频式无线电高度表。从飞机上向地面发射三角波调制的连续调频波，经地面反射后被接收机接收。把接收到的调频波和从发射机耦合过来的发射波进行混频，输出的差频与飞行高度有关，用频率计数器测出差频，通过换算即得到离地高度。这种高度表以连续波方式工作，必须采用 2 个天线分别作为发射天线和接收天线。

② 脉冲式无线电高度表。它的工作方式与脉冲雷达测量距离的工作方式完全相同，即通过测量脉冲电磁波往返时间延迟得到目标的距离信息。新型脉冲式无线电高度表发射的脉冲宽度可自动调整，在不同高度均可实现精确测量。

如图 3-5-1 所示，发射天线 A 与接受天线 B 相距为 l，无线电发射机所发射的无线电波一部分直接传到接收天线，所需的时间为

$$t_1 = l/c \qquad (3-5-1)$$

式中，c 为光速，$c = 299\ 792.458$ m/s $\approx 3 \times 10^5$ m/s。

另一部分无线电波经地面反射后由接收天线接收，所需的时间为

$$t_2 = \sqrt{\dfrac{4h^2+l^2}{c^2}} \qquad (3-5-2)$$

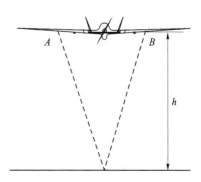

图 3-5-1　无线电测高原理

接受天线接收到上述两个无线电波的时间间隔为

$$\tau = t_2 - t_1 = \sqrt{\frac{4h^2 + l^2}{c^2}} - \frac{l}{c} \tag{3-5-3}$$

故飞行高度 h 为

$$h = \frac{1}{2}\sqrt{c\tau(c\tau + 2l)} \tag{3-5-4}$$

因为发射天线与接收天线之间距离很小，l 可忽略，所以飞行高度 h 为

$$h = \frac{c\tau}{2} \tag{3-5-5}$$

利用无线电波反射特性来测量飞机飞行高度的方法，是将飞行高度测量转换为时间的测量，它所能测量的最小高度取决于所能测量的最小时间间隔。例如所能精确测量的最小时间间隔 τ 为 10^{-9} h，所能测量的最小飞行高度为 0.15 m。

3.5.2　磁力计

磁力计指的是各种用于测量磁场的仪器，也称磁力仪、高斯计。

磁感应强度是矢量，具有大小和方向特征，只测量磁感应强度大小的磁强计称为标量磁强计，而能够测量特定方向磁场大小的磁强计称为矢量磁强计。无人机所用的磁力计为后者。

磁力计为无人机的飞行控制系统提供地磁场在飞行器机体系中的三个分量，以便于确定飞行器的磁航向。

能够测量磁场的物理原理有很多，根据不同原理进行分类，常见的标量磁强计有质子旋进磁强计、Overhauser 磁强计、碱金属光泵磁强计等，常见的矢量磁强计有磁通门磁强计、磁阻磁强计等。

测量地磁场强度的磁力仪可分为绝对磁力仪和相对磁力仪两类。

绝对磁力仪测定值的准确度由仪器本身确定，相对磁力仪测定值的准确度需要与绝对磁力仪比测后才能确定。常用的磁力仪有以下几种：

① 地磁感应仪。测量地磁倾角的仪器，它是 W. E. 韦伯于 1837 年根据电磁感应原理制成的。测量精度可达数角秒。

② 磁偏计。测量地磁偏角的仪器，主要由磁系、悬丝、照准望远镜和水平度盘等组成。测量精度可达数角秒。

③ 石英丝水平强度磁力仪。测量地磁场水平强度的相对磁力仪，它是丹麦学者 D. 拉库尔于 1936 年根据扭力矩与磁力矩平衡的原理设计制成的。仪器的主要部分是一条精制的石英丝和磁针。这种仪器可供野外地磁测量使用，也可供地磁台作地磁记录的校正。使用前必须先用绝对磁力仪对它的常数进行标定。

④ 零点磁秤。测量地磁场垂直强度的相对磁力仪，它是拉库尔于 1942 年根据重力矩与磁力矩平衡的原理，利用两根磁针间的相互作用制成的。

⑤ 磁通门磁力仪。测量地磁场强度和方向的相对磁力仪，仪器由独立的磁通门探头组合而成。每一个磁通门探头能独立地探知某一方向上地磁场的强度，把 3 个探头相互垂直地组合在一起，即可同时测出地磁场强度的 3 个分量。磁通门磁力仪是在第二次世界大战中为了从飞机上探测敌方潜艇而发展起来的，已在地磁台以及陆地磁测、航空磁测、卫星磁测等方面得到广泛应用。

⑥ 质子旋进磁力仪。测量地磁场总强度的绝对磁力仪。强磁场使水或碳氢化合物中的质

子极化,当强磁场突然去掉时,质子就以一定角速度绕地磁场旋进,测定质子的旋进频率即可算出地磁场总强度。这种仪器不怕震动,适于装载在船舶、气球、飞机、人造卫星等运载工具上使用。

磁传感器包括地磁感应元件和电位计。地磁感应元件用来测量磁航向,磁电位计则用来将磁航向信息转变为电信号。磁电位计由环形电阻和一对电刷组成。环形电阻上有 3 个互隔 120°的固定抽头,分别与指示器和陀螺电位计的 3 个电刷连接,磁电位计的磁航向由电阻与电刷之间的相对位置确定。

3.5.3　迎角和侧滑角的传感器

迎角大小与飞机的升力和阻力密切相关,当迎角达到临界迎角时,飞机将发生失速,所以迎角的测量是十分重要的。

在飞机上要准确测量真实迎角是非常困难的。由于飞机和迎角传感器对气流存在干扰,使得在飞机上不同位置处的气流流场与理想流场间存在差别。故迎角传感器只能测量出传感器所在处的气流方向与飞机弦线间的夹角,即局部迎角。

当机翼(或机身)的迎角改变时,机翼上、下表面的压力将发生变化。压力的重新分配将造成机翼产生一个与迎角大小有关的压力差。所以可利用这个压力差来衡量迎角的大小。

迎角传感器按其敏感方式可分为风标式和探头式两大类(按其具体结构可分为风标式、压差管式和探头式三种),按信号转换方式分类又可分为电位计式和同步器式两大类。

1. 风标式迎角(侧滑角)传感器

图 3 - 5 - 2 所示为典型风标式迎角传感器的原理结构图,该传感器由具有对称剖面并随气流变化而转动的翼形叶片、放大传动机构和电位计构成。翼形叶片与放大传动机构的轴固连,传动机构的另一端与电刷固连。

风标式迎角传感器的工作原理是:当翼形叶片中心线平行于迎面气流时(迎角 $\alpha = 0$ 时),作用于叶片上下表面的压力相等,叶片不转动,电刷处于中立位置,无电信号输出;当飞机以一定的迎角飞行时,作用在叶片上下表面的气动力不相等,产生压差,使叶片绕其轴

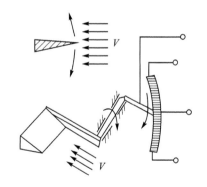

图 3 - 5 - 2　典型迎角传感器原理结构图

旋转,直到中心线与迎面气流方向一致为止。叶片转角就是飞机当时的迎角,经放大传动机构,带动电刷转动,输出与迎角成比例的电信号。风标式迎角传感器就因为它能使翼面与气流方向一致而得名。为使风标(叶片)工作稳定,风标式迎角传感器装有阻尼器;为防止风标表面结冰,传感器还有加温装置。

风标式迎角传感器一般安放在机头或机翼处。如果必须安放在其他地方,则需经过风洞和飞行试验校正误差。制造良好、安装正确的迎角传感器可达较高精度(如±0.1°～±0.2°)。

若将具有对称剖面的翼形叶片安放在飞行对称面中,使之能绕平行于机体竖轴的方向转动,则传感器可用来测量飞机的侧滑角。

2. 压差管式迎角(侧滑角)传感器

压差管式迎角传感器由压差管和开口膜盒式压力传感器组成。压差管头部为半球形,在其轴线的对称两边开有两个夹角为 90°的对称小孔,如图 3 - 5 - 3 所示。开口膜盒式压力传感

器包括开口膜盒、放大传动机构和电位计3个部分,如图3-5-4所示。

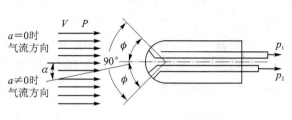

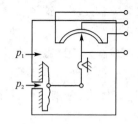

图 3-5-3　压差管　　　　　　　　图 3-5-4　开口膜盒式压力传感器

当压差管轴线与气流方向一致时(迎角 $\alpha=0$),两个小孔所感受的压力 p_1 与 p_2 相等。p_1 与 p_2 通过导管分别送到开口膜盒和密封的仪表壳体内,压差 $\Delta p=p_1-p_2=0$,电刷处于中立位置,输出信号为零。当气流方向与压差管轴线出现迎角($\alpha\neq0$)时,两个小孔所感受的压力 p_1 和 p_2 不再相等,$\Delta p=p_1-p_2\neq0$。

设总压为 p,由图 3-5-3 可知,$p_1=p\cos(\phi+\alpha)$,$p_2=p\cos(\phi-\alpha)$。压差为

$$\Delta p=p_1-p_2=p[\cos(\phi+\alpha)-\cos(\phi-\alpha)]=2p\sin\phi\sin\alpha$$

所以

$$\frac{\Delta p}{p_1}=\frac{2p\sin\phi\sin\alpha}{p\cos(\phi+\alpha)}=\frac{2\sin\phi\tan\alpha}{\cos\phi+\sin\phi\tan\alpha} \tag{3-5-6}$$

当 $\phi=45°$,且 α 较小时

$$\frac{\Delta p}{p_1}\approx\frac{2\tan\alpha}{1+\tan\alpha}\approx2\alpha \tag{3-5-7}$$

即 $\alpha=f\left(\dfrac{\Delta p}{p_1}\right)$,表明用压差管与开口膜盒传感器所构成的仪表确能测量迎角。

与风标式传感器类似,压差管式传感器安装位置同样影响迎角的测量精度,必须正确选择安装位置,尤其在超声速飞行时更应注意。

在这里需要说明一下,压差管头部有 5 个小孔。除了测量迎角的两个对称孔外,与其成 90° 的轴线上有两个对称孔,用以测量侧滑角,还有一个孔是开在其中心轴线处,以测量当时的总压。显然,它们有 5 个导管,各自把所测得的信号传送出去,即同时测出飞机的迎角和侧滑角。

3. 零压差式迎角传感器

零压差式迎角传感器是在压差管式迎角传感器的基础上发展而来的,其结构如图 3-5-5(a)所示。它由敏感部分(探头)、变换传动部分(气道、气室和桨叶)、输出部分(电刷、电位计)和温控部分(探头、壳体加热器及其温度继电器)组成。探头是一个圆锥,中间有隔板,中心线两侧有两排对称的出气孔,图 3-5-5(b)所示为探头的横截面。圆锥形探头与中间有气道的空心轴相连,在空心轴上固定着桨叶和电刷。飞行时探头的轴线平行于飞机的横轴 y(若轴线平行于飞机的纵轴 x,则可测出飞机的侧滑角)。

当迎角为零时,两排对称测压孔均正对着迎面气流,夹角相等,感受压力相等,桨叶不动,无信号输出。当迎角不为零时,两排测压孔感受的压力 p_1 和 p_2 不相等,设 $p_2>p_1$(见图 3-5-5(b)),气流经过气道进入气室,分别作用于等面积的桨叶,产生沿 y 轴的负向力矩,使桨叶和探头转动,直至压差 $\Delta p=p_2-p_1=0$。此时两排对称测压孔均正对着迎面气流。显然,探头的转角等于飞机当时的迎角;固定在转轴上的电刷也转过相同的角度,并输出与迎角

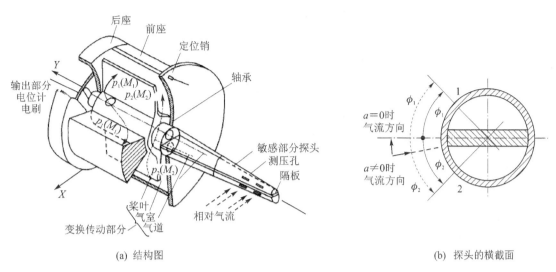

(a) 结构图　　　　　　　　　　　　　　(b) 探头的横截面

图 3 - 5 - 5　零压差式迎角传感器

成比例的电信号。

　　零压差式迎角传感器具有较好的阻尼,输出的电信号较平稳,精度可达 0.1°。传感器中只有锥形探头露在飞机蒙皮之外,对飞机造成的附加阻力很小,其缺点是传感器结构比较复杂,装配精度要求高。

小　　结

　　本章介绍了导航系统和飞行控制系统中主要的传感器。

　　无人机的运动参量可通过基于空气动力学原理的方法、惯性测量方法、无线电测量方法及磁传感器等进行测量。在无人机导航系统和飞行控制系统的传感器中,陀螺仪和加速度计测量的是惯性量,而大气数据系统测量的是空气动力学量,无线电高度表采用无线电测量方法测量相对地面的高度。

思 考 题

　　1. 试述常用高度的定义。

　　2. 在无人机整个飞行阶段,如何合理地运用气压高度和无线电高度?

　　3. 当单轴加速度计的敏感轴在水平面内时,能否直接对加速度计的测量值进行积分以得到无人机地速的水平分量?

　　4. 大气动压和静压的定义是什么? 请定性描述大气动压和静压与相关运动参数的关系。

第4章 无人机导航系统

导航的意思是引导飞行器从当前位置或指定航线的一点运动到另一点,导航系统就是引导飞行器按预定航线飞行的设备。航空导航方法主要有惯性导航、无线电导航、多普勒雷达导航、卫星导航、天文导航等。因无人机的载荷能力有限,而无人机自动飞行对导航精度的要求又很高,目前无人机导航大多采用"惯性+卫星"的模式,即将惯性导航系统与卫星导航系统构成组合导航系统。

本章首先简要介绍各种导航方法,然后讲述惯性导航和卫星导航的原理,并在此基础上介绍由卫星导航与惯性导航构成的组合导航的机理。

4.1 航空导航概述

4.1.1 现代战争对导航的要求

随着科学技术的发展,现代战争中高科技装备越来越多,对导航技术的要求也越来越高,除了要求安全可靠、体积小、重量轻和造价低廉外,还有以下几个方面:

① 导航精度高。例如,用于军事侦察和作战的飞机,对于有积累误差的导航系统,要求导航定位精度达 0.04~1 n mile/h(圆概率误差,CEP)[①]。为了精确打击目标或实现自动着陆(舰)引导,更要求定位精度达到米级甚至分米级。

② 工作范围宽。希望导航系统能满足全球导航的要求。

③ 自主性强。希望导航设备不依靠地面辅助设备或其他方面的任何信息,而能独立地进行工作。这样一方面可以扩大飞行器的活动范围,另一方面可以避免被敌人发现而受攻击或受到干扰。

④ 提供的导航参数多。希望导航设备能够为轰炸和空投提供姿态、速度等信息外,还能准确提供风速、风向、偏流角、加速度以及投放轨迹和投放时间。对歼击机来说,还希望能提供姿态变化率信息,以便配合雷达使瞄准系统更有效地发挥战斗力;同时还希望能为飞机自动驾驶仪提供所需的各种导航参数,并能与着陆系统配合,保证安全可靠地着陆。

⑤ 使用条件要宽。希望导航设备不受气象条件的限制,能满足全天候导航的要求;希望具有很强的抗干扰能力,对磁场、电场、光、热以及核辐射等条件的变化不敏感;希望反应时间短,一接到起飞命令导航设备便可很快投入正常工作,并且操作简单,不需要操作者具有很高的技术水平。

4.1.2 主要导航方法简介

航空导航就基本字义来说,就是引导飞行器(包括各类有人驾驶固定翼飞机、直升机和无人驾驶飞行器)按照预定航线飞向目标。对无人机而言,导航的基本任务就是实时确定无人机

---

① 1 n mile 约为 1.852 km。1 n mile/h(CEP)意为 1 小时内的位置误差有 50% 可能性不超过 1 n mile。

在飞行中的位置(这一过程也称为定位)。

获得飞行器位置信息的基本方法有三类：

① 匹配定位方法：将获取的图像、高度、磁场、重力场等信息与预先存储的数据集进行匹配，从而直接或间接地确定载体的位置。最早的匹配定位是人工目视导航——由驾驶员观察地面标志物来判定飞行器的位置。目视导航方法简单、直观，仅适用于低速小型有人驾驶飞机，而且有很大的局限性。对于自动化程度不高的无人机，目视导航在人工操控起飞和着陆的过程中仍然特别需要，但不适于无人机的远程操控。近几十年来出现的各种匹配定位技术(如基于图像匹配、地图匹配、磁场匹配等导航定位)可看作是目视定位方法的发展。

② 航位推算方法：根据已知的前一时刻飞行器的位置和测得的相关参数，推算出飞行器当前位置。航位推算是导航的主要方法，其主要特点是只依靠机上的仪器设备而与外界无关，不易受无线电干扰的影响，可进行全球导航。

③ 几何定位方法：以地面上有限个位置已知的点或人造地球卫星为基准，测量飞行器相对于基准点的位置、速度等参数，从而进一步计算出飞行器的位置。

根据获得导航参数时是否需要外界信息，导航方法可分为自主式和非自主式两大类。不依靠外界信息，在不与外界发生信号联系的条件下独立完成导航任务的是自主式导航系统；而非自主式导航系统则必须有地面设备或依靠其他机外装置才能完成导航任务。

航空导航依据其工作原理可分为多种类型，当前主要的导航方法有：无线电导航、多普勒雷达导航、卫星导航、惯性导航、天文导航及组合导航。

1. 无线电导航

无线电导航利用无线电波在均匀介质和自由空间直线传播的特性测定出载体的方位、距离、速度等导航参数，进而算出与规定航线的偏差。无线电导航系统由地面无线电导航电台和飞机上的无线电导航设备构成。按照所测定的导航参数，无线电导航系统可分为：

① 测角系统，如无线电罗盘和伏尔导航系统。这种装置利用无线电直线传播的特性，将机上的环形方向性天线转到使接收的信号幅值最小的位置，从而测出电台的航向(无线电罗盘)。也可利用地面导航台发射迅速旋转的方向图，根据飞机不同位置接收到的无线电信号相位不同，来判定地面导航台相对飞机的方位角(伏尔导航)。

② 测距系统，如无线电高度表和测距仪。这种系统利用无线电波恒速直线传播的特性，在飞机和地面导航台上各安装一套收、发射机。系统工作时飞机向地面导航台发射询问信号，地面台接收并向飞机发回应答信号。飞机接收到的应答信号比询问信号滞后一定的时间，由此时间差即可测得飞机相对导航台的距离。测量系统的位置线是一个圆圈，即飞机距地面导航台的距离相同时，测得的收发信号时间差是相同的。根据飞机相对两个地面导航台的两条圆位置线的交点可确定飞机的位置，如图 4 - 1 - 1 所示。定位的双值性可用第三条圆位置线来消除。

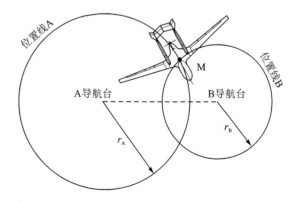

图 4 - 1 - 1　测距法定位导航

③ 测距差系统，即双曲线无线电导航系统，如罗兰 C 导航系统和奥米加导航系统。其机

理是:基于飞机到两个导航点的距离差为恒值的位置线为双曲线,而两条双曲线的交点是唯一的,从而实现飞机的定位。

④ 测速系统,如多普勒导航系统。它是利用多普勒效应测量飞机的速度信号,并与航姿系统输出的航向、俯仰和倾斜角信号一并送入导航计算机,求出地速矢量,对地速进行积分即可求出飞机的航程和位置。测速系统的定位原理属于航位推算法。

⑤ 测角测距系统,如塔康导航系统和伏尔测距导航系统等。由于地面导航台的位置是已知的,根据飞机相对地面导航台的距离和方位,即可确定飞机的位置。

作用距离在 400 km 以内的无线电导航系统称为近程无线电导航系统,400 km 至数千千米以内的称为远程无线电导航系统,1 万千米以上的称为超远程无线电导航系统。

2. 多普勒雷达导航

多普勒雷达导航是一种特殊的无线电导航系统,它利用由飞机速度变化造成的发射波和反射波之间的频率差(称为多普勒频移)来测量飞机相对地面的速度(即地速),再根据机上航向系统输出的航向角,将地速分解为沿地理北向和东向的速度分量,进而完成导航任务。多普勒雷达导航系统是一种航位推算定位系统。

多普勒雷达导航的主要优点是:无需地面台,自主性强。其主要缺点为:工作时必须发射电波,容易受干扰和暴露自己;此外,定位精度与反射面形状有密切关系,当飞机在海面和沙漠上空工作时,反射性极差会大大降低工作性能;同时导航精度也受雷达天线姿态的影响,当飞机接收不到反射波时,就会完全丧失工作能力。

3. 卫星导航

卫星导航系统,是近 20 多年来发展速度最快的一种导航系统。目前广泛应用的卫星导航是美国的 GPS 全球定位系统和俄罗斯的 GLONASS 全球导航系统。我国的北斗卫星导航系统也逐渐成熟并已投入使用,目前正发展第二代。卫星导航系统也是利用无线电波传播的直线性和等速性实施测距定位,并利用载体与卫星之间的多普勒频移进行测速的导航方法。

卫星导航由导航卫星、地面站和用户设备(也常称为接收机)三大部分组成。

优点:导航精度很高,适于全球导航,加之用户设备简单、价格低廉,所以应用领域十分广泛。

缺点:需要庞大的地面站支持,是一种被动式导航系统;电波易受干扰,当用户设备接收不到足够数量的导航卫星的信号时,无法进行定位计算。此外,卫星导航的数据更新频率较低,通常是每秒 1 次到数次,无法满足高精度武器火控系统解算及飞行器实时控制的要求。

卫星导航的误差受卫星星历误差、卫星时钟误差、多路径效应、接收机时钟误差等因素的影响。差分技术是减小卫星导航误差的一个有效手段。以差分 GPS(DGPS)为例,其工作基于如下机理:距离相近的接收机,误差也相近。在已知位置处设置差分基准接收机(亦称基准站),基准站与任何标准的 GPS 接收机一样进行码基 GPS 伪距测量,由于其精确位置已知,故它可以测量"偏差",这些偏差包含伪距测量过程中产生的误差(如电离层和对流层延迟、接收机噪声等)和接收机时钟对 GPS 系统时的偏差,这些偏差作为差分校正量由地面差分数据链电台发送出去;装在飞机上的机载差分数据链电台接收这些校正量并通过数据总线传给机载 GPS 接收机,这样,GPS 接收机就可以通过差分校正量提高其测量精度。在实际使用过程中,DGPS 的定位精度可以达到 1~3 m(注:如果不使用 DGPS 技术,则误差一般会在 10 m 以上)。

4. 惯性导航系统

惯性导航系统是一种自主式导航设备,它通过加速度计测量飞机的加速度,并对加速度进行积分运算获得飞机的速度和位置,通常由惯性测量装置(包括加速度计和陀螺仪,又称惯性组合)、导航计算机和控制显示器组成。惯性测量装置中的 3 个陀螺仪用来测量飞机的 3 个转动运动,3 个加速度计用来测量飞机的 3 个平移运动加速度。计算机根据测得的加速度信号,计算出飞机的速度、位置及其他导航参数。控制显示器用来显示各种导航参数。

惯性导航系统的设备都装在飞机内,工作时不依赖外界信息,也不向外界辐射能量,不易受到外界干扰,是一种自主式的导航系统。不过,由于惯性导航系统中存在积分运算,其误差会随时间积累,即工作时间越长,系统的误差就越大。这使得惯性导航系统只能在有限的时间内工作。

5. 天文导航系统

根据天体来测定飞行器位置和航向的导航装置,称为天文导航系统。天文导航系统通常由星体跟踪器、惯性平台、计算机、信息处理器和标准时间发生器组成。星体跟踪器(星敏感器)是天文导航系统的主要设备,它通过扫描对星体进行搜索,搜索到星体后立即转入跟踪状态,同时测出星体的高度角和方位角。

由于天体的坐标位置和运动规律是已知的,测量出天体相对于飞行器参考基准面的高度角和方位角,就可以计算出飞行器的位置和航向。天文导航系统是自主式的导航系统,不需要地面设备,不向外界辐射能量,不受人工或自然形成的电磁场的干扰,隐蔽性好,定向、定位精度高,定位误差与时间无关。

6. 组合式导航系统

上述各种导航系统各有优缺点。为提高导航精度、导航工作范围或导航工作可靠性,将两种或两种以上导航系统组合起来,就是组合导航系统。根据不同的目的要求,有各种不同的组合导航系统。就目前来看,都是以惯性导航系统为基础构成组合导航系统,如惯性-多普勒导航系统、惯性-奥米加导航系统、惯性-天文导航系统、惯性-卫星组合导航系统等。组合导航系统具有如下几种功能:

① 协合功能:利用各导航分系统的信息,形成分系统所不具备的导航功能。

② 互补偿功能:组合后的导航功能虽然与各分系统的导航功能相同,但它能够综合利用分系统的特点,从而扩大了使用范围,提高了导航精度。

③ 余度功能:两种以上导航系统组合具有余度导航的能力,增加了导航系统的可靠性。

4.2　惯性导航概述

4.2.1　惯性导航的概念及分类

惯性导航系统简称惯导系统,其工作原理是根据牛顿力学建立起来的。首先,惯导系统中两个重要传感器(陀螺仪和加速度计,称为惯性器件)的工作机理来源于牛顿力学;其次,惯导系统的全部力学方程都是根据牛顿力学建立的。牛顿力学的应用以惯性空间作为参考系,因此把这种导航称为"惯性导航"。

对于飞行器来说,由于加速度是一个三维空间中的矢量,要实现导航必须设法在飞行器上建立一个三轴正交的坐标系,然后沿三个坐标轴方向给出飞行器运动的初始条件,并测量出运动加速度,以便于计算出飞行器在任意时刻的速度和位置。

用上述方法求导航参数,必须解决以下两个问题:一是建立导航参考系,其状态不受飞行器运动的影响而相对地平坐标系保持稳定①。该坐标系可通过陀螺稳定平台来建立,陀螺稳定平台通过陀螺仪测量角运动,并通过一套控制系统对平台进行稳定。二是要测量坐标轴向的加速度,其办法是在三个坐标轴方向上安装三个加速计。

由上述可知,飞行器惯性导航是利用惯性敏感元件测量飞行器相对于惯性空间的线运动和角运动参数,在给定运动初始条件下,由计算机计算出飞行器的速度、位置等导航参数,并测量或计算出飞行器的姿态、航向,以便引导飞行器完成预定的航行任务。由惯导系统的工作机理可知,惯导系统不依赖任何外界的信息即可测量出导航参数,因此它具有隐蔽性好、抗干扰能力强、能全天候工作等优点,是军用飞行器理想的自主式导航设备。

惯导系统通常由惯性测量装置、计算机和控制显示器等部分组成。惯性测量装置包括加速度计、陀螺仪或包含陀螺仪的三轴陀螺稳定平台。惯性测量装置的主要功能是测量运动加速度,惯性测量装置中的陀螺仪用于建立坐标基准。计算机依据给定的初始条件和测得的加速度,计算出飞行器的速度、位置等数据,此外,计算机还要完成惯性器件校准、系统工作状态监控等。控制显示器中的控制部分,用来给定初始条件和输入其他控制指令,显示部分用来显示各种导航参数。对无人机而言,惯导系统的控制显示功能由地面站实现。

惯导系统可分为平台式和捷联式两种,这是根据导航参考系或加速度测量基准建立的方式划分的。两种惯导系统的惯性测量装置在机械结构上大不相同,前者有机械的陀螺平台,而后者的惯性器件与机体是固连的。上述采用陀螺稳定平台建立加速度测量基准的惯导系统就是平台式惯导系统。在平台式惯导系统中,三轴陀螺平台(也称为惯导平台或简称平台)相对水平坐标系保持稳定,它不仅用来建立导航参考系,还能直接输出飞行器的姿态角和航向角。惯导平台上的加速度计和陀螺仪与飞机的角运动是隔离的,这使得惯性器件有一个较好的工作条件。而捷联式惯导系统是将加速度计和陀螺仪与机体固连,利用陀螺仪测量飞行器相对惯性空间的角运动,然后运用数学方法计算出机体系与导航参考系之间的坐标转换关系,通过这一数学关系可将加速计的测量值投影到导航参考系中,也就是说,在捷联式惯导系统中,机体系与导航参考系之间的坐标转换关系起到了陀螺平台的作用,因此也称为"数学平台"。

无人机上的惯性导航系统,在原理上与一般飞机的惯性导航系统并没有差别,它们的差别主要体现在结构组成和使用方式上。由于机上无人,无人机惯导系统在机上一般没有显示部件,其导航参数通过数据总线传给飞行控制系统。除了电源开关,无人机上没有对惯导系统进行操作的装置。在飞行前准备时,对惯导系统的监控、操作是通过无人机地面综合检测台或检测车进行的。在结构方面,无人机惯导系统与一般飞机惯导系统相比结构更紧凑、重量更轻、体积更小。

4.2.2　惯性导航系统的特点及其发展

1. 惯性导航系统的主要特点

惯性导航的主要优点是:

① 自主性强。它可不依靠任何其他地面或空中的设备提供的信息而独立地完成导航功能②,这是惯性导航最重要,也是最吸引人的一个特点。

---

① 用于近地面飞行器导航的惯导系统,其导航参考系一般选为地理系或其他地平坐标系,而空间运载体的导航参考系则多选为惯性坐标系。

② 纯惯性高度通道是不稳定的,但这一缺陷可通过引入气压高度或其他高度信息进行弥补。从导航所需的水平位置而言,惯导系统可完全自主地工作。

② 在一定时间内导航精度较高。

③ 测量的参数多。可以提供包括速度、加速度、姿态角、转动角速度甚至角加速度在内的全部导航信息。

④ 惯导系统提供的信息分辨率高、实时性好,其工作周期一般小于 50 ms,满足飞机实时控制的要求。

但惯性导航也有自身的不足,主要是:惯性导航对惯性元件(陀螺仪和加速度计)的要求比较高,成本也较高;另外,由于多种误差源的存在和算法的限制,其导航精度要随时间的增长而逐渐降低。

根据前面的介绍,目前各种主要导航方法中没有一个导航方法(包括惯性导航)能完全满足现代战争对导航技术的要求,比较完善的方法是把不同的导航设备组合起来,使它们发挥各自的优点,提高导航精度和导航工作的可靠性。就导航精度、自主性和提供导航参数的全面性等主要方面来说,惯性导航较其他导航方法具有不可替代的优越性。因此,目前已研制出多种以惯性导航系统为主的组合式导航系统。

2. 惯性导航的发展

惯性导航使用的陀螺最早为滚珠轴承式框架陀螺,后来又出现液浮、气浮支承陀螺以及静电陀螺、挠性陀螺、激光陀螺、光纤陀螺等。按惯导系统所使用的陀螺仪来分,惯性技术经历了以下阶段。

1942 年,德国 V-2 火箭用两个二自由度位置陀螺仪控制箭体的姿态和航向,用一个加速度计测量沿箭体纵轴方向的加速度,构成了付诸实际使用的第一个惯性制导系统。这一惯导系统的雏形引起了发达国家极大重视,从而把惯导技术的研究推向了一个新的高度。

小故事:

V-2 火箭为德国火箭专家冯•布劳恩为首的研究小组所研制,是世界上真正投入战争的第一枚弹道导弹。1944 年 9 月 8 日,希特勒下令向英国伦敦发射 V-2 火箭。据统计,从 1944 年 9 月 8 日到 1945 年 3 月 27 日,德军对英国共发射了 1 402 枚导弹,其中 1 054 枚打到了英国本土,348 枚落到了大海里。共计 517 枚导弹(约占发射量的 37%)打到了伦敦。

美国麻省理工学院(MIT)的德雷珀教授是惯性导航技术的开拓者之一。德雷珀是一位业余的飞机驾驶员,他于 20 世纪 30 年代就提出了纯惯性导航的大胆设想。不过,在飞机上采用纯惯性导航的提议在很长时间里受到很多人的质疑。后来,德雷珀教授争取到了一个轰炸机导航系统的研究项目。德雷珀领导的小组在 B-29 轰炸机上安装了陀螺、加速度计、雷达和一台计算机,完成了对目标实施定位、瞄准、攻击等一系列预定任务。

1953 年,德雷珀实验室承担一项称为"斯比尔"(Spire)的纯惯性导航飞行计划。在"斯比尔"惯性导航系统引导下,飞机经 13 小时飞行横贯美国大陆,最后的位置误差为 10 海里。

1958 年 7 月 23 日,美国第一艘装备有惯性导航系统的试验型核动力潜艇"鹦鹉螺"号从夏威夷珍珠港出发,开始了名为"以核动力前进"的北极之行。8 月 3 日,"鹦鹉螺"号抵达北极,成为世界上第一艘从太平洋驶入大西洋并抵达北极点的船只。然后,"鹦鹉螺"号又从北极点开始,继续在冰下航行 96 小时,行程 1 830 海里,在格陵兰外海浮出水面时,艇位误差仅为 20 海里,取得了令世界震惊的成功!

20 世纪 50 年代,以液浮和气浮陀螺构成的平台式惯导系统开始在飞机、舰船和导弹上广泛应用。50 年代初,美国北美航空公司奥托奈蒂克斯分公司研制的惯性导航系统 XN-1、德雷珀实验室研制的"斯比尔"惯性导航系统相继在飞机上试飞成功。1958 年,核潜艇上开始装备液浮陀螺惯导系统。这一时期航空惯导的典型代表是美国利登(Litton)公司的以液浮陀螺、液浮摆式加速度计构成的平台式惯导系统。

20世纪60年代,动力调谐式挠性陀螺研制成功,挠性加速度计代替液浮摆式加速度计。1966年,美国基尔福特(Kearfott)公司研制出挠性陀螺惯导系统,并用于飞机和导弹。这为后来航空惯导的典型代表美国利登公司的军用LN－39和民用LTN－72的出现奠定了基础。

20世纪70年代,在利用高压静电场支承球形转子取代机械支承的静电陀螺研制成功后,核潜艇和远程飞机上先后开始装备静电陀螺平台式惯导系统。

20世纪80年代以后到90年代初,以激光陀螺、光纤陀螺为代表的捷联式惯导系统得到极其迅速的发展和广泛应用。这一时期航空惯导的典型代表是利登公司的环形激光陀螺捷联惯导系统和霍尼韦尔(Honeywell)公司的环形激光陀螺捷联惯导系统。

20世纪90年代,惯性技术在元件方面主要是微机械结构惯性器件(或称固态惯性器件)随着半导体技术的发展而取得了长足的发展;在系统方面主要是惯导与GPS全球定位系统的广泛应用,以及惯导与其他导航系统的双重和多重组合。

进入21世纪后,新技术的发展层出不穷。采用新技术的各种陀螺仪表更显现出竞争力,对传统的惯性传感器提出挑战。微机械惯性器件日渐成熟,通过与卫星导航、数字地图等进行融合,基于微机械惯性器件的惯导系统已开始进入民用和军用领域。对集成光学陀螺芯片、原子陀螺等新型的微型陀螺的研究也取得了令人兴奋的进展。可以预见,芯片级惯导系统会在不久的将来出现在手机、车辆导航系统等智能设备及武器装备中。

惯性技术的发展表明,惯性导航有着其他导航和制导技术无法比拟的优点,其自主性、抗干扰性和输出参数的全面性等,对于军事用途的飞机、舰艇、导弹等有着十分重要的意义。例如,惯性制导的中远程导弹,一般来说命中精度70%取决于惯性系统的精度,它基本上决定了导弹是否能打得准的问题。对于核潜艇,由于潜航时间长,其位置和速度是变化的,而这些数据又是发射导弹的初始状态参数,直接影响导弹的命中精度,故需要提供高精度的位置、速度等信号,而唯一能满足这一要求的导航设备就是惯性导航系统。又如战略轰炸机,由于要求它经过长时间远程飞行后仍能保证准确投放(发射)武器而命中目标,只有使用惯性导航系统才是最为合适的,因为惯导系统的工作不依赖外界信息、隐蔽性好,不易受到外界干扰,又不会因沿途经海洋、过沙漠而影响导航精度。

上述体现国防尖端科学技术的三大战略武器,如果没有精确的惯性制导或惯性导航配合,就不可能发挥其应有的战略威慑力量。同样,对于各种无人机、巡航导弹、战术导弹、舰艇、船舶、歼击机、轰炸机、自行火炮、坦克等武器,也只有配备了惯导系统才能有效地发挥其战斗力。

正因如此,国外生产的新机无不装备惯性导航系统,20世纪80年代初,美国就已有5 000架以上的军用飞机装备了惯导。另外,国外在对旧机种改装时,最感兴趣的是加装惯导/攻击系统,因为打靶试验表明,一架装有惯性导航/武器攻击系统的飞机,可发挥出10倍于使用普通光学瞄准具飞机的攻击效果。

在充分认识惯导系统重要性的同时还要看到它的不足,就是随飞行时间增加,误差不断增大,导航精度不断下降。为了克服这一缺陷,先后出现了多种以惯导为主的组合导航系统,它们利用无线电导航系统(塔康、罗兰、奥米加)、天文导航系统、卫星导航系统以及其他导航设备误差有界的优点,校正惯导的积累误差,以保证导航精度和导航工作可靠性。

惯导系统的故障很大一部分来源于机械部件磨损、变形等造成的惯性器件性能下降或机械故障。由于捷联式惯导去掉了复杂的稳定平台,激光陀螺取代了由马达驱动的机械陀螺,故采用激光陀螺的捷联惯导系统在可靠性方面明显优于采用机械陀螺的平台式惯导系统。GPS 与激光捷联惯导系统的组合,被国内外导航界公认为是目前的最佳导航选择。另外,光纤陀螺捷联惯导系统、地形匹配与惯导组合系统等,也具有广阔前景。惯导系统与 GPS、GLONASS 或北斗全球导航系统的组合,成为目前高性能作战飞机导航系统的主流配置。

　　我国航空惯性导航系统的研制从 20 世纪 70 年代开始,经过 20 多年的研究与技术攻关,走过了从液浮(陀螺、加速度计)到挠性和光学、从平台式到捷联式、从纯惯性导航到惯性/卫星组合导航的过程。

4.2.3　惯导系统中运动参数的计算

　　惯导系统的速度(地速)是由对地加速度经积分运算得到的。假设分别测得东向加速度为 a_E(加速度的东向分量)和北向加速度 a_N(加速度的北向分量)。对 a_N 和 a_E 分别进行积分运算,可以算出无人机的两个地速分量 V_E 和 V_N,即

$$\begin{cases} V_N = \int_0^t a_N \mathrm{d}t + V_{N0} \\ V_E = \int_0^t a_E \mathrm{d}t + V_{E0} \end{cases} \tag{4-2-1}$$

一般来说,无人机滑跑起飞前应使惯导系统进入正常工作状态(导航工作状态),此时初始速度为零。

　　经度和纬度由各自的变化率(沿纬线的角速度和沿经线的角速度)积分得到。已知,一个物体做圆周运动,其角速度的大小等于切向线速度除以圆半径,如图 4-2-1 所示。

　　当无人机沿子午线(南北方向)运动时会造成纬度的变化。用 R 表示地球半径,用 φ 表示无人机所处纬度,则纬度变化率 $\dot{\varphi}$ 与北向速度 V_N 的关系为

$$\dot{\varphi} = \frac{V_N}{R} \tag{4-2-2}$$

　　当无人机沿纬线(东西方向)运动时会造成经度的变化。此时无人机运动轨迹是一个半径为 $R\cos\varphi$ 的圆,如图 4-2-2 所示,所以经度变化率 $\dot{\lambda}$ 与东向速度 V_E 的关系为

$$\dot{\lambda} = \frac{V_E}{R\cos\varphi} \tag{4-2-3}$$

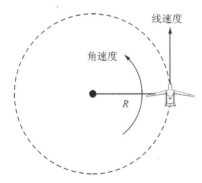
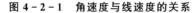
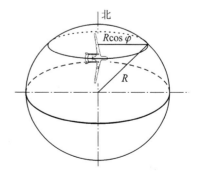

图 4-2-1　角速度与线速度的关系　　　　图 4-2-2　无人机沿东西方向运动时的轨迹

　　这样,无人机飞行过程中的经度 λ 和纬度 φ 可由北向速度和东向速度计算,即

$$\begin{cases} \varphi = \int_0^t \dfrac{V_N}{R}\mathrm{d}t + \varphi_0 \\[2mm] \lambda = \int_0^t \dfrac{V_E}{R\cos\varphi}\mathrm{d}t + \lambda_0 \end{cases} \tag{4-2-4}$$

对于垂线方向的导航参数 V_H 和 H 可按同样原理求得,即

$$\begin{cases} V_H = \int_0^t a_H\mathrm{d}t + V_{H0} \\[2mm] H = \int_0^t V_H\mathrm{d}t + H_0 \end{cases} \tag{4-2-5}$$

式中,a_H 为无人机沿平台方位轴的垂直加速度;V_{H0} 为无人机的初始垂直速度;H_0 为初始高度;H 为任意时刻的飞行高度。

需要指出,虽然经度、纬度和高度都是经过积分运算获得的,但它们表现出来的误差特性却有很大不同。经度误差和纬度误差是振荡变化的,换句话说,当惯导系统长时间工作时,经度和纬度的误差在一段时间内不断增大,而在另一段时间内会下降。当然,由于有积分运算,经度误差和纬度误差总的趋势还是增大的。一般来说,航空惯性导航系统工作 1 h 后的误差在 1 n mile 左右。高度误差就不同了,它的变化非常快。假设高度方向加速度的测量误差(用 Δa_H 表示)基本不变,那么高度误差随时间的变化为

$$\Delta h = \frac{1}{2}\Delta a_H t^2 \tag{4-2-6}$$

由式(4-2-6)可见,随着时间的增长,高度误差的变化越来越快。这说明,纯惯性高度通道是不稳定的,无法用于导航工作。因此,惯导系统在进行高度解算时,一般都需要引入大气机的气压高度或卫星导航系统的高度信息,构成混合高度系统。

由上可知,惯导系统计算运动参数的基础是测量对地加速度。而由 2.4.3 节可知,加速度计并不能直接测量加速度(绝对加速度),其输出是比力。要获得绝对加速度,应从加速度计输出中减去引力加速度分量。而对地加速度的获取更加复杂,需要进一步扣除地球自转、飞机绕地球运动引起的附加加速度。

4.2.4　惯性导航基本方程

惯性导航基本方程是描述加速度计输出(比力)与对地加速度之间的关系,目的是获得准确的对地加速度。

如图 4-2-3 所示,选地心惯性坐标系 $Ox_iy_iz_i$ 为基准参考坐标系,用 $\boldsymbol{\Omega}$ 表示地球坐标系 $Ox_ey_ez_e$ 绕地轴相对惯性系的自转角速度矢量。取导航坐标系[①](用 n 表示)的原点与飞机的重心重合,用矢量 $\boldsymbol{R}$ 表示飞机重心(即导航系原点)在地心惯性系的位置矢量。

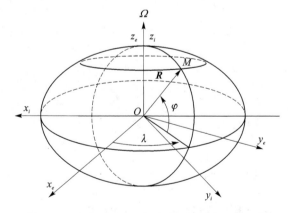

图 4-2-3　飞机重心在地心惯性系的位置矢量

根据科氏定理(见 2.2.5 节),位置矢量 $\boldsymbol{R}$ 相对惯性坐标系的速度为

$$\frac{\mathrm{d}\boldsymbol{R}}{\mathrm{d}t}\bigg|_i = \frac{\mathrm{d}\boldsymbol{R}}{\mathrm{d}t}\bigg|_e + \boldsymbol{\omega}_{ie}\times\boldsymbol{R} = \frac{\mathrm{d}\boldsymbol{R}}{\mathrm{d}t}\bigg|_e + \boldsymbol{\Omega}\times\boldsymbol{R} \qquad (4-2-7)$$

式中,$\dfrac{\mathrm{d}\boldsymbol{R}}{\mathrm{d}t}\bigg|_i$ 和 $\dfrac{\mathrm{d}\boldsymbol{R}}{\mathrm{d}t}\bigg|_e$ 分别表示 $\boldsymbol{R}$ 在惯性系和地球系中对时间的导数,即飞机的绝对速度和相对速度——地速。用 $\boldsymbol{V}_{en}$ 表示导航系相对地球系的速度,也就是飞机的地速,即

$$\boldsymbol{V}_{en} = \frac{\mathrm{d}\boldsymbol{R}}{\mathrm{d}t}\bigg|_e \qquad (4-2-8)$$

这样,式(4-2-7)可写成

$$\frac{\mathrm{d}\boldsymbol{R}}{\mathrm{d}t}\bigg|_i = \boldsymbol{V}_{en} + \boldsymbol{\Omega}\times\boldsymbol{R} \qquad (4-2-9)$$

将式(4-2-9)两边在惯性系再进行一次对时间求导,就得到飞机相对惯性空间的加速度 $\boldsymbol{a}_{in}$:

$$\boldsymbol{a}_{in} = \frac{\mathrm{d}^2\boldsymbol{R}}{\mathrm{d}t^2}\bigg|_i = \frac{\mathrm{d}\boldsymbol{V}_{en}}{\mathrm{d}t}\bigg|_i + \frac{\mathrm{d}}{\mathrm{d}t}(\boldsymbol{\Omega}\times\boldsymbol{R})\bigg|_i \qquad (4-2-10)$$

在惯性导航系统中,对地加速度和地速是在导航系(n 系)中计算的,也就是说动坐标系是导航系,是在随飞机运动的导航系而不是在地面上固定点对飞机的运动进行观察(测量)。当说飞机沿某个航向等高度、等速飞行时,是指飞机对地加速度在 n 系各轴的分量为零,地速在 n 系各轴的分量为恒定值。此时飞机相对地球并非沿直线飞行,如果在地球上固定位置观察(测量)飞机的运动,飞机的速度在观察点所在的地面坐标系(如地理系)中是变化的,因而飞机是有加速度的,这与描述的“飞机沿某个航向等高度、等速飞行”不一致。因此,只有在导航系中测量地速的变化,才能正确计算飞机的运动参数。当然,这并不是说不能在地面对飞机运动进行观测。如果在地面观测飞机运动,则需要对观测值进行必要的坐标变换和相关运算,才能得到正确的飞机运动参数。

基于上述分析,对地加速度是地速在导航系中对时间的导数,即

$$\dot{\boldsymbol{V}}_{en} = \frac{\mathrm{d}\boldsymbol{V}_{en}}{\mathrm{d}t}\bigg|_n \qquad (4-2-11)$$

于是,式(4-2-10)等号右边第 1 项可分解为

$$\frac{\mathrm{d}\boldsymbol{V}_{en}}{\mathrm{d}t}\bigg|_i = \frac{\mathrm{d}\boldsymbol{V}_{en}}{\mathrm{d}t}\bigg|_n + \boldsymbol{\omega}_{in}\times\boldsymbol{V}_{en} = \dot{\boldsymbol{V}}_{en} + (\boldsymbol{\Omega}+\boldsymbol{\omega}_{en})\times\boldsymbol{V}_{en} \qquad (4-2-12)$$

因地球自转角速度 $\boldsymbol{\Omega}$ 为常量,式(4-2-10)等号右边第 2 项可分解为

$$\frac{\mathrm{d}}{\mathrm{d}t}(\boldsymbol{\Omega}\times\boldsymbol{R})\bigg|_i = \boldsymbol{\Omega}\times\frac{\mathrm{d}\boldsymbol{R}}{\mathrm{d}t}\bigg|_i \qquad (4-2-13)$$

将式(4-2-9)代入式(4-2-13),得

$$\frac{\mathrm{d}}{\mathrm{d}t}(\boldsymbol{\Omega}\times\boldsymbol{R})\bigg|_i = \boldsymbol{\Omega}\times(\boldsymbol{V}_{en}+\boldsymbol{\Omega}\times\boldsymbol{R}) = \boldsymbol{\Omega}\times\boldsymbol{V}_{en} + \boldsymbol{\Omega}\times(\boldsymbol{\Omega}\times\boldsymbol{R}) \qquad (4-2-14)$$

将式(4-2-12)和式(4-2-14)代入式(4-2-10),就得到飞机相对惯性空间的加速度

$$\boldsymbol{a}_{in} = \dot{\boldsymbol{V}}_{en} + (2\boldsymbol{\Omega}+\boldsymbol{\omega}_{en})\times\boldsymbol{V}_{en} + \boldsymbol{\Omega}\times(\boldsymbol{\Omega}\times\boldsymbol{R}) \qquad (4-2-15)$$

根据 2.4.3 节建立的比力式(2-4-12),有

$$\boldsymbol{a}_{in} = \boldsymbol{f} + \boldsymbol{G} \qquad (4-2-16)$$

由式(2-4-8)可知,重力加速度与引力加速度之间存在如下关系:

$$\boldsymbol{g} = \boldsymbol{G} - \boldsymbol{\Omega}\times(\boldsymbol{\Omega}\times\boldsymbol{R}) \qquad (4-2-17)$$

由式(4-2-15)~式(4-2-17),有

$$f = \dot{V}_{en} + (2\boldsymbol{\Omega} + \boldsymbol{\omega}_{en}) \times \boldsymbol{V}_{en} - \boldsymbol{g} \tag{4-2-18}$$

这就是飞机相对地球运动时,加速度计测得比力的表达式,称为比力方程。式中,$2\boldsymbol{\Omega} \times \boldsymbol{V}_{en}$ 为科氏加速度;$\boldsymbol{\omega}_{en} \times \boldsymbol{V}_{en}$ 则是由于飞机围绕地球运动(转动)所产生的向心加速度。

由式(4-2-18)可得

$$\dot{\boldsymbol{V}}_{en} = f - (2\boldsymbol{\Omega} + \boldsymbol{\omega}_{en}) \times \boldsymbol{V}_{en} + \boldsymbol{g} \tag{4-2-19}$$

式(4-2-19)描述了由加速度计测量的比力、飞机运动参数(地速 $\boldsymbol{V}_{en}$、相对地球的转动角速度 $\boldsymbol{\omega}_{en}$)以及地球自转角速度和重力加速度计算飞机对地加速度的方法。对地加速度 $\dot{\boldsymbol{V}}_{en}$ 积分后得到地速,对地速进行积分运算即得到飞机在地球上的位置。可见,比力方程是惯性导航系统关于加速度测量的一般表达式,通常称为惯性导航基本方程。

4.3　平台式惯性导航系统

4.3.1　基本概念

1. 平台式惯导系统的基本组成

平台式惯导系统一般包括加速度计、惯导平台(含陀螺仪)、导航计算机和控制显示装置等部分。各部分的作用如下:

① 加速度计。安装在惯导平台上,用来测量无人机的运动加速度。

② 惯导平台(包括平台、陀螺仪和稳定回路)。惯导平台的主要功用是支撑安装加速度计,为加速度计提供测量坐标基准并把它稳定在惯性空间或地平坐标系。另外,惯导平台可以提供飞机的姿态和航向信号。

③ 导航计算机。给出平台的控制指令和完成导航参数的计算,并进行惯性器件校准、系统工作状态监控等工作。

④ 控制显示装置。为惯导系统提供工作方式选择和输入数据,给出导航计算中所需的初始条件,并显示导航参数。无人机惯导系统的控制显示功能一般在地面检测车上或地面站上。

安装有陀螺仪和加速度计的惯导平台及相应电子线路就是前面所说的惯性测量装置。惯性测量装置和导航计算机一般装在一个机箱中,称为惯性导航部件。

2. 平台式惯导系统的类型

根据所建立的导航坐标系不同,平台式惯导系统可以分为空间稳定和当地水平两种。空间稳定惯导系统的惯导平台台体相对惯性空间稳定,用以建立惯性坐标系,它多用于运载火箭的主动段和其他航天器上。当地水平平台式惯导系统,它的特点是平台上的两个加速度计输入轴始终处于飞行器所在处的水平面内。因此,水平加速度分量的测量不受重力的影响。这种惯导系统多用于沿地球表面运动的飞行器上,如无人机、巡航导弹等。

根据对平台方位的控制不同,平台式惯导系统又分为指北方位惯导系统、游移方位惯导系统、自由方位惯导系统和旋转方位惯导系统。

指北方位惯导系统要求平台跟踪地理系,两个水平轴要严格指向东向和北向。其优点是:由于平台系和地理系重合,通过平台各环架之间的关系即可输出飞行器的姿态和航向信息;计算量小,对计算机要求不高。主要缺点是:由于要求平台始终指北,在高纬度区因经度线的极

点汇聚,东西向速度会引起很大的经度变化率,势必要求平台绕方位轴快速转动,从而引起附加误差甚至造成系统丧失工作能力。

游移方位惯导系统的平台绕方位轴的转动角速度为地球自转角速度在垂线方向的分量,最大也就是15(°)/h(在地球极点),不会给平台稳定回路的设计带来困难。因平台方位角速度与地理系统垂线方向的角速度不同,在飞机运动过程中平台相对真北的方位角是变化的,所以称平台方位角为游移方位角,这也是这种惯导系统取名为游移方位惯导系统的原因。当飞机经过极点时航向突变180°,平台并不需要附加任何控制,而只需要将游移方位角加上180°即可。因此,游移方位惯导系统在全球任何地方都可使用。游移方位惯导系统还有一个优点,就是它无需将平台对准某个方向,而只需估算游移方位角,这就加速了对准过程。主要缺点是不能直接输出飞机的真航向,必须根据平台测量的方位角(平台绕方位轴相对飞机纵轴的角度)与计算的平台游移方位角计算得到飞机航向角。

自由方位惯导系统的平台绕方位轴没有转动,其方位角(称为自由方位角)也是不断变化的。由于对平台方位不施加任何指令角速度,这就解决了在极区使用的问题,同时也避免了平台方位施矩误差,有利于系统精度的提高。缺点是自由方位角的计算复杂,不能直接输出飞机航向角。

旋转方位惯导系统的平台绕方位轴以固定的角速度转动。这种旋转平台的好处在于对惯性元件安装误差、质量不平衡及其他常值干扰力矩引起的水平陀螺和水平加速度计的误差具有调制平均的作用,从而减小了系统误差。这种惯导系统的主要缺点是方位转动角速度的控制多少都会存在一定误差,会产生一定的附加导航误差。正因如此,旋转方位惯导系统的应用较少。

4.3.2 惯性导航平台

1. 惯性导航平台的概念

为了测量水平加速度分量,需要为加速度计提供一个始终水平的测量基准。利用陀螺仪的特性可建立能够相对惯性空间稳定或跟踪水平面的稳定装置。陀螺稳定平台就是利用陀螺仪的特性制成的一种稳定装置,也叫陀螺稳定系统或陀螺稳定装置,常简称为陀螺平台、平台。用于惯性导航系统的陀螺稳定平台称为惯性导航平台、惯性导航陀螺平台,或简称惯导平台、惯性平台。某型惯导平台如图4-3-1所示。

一般来说陀螺稳定平台以陀螺仪动力学特性为基础,利用陀螺仪作为测量敏感元件,将陀螺仪与伺服电机组成一个伺服系统,从而依赖伺服系统的力量实现系统的稳

图 4-3-1 某型惯导平台

定。按照稳定过程中陀螺仪的作用和陀螺力矩在稳定全过程中参与工作的程度,陀螺稳定平台可以分成四种:直接式陀螺稳定平台、间接式陀螺稳定平台、动力式陀螺稳定平台和指示式陀螺稳定平台。

直接式陀螺稳定平台的干扰力矩完全依靠陀螺力矩平衡,它是最原始的陀螺平台,没有伺服回路。动力式陀螺稳定平台的干扰力矩仅在过渡过程中由陀螺力矩平衡,随着陀螺仪进动角度的增大,伺服电机产生的力矩逐渐增大,最后由伺服电机产生的力矩完全平衡干扰力矩,

陀螺停止进动,系统达到稳定状态。指示式陀螺稳定平台在平衡干扰力矩中陀螺力矩根本不起作用或作用甚微,陀螺仪仅作为角运动敏感元件,其角动量很小。在间接式陀螺稳定平台中,陀螺仪作为角位置敏感元件安装在平台台体之外,陀螺力矩与平衡干扰力矩的过程没有关系,但陀螺仪本身的角动量并非很小。

惯性导航平台属于指示式陀螺稳定平台。简单地说,惯性导航平台的功能就是支承加速度计,并把加速度计稳定在惯性空间,或按导航计算机的指令使其跟踪地平坐标系。相应地,可以把平台的工作状态分为两种:几何稳定状态和空间积分状态。几何稳定状态,是指平台不受基座运动和干扰力矩影响,相对惯性空间保持方位稳定的工作状态,所以也称为稳定工作状态。空间积分状态,是指在指令角速度控制下,平台相对惯性空间以给定规律转动的工作状态,也称为指令跟踪状态或指令角速度跟踪状态。

惯导平台中的陀螺仪,可以是单自由度陀螺仪(或称二自由度陀螺仪),也可以是两自由度陀螺仪(或称三自由度陀螺仪)。不管采用什么样的陀螺仪,这些陀螺仪必须具有小角动量、小漂移率和很小的标度因数误差。在惯导系统中,常用的陀螺仪有液浮积分陀螺仪、挠性陀螺仪、静电陀螺仪、环型激光陀螺仪等。随着固态电子技术和微加工技术的发展,近10多年来出现了一些用硅、石英、铌酸锂等电光学材料制成的陀螺仪。如光纤陀螺仪、半球谐振陀螺仪、音叉陀螺仪,这些陀螺仪已开始应用于惯导系统。还有一些新颖的陀螺仪仍处在理论研究或实验阶段,如约瑟夫森结陀螺仪、核磁共振陀螺仪、原子陀螺仪等。这些新颖的陀螺仪有一个共同特点,就是它们没有机械转动部件,而且是采用固态电子加工技术制造的,因此一般将它们统称为固态陀螺仪。固态陀螺仪的应用使惯导系统的性能进一步提高。

陀螺稳定平台按照稳定轴的数目可分为单轴、双轴和三轴陀螺稳定平台,用于惯性导航系统的陀螺平台,都必须是三轴平台。因为要实现不受干扰地跟踪与地球有关的坐标系(如地理坐标系),必须有三个相互垂直的稳定轴。

陀螺平台是通过稳定回路和修正回路对平台进行稳定和控制的。稳定回路由安装在陀螺仪上的信号器及放大器、稳定电机等构成,实现平台相对惯性空间的稳定。修正回路由加速度计、修正指令计算装置及安装在陀螺仪上的力矩器构成。修正回路与稳定回路协同工作,实现平台对水平坐标系或其他非惯性坐标系的跟踪。

为便于理解,下面以单轴平台为例,介绍陀螺平台稳定回路和修正回路的工作原理。

2. 单自由度陀螺仪构成陀螺稳定平台

单自由度陀螺仪构成的单轴平台如图 4-3-2 所示。陀螺转子轴、内环轴和平台稳定轴三者相互垂直。其中平台稳定轴也叫平台支承轴,简称平台轴,它是陀螺仪输入轴(也称为敏感轴)的方向。陀螺仪为单自由度速率积分陀螺,其内环轴也叫进动轴,它是陀螺仪输出轴的方向。图中,α_p 表示平台绕平台轴的转动角度,β 表示陀螺仪绕其内环轴的进动角度,H 为角动量,M_d 为干扰力矩,M_s 为稳定电机经传动齿轮在平台轴上产生的力矩,V_N 为飞机北向飞行速度。

(1) 几何稳定工作状态

当沿平台稳定轴有干扰力矩 M_d 作用时,平台将被迫绕平台轴相对惯性空间转动,设转动角速度为 $\dot{\alpha}_p$;由于平台的转动,在陀螺仪内环轴产生陀螺力矩,大小为 $H \cdot \dot{\alpha}_p \cos\beta$,方向为用右手由陀螺仪转子转动方向(角动量方向,图中指向上)握向平台转动方向(图中指向右上)时大拇指所指方向。在这一陀螺力矩作用下,陀螺仪转子绕内环轴进动(角速度为 $\dot{\beta}$,角位移为

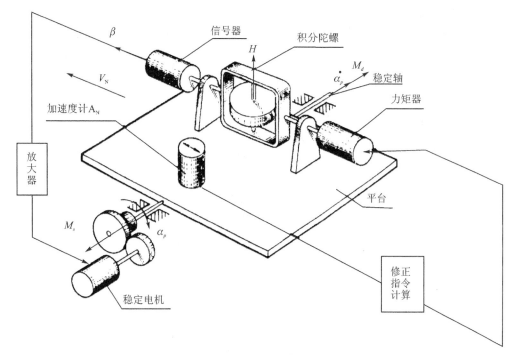

图 4 - 3 - 2　单自由度陀螺仪构成的单轴平台

β)。随着陀螺转子绕内环轴转动,一方面,内环轴上的信号器感受转角 β 并输出相应电压信号给放大器,经过放大后的信号被送到稳定电机,电机产生稳定力矩 M_s 并通过减速器作用到平台轴上;另一方面,角速度 $\dot{\beta}$ 使陀螺仪产生沿平台轴方向的陀螺力矩 $H \cdot \dot{\beta}$,但因陀螺仪的角动量较小,这一陀螺力矩也比较小,通常在分析指示式陀螺稳定平台工作原理时都忽略这一陀螺力矩的作用,干扰力矩 M_d 主要由稳定电机产生的力矩 M_s 来平衡。当陀螺仪绕内环轴的转角达到某一数值时,稳定电机输出的稳定力矩完全平衡干扰力矩的作用,平台停止转动,陀螺绕内环轴的转动也停止。这样,不管平台轴上作用有任何干扰力矩,平台绕平台稳定轴相对惯性空间将始终保持稳定,也就实现了在几何稳定状态下的工作要求。

（2）空间积分工作状态

假如要求平台绕稳定轴以角速度 ω_c（称为指令角速度）相对惯性空间转动,就需要给内环轴上的力矩器输入与 ω_c 成比例的指令电流,这样力矩器就产生指令力矩 M_c,沿陀螺内环轴作用在单自由度陀螺上。指令力矩 M_c 使陀螺绕内环轴转动,产生 β 角。信号器测得 β 角并将它转换为电压信号,通过放大器放大后输出给稳定电机。稳定电机产生力矩带动平台绕稳定轴相对惯性空间以角速度 $\dot{\alpha}_p$ 转动。当转动角速度 $\dot{\alpha}_p$ 的大小达到要求的角速度 ω_c 时,陀螺仪产生的沿内环轴的陀螺力矩 $M_g = H \cdot \dot{\alpha}_p \cos \beta$ 与同轴但方向相反的指令力矩 M_c 相平衡。此后,积分陀螺仪的转角 β 不再增大,平台就以角速度 $\dot{\alpha}_p = \omega_c$ 转动,这样就实现了平台在空间积分状态下的工作要求。

思考：

当飞机沿子午线以速度 V_N 向正北飞行,为使惯导平台始终跟踪水平面,应给平台施加多大的指令角速度? 其方向指向哪儿?

3. 两自由度陀螺仪构成的陀螺稳定平台

仍以单轴平台为例。两自由度陀螺仪构成的单轴陀螺稳定平台如图 4-3-3 所示。

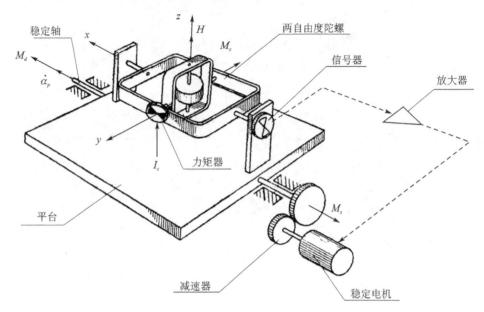

图 4-3-3　两自由度陀螺仪构成的单轴陀螺稳定平台

(1) 几何稳定状态

当平台稳定轴有干扰力矩 M_d 作用时,平台绕稳定轴转动(转动角度为 $\dot{\alpha}_p$)。因为两自由度陀螺具有稳定性,它并不会绕其外环轴转动。这样,装在外环轴上的信号器就会有信号输出,该信号经放大器放大后送给稳定电机,稳定电机产生稳定力矩 M_s,并通过减速器作用于平台,平衡掉干扰力矩,使平台绕稳定轴保持稳定。

由上述机理可知,要产生平衡干扰力矩的稳定力矩,就要有陀螺仪绕外环轴的转动角度,平衡状态下陀螺仪绕外环轴相对平台的转角称为平台的误差角。为了使平台有足够高的精度(很小的误差角),稳定回路应具有足够大的放大系数。

(2) 空间积分工作状态

要使平台绕稳定轴以指令角速度 ω_c 相对惯性空间转动,则应给陀螺仪内环轴上的力矩器输入大小与指令角速度成比例的指令电流 I_c,该电流使力矩器产生一个沿陀螺内环轴方向的指令力矩 M_c,M_c 使陀螺仪绕外环轴以角速度 ω_c 进动。由于此时平台没有运动,陀螺绕外环轴的进动造成平台相对于陀螺仪绕外环轴出现转角。该转角经陀螺仪外环轴上的信号器测出并转变为电信号,经放大器放大后输出给稳定电机,稳定电机经减速器带动平台绕稳定轴转动。稳定状态下,平台转动角速度 $\dot{\alpha}_p$ 与陀螺仪进动角速度 ω_c 相同。

由以上所述陀螺平台工作过程可知,陀螺平台稳定回路实现平台的几何稳定工作状态,也就是使平台相对惯性空间保持稳定,而修正回路控制平台以一定角速度相对惯性空间转动,以跟踪水平坐标系或其他非惯性坐标系的变化。修正回路的主要作用是计算指令角速度并通过力矩器施加指令力矩,要实现使平台以一定规律相对惯性空间转动必须借助稳定回路。

4.3.3　系统工作原理

导航系统在工作过程中需要计算一系列的导航参数,如无人机的地理位置(经度和纬度)、高度、地速,并测量俯仰角、倾斜角和航向角等。在平台式惯导系统中,平台坐标系模拟所选定的导航坐标系,导航计算机对加速度进行积分计算得到地速、位置、高度等导航参数,而姿态角和航向角可由安装在惯导平台各轴的角度传感器直接输出。下面以指北方位惯导系统为例介绍平台式惯导系统的工作原理。

1. 基本工作原理

在指北方位惯导系统中,要求平台系跟踪地理系,即无论飞机如何运动,平台系始终保持与地理系一致。平台的两个水平轴(Ox_p,Oy_p)始终保持与当地的水平面平行,并使Ox_p轴指向北,Oy_p轴指向东,即平台系模拟"北—东—地"地理坐标系。

平台式惯导系统的基本工作原理可用图4-3-4描述。

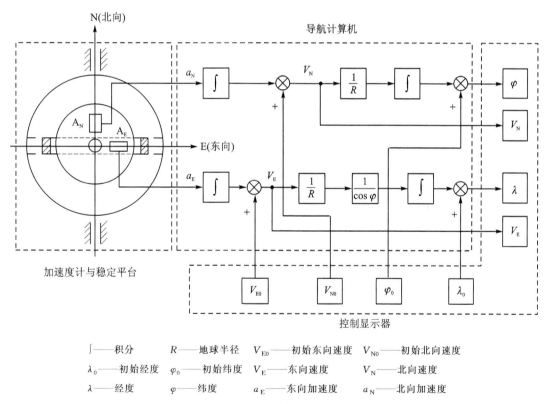

图4-3-4　平台式惯导系统原理示意图

如图4-3-4所示,沿平台东向轴安装加速计A_E,沿北向轴安装加速计A_N,分别测得比力的东向分量f_E和北向分量f_N,再由式(4-2-19)计算出东向加速度a_E和北向加速度a_N。对a_E和a_N分别进行积分运算,可以算出无人机的两个地速分量V_E和V_N,即

$$\begin{cases} V_N = \int_0^t a_N \mathrm{d}t + V_{N0} \\ V_E = \int_0^t a_E \mathrm{d}t + V_{E0} \end{cases} \tag{4-3-1}$$

一般来说,无人机滑跑起飞前应使惯导系统进入正常工作状态(即导航工作状态),此时初始速

度为零。

　　经度和纬度由各自的变化率（沿纬线的角速度和沿经线的角速度）积分得到。已知一个物体做圆周运动，其角速度的大小等于切向线速度除以圆半径，如图 4-3-5 所示。

　　当无人机沿子午线（南北方向）运动时会造成纬度的变化。用 R 表示地球半径，用 φ 表示无人机所处纬度，则纬度变化率 $\dot{\varphi}$ 与北向速度 V_N 的关系为

$$\dot{\varphi} = \frac{V_N}{R} \tag{4-3-2}$$

　　当无人机沿纬线（东西方向）运动时会造成经度的变化。此时无人机运动轨迹是一个半径为 $R\cos\varphi$ 的圆（见图 4-3-6），所以经度变化率 $\dot{\lambda}$ 与东向速度 V_E 的关系为

$$\dot{\lambda} = \frac{V_E}{R\cos\varphi} \tag{4-3-3}$$

　　这样，无人机飞行过程中的经度 λ 和纬度 φ 可由北向速度和东向速度计算，即

$$\begin{cases} \varphi = \displaystyle\int_0^t \frac{V_N}{R}\mathrm{d}t + \varphi_0 \\ \lambda = \displaystyle\int_0^t \frac{V_E}{R\cos\varphi}\mathrm{d}t + \lambda_0 \end{cases} \tag{4-3-4}$$

　　对于垂线方向的速度 V_H 和高度 h 可按同样原理求得，即

$$\begin{cases} V_H = \displaystyle\int_0^t a_H\mathrm{d}t + V_{H0} \\ h = \displaystyle\int_0^t V_H\mathrm{d}t + h_0 \end{cases} \tag{4-3-5}$$

式中，a_H 为无人机沿平台方位轴的垂直加速度；V_{H0} 为无人机的初始垂直速度；h_0 为初始高度；h 为任意时刻的飞行高度。

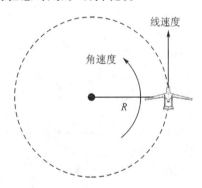　　　　　　　　　　　　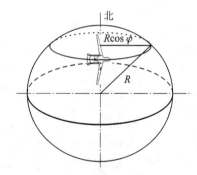

　　图 4-3-5　角速度与线速度的关系　　　　图 4-3-6　无人机沿东西方向运动时的轨迹

　　据前所述，纯惯性高度通道是不稳定的，需要构建混合高度系统。

　　从以上介绍可以看到，平台式惯导系统需要做的工作主要包括：

　　① 控制平台跟踪导航系；

　　② 根据加速度计测量的比力计算对地加速度；

　　③ 计算速度及经度、纬度等运动参数；

　　④ 解决纯惯性高度通道不稳定的问题；

　　⑤ 系统初始化；

⑥ 估计并校正系统误差。

下面重点介绍前五个问题。

2. 惯导平台的控制

由 4.3.2 节可知,惯性导航平台通过稳定回路和修正回路对平台进行控制,可使平台相对惯性空间稳定或按一定的指令角速度相对惯性空间转动。因此,要使惯导平台始终跟踪导航系,只要将导航系在飞机运动过程中相对惯性空间的转动角速度作为指令角速度即可。

飞机运动过程中地心惯性系、地球系和地理系之间的关系如图 4-3-7 所示。对于指北方位惯导系统而言,导航系为地理系。地理系相对惯性空间的转动角速度可分解为地球自转引起的地球系相对惯性系

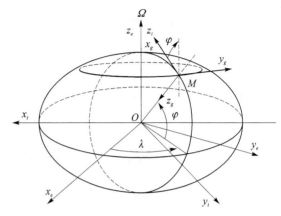

图 4-3-7　飞机运动过程中地心惯性系、地球系和地理系

的转动角速度和飞机相对地球系的运动造成的地理系相对地球系的转动角速度两部分,即

$$\boldsymbol{\omega}_{ig}^{g} = \boldsymbol{\omega}_{ie}^{g} + \boldsymbol{\omega}_{eg}^{g} \tag{4-3-6}$$

式中,$\boldsymbol{\omega}_{ig}^{g}$ 表示地理系(g)相对惯性系(i)的转动角速度,上标"g"表示该角速度矢量表达在地理系中,即矢量 $\boldsymbol{\omega}_{ig}^{g}$ 由地理系相对惯性系的转动角速度在地理系三个轴的分量构成,其余类同。其中

$$\boldsymbol{\omega}_{ie}^{g} = \begin{bmatrix} \Omega\cos\varphi \\ 0 \\ -\Omega\sin\varphi \end{bmatrix} \tag{4-3-7}$$

考虑到地球近似为椭球体,其主曲率半径为 R_{N} 和 R_{E}(见 2.4.2 节),地理系相对地球系的转动角速度为

$$\boldsymbol{\omega}_{eg}^{g} = \begin{bmatrix} \omega_{egx}^{g} \\ \omega_{egy}^{g} \\ \omega_{egz}^{g} \end{bmatrix} = \begin{bmatrix} \dfrac{V_{egy}^{g}}{R_{E}} \\ -\dfrac{V_{egx}^{g}}{R_{N}} \\ -\dfrac{V_{egy}^{g}}{R_{E}}\tan\varphi \end{bmatrix} \tag{4-3-8}$$

式中,V_{egx}^{g} 表示地理系相对地球系的速度(地速)在地理系 x 轴的分量,其余类同。

由式(4-3-6)~式(4-3-8)可知,指北方位平台式惯导系统对平台施加的指令角速度为

$$\boldsymbol{\omega}_{ip}^{p} = \boldsymbol{\omega}_{ig}^{g} = \begin{bmatrix} \Omega\cos\varphi + \dfrac{V_{egy}^{g}}{R_{E}} \\ -\dfrac{V_{egx}^{g}}{R_{N}} \\ -\Omega\sin\varphi - \dfrac{V_{egy}^{g}}{R_{E}}\tan\varphi \end{bmatrix} \tag{4-3-9}$$

由式(4-3-9)可知,方位指令角速度为

$$\omega_{ipz}^{p} = -\Omega\sin\varphi - \frac{V_{egy}^{g}}{R_{E}}\tan\varphi \qquad (4-3-10)$$

当纬度接近±90°时,计算机会因计算 $\tan\varphi$ 而溢出,造成系统无法正常工作。所以,指北方位惯导系统无法进行全球导航,一般只适用于纬度不超过±60°的地区,这是指北方位惯导系统的最大缺点。同时,指北方位惯导系统在初始化时要求平台方位指北,实现比较费时。

3. 力学编排方程

对地加速度是根据惯性导航基本方程计算的。把惯导基本方程在平台系进行分解,得到3个轴向的表达式,这些方程往往称为惯导系统的力学编排方程。指北方位、游移方位、自由方位和旋转方位等4种惯导系统对应4种力学编排方程。

对于指北方位惯导系统,平台跟踪地理系。将惯导基本方程

$$\dot{\boldsymbol{V}}_{en} = \boldsymbol{f} - (2\boldsymbol{\Omega} + \boldsymbol{\omega}_{en}) \times \boldsymbol{V}_{en} + \boldsymbol{g}$$

分解到平台系,得

$$\begin{bmatrix} \dot{V}_{epx}^{p} \\ \dot{V}_{epy}^{p} \\ \dot{V}_{epz}^{p} \end{bmatrix} = \begin{bmatrix} f_{x}^{p} \\ f_{y}^{p} \\ f_{z}^{p} \end{bmatrix} - \begin{bmatrix} 0 & -2\Omega_{z}^{p} - \omega_{epz}^{p} & 2\Omega_{y}^{p} + \omega_{epy}^{p} \\ 2\Omega_{z}^{p} + \omega_{epz}^{p} & 0 & -2\Omega_{x}^{p} - \omega_{epx}^{p} \\ -2\Omega_{y}^{p} - \omega_{epy}^{p} & 2\Omega_{x}^{p} + \omega_{epx}^{p} & 0 \end{bmatrix} \begin{bmatrix} V_{epx}^{p} \\ V_{epy}^{p} \\ V_{epz}^{p} \end{bmatrix} + \begin{bmatrix} 0 \\ 0 \\ g \end{bmatrix}$$

$$(4-3-11)$$

考虑到实际的平台系与地理系几乎重合,方程中的上、下标"p"可用"g"代替。将式(4-3-7)和式(4-3-8)代入式(4-3-11),整理后得到指北方位惯导系统的力学编排方程:

$$\begin{cases} \dot{V}_{egx}^{g} = f_{x}^{g} - \left(2\Omega\sin\varphi + \frac{V_{egy}^{g}}{R_{E}}\tan\varphi\right)V_{egy}^{g} + \frac{V_{egx}^{g}}{R_{N}}V_{egz}^{g} \\[2mm] \dot{V}_{egy}^{g} = f_{y}^{g} + \left(2\Omega\sin\varphi + \frac{V_{egy}^{g}}{R_{E}}\tan\varphi\right)V_{egx}^{g} + \left(2\Omega\cos\varphi + \frac{V_{egy}^{g}}{R_{E}}\right)V_{egz}^{g} \\[2mm] \dot{V}_{egz}^{g} = f_{z}^{g} - \frac{V_{egx}^{g}}{R_{N}}V_{egx}^{g} - \left(2\Omega\cos\varphi + \frac{V_{egy}^{g}}{R_{E}}\right)V_{egy}^{g} + g \end{cases} \quad (4-3-12)$$

式中,方程右边除比力分量外,其余称为有害加速度,也就是说,从比力中减去有害加速度就得到对地加速度。需要指出,由于 z 轴指向下,规定 $\ddot{h} = -\dot{V}_{egz}^{g}$,$\dot{h} = -V_{egz}^{g}$。

4. 经度和纬度的计算

对式(4-3-12)中的前两式计算的对地加速度 $\dot{V}_{egx}^{g}$ 和 $\dot{V}_{egy}^{g}$ 进行积分得到两个水平地速分量 V_{egx}^{g} 和 V_{egy}^{g}。参照式(4-3-4),经度和纬度的计算公式如下:

$$\begin{cases} \varphi = \int_{0}^{t} \frac{V_{egx}^{g}}{R_{N}}\mathrm{d}t + \varphi_{0} \\[2mm] \lambda = \int_{0}^{t} \frac{V_{egy}^{g}}{R_{E}\cos\varphi}\mathrm{d}t + \lambda_{0} \end{cases} \qquad (4-3-13)$$

5. 惯导系统的高度通道

从控制理论的角度看,纯惯性高度发散,是因为开环的纯惯性高度系统是不稳定的,即使是考虑重力加速度受高度影响而构成的闭环纯惯性高度系统也是不稳定的。

考虑高度的影响,重力加速度可表达为

$$g \approx g_0(1 - 2h/R) \tag{4-3-14}$$

式中，g_0 为海平面处重力加速度；R 为地球半径。于是，考虑高度影响的纯惯性高度通道可用图 4 – 3 – 8 所示框图表示。

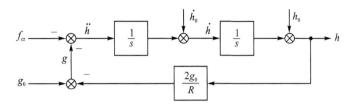

图 4 – 3 – 8　考虑高度影响的纯惯性高度通道

图 4 – 3 – 8 中，f_{cz} 为加速度计输出的比力。由图可推得

$$\left(s^2 - \frac{2g_0}{R}\right)h(s) = -f_{cz}(s) - \frac{g_0}{s} + sh_0 + \dot{h}_0 \tag{4-3-15}$$

显然，系统特征方程

$$s^2 - \frac{2g_0}{R} = 0 \tag{4-3-16}$$

有一个正根。因此，这样的纯高度通道是不稳定的。

为了能够向飞控系统提供稳定的高度，需要引入其他高度信息（如气压高度、无线电高度、卫星导航高度等）构成混合高度系统，来抑制纯惯性高度的发散。

高度信息的综合可以采用两种方法：基于经典控制理论的方法和基于最优估计理论（主要是卡尔曼滤波）的方法。当采用最优估计理论对高度信息进行综合时，一般把高度与其他运动参数一起考虑，通过最优估计理论把惯导系统与其他导航系统、高度传感器综合在一起，构成组合导航系统。下面先介绍基于经典控制理论的混合高度系统。

混合高度系统把惯性高度与其他高度信息的差值，以不同的传递系数对垂直速度和垂直加速度进行补偿，其原理如图 4 – 3 – 9 所示。

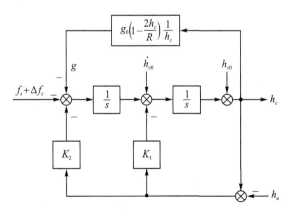

图 4 – 3 – 9　基于经典控制理论的混合高度系统

图中主要符号的含义如下：

h_c ——计算高度，即混合高度系统的输出值；

h_a ——外部高度信息；

h_{c0} ——初始计算高度；

$\dot{h}_{c0}$——初始计算垂直速度；

K_1,K_2——补偿系数；

f_z——实际比力；

Δf_z——比力测量误差。

由图可得：

$$s^2 h_c = -(f_z + \Delta f_z) - g_0\left(\frac{1}{s} - 2\frac{h_c}{R}\right) - K_2(h_c - h_a) - sK_1(h_c - h_a) + \dot{h}_{c0} + sh_{c0}$$

$$(4-3-17)$$

式中，各变量拉氏变换的符号后面省略了"(s)"。令混合高度系统和外部高度信息的误差分别为 Δh_c 和 Δh_a，有

$$s^2 \Delta h_c = -\Delta f_z + 2g_0 \frac{\Delta h_c}{R} - K_2(\Delta h_c - \Delta h_a) - sK_1(\Delta h_c - \Delta h_a) + \Delta \dot{h}_{c0} + s\Delta h_{c0}$$

$$(4-3-18)$$

于是，混合高度系统的误差为

$$\Delta h_c = \frac{-\Delta f_z + K_2\Delta h_a + K_1\Delta h_a s + \Delta \dot{h}_{c0} + s\Delta h_{c0}}{s^2 + K_1 s + K_2 - 2g_0/R} \qquad (4-3-19)$$

由式(4-3-19)可见，只要 $K_1 > 0$ 及 $K_2 > 0$，混合高度系统就是稳定的。由于这种系统的特征方程是二阶的，所以称为二阶混合高度系统。在上式中，$2g_0/R$ 数值极小，对系统特性和系统输出的影响可忽略。系统自然频率和阻尼比为

$$\begin{cases} \omega_n = \sqrt{K_2 - 2g_0/R} \\ \zeta = \dfrac{K_1}{2\sqrt{K_2 - 2g_0/R}} \end{cases} \qquad (4-3-20)$$

可以通过选择 K_1 和 K_2 调节系统的动态特性。根据终值定理(见 2.1.3 节)，二阶混合高度系统的稳态误差为

$$\Delta h_c(\infty) = \frac{-\Delta f_z + K_2\Delta h_a}{K_2 - 2g_0/R} \qquad (4-3-21)$$

由于 $2g_0/R$ 数值极小，且比力测量误差 Δf_z 也很小，有 $\Delta h_c(\infty) \approx \Delta h_a$，即混合高度系统的稳态误差与外部信息的误差基本相等。可见，可以通过引入外部高度信息来抑制纯惯性高度通道的发散。为了消除加速度计误差的影响，可引入惯性高度与其他高度信息的差值的积分，构成三阶混合高度系统。

4.3.4　系统误差分析

惯导系统在惯性元件、结构安装及工程实现中各个环节都不可避免地存在误差，这些误差因素称为误差源。由于误差源的存在，惯导系统提供的导航参数会有或大或小的误差，没有误差的惯导系统是不存在的。

1. 惯导系统的误差源

根据误差产生的原因和性质，可对惯导系统的误差源做如下分类：

① 元件误差，主要指陀螺的漂移和加速度计的零位偏差，以及这两个元件的标度因数误差；

② 安装误差,指加速度计和陀螺仪安装到平台台体上的不准确性造成的误差;

③ 初始条件误差,指初始对准及输入计算机的初始位置、初始速度不准确所形成的误差;

④ 计算误差,由于计算机字长限制和量化器的整量化等所造成的计算误差;

⑤ 原理误差,也叫编排误差,是由于力学编排中数学模型的近似、地球形状的差别和重力异常等引起的误差;

⑥ 外干扰误差,包括飞机飞行时的冲击和振动引起的干扰及其他导航设备与惯导系统交联工作时带来的方位误差和位置误差。

另外,还有其他设备对惯导系统的干扰。

在上述误差源中,对惯导系统工作性能影响较大的还是元件误差、安装误差以及初始条件误差。

加速度计的输出可表达为

$$f_{cj} = f_j + \Delta K_{Aj} f_j + \nabla_j \qquad (4-3-22)$$

式中,$j = x,y,z$,表示平台的轴向;ΔK_{Aj} 为相应轴向加速度计的标度因数误差;f_j 为比力沿平台相应轴向的分量;∇_j 为相应轴向加速度计的零位偏差(简称零偏)。再考虑到安装误差,加速度计的实际输出可用矢量形式表示为

$$\boldsymbol{f}_c = \boldsymbol{f} + \Delta \boldsymbol{f} \qquad (4-3-23)$$

平台相对惯性空间的转动角速度为

$$\omega_{ipj} = \omega_{cj} + \Delta K_{tj} \omega_{cj} + \varepsilon_j \qquad (4-3-24)$$

式中,ΔK_{tj} 为相应轴向陀螺力矩器的标度因数误差;ω_{cj} 为平台相应轴向的指令角速度;ε_j 为相应轴向陀螺仪的漂移量。同样,考虑到安装误差,平台转动角速度的矢量形式为

$$\boldsymbol{\omega}_{ip} = \boldsymbol{\omega}_c + \boldsymbol{E}_c \qquad (4-3-25)$$

式中,$\boldsymbol{E}_c$ 为包括力矩器标度因数误差、安装误差和陀螺漂移的平台综合漂移。

为简化起见,下面仅考虑加速度计的零偏和陀螺仪的漂移。

2. 误差方程

惯导系统的误差可用姿态误差方程、速度误差方程和位置误差方程描述。

(1) 姿态误差方程

平台姿态误差是指平台系相对理想平台系(对指北方位系统而言是地理系)的误差角,描述其变化的微分方程便是姿态误差方程。指北方位惯导系统的平台姿态误差方程如下:

$$\begin{cases} \dot{\phi}_x = \dfrac{\delta V_y}{R_{\mathrm{E}}} - \Omega \sin \varphi \delta \varphi - \phi_z \omega_{igy}^g + \phi_y \omega_{igz}^g + \varepsilon_x \\[2mm] \dot{\phi}_y = -\dfrac{\delta V_x}{R_{\mathrm{N}}} + \phi_z \omega_{igx}^g - \phi_x \omega_{igz}^g + \varepsilon_y \\[2mm] \dot{\phi}_z = -\dfrac{\delta V_y}{R_{\mathrm{E}}} \tan \varphi - \Omega \cos \varphi \delta \varphi - \dfrac{V_{egy}^g}{R_{\mathrm{E}}} \sec^2 \varphi \delta \varphi + \phi_x \omega_{igy}^g - \phi_y \omega_{igx}^g + \varepsilon_z \end{cases}$$

$$(4-3-26)$$

从上式右边可看出,造成平台系相对地理系偏离的因素可以分成三类:一是陀螺仪的漂移;二是平台姿态误差角造成的交叉耦合项;三是导航参数(速度和纬度)误差引起的误差项。

若系统在地面上(通常称为静基座)工作,有

$$V_{egx}^g = V_{egy}^g = V_{egy}^g = 0 \qquad (4-3-27)$$

及

$$\begin{cases} \omega_{igx}^g = \Omega\cos\varphi \\ \omega_{igy}^g = 0 \\ \omega_{igz}^g = -\Omega\sin\varphi \end{cases} \tag{4-3-28}$$

因此,式(4-3-26)变为

$$\begin{cases} \dot\phi_x = \dfrac{\delta V_y}{R_E} - \Omega\sin\varphi\delta\varphi - \phi_y\Omega\sin\varphi + \varepsilon_x \\[2mm] \dot\phi_y = -\dfrac{\delta V_x}{R_N} + \phi_z\Omega\cos\varphi + \phi_x\Omega\sin\varphi + \varepsilon_y \\[2mm] \dot\phi_z = -\dfrac{\delta V_y}{R_E}\tan\varphi - \Omega\cos\varphi\delta\varphi - \phi_y\Omega\cos\varphi + \varepsilon_z \end{cases} \tag{4-3-29}$$

(2)速度误差方程

不考虑高度,并略去各轴向地速分量符号下标中的"*eg*",指北方位惯导系统的速度误差方程如下:

$$\begin{cases} \delta\dot V_x = \dfrac{V_z^g}{R_N}\delta V_x - 2\Big(\Omega\sin\varphi + \dfrac{V_y^g}{R_E}\tan\varphi\Big)\delta V_y + \dfrac{V_x^g}{R_N}\delta V_z - \\[2mm] \qquad \Big[2\Omega\cos\varphi + \dfrac{V_y^g}{R_E}\sec^2\varphi\Big]V_y^g\delta\varphi + \phi_z f_y^g - \phi_y f_z^g + \nabla_x \\[3mm] \delta\dot V_y = \Big(2\Omega\sin\varphi + \dfrac{V_y^g}{R_E}\tan\varphi\Big)\delta V_x + \dfrac{V_x\tan\varphi + V_z^g}{R_E}\delta V_y + \Big(2\Omega\cos\varphi + \dfrac{V_y^g}{R_E}\Big)\delta V_z + \\[2mm] \qquad \Big[2\Omega(V_x^g\cos\varphi - V_z^g\sin\varphi) + \dfrac{V_x^g V_y^g}{R_E}\sec^2\varphi\Big]\delta\varphi + \phi_x f_z^g - \phi_z f_x^g + \nabla_y \\[3mm] \delta\dot V_z = -2\dfrac{V_x^g}{R_N}\delta V_x - 2\Big(\Omega\cos\varphi + \dfrac{V_y^g}{R_E}\Big)\delta V_y + 2\Omega V_y^g\sin\varphi\delta\varphi - \phi_x f_y^g + \phi_y f_x^g + \nabla_z \end{cases}$$
$$\tag{4-3-30}$$

由式(4-3-30)可知,影响速度误差的因素有三个方面:有害加速度、平台姿态误差及加速度计零偏。

在静基座条件下,各轴向地速分量为零,各轴向比力分量为

$$\begin{cases} f_x^g = 0 \\ f_y^g = 0 \\ f_z^g = -g \end{cases} \tag{4-3-31}$$

于是式(4-3-30)变为

$$\begin{cases} \delta\dot V_x = -2\Omega\sin\varphi\delta V_y + \phi_y g + \nabla_x \\ \delta\dot V_y = 2\Omega\sin\varphi\delta V_x - \phi_x g + \nabla_y \end{cases} \tag{4-3-32}$$

(3)位置误差方程

位置误差是指经度和纬度的计算误差。根据经度和纬度的计算公式,可推得位置误差方程为

$$
\begin{cases}
\dot{\delta\varphi} = \dfrac{\delta V_x}{R_N} \\[3mm]
\dot{\delta\lambda} = \dfrac{\delta V_y}{R_E}\sec\varphi + \dfrac{V_y^g}{R_E}\sec\varphi\tan\varphi\delta\varphi
\end{cases}
\tag{4-3-33}
$$

由上式可看出,纬度误差主要由北向速度误差造成,而经度误差则由东向速度误差和纬度误差引起。

3. 静基座条件下的基本误差特性

从指北方位惯导系统的力学编排方程可以看出,经度的计算在系统中处于开环状态,而纬度的运算则处于闭环状态,因为有害加速度和平台指令角速度的计算要用到纬度。平台姿态误差方程和速度误差方程中没有与经度有关的项,而有与纬度有关的项。因此,在求解和分析误差方程时可以不考虑经度误差。这样,用状态方程的形式将误差方程写为

$$
\begin{bmatrix}
\dot{\delta V_x} \\
\dot{\delta V_y} \\
\dot{\delta\varphi} \\
\dot{\phi}_x \\
\dot{\phi}_y \\
\dot{\phi}_z
\end{bmatrix}
=
\begin{bmatrix}
0 & -2\Omega\sin\varphi & 0 & 0 & g & 0 \\
2\Omega\sin\varphi & 0 & 0 & -g & 0 & 0 \\
0 & \dfrac{1}{R} & 0 & 0 & 0 & 0 \\
0 & \dfrac{1}{R} & -\Omega\sin\varphi & 0 & -\Omega\sin\varphi & 0 \\
\dfrac{-1}{R} & 0 & 0 & \Omega\sin\varphi & 0 & \Omega\cos\varphi \\
0 & \dfrac{-\tan\varphi}{R} & -\Omega\cos\varphi & 0 & -\Omega\cos\varphi & 0
\end{bmatrix}
\begin{bmatrix}
\delta V_x \\
\delta V_y \\
\delta\varphi \\
\phi_x \\
\phi_y \\
\phi_z
\end{bmatrix}
+
\begin{bmatrix}
\nabla_x \\
\nabla_y \\
0 \\
\varepsilon_x \\
\varepsilon_y \\
\varepsilon_z
\end{bmatrix}
\tag{4-3-34}
$$

写成简化形式为

$$
\dot{\boldsymbol{X}}(t) = \boldsymbol{A}\boldsymbol{X}(t) + \boldsymbol{W}(t)
\tag{4-3-35}
$$

对上式进行拉氏变换,整理后得

$$
\boldsymbol{X}(s) = (s\boldsymbol{I} - \boldsymbol{A})^{-1}[\boldsymbol{X}(0) + \boldsymbol{W}(s)]
\tag{4-3-36}
$$

特征方程为

$$
\Delta(s) = |s\boldsymbol{I} - \boldsymbol{A}| = (s^2 + \Omega^2)[(s^2 + \omega_s^2)^2 + 4s^2\Omega^2\sin^2\varphi] = 0
\tag{4-3-37}
$$

式中,ω_s 为舒拉频率,$\omega_s^2 = g/R$。由特征方程可解得系统的特征根为

$$
s_{1,2} = \pm i\Omega
\tag{4-3-38}
$$

$$
\begin{cases}
s_{3,4} = \pm i(\omega_s + \Omega\sin\varphi) \\
s_{5,6} = \pm i(\omega_s - \Omega\sin\varphi)
\end{cases}
\tag{4-3-39}
$$

式中,角频率 $\Omega\sin\varphi$ 称为傅科频率,对应的周期称为傅科周期。式(4-3-38)说明系统存在一个以 Ω 为角频率的自由振荡运动,其振荡周期为 24 h。式(4-3-39)表明系统存在两个角频率十分接近的振荡运动,两种振荡运动合在一起就产生差拍现象。设两个振荡的幅值都为 X_0,有

$$
f(t) = X_0\sin(\omega_s + \Omega\sin\varphi)t + X_0\sin(\omega_s - \Omega\sin\varphi)t = 2X_0\cos(\Omega\sin\varphi)t\cdot\sin\omega_s t
\tag{4-3-40}
$$

即系统的振荡为幅值受到傅科振荡调制的舒拉振荡。

也就是说,指北方位惯导系统的误差包括三种振荡:地球周期振荡、舒拉周期振荡以及傅

科周期振荡。其他力学编排方案的惯导系统也具有这一基本特征。

对各种误差源分别考虑，通过求解误差方程可得到误差源与惯导系统速度误差、位置误差以及姿态误差之间的关系，并得到误差的变化特性。下面直接给出基本结论：北向陀螺和方位陀螺的漂移产生随时间增长的经度误差，除此之外，它们产生的其他误差及各种误差源产生的误差为常值或振荡误差；东向陀螺的漂移直接影响方位精度，而初始方位误差又产生经度误差。因此，三个陀螺的漂移是决定系统精度的关键因素。

需要特别注意，有些误差虽然从性质上来说是振荡的，但因振荡周期远大于系统一次工作的时间，这样在系统工作期间，该项误差是随时间增长的。

4.3.5　初始对准

1. 基本概念

平台式惯性导航系统从接通电源到进入导航工作状态，需经历"准备"和"对准"两种工作状态。在"准备"工作状态，系统进行平台加温、陀螺起动、平台锁定，操作人员通过控制显示器或类似装置送入初始位置（经度和纬度）。在相对地面静止（称为静基座）的状态下进行初始对准时，系统的初始速度为零，无需输入；在飞机运动过程中（称为动基座条件）进行对准时时，初始位置及初始速度由其他设备提供。平台加温的目的是使平台腔体内的温度达到并保持某一数值，以稳定惯性器件的工作特性。平台锁定由平台锁定系统完成，它将平台各环架迅速锁定在飞机所处的姿态。"准备"工作阶段一般需要 3 min 左右。在"对准"工作状态，系统要进行初始对准，即将平台调整到预定坐标系内，同时还对陀螺仪的漂移和力矩器标度因数误差进行测定（通常称为测漂和定标），整个"对准"工作状态一般持续 12～15 min。

一般将惯导系统在进入导航工作状态之前所进行的输入初始条件、将惯导平台调整到预定坐标系、惯性器件的校准，称为惯导系统的初始化或通称初始对准（简称对准）。惯导系统的初始对准包括水平对准和方位对准，水平对准一般利用水平加速度计测量的重力加速度分量进行对准。其机理是：当平台不在水平面时，水平加速度计就会有数值输出，数值越大，说明平台偏离水平面越严重。因此，导航计算机可根据水平加速度计的测量值计算平台控制指令，使平台不断趋向水平面，直到水平加速度计的输出小于某一数值。

水平对准过程中平台与水平面的夹角及加速度计输出的变化如图 4-3-10 所示。图中，加速度计输出的大小与弹簧的变形（质量块的位移）成正比。当平台处于水平面时，加速度计的输出为零或为一很小的数值（称为零位偏差，简称零偏），如图 4-3-10(a)所示；当平台偏离水平面较大角度时，加速度计的输出也较大（质量块位移较大），如图 4-3-10(b)所示；导航计算机根据加速度计的输出（包括大小和正负）产生指令信号，通过平台稳定回路控制平台转动，使平台不断趋近水平面，同时，加速度计的输出也不断减小，如图 4-3-10(c)所示。

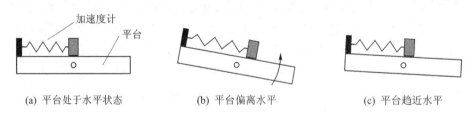

(a) 平台处于水平状态　　　　　(b) 平台偏离水平　　　　　(c) 平台趋近水平

图 4-3-10　初始对准过程中平台及加速度计输出的变化

方位对准的方法有两类，一类是自主式对准，利用陀螺仪和加速度计测得的信号进行对准;另一类是非自主式对准,利用外部提供的信息进行对准,如光学对准、存贮对准等。显然,上面介绍的水平对准方法属于自主式对准。自主式方位对准是基于陀螺罗经效应进行的,其机理如图 4 - 3 - 11 所示,理想时平台坐标系的三个坐标轴应与地理系的三个坐标轴重合,即平台系坐标轴指向"东、北、天"。此时,因地球自转轴与东向始终垂直,地球自转角速度在平台东向轴上没有分量,这意味着地球自转不会造成平台绕平台东向轴转动而偏离水平面。当平台相对地理系存在方位误差时,地球自转轴与平台东向轴不再垂直,地球自转角速度在平台东向轴负方向上有分量(其大小为 $\Omega\cos\varphi\sin\phi_z$),也就是说,平台会相对地理系绕平台东向轴转动而偏离水平面(角速度为 $\Omega\cos\varphi\sin\phi_z$),这一现象称为陀螺罗经效应。方位误差越大,陀螺罗经效应越严重。当平台因陀螺罗经效应偏离水平面时,会使北向加速度计产生输出,造成北向速度误差(因此时速度应为零,北向速度的数值即为北向速度误差)。导航计算机根据北向速度的大小计算平台方位指令,并控制平台向减小方位误差的方向转动。

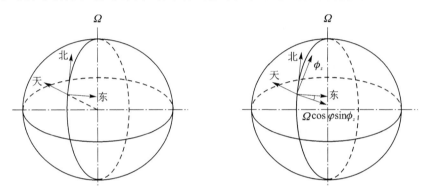

Ω—地球自转角速度;φ—纬度;ϕ_z—平台方位误差

图 4 - 3 - 11　平台方位误差与陀螺罗经效应

初始对准的过程分为粗对准和精对准。粗对准要求尽快地将平台调整到某一个精度范围内,目的是缩短对准时间。精对准在粗对准的基础上进行,除了要达到所要求的对准精度外,在精对准过程中还要进行陀螺仪的测漂和定标。在对准过程中,一般先进行水平对准,然后进行方位对准。水平对准是在水平陀螺上施加控制力矩,减小平台与当地水平面的误差,在此过程中方位陀螺仪不参加工作。水平对准完成后再进行方位对准。

2. 水平对准

平台式惯导系统的水平通道可分为东向陀螺和北向加速度计组成的水平回路和北向陀螺和东向加速度计组成的水平回路。这两个水平回路的特性和对准原理是相同的。

在进行水平对准时,平台的方位是锁定的,即不施加方位指令角速度,但方位误差是存在的。下面以东向陀螺和北向加速度计组成的水平回路为例介绍初始对准的原理。

忽略两个水平回路的交叉影响和两个地球主曲径半径的差异,东向陀螺和北向加速度计组成的水平回路的误差方程为

$$\begin{cases} \delta\dot{V}_x = \phi_y g + \nabla_x \\ \dot{\phi}_y = -\dfrac{\delta V_x}{R} + \phi_z\Omega\cos\varphi + \varepsilon_y \end{cases} \qquad (4 - 3 - 41)$$

对应的误差方块图如图 4 - 3 - 12 所示。

由图 4 - 3 - 12 可知,惯导平台的水平回路是一个二阶系统,其特征多项式为

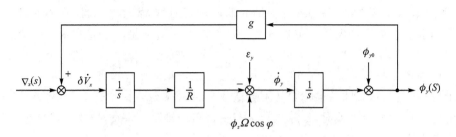

图 4 - 3 - 12　惯导平台水平回路误差方块图

$$\Delta(s) = s^2 + \omega_s^2 \tag{4-3-42}$$

显然,系统有一对纯虚根,这说明原始水平回路是二阶无阻尼振荡系统,振荡周期为 84.4 min。为使系统输出(水平姿态误差 ϕ_x)逐渐减小,需要使系统成为有阻尼振荡系统。为了提高 ϕ_x 的衰减速度,需要提高系统振荡频率。为达到这两个目的,在系统中增加两个环节,这样便得到如图 4 - 3 - 13 所示的二阶水平对准回路方块图。

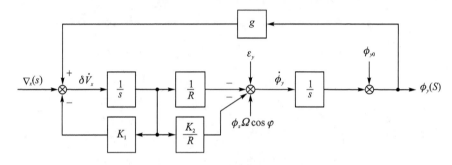

图 4 - 3 - 13　二阶水平对准回路方块图

图 4 - 3 - 13 所示系统的特征多项式为

$$\Delta(s) = s^2 + K_1 s + (1 + K_2)\omega_s^2 \tag{4-3-43}$$

显然,K_1 的作用是使无阻尼的原始二阶水平回路变为有阻尼系统,使水平姿态误差能够不断减小;而 K_2 的作用则是提高系统振荡频率,从而加快水平姿态误差的衰减速度。K_1 和 K_2 与阻尼比和自然频率的关系如下:

$$\begin{cases} K_1 = 2\zeta\omega_n \\ K_2 = \left(\dfrac{\omega_n}{\omega_s}\right)^2 - 1 \end{cases} \tag{4-3-44}$$

或

$$\begin{cases} \zeta = \dfrac{K_1}{2\omega_s\sqrt{1+K_2}} \\ \omega_n = \omega_s\sqrt{1+K_2} \end{cases} \tag{4-3-45}$$

由图 4 - 3 - 13 可得平台姿态误差 ϕ_y 的表达式为

$$\phi_y(s) = \frac{(s + K_1)\left[s\phi_y(0) + \varepsilon_y(s) + \phi_z(s)\Omega\cos\varphi\right] - (1 + K_2)\omega_s^2 \nabla_x(s)/g}{s(s + K_1) + (1 + K_2)\omega_s^2}$$

$$\tag{4-3-46}$$

假设 $\varepsilon_y(s)$,$\phi_z(s)$ 和 $\nabla_x(s)$ 均为常值,则稳态误差为

$$\phi_y(\infty) = \frac{K_1}{(1+K_2)\omega_s^2}(\varepsilon_y + \phi_z\Omega\cos\varphi) - \frac{\nabla_x}{g} \qquad (4-3-47)$$

由上式可见，北向加速度计零偏、东向陀螺漂移和平台方位误差对平台绕东向轴的水平对称精度有影响。通过调节参数 K_1 和 K_2 可抑制东向陀螺漂移和平台方位误差的影响。

类似地，对于北向陀螺和东向加速度计构成的水平回路，影响其水平对准精度的因素是东向加速度计零偏和北向陀螺漂移，而通过调节参数 K_1 和 K_2 可抑制北向陀螺漂移的影响。可见，影响水平对准精度的主要因素是加速度计零偏。

为了进一步提高水平对准的精度，可在方位对准结束后，采用如图 4-3-14 所示三阶对准回路进行水平精对准。三阶水平对准回路的特征多项式为

$$\Delta(s) = s^3 + K_1 s^2 + (1+K_2)\omega_s^2 s + RK_3\omega_s^2 \qquad (4-3-48)$$

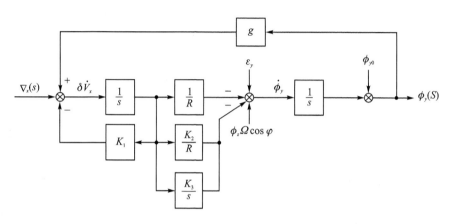

图 4-3-14　三阶水平对准回路

令特征方程的三个根分别为

$$s_1 = -\sigma, \quad s_{2,3} = -\sigma \pm j\omega$$

其中，σ 决定了水平姿态误差振荡过程中幅值衰减的快慢，而 ω 决定了误差振荡的频率。经求解可得

$$\begin{cases} K_1 = 3\sigma \\ K_2 = \dfrac{3\sigma^2 + \omega^2}{\omega_s^2} - 1 \\ K_2 = \dfrac{\sigma^3 + \sigma\omega^2}{R\omega_s^2} \end{cases} \qquad (4-3-49)$$

在设计水平精对准回路时，先根据性能要求选择 σ 和 ω，再由式（4-3-49）计算 K_1，K_2 和 K_3。如图 4-3-14 所示三阶水平对准回路的稳态误差为

$$\phi_y(\infty) = -\frac{\nabla_x}{g} \qquad (4-3-50)$$

可见，三阶水平对准回路的精度仅取决于加速度计零偏。

3. 方位对准

如前所述，惯导系统的方位对准是利用陀螺罗经效应进行的，因此方位对准回路常称为方位罗经对准回路（简称罗经回路）。方位罗经对准回路是在东向陀螺和北向加速度计构成的水平回路的基础上建立的，其方块图如图 4-3-15 所示。

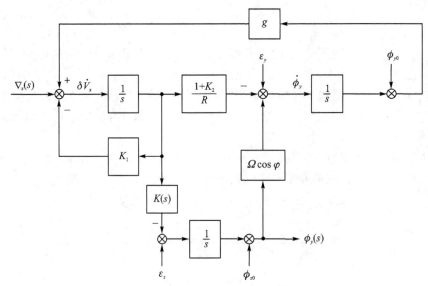

图 4-3-15　方位罗经对准回路方块图

方位罗经对准回路的输出为方位误差 $\phi_z(s)$。将 $K(s)$ 设计成

$$K(s) = \frac{K_3}{\Omega \cos \varphi (s + K_4)} \tag{4-3-51}$$

则方位罗经对准回路的特征多项式为

$$\Delta(s) = s^4 + (K_1 + K_4)s^3 + [(1 + K_2)\omega_s^2 + K_1 K_4]s^2 + (1 + K_2)\omega_s^2 K_4 s + K_3 g \tag{4-3-52}$$

将系统特征多项式设计为

$$\Delta(s) = [s^2 + 2\sigma s + (\sigma^2 + \omega^2)]^2 = (s + \sigma + j\omega)^2(s + \sigma - j\omega)^2 \tag{4-3-53}$$

并取 $\sigma = \omega$，此时两个二阶系统的阻尼比和自然频率分别为

$$\begin{cases} \zeta = 1/\sqrt{2} \\ \omega_n = \sqrt{2}\sigma \end{cases} \tag{4-3-54}$$

将式(4-3-53)展开与式(4-3-52)进行对比，并取 $K_1 = K_4$，得

$$\begin{cases} K_1 = K_4 = 2\sigma \\ K_2 = \dfrac{4\sigma^2}{\omega_s^2} - 1 \\ K_3 = \dfrac{4\sigma^4}{g} \end{cases} \tag{4-3-55}$$

方位罗经对准回路的稳态误差为

$$\phi_z(\infty) = -\frac{\varepsilon_y}{\Omega \cos \varphi} + \frac{(1 + K_2)K_4}{RK_3}\varepsilon_z \tag{4-3-56}$$

由上式可知，影响方位对准精度的主要因素是东向陀螺漂移，而方位陀螺漂移的影响可以通过合理选择对准回路参数来减小。

4. 陀螺漂移的估计与补偿

由图 4-3-13 所示二阶水平对准回路可得

$$\dot{\phi}_y = -\frac{1 + K_2}{R}\delta V_x + \phi_z \Omega \cos \varphi + \varepsilon_y \tag{4-3-57}$$

对于北向陀螺和东向加速度计构成的水平回路,有

$$\dot{\phi}_x = -\frac{1+K_2}{R}\delta V_y + \varepsilon_x \tag{4-3-58}$$

当平台处于稳定状态时,$\dot{\phi}_x = \dot{\phi}_y = 0$,即有

$$-\frac{1+K_2}{R}\delta V_y + \varepsilon_x = 0 \tag{4-3-59}$$

和

$$-\frac{1+K_2}{R}\delta V_x + \phi_z \Omega \cos\varphi + \varepsilon_y = 0 \tag{4-3-60}$$

利用式(4-3-59)可对北向陀螺漂移 ε_x 进行估计,计算方法如下:

$$\begin{cases} \delta\omega_{xi} = -\dfrac{1+K_2}{R}\delta V_{yi} \\ \bar{\varepsilon}_x = -\dfrac{1}{N}\displaystyle\sum_{i=1}^{N}\delta\omega_{xi} \end{cases} \tag{4-3-61}$$

　　由于式(4-3-60)中包含了两个未知变量(ε_y 和 ϕ_z),故不能用来对东向陀螺漂移进行估计。要对东向陀螺的漂移进行估计,应在对准过程中将平台绕方位轴转动 $90°$,使东向陀螺的敏感轴转到北向,这样就可用上面的方法对其进行估计。计算完成后再将平台反向转回原来的方位。

　　对水平陀螺的漂移进行估计后,反方向施加指令角速度即可对陀螺漂移进行补偿,即

$$\begin{cases} \omega_{cx\_new} = \omega_{cx} - \bar{\varepsilon}_x \\ \omega_{cy\_new} = \omega_{cy} - \bar{\varepsilon}_y \end{cases} \tag{4-3-62}$$

理论上,此时系统水平陀螺的等效漂移变为

$$\begin{cases} \varepsilon_{x\_new} = \varepsilon_x - \bar{\varepsilon}_x \\ \varepsilon_{y\_new} = \varepsilon_y - \bar{\varepsilon}_y \end{cases} \tag{4-3-63}$$

　　在惯导系统的对准过程中,"水平对准—方位对准—陀螺漂移估计与补偿"这一过程是往复进行的。随着循环次数的增多,平台姿态误差、速度误差和水平陀螺漂移的估计值都在不断减小。一般可用水平陀螺漂移的估计值或速度误差作为初始对准结束的标志。

4.4　捷联式惯性导航系统

　　捷联式惯导系统和平台式惯导系统的基本工作原理相同。

　　在捷联式惯导系统中没有了结构复杂的电气机械式陀螺稳定平台,陀螺仪和加速度计直接安装在飞行器上(通过机箱与飞行器固连),可测量飞行器沿三个机体轴的角运动(角度或角速度)和加速度分量,这是它最根本的特点。但在捷联式惯导系统中,平台的功能仍然存在,否则就不可能构成导航系统。由前述已知,惯导平台最重要的作用是模拟某种坐标系,为加速度计测量加速度提供基准。在捷联式惯导系统中,是以数学的方法来实现这一功能的,也就是建立起一个数学平台来代替机式的惯导平台,通过数学平台将加速度沿机体轴的分量转换到所选择的导航坐标系(如地理坐标系)。数学平台的实现依赖于高性能的导航计算机,也就是说,平台的功能作用体现在计算机中,计算机的运算量很大。因此,捷联式惯导系统对导航计算机的性能、可靠性等要求更高。

另外,由于惯导元件直接固联在飞行器机体上,其工作环境变差,对惯性测量元件的技术要求更加苛刻。特别是陀螺仪的性能要求更高了(更高的精度、更宽的工作范围等),一般的陀螺仪不能满足捷联式惯导系统的要求,需要采用性能更好、精度更高的陀螺仪。当前捷联式惯导系统中,一般采用动力调谐式挠性陀螺、环型激光陀螺、光纤陀螺等先进的惯性器件。

捷联式惯导系统的原理图如图4-4-1所示。由图可见,无人机的捷联式惯导系统主要由惯性测量组件和导航计算机组成。与平台式惯导系统一样,其控制显示功能由地面站实现。惯性测量组件包括陀螺仪和加速度计,用于测量飞机相对惯性空间的角运动和线运动。计算机以及软件是捷联惯导的核心,数学平台的功能就体现在计算机中方向余弦矩阵(也称为姿态矩阵)的相关运算中。

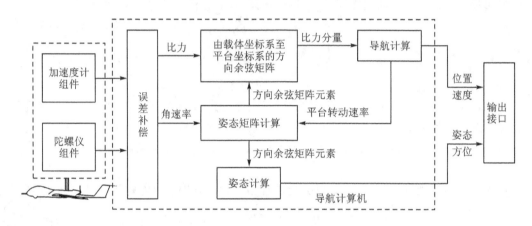

图 4 - 4 - 1　捷联式惯导系统原理图

捷联式惯导中姿态矩阵起到运动参数坐标转换的作用,即由机体坐标系换算到地理坐标系上。因为惯性元件是固定在机体上的,加速计测量的加速度是沿机体轴的分量,陀螺仪测量的角位移或角速度是绕机体轴的分量。将这些分量经过一个方向余弦矩阵的运算,就能得到地理坐标上的各个分量。此后,导航计算机便可根据与平台式惯导系统相同的算法求出相应的导航参数来。另外,捷联式惯导系统通过软件中的"姿态计算"模块由上述方向余弦矩阵解算出姿态和方位信息,因此,该矩阵也称为姿态矩阵。当飞机在运动过程中有姿态、航向变化时,姿态矩阵需要进行实时更新,即要始终使姿态矩阵体现机体坐标系与地理坐标系的关系,这一过程与平台式惯导系统对惯导平台的控制极为相似。姿态矩阵及姿态矩阵的更新就是所谓的数学平台。

4.4.1　姿态的更新

姿态更新包含姿态矩阵和姿态角的更新计算。

1. 姿态矩阵与姿态角的计算

惯导系统的平台系经三次转动后转到机体系,如图4-4-2所示。可以看出,平台系与机体系之间存在以下转换关系:

$$x_p y_p z_p \xrightarrow[\text{转}\psi_{bp}]{\text{绕}z_p} x_p' y_p' z_p' \xrightarrow[\text{转}\theta]{\text{绕}y_p'} x_p'' y_p'' z_p'' \xrightarrow[\text{转}\gamma]{\text{绕}x_p''} x_b y_b z_b$$

下面介绍指北方位捷联式惯导系统的姿态方程。对于指北方位惯导系统,在忽略误差的情况下,平台系为地理系,平台方位角ψ_{bp}即航向角ψ。

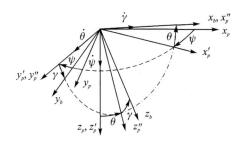

图 4 - 4 - 2　平台系与机体系的关系

用矩阵表示平台系到机体系的转换过程，有

$$
\begin{bmatrix} x_b \\ y_b \\ z_b \end{bmatrix} =
\begin{bmatrix} 1 & 0 & 0 \\ 0 & \cos\gamma & \sin\gamma \\ 0 & -\sin\gamma & \cos\gamma \end{bmatrix}
\begin{bmatrix} \cos\theta & 0 & -\sin\theta \\ 0 & 1 & 0 \\ \sin\theta & 0 & \cos\theta \end{bmatrix}
\begin{bmatrix} \cos\psi & \sin\psi & 0 \\ -\sin\psi & \cos\psi & 0 \\ 0 & 0 & 1 \end{bmatrix}
\begin{bmatrix} x_p \\ y_p \\ z_p \end{bmatrix}
$$

$$
= \begin{bmatrix}
\cos\theta\cos\psi & \cos\theta\sin\psi & -\sin\theta \\
-\cos\gamma\sin\psi+\sin\gamma\sin\theta\cos\psi & \cos\gamma\cos\psi+\sin\gamma\sin\theta\sin\psi & \sin\gamma\cos\theta \\
\sin\gamma\sin\psi+\cos\gamma\sin\theta\cos\psi & -\sin\gamma\cos\psi+\cos\gamma\sin\theta\sin\psi & \cos\gamma\cos\theta
\end{bmatrix}
\begin{bmatrix} x_p \\ y_p \\ z_p \end{bmatrix}
$$

$$(4-4-1)$$

用 $\boldsymbol{C}_p^b$ 表示平台系到机体系的坐标转换矩阵，即

$$
\boldsymbol{C}_p^b = \begin{bmatrix}
\cos\theta\cos\psi & \cos\theta\sin\psi & -\sin\theta \\
-\cos\gamma\sin\psi+\sin\gamma\sin\theta\cos\psi & \cos\gamma\cos\psi+\sin\gamma\sin\theta\sin\psi & \sin\gamma\cos\theta \\
\sin\gamma\sin\psi+\cos\gamma\sin\theta\cos\psi & -\sin\gamma\cos\psi+\cos\gamma\sin\theta\sin\psi & \cos\gamma\cos\theta
\end{bmatrix}
$$

$$(4-4-2)$$

用 $\boldsymbol{C}_b^p$ 表示机体系到平台系的坐标转换矩阵，且定义

$$
\boldsymbol{C}_b^p = \begin{bmatrix}
T_{11} & T_{12} & T_{13} \\
T_{21} & T_{22} & T_{23} \\
T_{31} & T_{32} & T_{33}
\end{bmatrix}
$$

$$(4-4-3)$$

直角坐标系的坐标转换矩阵为正交阵，即有

$$
\boldsymbol{C}_b^p = (\boldsymbol{C}_p^b)^{-1} = (\boldsymbol{C}_p^b)^{\mathrm{T}}
$$

$$(4-4-4)$$

故

$$
\begin{bmatrix}
T_{11} & T_{12} & T_{13} \\
T_{21} & T_{22} & T_{23} \\
T_{31} & T_{32} & T_{33}
\end{bmatrix} =
\begin{bmatrix}
\cos\theta\cos\psi & -\cos\gamma\sin\psi+\sin\gamma\sin\theta\cos\psi & \sin\gamma\sin\psi+\cos\gamma\sin\theta\cos\psi \\
\cos\theta\sin\psi & \cos\gamma\cos\psi+\sin\gamma\sin\theta\sin\psi & -\sin\gamma\cos\psi+\cos\gamma\sin\theta\sin\psi \\
-\sin\theta & \sin\gamma\cos\theta & \cos\gamma\cos\theta
\end{bmatrix}
$$

$$(4-4-5)$$

显然，姿态角可由 $\boldsymbol{C}_b^p$ 的元素计算得到，公式如下：

$$
\begin{cases}
\gamma_M = \tan^{-1}\left(\dfrac{T_{32}}{T_{33}}\right) \\[2mm]
\theta = \sin^{-1}(-T_{31}) \\[2mm]
\psi_M = \tan^{-1}\left(\dfrac{T_{21}}{T_{11}}\right)
\end{cases}
$$

$$(4-4-6)$$

航向角 ψ 和倾斜角 γ 的真值需进一步确定。

由于矩阵 $\boldsymbol{C}_b^p$ 包含了姿态信息,因此称为姿态矩阵。

2. 姿态微分方程及姿态矩阵的更新

由于在飞机飞行过程中姿态角是变化的,姿态矩阵在飞机飞行过程中也在不断变化。通过姿态微分方程可求出任一时刻的姿态矩阵。

姿态微分方程的表达式为

$$\dot{\boldsymbol{C}}_b^p = \boldsymbol{C}_b^p \boldsymbol{\Omega}_{pb}^b \tag{4-4-7}$$

式中

$$\boldsymbol{\Omega}_{pb}^b = \begin{bmatrix} 0 & -\omega_{pbz}^b & \omega_{pby}^b \\ \omega_{pbz}^b & 0 & -\omega_{pbx}^b \\ -\omega_{pby}^b & \omega_{pbx}^b & 0 \end{bmatrix} \tag{4-4-8}$$

由式(4-4-8)可看出,要求解姿态矩阵,还需知道机体系相对平台系的角速度。

机体系相对惯性系的角速度可分解为

$$\boldsymbol{\omega}_{ib}^b = \boldsymbol{\omega}_{ip}^b + \boldsymbol{\omega}_{pb}^b = \boldsymbol{\omega}_{ie}^b + \boldsymbol{\omega}_{ep}^b + \boldsymbol{\omega}_{pb}^b \tag{4-4-9}$$

由上式可得,机体系相对平台系的角速度为

$$\boldsymbol{\omega}_{pb}^b = \boldsymbol{\omega}_{ib}^b - \boldsymbol{\omega}_{ip}^b = \boldsymbol{\omega}_{ib}^b - \boldsymbol{\omega}_{ie}^b - \boldsymbol{\omega}_{ep}^b \tag{4-4-10}$$

式中,$\boldsymbol{\omega}_{ib}^b$ 由与飞机固连的陀螺仪测量得到。$\boldsymbol{\omega}_{ie}^b$ 由地球自转角速度经坐标变换得到,即

$$\boldsymbol{\omega}_{ie}^b = \boldsymbol{C}_p^b \begin{bmatrix} \Omega\cos\varphi \\ 0 \\ -\Omega\sin\varphi \end{bmatrix} = (\boldsymbol{C}_b^p)^{-1} \begin{bmatrix} \Omega\cos\varphi \\ 0 \\ -\Omega\sin\varphi \end{bmatrix} \tag{4-4-11}$$

而 $\boldsymbol{\omega}_{ep}^b$ 根据地速和姿态矩阵按下式计算:

$$\boldsymbol{\omega}_{ep}^b = (\boldsymbol{C}_b^p)^{-1}\boldsymbol{\omega}_{ep}^p = (\boldsymbol{C}_b^p)^{-1} \begin{bmatrix} \dfrac{V_{epy}^p}{R_E} \\ -\dfrac{V_{epx}^p}{R_N} \\ -\dfrac{V_{epy}^p}{R_E}\tan\varphi \end{bmatrix} \tag{4-4-12}$$

由式(4-4-10)可看到,平台系相对惯性系的角速度 $\boldsymbol{\omega}_{ip}^b$ 是计算姿态微分方程的一个重要参数,其作用相当于平台式惯导系统对平台施加的指令角速度。

姿态矩阵更新后,可按式(4-4-6)计算新的姿态角。

上述姿态更新方法称为方向余弦法。除方向余弦法之外,姿态更新还有四元数法、等效旋转矢量法、欧拉角法等方法。

3. 几种姿态更新算法对比

欧拉角法通过求解欧拉角微分方程直接计算俯仰角、倾斜角和航向角。欧拉角法概念直观、容易理解,但欧拉角微分方程中有俯仰角的正切和作为分母项的俯仰角的余弦,当俯仰角接近 90°时会溢出(称为欧拉角微分方程的退化),相当于平台式惯导系统中惯导平台的锁定,所以这种方法只适用于水平姿态变化不大的情况。

方向余弦法对姿态矩阵微分方程进行求解,避免了欧拉角法中的退化问题,可全姿态工作。

四元数法只需求解四个未知量的线性微分方程组,计算量比方向余弦法小,且算法简单,是较实用的工程方法。四元数法实质上是旋转矢量法中的单子样算法,对机体转动引起的不

可交换误差的补偿程度不够,当机体做高动态运动时姿态解算的算法漂移会十分严重,所以只适用于低动态运载体的姿态解算。

旋转矢量法可采用多子样算法实现对不可交换误差的有效补偿,通过对系数的优化处理使算法漂移在相同子样算法中达到最小,因此特别适用于角机动频繁激烈或存在严重角振动的运载体的姿态更新。

四元数法和旋转矢量法都通过计算姿态四元数实现姿态更新,但前者直接求解姿态四元数微分方程,而后者先求解姿态变化四元数再求解姿态四元数。

考虑到目前大多数无人机的角运动并不剧烈,四元数法完全适用,下面介绍在工程上应用十分广泛的姿态更新四元数法。

4.4.2　姿态更新计算的四元数法

1. 四元数与姿态矩阵之间的关系

对于两个共原点的直角坐标系,任一坐标系可由另一个坐标系绕某个方向一次性旋转形成。也就是说,机体系 b 可由地理系 g 一次性旋转形成。用 $\boldsymbol{u}^g = \begin{bmatrix} l & m & n \end{bmatrix}^{\mathrm{T}}$ 表示旋转方向单位向量在地理系的投影(即 $\sqrt{l^2 + m^2 + n^2} = 1$),用 θ 表示旋转角度,并记

$$\boldsymbol{U} = \begin{bmatrix} 0 & -n & m \\ n & 0 & -l \\ -m & l & 0 \end{bmatrix} = (\boldsymbol{u}^g \times) \qquad (4-4-13)$$

式中,$(\boldsymbol{u}^g \times)$ 表示由向量 $\boldsymbol{u}^g$ 各元素构成的反对称矩阵。可以证明,b 系到 g 系的坐标变换矩阵为

$$\boldsymbol{C}_b^g = \boldsymbol{I} + 2\boldsymbol{U}\sin\frac{\theta}{2}\cos\frac{\theta}{2} + 2\sin^2\frac{\theta}{2}\boldsymbol{U}^2 \qquad (4-4-14)$$

令

$$\begin{cases} q_0 = \cos\dfrac{\theta}{2} \\[2mm] q_1 = l\sin\dfrac{\theta}{2} \\[2mm] q_2 = m\sin\dfrac{\theta}{2} \\[2mm] q_3 = n\sin\dfrac{\theta}{2} \end{cases} \qquad (4-4-15)$$

并构造如下四元数:

$$\boldsymbol{Q} = q_0 + q_1\boldsymbol{i} + q_2\boldsymbol{j} + q_3\boldsymbol{k} = \cos\frac{\theta}{2} + \boldsymbol{u}^g\sin\frac{\theta}{2} \qquad (4-4-16)$$

显然,四元数 $\boldsymbol{Q}$ 包含了 g 系转动到 b 系的转动方向和角度信息。由式(4-4-15)和(4-4-16)可得:$\|\boldsymbol{Q}\| = q_0^2 + q_1^2 + q_2^2 + q_3^2 = \cos^2\dfrac{\theta}{2} + (l^2 + m^2 + n^2)\sin^2\dfrac{\theta}{2} = 1$,即描述坐标系(或刚体)旋转的四元数是规范化四元数。

将式(4-4-14)展开并将式(4-4-15)代入,可知 b 系到 g 系的坐标转换矩阵(姿态矩阵)与四元数之间存在如下关系:

$$\boldsymbol{C}_b^g = \begin{bmatrix} T_{11} & T_{12} & T_{13} \\ T_{21} & T_{22} & T_{23} \\ T_{31} & T_{32} & T_{33} \end{bmatrix} = \begin{bmatrix} q_0^2 + q_1^2 - q_2^2 - q_3^2 & 2(q_1 q_2 - q_0 q_3) & 2(q_1 q_3 + q_0 q_2) \\ 2(q_1 q_2 + q_0 q_3) & q_0^2 - q_1^2 + q_2^2 - q_3^2 & 2(q_2 q_3 - q_0 q_1) \\ 2(q_1 q_3 - q_0 q_2) & 2(q_2 q_3 + q_0 q_1) & q_0^2 - q_1^2 - q_2^2 + q_3^2 \end{bmatrix}$$

$$(4-4-17)$$

在计算出姿态矩阵 $\boldsymbol{C}_b^g$ 后,可按式(4-4-6)和表 4-4-1、表 4-4-2 求出姿态角。

<table>
<tr><td colspan="3" align="center">表 4-4-1　航向角真值</td></tr>
<tr><td>T_{11}</td><td>T_{21}</td><td>ψ</td></tr>
<tr><td>0</td><td>+</td><td>90°</td></tr>
<tr><td>0</td><td>−</td><td>−90°</td></tr>
<tr><td>+</td><td>+</td><td>ψ_M</td></tr>
<tr><td>+</td><td>−</td><td>ψ_M</td></tr>
<tr><td>−</td><td>+</td><td>$\psi_M + 180°$</td></tr>
<tr><td>−</td><td>−</td><td>$\psi_M - 180°$</td></tr>
</table>

<table>
<tr><td colspan="3" align="center">表 4-4-2　倾斜角真值表</td></tr>
<tr><td>γ_M</td><td>T_{33}</td><td>γ</td></tr>
<tr><td>+</td><td rowspan="2">+</td><td rowspan="2">γ_M</td></tr>
<tr></tr>
<tr><td>−</td><td></td><td>$\gamma_M - 180°$</td></tr>
<tr><td>−</td><td></td><td>$\gamma_M + 180°$</td></tr>
</table>

四元数包含了两个坐标系之间的旋转信息,可用四元数描述某向量从一个坐标系到另一个坐标系的变换关系。将向量 $\boldsymbol{u}^g$ 和 $\boldsymbol{u}^b$ 看作零标量的四元数,则 $\boldsymbol{u}^g$ 和 $\boldsymbol{u}^b$ 之间的坐标变换关系可用四元数乘法表示为

$$\boldsymbol{u}^g = \boldsymbol{Q} \otimes \boldsymbol{u}^b \otimes \boldsymbol{Q}^* \qquad (4-4-18)$$

该式称为坐标变换的四元数表示法,其中,$\boldsymbol{Q}$ 为 g 系转动到 b 系的旋转四元数,$\boldsymbol{Q}^*$ 为其共轭四元数。

考虑到 $\sin\theta = 2\sin\dfrac{\theta}{2}\cos\dfrac{\theta}{2}$ 和 $\sin^2\dfrac{\theta}{2} = \dfrac{1}{2}(1-\cos\theta)$,式(4-4-14)可进一步写为

$$\boldsymbol{C}_b^g = \boldsymbol{I} + \sin\theta\boldsymbol{U} + (1-\cos\theta)\boldsymbol{U}^2 = \boldsymbol{I} + \sin\theta(\boldsymbol{u}^g\times) + (1-\cos\theta)(\boldsymbol{u}^g\times)(\boldsymbol{u}^g\times)$$

$$(4-4-19)$$

构造一方向与 $\boldsymbol{u}^g$ 相同,长度等于 θ 的矢量 $\boldsymbol{\Phi}$,即

$$\begin{cases} \boldsymbol{\Phi} = |\boldsymbol{\Phi}|\boldsymbol{u}^g \\ \Phi = |\boldsymbol{\Phi}| = \theta \end{cases} \qquad (4-4-20)$$

式(4-4-19)变为

$$\boldsymbol{C}_b^g = \boldsymbol{I} + \frac{\sin\Phi}{\Phi}(\boldsymbol{\Phi}\times) + \frac{(1-\cos\Phi)}{\Phi^2}(\boldsymbol{\Phi}\times)(\boldsymbol{\Phi}\times) \qquad (4-4-21)$$

$\boldsymbol{\Phi}$ 包含了旋转的方向和旋转角度的大小,称为等效旋转向量。

2. 四元数微分方程

四元数 $\boldsymbol{Q}$ 包含了所有的姿态信息,捷联惯导系统的姿态更新实质上是实时计算四元数 $\boldsymbol{Q}$,而四元数 $\boldsymbol{Q}$ 可通过四元数微分方程求解。

对式(4-4-16)左、右两端在地理系对时间求导,得

$$\frac{\mathrm{d}\boldsymbol{Q}}{\mathrm{d}t}\bigg|_g = -\frac{\dot{\theta}}{2}\sin\frac{\theta}{2} + \boldsymbol{u}^g\frac{\dot{\theta}}{2}\cos\frac{\theta}{2} + \sin\frac{\theta}{2}\frac{\mathrm{d}\boldsymbol{u}^g}{\mathrm{d}t}\bigg|_g \qquad (4-4-22)$$

根据科氏定理(见 2.2.5 节),有

$$\frac{\mathrm{d}\boldsymbol{u}^g}{\mathrm{d}t}\bigg|_g = \frac{\mathrm{d}\boldsymbol{u}^g}{\mathrm{d}t}\bigg|_b + \boldsymbol{\omega}_{gb}^g \times \boldsymbol{u}^g = \boldsymbol{C}_b^g \frac{\mathrm{d}\boldsymbol{u}}{\mathrm{d}t}\bigg|_b^b + \boldsymbol{\omega}_{gb}^g \times \boldsymbol{u}^g \tag{4-4-23}$$

由于 b 系绕 $\boldsymbol{u}$ 旋转，在此过程中 $\boldsymbol{u}$ 在 b 系始终未发生变化，即有

$$\frac{\mathrm{d}\boldsymbol{u}}{\mathrm{d}t}\bigg|_b^b = \boldsymbol{0} \tag{4-4-24}$$

又由于

$$\boldsymbol{\omega}_{gb}^g = \dot{\theta}\boldsymbol{u}^g \tag{4-4-25}$$

所以

$$\frac{\mathrm{d}\boldsymbol{u}^g}{\mathrm{d}t}\bigg|_g = \dot{\theta}\boldsymbol{u}^g \times \boldsymbol{u}^g = \boldsymbol{0} \tag{4-4-26}$$

因此

$$\frac{\mathrm{d}\boldsymbol{Q}}{\mathrm{d}t}\bigg|_g = -\frac{\dot{\theta}}{2}\sin\frac{\theta}{2} + \boldsymbol{u}^g\frac{\dot{\theta}}{2}\cos\frac{\theta}{2} \tag{4-4-27}$$

考虑到 $\boldsymbol{u}^g \otimes \boldsymbol{u}^g = -1$，有

$$\frac{\dot{\theta}}{2}\boldsymbol{u}^g \otimes \boldsymbol{Q} = \frac{\dot{\theta}}{2}\boldsymbol{u}^g \otimes \left(\cos\frac{\theta}{2} + \boldsymbol{u}^g\sin\frac{\theta}{2}\right) = \frac{\dot{\theta}}{2}\left(\boldsymbol{u}^g\cos\frac{\theta}{2} - \sin\frac{\theta}{2}\right) \tag{4-4-28}$$

对比式(4-4-27)和式(4-4-28)，并考虑到式(4-4-25)，得

$$\frac{\mathrm{d}\boldsymbol{Q}}{\mathrm{d}t}\bigg|_g = \frac{1}{2}\boldsymbol{\omega}_{gb}^g \otimes \boldsymbol{Q} \tag{4-4-29}$$

根据坐标变换的四元数表示，有

$$\boldsymbol{\omega}_{gb}^g = \boldsymbol{Q} \otimes \boldsymbol{\omega}_{gb}^b \otimes \boldsymbol{Q}^* \tag{4-4-30}$$

于是式(4-4-29)变为

$$\frac{\mathrm{d}\boldsymbol{Q}}{\mathrm{d}t}\bigg|_g = \frac{1}{2}\boldsymbol{Q} \otimes \boldsymbol{\omega}_{gb}^b \otimes \boldsymbol{Q}^* \otimes \boldsymbol{Q} = \frac{1}{2}\boldsymbol{Q} \otimes \boldsymbol{\omega}_{gb}^b \tag{4-4-31}$$

根据式(2-2-32)，式(4-4-31)可写成矩阵形式

$$\frac{\mathrm{d}\boldsymbol{Q}}{\mathrm{d}t}\bigg|_g = \frac{1}{2}\boldsymbol{M}'(\boldsymbol{\omega}_{gb}^b)\boldsymbol{Q} \tag{4-4-32}$$

记

$$\boldsymbol{\omega}_{gb}^b = \begin{bmatrix} \omega_x \\ \omega_y \\ \omega_z \end{bmatrix} \tag{4-4-33}$$

则式(4-4-32)可写为

$$\begin{bmatrix} \dot{q}_0 \\ \dot{q}_1 \\ \dot{q}_2 \\ \dot{q}_3 \end{bmatrix} = \frac{1}{2}\begin{bmatrix} 0 & -\omega_x & -\omega_y & -\omega_z \\ \omega_x & 0 & \omega_z & -\omega_y \\ \omega_y & -\omega_z & 0 & \omega_x \\ \omega_z & \omega_y & -\omega_x & 0 \end{bmatrix}\begin{bmatrix} q_0 \\ q_1 \\ q_2 \\ q_3 \end{bmatrix} \tag{4-4-34}$$

在捷联式惯导系统中，速率陀螺仪可测量机体相对惯性空间的角速度 $\boldsymbol{\omega}_{ib}^b$，机体相对地理系的角速度为

$$\boldsymbol{\omega}_{gb}^b = \boldsymbol{\omega}_{ib}^b - \boldsymbol{\omega}_{ig}^b = \boldsymbol{\omega}_{ib}^b - \boldsymbol{C}_g^b\boldsymbol{\omega}_{ig}^g \tag{4-4-35}$$

式中，$\boldsymbol{C}_g^b = (\boldsymbol{C}_b^g)^{\mathrm{T}}$，由姿态更新的最新值确定；$\boldsymbol{\omega}_{ig}^g$ 按下式计算：

$$\boldsymbol{\omega}_{ig}^g = \begin{bmatrix} \Omega\cos\varphi + \dfrac{V_E}{R_E} \\[2mm] -\dfrac{V_N}{R_N} \\[2mm] -\Omega\sin\varphi - \dfrac{V_E}{R_E}\tan\varphi \end{bmatrix} \qquad (4-4-36)$$

式中，纬度 φ 和地速 V_E,V_N 为导航计算所得的最新值。

3. 四元数微分方程的求解

在捷联式惯导系统中，一般是利用陀螺仪输出的角增量来计算新的四元数。下面介绍一种常用的四元数更新方法——定时采样增量法。在这种方法中，角增量对应的采样时间间隔是相同的，即采样周期固定。式(4-4-32)是关于 $\boldsymbol{Q}$ 的齐次线性方程，其解为

$$\boldsymbol{Q}(t_{k+1}) = \mathrm{e}^{\frac{1}{2}\int_{t_k}^{t_{k+1}} \boldsymbol{M}'(\boldsymbol{\omega}_{gb}^b)\mathrm{d}t} \cdot \boldsymbol{Q}(t_k) \qquad (4-4-37)$$

令

$$\Delta\boldsymbol{\Theta} = \int_{t_k}^{t_{k+1}} \boldsymbol{M}'(\boldsymbol{\omega}_{gb}^b)\mathrm{d}t \qquad (4-4-38)$$

有

$$\Delta\boldsymbol{\Theta} = \int_{t_k}^{t_{k+1}} \begin{bmatrix} 0 & -\omega_x & -\omega_y & -\omega_z \\ \omega_x & 0 & \omega_z & -\omega_y \\ \omega_y & -\omega_z & 0 & \omega_x \\ \omega_z & \omega_y & -\omega_x & 0 \end{bmatrix}\mathrm{d}t = \begin{bmatrix} 0 & -\Delta\theta_x & -\Delta\theta_y & -\Delta\theta_z \\ \Delta\theta_x & 0 & \Delta\theta_z & -\Delta\theta_y \\ \Delta\theta_y & -\Delta\theta_z & 0 & \Delta\theta_x \\ \Delta\theta_z & \Delta\theta_y & -\Delta\theta_x & 0 \end{bmatrix}$$

$$(4-4-39)$$

式中，$\Delta\theta_x,\Delta\theta_y,\Delta\theta_z$ 为机体相对地理系转动的角增量。

对式(4-4-37)作泰勒级数展开，得

$$\boldsymbol{Q}(t_{k+1}) = \mathrm{e}^{\frac{1}{2}\Delta\boldsymbol{\Theta}} \cdot \boldsymbol{Q}(t_k) = \left[\boldsymbol{I} + \dfrac{\frac{1}{2}\Delta\boldsymbol{\Theta}}{1!} + \dfrac{\left(\frac{1}{2}\Delta\boldsymbol{\Theta}\right)^2}{2!} + \cdots \right] \cdot \boldsymbol{Q}(t_k) \quad (4-4-40)$$

由于

$$\Delta\boldsymbol{\Theta}^2 = \begin{bmatrix} 0 & -\Delta\theta_x & -\Delta\theta_y & -\Delta\theta_z \\ \Delta\theta_x & 0 & \Delta\theta_z & -\Delta\theta_y \\ \Delta\theta_y & -\Delta\theta_z & 0 & \Delta\theta_x \\ \Delta\theta_z & \Delta\theta_y & -\Delta\theta_x & 0 \end{bmatrix}\begin{bmatrix} 0 & -\Delta\theta_x & -\Delta\theta_y & -\Delta\theta_z \\ \Delta\theta_x & 0 & \Delta\theta_z & -\Delta\theta_y \\ \Delta\theta_y & -\Delta\theta_z & 0 & \Delta\theta_x \\ \Delta\theta_z & \Delta\theta_y & -\Delta\theta_x & 0 \end{bmatrix} = -\Delta\theta^2 \boldsymbol{I}$$

$$(4-4-41)$$

其中，$\Delta\theta^2 = \Delta\theta_x^2 + \Delta\theta_y^2 + \Delta\theta_z^2$，所以

$$\Delta\boldsymbol{\Theta}^3 = \Delta\boldsymbol{\Theta}^2 \cdot \Delta\boldsymbol{\Theta} = -\Delta\theta^2\Delta\boldsymbol{\Theta}$$
$$\Delta\boldsymbol{\Theta}^4 = \Delta\boldsymbol{\Theta}^2 \cdot \Delta\boldsymbol{\Theta}^2 = \Delta\theta^4 \boldsymbol{I}$$
$$\Delta\boldsymbol{\Theta}^5 = \Delta\boldsymbol{\Theta}^4 \cdot \Delta\boldsymbol{\Theta} = \Delta\theta^4\Delta\boldsymbol{\Theta}$$
$$\vdots$$

可总结出

$$\begin{cases} \Delta\boldsymbol{\Theta}^{2i+1} = (-1)^i \Delta\theta^{2i}\Delta\boldsymbol{\Theta} \\ \Delta\boldsymbol{\Theta}^{2i+2} = (-1)^{i+1}\Delta\theta^{2i+2}\boldsymbol{I} \end{cases}, \quad i=0,1,\cdots$$

于是,式(4-4-40)可写为

$$Q(t_{k+1})$$

$$= \left\{ I + I \left[\frac{\frac{\Delta\theta}{2}}{1!} - \frac{\left(\frac{\Delta\theta}{2}\right)^2}{2!} - \frac{\left(\frac{\Delta\theta}{2}\right)^2 \frac{\Delta\boldsymbol{\Theta}}{2}}{3!} + \frac{\left(\frac{\Delta\theta}{2}\right)^4}{4!} + \frac{\left(\frac{\Delta\theta}{2}\right)^4 \frac{\Delta\boldsymbol{\Theta}}{2}}{5!} - \frac{\left(\frac{\Delta\theta}{2}\right)^6}{6!} + \cdots \right] \right\} Q(t_k)$$

$$= \left\{ I \left[1 - \frac{\left(\frac{\Delta\theta}{2}\right)^2}{2!} + \frac{\left(\frac{\Delta\theta}{2}\right)^4}{4!} - \frac{\left(\frac{\Delta\theta}{2}\right)^6}{6!} + \cdots \right] + \frac{\Delta\boldsymbol{\Theta}}{2} \left[\frac{\frac{\Delta\theta}{2}}{1!} - \frac{\left(\frac{\Delta\theta}{2}\right)^3}{3!} + \frac{\left(\frac{\Delta\theta}{2}\right)^5}{5!} \right] \Big/ \left(\frac{\Delta\theta}{2}\right) \right\} Q(t_k)$$

$$= \left[I\cos\frac{\Delta\theta}{2} + \frac{\Delta\boldsymbol{\Theta}}{\Delta\theta}\sin\frac{\Delta\theta}{2} \right] Q(t_k) \qquad (4-4-42)$$

工程实现时,需要根据采样周期和导航计算机性能确定正弦和余弦按级数展开的位数。

4. 四元数初值的确定和四元数规范化处理

$C_b^g(0) = \left[T_{ij}^0 \right]_{3\times 3}$,根据式(4-4-17)及描述坐标系转换的四元数应为规范化四元数,有

$$\begin{cases} q_0^2 + q_1^2 - q_2^2 - q_3^2 = T_{11} \\ q_0^2 - q_1^2 + q_2^2 - q_3^2 = T_{22} \\ q_0^2 - q_1^2 - q_2^2 + q_3^2 = T_{33} \\ q_0^2 + q_1^2 + q_2^2 + q_3^2 = 1 \\ 2(q_1 q_2 - q_0 q_3) = T_{12} \\ 2(q_1 q_3 + q_0 q_2) = T_{13} \\ 2(q_1 q_2 + q_0 q_3) = T_{21} \\ 2(q_2 q_3 - q_0 q_1) = T_{23} \\ 2(q_1 q_3 - q_0 q_2) = T_{31} \\ 2(q_2 q_3 + q_0 q_1) = T_{32} \end{cases} \qquad (4-4-43)$$

从上述方程可解得

$$\begin{cases} q_0 = \sqrt{1 + T_{11} + T_{22} + T_{33}} \big/ 2 \\ q_1 = \mathrm{sign}(T_{32} - T_{23}) \sqrt{1 + T_{11} - T_{22} - T_{33}} \big/ 2 \\ q_2 = \mathrm{sign}(T_{13} - T_{31}) \sqrt{1 - T_{11} + T_{22} - T_{33}} \big/ 2 \\ q_3 = \mathrm{sign}(T_{21} - T_{12}) \sqrt{1 - T_{11} - T_{22} + T_{33}} \big/ 2 \end{cases} \qquad (4-4-44)$$

由于计算误差,计算过程中四元数会逐渐失去规范化特性,因此,每隔若干计算周期应对四元数进行规范化处理,方法如下:

$$q_i = \frac{\hat{q}_i}{\sqrt{\hat{q}_0^2 + \hat{q}_1^2 + \hat{q}_2^2 + \hat{q}_3^2}}, \quad i = 0,1,2,3 \qquad (4-4-45)$$

式中,$\hat{q}_i$ 为四元数更新所得的值。

4.4.3　速度的计算

捷联式惯导系统的速度计算在原理上和平台式惯导系统基本相同。利用姿态矩阵可由沿机体系各轴的比力分量计算得到比力在平台系各轴的比力分量,即

$$\boldsymbol{f}^p = \begin{bmatrix} f_x^p & f_y^p & f_z^p \end{bmatrix}^{\mathrm{T}} = \boldsymbol{C}_b^p \boldsymbol{f}^b = \boldsymbol{C}_b^p \begin{bmatrix} f_x^b & f_y^b & f_z^b \end{bmatrix}^{\mathrm{T}} \qquad (4-4-46)$$

由式(4-3-13),有

$$\begin{cases} \dot{V}_{epx}^p = f_x^p - \left(2\Omega\sin\varphi + \dfrac{V_{epy}^p}{R_{\mathrm{E}}}\tan\varphi\right)V_{epy}^p + \dfrac{V_{epx}^p}{R_{\mathrm{N}}}V_{epz}^p \\[3mm] \dot{V}_{epy}^p = f_y^p + \left(2\Omega\sin\varphi + \dfrac{V_{epy}^p}{R_{\mathrm{E}}}\tan\varphi\right)V_{epx}^p + \left(2\Omega\cos\varphi + \dfrac{V_{epy}^p}{R_{\mathrm{E}}}\right)V_{epz}^p \\[3mm] \dot{V}_{epz}^p = f_z^p - \dfrac{V_{epx}^p}{R_{\mathrm{N}}}V_{epx}^p - \left(2\Omega\cos\varphi + \dfrac{V_{epy}^p}{R_{\mathrm{E}}}\right)V_{epy}^p + g \end{cases} \quad (4-4-47)$$

不过,为了实现对陀螺仪和加速度计输出信号无遗漏地采样和利用,捷联式惯导系统采集的是在确定时间间隔内的角增量和速度增量,而不是离散时间点上的角速度和比力。也就是说,捷联式惯导系统并非直接利用式(4-4-47)计算速度。

取地理系为导航系,根据式(4-2-19)所示惯导基本方程,对地加速度为

$$\dot{\boldsymbol{V}}_{eg}^g = \boldsymbol{C}_b^g \boldsymbol{f}^b - (2\boldsymbol{\Omega}^g + \boldsymbol{\omega}_{eg}^g)\times\boldsymbol{V}_{eg}^g + \boldsymbol{g}^g \qquad (4-4-48)$$

为简化起见,略去地速和对地加速度的下标"eg",上式变为

$$\dot{\boldsymbol{V}}^g = \boldsymbol{C}_b^g \boldsymbol{f}^b - (2\boldsymbol{\Omega}^g + \boldsymbol{\omega}_{eg}^g)\times\boldsymbol{V}^g + \boldsymbol{g}^g \qquad (4-4-49)$$

设速度的更新周期为 T_V,在每一个周期内对角增量和速度增量做 N 次采样。对式(4-4-49)做积分,得 t_m 时刻载体的地速为

$$\boldsymbol{V}_m^g = \boldsymbol{V}_{m-1}^g + \boldsymbol{C}_{b(m-1)}^{g(m-1)}\int_{t_{m-1}}^{t_m}\boldsymbol{C}_{b(t)}^{b(m-1)}\boldsymbol{f}^{b(t)}\,\mathrm{d}t + \int_{t_{m-1}}^{t_m}\left[\boldsymbol{g}^g - (2\boldsymbol{\Omega}^g + \boldsymbol{\omega}_{eg}^g)\times\boldsymbol{V}_{m-1}^g\right]\mathrm{d}t$$

$$(4-4-50)$$

式中,$\boldsymbol{V}_m^g$ 和 $\boldsymbol{V}_{m-1}^g$ 分别为载体在 t_m 时刻和 t_{m-1} 时刻的地速;$\boldsymbol{C}_{b(m-1)}^{g(m-1)}$ 是 t_{m-1} 时刻的姿态矩阵,为简化将其简记为 $\boldsymbol{C}_{m-1}$;t_{m-1} 时刻的地理系 $g(m-1)$ 与 t_m 时刻的地理系 $g(m)$ 可视为重合。

根据式(4-4-21),对于 $t_{m-1}\leqslant t\leqslant t_m$,有

$$\boldsymbol{C}_{b(t)}^{b(m-1)} = \boldsymbol{I} + \frac{\sin\Phi}{\Phi}(\boldsymbol{\Phi}\times) + \frac{(1-\cos\Phi)}{\Phi^2}(\boldsymbol{\Phi}\times)(\boldsymbol{\Phi}\times) \qquad (4-4-51)$$

式中,$\boldsymbol{\Phi}$ 为 t_{m-1} 时刻的机体坐标系 $b(m-1)$ 系至 t 时刻的机体系 $b(t)$ 系的等效旋转矢量,旋转角度为 $\Phi = |\boldsymbol{\Phi}|$,$(\boldsymbol{\Phi}\times)$ 表示由 $\boldsymbol{\Phi}$ 各分量构成的反对称矩阵。在一个更新周期 $T = t_m - t_{m-1}$ 时间内,旋转角度 $\boldsymbol{\Phi}$ 非常小,忽略二阶小量,式(4-4-51)可近似为

$$\boldsymbol{C}_{b(t)}^{b(m-1)} \approx \boldsymbol{I} + (\Delta\boldsymbol{\theta}\times) \qquad (4-4-52)$$

其中,$\Delta\boldsymbol{\theta}$ 为陀螺仪输出的角增量,即

$$\Delta\boldsymbol{\theta} = \int_{t_{m-1}}^{t}\boldsymbol{\omega}(\tau)\mathrm{d}\tau, \quad t_{m-1}\leqslant t\leqslant t_m \qquad (4-4-53)$$

将式(4-4-52)代入式(4-4-50),略去上标,得

$$\boldsymbol{V}_m = \boldsymbol{V}_{m-1} + \boldsymbol{C}_{m-1}\int_{t_{m-1}}^{t_m}(\boldsymbol{f} + \Delta\boldsymbol{\theta}\times\boldsymbol{f})\,\mathrm{d}t + \int_{t_{m-1}}^{t_m}\left[\boldsymbol{g} - (2\boldsymbol{\Omega} + \boldsymbol{\omega}_{eg})\times\boldsymbol{V}_{m-1}\right]\mathrm{d}t$$

$$(4-4-54)$$

记

$$\Delta\boldsymbol{V}_{\mathrm{sfm}} = \int_{t_{m-1}}^{t_m}(\boldsymbol{f} + \Delta\boldsymbol{\theta}\times\boldsymbol{f})\,\mathrm{d}t \qquad (4-4-55)$$

$$\Delta\boldsymbol{V}_{\mathrm{g/corm}} = \int_{t_{m-1}}^{t_m}\left[\boldsymbol{g} - (2\boldsymbol{\Omega} + \boldsymbol{\omega}_{eg})\times\boldsymbol{V}_{m-1}\right]\mathrm{d}t \qquad (4-4-56)$$

称 $\Delta\boldsymbol{V}_{\mathrm{sfm}}$ 为比力引起的速度补偿量,$\Delta\boldsymbol{V}_{\mathrm{g/corm}}$ 为有害加速度引起的速度补偿量。于是,式(4-4-54)或写成

$$\boldsymbol{V}_m = \boldsymbol{V}_{m-1} + \boldsymbol{C}_{m-1} \Delta \boldsymbol{V}_{\text{sfm}} + \Delta \boldsymbol{V}_{\text{g/corm}} \qquad (4-4-57)$$

将式(4-4-55)等号右侧展开,有

$$\Delta \boldsymbol{V}_{\text{sfm}} = \int_{t_{m-1}}^{t_m} \boldsymbol{f} \, \mathrm{d}t + \int_{t_{m-1}}^{t_m} (\Delta \boldsymbol{\theta} \times \boldsymbol{f}) \, \mathrm{d}t \qquad (4-4-58)$$

其中

$$\Delta \boldsymbol{V}_m = \int_{t_{m-1}}^{t_m} \boldsymbol{f} \, \mathrm{d}t \qquad (4-4-59)$$

是加速度计在 $[t_{m-1}, t_m]$ 时间段内输出的速度增量。

设在 $[t_{m-1}, t_m]$ 时间段内对载体的角速度和比力采用线性函数进行拟合,即有

$$\boldsymbol{\omega}(t) = \boldsymbol{a} + 2\boldsymbol{b}(t - t_{m-1}) \qquad (4-4-60)$$

$$\boldsymbol{f}(t) = \boldsymbol{A} + 2\boldsymbol{B}(t - t_{m-1}) \qquad (4-4-61)$$

则对于 $t_{m-1} \leqslant t \leqslant t_m$,有

$$\Delta \boldsymbol{\theta} = \int_{t_{m-1}}^{t} \boldsymbol{\omega}(\tau) \, \mathrm{d}\tau = \boldsymbol{a}(t - t_{m-1}) + \boldsymbol{b}(t - t_{m-1})^2 \qquad (4-4-62)$$

$$\Delta \boldsymbol{V}_m = \int_{t_{m-1}}^{t_m} \boldsymbol{f} \, \mathrm{d}t = \boldsymbol{A}(t - t_{m-1}) + \boldsymbol{B}(t - t_{m-1})^2 \qquad (4-4-63)$$

在速度更新周期 $t = t_m - t_{m-1}$ 内,对角增量和速度增量进行再次采样,令 $\Delta T = \dfrac{T_v}{2}$。由式(4-4-62)有

$$\Delta \boldsymbol{\theta}(t_{m-1} - \Delta T) = \Delta T \boldsymbol{a} + \Delta T^2 \boldsymbol{b} \qquad (4-4-64)$$

$$s\Delta \boldsymbol{\theta}(t_{m-1} - 2\Delta T) = 2\Delta T \boldsymbol{a} + 4\Delta T^2 \boldsymbol{b} \qquad (4-4-65)$$

在 $[t_{m-1}, t_{m-1} + \Delta T]$ 内的角增量为 $\Delta \boldsymbol{\theta}(t_{m-1} - \Delta T)$,记为 $\Delta \boldsymbol{\theta}_m(1)$,即

$$\Delta \boldsymbol{\theta}_m(1) = \Delta T \boldsymbol{a} + \Delta T^2 \boldsymbol{b} \qquad (4-4-66)$$

在 $[t_{m-1} + \Delta T, t_m]$ 内的角增量为

$$\Delta \boldsymbol{\theta}_m(2) = \Delta \boldsymbol{\theta}(t_{m-1} - 2\Delta T) - \Delta \boldsymbol{\theta}_m(1) = \Delta T \boldsymbol{a} + 3\Delta T^2 \boldsymbol{b} \qquad (4-4-67)$$

根据采集到的角增量 $\Delta \boldsymbol{\theta}_m(1)$ 和 $\Delta \boldsymbol{\theta}_m(2)$,由式(4-4-66)和式(4-4-67)可求出

$$\begin{cases} \boldsymbol{a} = [3\Delta \boldsymbol{\theta}_m(1) - \Delta \boldsymbol{\theta}_m(2)] / (2\Delta T) \\ \boldsymbol{b} = [\Delta \boldsymbol{\theta}_m(2) - \Delta \boldsymbol{\theta}_m(1)] / (2\Delta T^2) \end{cases} \qquad (4-4-68)$$

同理

$$\Delta \boldsymbol{V}_m(1) = \Delta T \boldsymbol{A} + \Delta T^2 \boldsymbol{B} \qquad (4-4-69)$$

$$\Delta \boldsymbol{V}_m(2) = \Delta T \boldsymbol{A} + 3\Delta T^2 \boldsymbol{B} \qquad (4-4-70)$$

根据采集到的速度增量 $\Delta \boldsymbol{V}_m(1)$ 和 $\Delta \boldsymbol{V}_m(2)$,由式(4-4-69)和式(4-4-70)可求出

$$\begin{cases} \boldsymbol{A} = [3\Delta \boldsymbol{V}_m(1) - \Delta \boldsymbol{V}_m(2)] / (2\Delta T) \\ \boldsymbol{B} = [\Delta \boldsymbol{V}_m(2) - \Delta \boldsymbol{V}_m(1)] / (2\Delta T^2) \end{cases} \qquad (4-4-71)$$

所以

$$\begin{aligned} \Delta \boldsymbol{\theta}(t) \times \boldsymbol{f}(t) &= [\boldsymbol{a}(t - t_{m-1}) + \boldsymbol{b}(t - t_{m-1})^2] \times [\boldsymbol{A} + 2\boldsymbol{B}(t - t_{m-1})] \\ &= (t - t_{m-1})[\boldsymbol{a} + \boldsymbol{b}(t - t_{m-1})] \times [\boldsymbol{A} + 2\boldsymbol{B}(t - t_{m-1})] \\ &= (t - t_{m-1})\boldsymbol{a} \times \boldsymbol{A} + (t - t_{m-1})^2 (2\boldsymbol{a} \times \boldsymbol{B} + \boldsymbol{b} \times \boldsymbol{A}) + 2(t - t_{m-1})^3 \boldsymbol{b} \times \boldsymbol{B} \end{aligned}$$

$$(4-4-72)$$

考虑到 $T_v = 2\Delta T$,于是

$$\int_{t_{m-1}}^{t_m} (\Delta\boldsymbol{\theta} \times \boldsymbol{f})\,\mathrm{d}t = 2\Delta T^2 \boldsymbol{a} \times \boldsymbol{A} + \frac{8}{3}\Delta T^3 (2\boldsymbol{a} \times \boldsymbol{B} + \boldsymbol{b} \times \boldsymbol{A}) + 8\Delta T^4 \boldsymbol{b} \times \boldsymbol{B}$$

$$= [3\Delta\boldsymbol{\theta}_m(1) - \Delta\boldsymbol{\theta}_m(2)] \times [3\Delta\boldsymbol{V}_m(1) - \Delta\boldsymbol{V}_m(2)]/2 +$$
$$2[\Delta\boldsymbol{\theta}_m(2) - \Delta\boldsymbol{\theta}_m(1)] \times [3\Delta\boldsymbol{V}_m(1) - \Delta\boldsymbol{V}_m(2)]/3 +$$
$$4[3\Delta\boldsymbol{\theta}_m(1) - \Delta\boldsymbol{\theta}_m(2)] \times [\Delta\boldsymbol{V}_m(2) - \Delta\boldsymbol{V}_m(1)]/3 +$$
$$2[\Delta\boldsymbol{\theta}_m(2) - \Delta\boldsymbol{\theta}_m(1)] \times [\Delta\boldsymbol{V}_m(2) - \Delta\boldsymbol{V}_m(1)]$$

$$= \frac{1}{2}\Delta\boldsymbol{\theta}_m(1)\Delta\boldsymbol{V}_m(1) + \frac{7}{6}\Delta\boldsymbol{\theta}_m(1)\Delta\boldsymbol{V}_m(2) - \frac{1}{6}\Delta\boldsymbol{\theta}_m(2)\Delta\boldsymbol{V}_m(1) +$$
$$\frac{1}{2}\Delta\boldsymbol{\theta}_m(2)\Delta\boldsymbol{V}_m(2) \tag{4-4-73}$$

由式(4-4-58)和式(4-4-73)可知,比力引起的速度补偿量为

$$\Delta\boldsymbol{V}_{\mathrm{sfm}} = \int_{t_{m-1}}^{t_m} \boldsymbol{f}\,\mathrm{d}t + \int_{t_{m-1}}^{t_m} (\Delta\boldsymbol{\theta} \times \boldsymbol{f})\,\mathrm{d}t$$

$$= \Delta\boldsymbol{V}_m(1) + \Delta\boldsymbol{V}_m(2) + \frac{1}{2}\Delta\boldsymbol{\theta}_m(1)\Delta\boldsymbol{V}_m(1) + \frac{7}{6}\Delta\boldsymbol{\theta}_m(1)\Delta\boldsymbol{V}_m(2) -$$
$$\frac{1}{6}\Delta\boldsymbol{\theta}_m(2)\Delta\boldsymbol{V}_m(1) + \frac{1}{2}\Delta\boldsymbol{\theta}_m(2)\Delta\boldsymbol{V}_m(2) \tag{4-4-74}$$

由式(4-4-56)知,有害加速度引起的速度补偿量为

$$\Delta\boldsymbol{V}_{\mathrm{g/corm}} = \int_{t_{m-1}}^{t_m} [\boldsymbol{g} - (2\boldsymbol{\Omega} + \boldsymbol{\omega}_{eg}) \times \boldsymbol{V}_{m-1}]\,\mathrm{d}t$$

$$= T_V\boldsymbol{g} - 2\boldsymbol{\Omega} \times \int_{t_{m-1}}^{t_m} \boldsymbol{V}_{m-1}\,\mathrm{d}t - \int_{t_{m-1}}^{t_m} \boldsymbol{\omega}_{eg} \times \boldsymbol{V}_{m-1}\,\mathrm{d}t$$

$$\approx T_V\boldsymbol{g} - 2T_V\boldsymbol{\Omega} \times \boldsymbol{V}_{m-1} - T_V\boldsymbol{\omega}_{eg\_m-1} \times \boldsymbol{V}_{m-1} \tag{4-4-75}$$

式中

$$\boldsymbol{\omega}_{eg\_m-1}^g = \begin{bmatrix} 0 & \dfrac{1}{R_{\mathrm{E}\_m-1} + h_{m-1}} & 0 \\[2mm] -\dfrac{1}{R_{\mathrm{N}\_m-1} + h_{m-1}} & 0 & 0 \\[2mm] 0 & -\dfrac{\tan\varphi_{m-1}}{R_{\mathrm{E}\_m-1} + h_{m-1}} & 0 \end{bmatrix} \boldsymbol{V}_{m-1} \tag{4-4-76}$$

将计算出的比力引起的速度补偿量 $\Delta\boldsymbol{V}_{\mathrm{sfm}}$、有害加速度引起的速度补偿量 $\Delta\boldsymbol{V}_{\mathrm{g/corm}}$ 和 t_{m-1} 时刻的姿态矩阵 $\boldsymbol{C}_{m-1}$ 代入式(4-4-57),即可得到 t_m 时刻载体的地速 $\boldsymbol{V}_m$。

上述算法中,对角速度和比力作直线拟合,并在一个速度更新周期内对角增量和速度增量进行两个等间隔的采样,称为双子样算法。如果拟合时分别采用抛物线和三次抛物线,在一个速度更新周期内对角增量和速度增量进行 3 次和 4 次采样,可得到三子样算法和四子样算法,在此不再赘述。

4.4.4　位置的计算

与平台式惯导系统相同,捷联式惯导系统的经纬度与地速之间存在如下关系:

$$\begin{cases} \varphi = \int_0^t \dfrac{V_N}{R_N}\mathrm{d}t + \varphi_0 \\[3mm] \lambda = \int_0^t \dfrac{V_E}{R_E\cos\varphi}\mathrm{d}t + \lambda_0 \end{cases} \tag{4-4-77}$$

式中,V_N,V_E 分别为载体的北向速度和东向速度。当位置的更新周期很小且速度变化不剧烈时,可由式(4-4-77)进一步得出经纬度的递推算法。但当位置更新周期较大、速度变化较剧烈时,直接利用式(4-4-77)进行计算误差较大。

在工程上,捷联式惯导系统往往通过位置矩阵来求解位置。

1. 位置矩阵

位置矩阵是地球系到导航系的坐标转换矩阵。选地理系为导航系,设载体位置为(λ,φ,h)。如图 4-4-3 所示,地球系(e 系)经如下过程即转到地理系(g 系):

$$x_e y_e z_e \xrightarrow[\text{转动}\lambda]{\text{绕}z_e\text{轴}} x_e' y_e' z_e' \xrightarrow[\text{转动}90°-\varphi]{\text{绕}y_e'\text{轴}} x_e'' y_e'' z_e'' \xrightarrow[\text{转动}180°]{\text{绕}y_e''\text{轴}} x_g y_g z_g$$

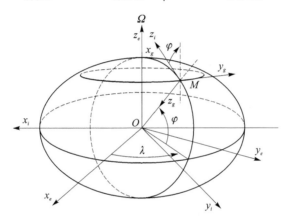

图 4-4-3　地球系与地理系的关系

相应的坐标转换矩阵为

$$\begin{aligned}
\boldsymbol{C}_e^g &= \begin{bmatrix} -1 & 0 & 0 \\ 0 & 1 & 0 \\ 0 & 0 & -1 \end{bmatrix} \begin{bmatrix} \sin\varphi & 0 & -\cos\varphi \\ 0 & 1 & 0 \\ \cos\varphi & 0 & \sin\varphi \end{bmatrix} \begin{bmatrix} \cos\lambda & \sin\lambda & 0 \\ -\sin\lambda & \cos\lambda & 0 \\ 0 & 0 & 1 \end{bmatrix} \\[3mm]
&= \begin{bmatrix} -\sin\varphi\cos\lambda & -\sin\varphi\sin\lambda & \cos\varphi \\ -\sin\lambda & \cos\lambda & 0 \\ -\cos\varphi\cos\lambda & -\cos\varphi\sin\lambda & -\sin\varphi \end{bmatrix} \\[3mm]
&= \begin{bmatrix} P_{11} & P_{12} & P_{13} \\ P_{21} & P_{22} & P_{23} \\ P_{31} & P_{32} & P_{33} \end{bmatrix}
\end{aligned} \tag{4-4-78}$$

坐标变换矩阵 $\boldsymbol{C}_e^g$ 包含了纬度和经度信息,体现了载体在地球上的位置,故称位置矩阵。在已知 $\boldsymbol{C}_e^g$ 阵的情况下,可按如下方法求出纬度和经度:

$$\begin{cases} \varphi = \arcsin(-P_{33}) \\[2mm] \lambda_M = \arctan\dfrac{P_{32}}{P_{31}} \end{cases} \tag{4-4-79}$$

经度 λ 的真值按表 4 - 4 - 3 确定。

表 4 - 4 - 3　经度 λ 的真值表

P_{31}＼λ_M	$-$	$+$
$+$	$\lambda = \lambda_M + 180°$	$\lambda = \lambda_M - 180°$
$-$	λ_M	

2. 位置矩阵的更新及位置的计算

地速在地理系的三个分量为 V_N, V_E, V_D，由地速引起的地理系相对地球系的转动角速度为

$$\boldsymbol{\omega}_{eg}^{g} = \begin{bmatrix} \dfrac{V_E}{R_E + h} \\[2mm] -\dfrac{V_N}{R_N + h} \\[2mm] -\dfrac{V_E}{R_E + h}\tan\varphi \end{bmatrix} = \begin{bmatrix} 0 & \dfrac{1}{R_E + h} & 0 \\[2mm] -\dfrac{1}{R_N + h} & 0 & 0 \\[2mm] 0 & -\dfrac{\tan\varphi}{R_E + h} & 0 \end{bmatrix}\begin{bmatrix} V_N \\ V_E \\ V_D \end{bmatrix} \qquad (4-4-80)$$

记

$$\boldsymbol{V}^g = \begin{bmatrix} V_N \\ V_E \\ V_D \end{bmatrix} \qquad (4-4-81)$$

$$\boldsymbol{F}(t) = \begin{bmatrix} 0 & \dfrac{1}{R_E + h} & 0 \\[2mm] -\dfrac{1}{R_N + h} & 0 & 0 \\[2mm] 0 & -\dfrac{\tan\varphi}{R_E + h} & 0 \end{bmatrix} \qquad (4-4-82)$$

设位置更新周期为 $T_l = t_l - t_{l-1}$，在一个周期内速度可近似看作不变，所以 t_{l-1} 时刻的地理系 $g(l-1)$ 到 t_l 时刻的地理系 $g(l)$ 的旋转矢量可写成

$$\boldsymbol{\xi}_l \approx \int_{t_{l-1}}^{t_l} \boldsymbol{\omega}_{eg}^g(t)\,\mathrm{d}t \approx \hat{\boldsymbol{F}}_{(l-1,l)/2}\,\Delta \boldsymbol{R}_l^g \qquad (4-4-83)$$

式中，$\hat{\boldsymbol{F}}_{(l-1,l)/2}$ 为 t_{l-1} 至 t_l 时间段 $\boldsymbol{F}(t)$ 的平均值，计算时所用纬度为

$$\hat{\varphi}_{(l-1,l)/2} = \hat{\varphi}_{l-1} + \frac{1}{2}(\hat{\varphi}_{l-1} - \hat{\varphi}_{l-2}) = \frac{3}{2}\hat{\varphi}_{l-1} - \frac{1}{2}\hat{\varphi}_{l-2} \qquad (4-4-84)$$

$\Delta \boldsymbol{R}_l^g$ 为 t_{l-1} 至 t_l 时刻的位置变化向量，即

$$\Delta \boldsymbol{R}_l^g = \int_{t_{l-1}}^{t_l} \boldsymbol{V}^g\,\mathrm{d}t \qquad (4-4-85)$$

设 $T_l = MT_V$，即经过 M 次速度更新后做一次位置更新，则

$$\Delta \boldsymbol{R}_l^g = \sum_{i=1}^{M} \delta \boldsymbol{R}_i^g \qquad (4-4-86)$$

其中

$$\delta \boldsymbol{R}_i^g = \int_{t_{l-1}+(i-1)T_V}^{t_l+iT_V} \boldsymbol{V}^g \, \mathrm{d}t \tag{4-4-87}$$

在求出旋转矢量 $\boldsymbol{\xi}_l$ 后,根据式(4-4-21),忽略二阶小量,有

$$\boldsymbol{C}_{g(l)}^{g(l-1)} \approx \boldsymbol{I} + \frac{\sin \xi_l}{\xi_l}(\boldsymbol{\xi}_l \times) \tag{4-4-88}$$

式中,$\xi_l = |\boldsymbol{\xi}_l|$ 为 t_{l-1} 时刻的地理系 $g(l-1)$ 到 t_l 时刻的地理系 $g(l)$ 的旋转角度,是一个很小的量。于是,式(4-4-88)可近似为

$$\boldsymbol{C}_{g(l)}^{g(l-1)} \approx \boldsymbol{I} + (\boldsymbol{\xi}_l \times) \tag{4-4-89}$$

式中,$(\boldsymbol{\xi}_l \times)$ 为 $\boldsymbol{\xi}_l$ 各元素构成的反对称矩阵:

$$(\boldsymbol{\xi}_l \times) = \begin{bmatrix} 0 & -\xi_{lz} & \xi_{ly} \\ \xi_{lz} & 0 & -\xi_{lx} \\ -\xi_{ly} & \xi_{lx} & 0 \end{bmatrix} \tag{4-4-90}$$

t_l 时刻的位置矩阵可根据 t_{l-1} 时刻的位置矩阵和 $\boldsymbol{C}_{g(l)}^{g(l-1)}$ 计算,公式如下:

$$\boldsymbol{C}_e^{g(l)} = \boldsymbol{C}_{g(l-1)}^{g(l)} \boldsymbol{C}_e^{g(l-1)} = (\boldsymbol{C}_{g(l)}^{g(l-1)})^{\mathrm{T}} \boldsymbol{C}_e^{g(l-1)} \tag{4-4-91}$$

计算好 t_l 时刻的位置矩阵 $\boldsymbol{C}_e^{g(l)}$ 后,即可按式(4-4-79)和表4-4-1计算经度和纬度。高度可按下式计算:

$$h_l = h_{l-1} + \Delta R_{zl}^g \tag{4-4-92}$$

式中,ΔR_{zl}^g 为 $\Delta \boldsymbol{R}_l^g$ 沿地理系 z 轴的分量。与平台式惯导系统相同,这种纯惯性高度解算的误差是发散的,需要与其他高度信息进行融合。

4.4.5　初始对准

这节介绍捷联式惯导系统在静基座条件下的对准原理。捷联式惯导系统对准的目的是确定飞机的姿态角及机体系与导航系之间的坐标转换矩阵(姿态矩阵),与平台式惯导系统类似,对准过程可分为粗对准和精对准两个过程,同样需要利用加速度计和陀螺仪的测量信息。限于篇幅,这里仅介绍粗对准方法。

取导航坐标系为地理系(g 系)。重力加速度和地球自转角速度在 g 系和机体系(b 系)的分量有如下关系:

$$\begin{cases} \boldsymbol{g}^b = \boldsymbol{C}_g^b \boldsymbol{g}^g \\ \boldsymbol{\omega}_{ie}^b = \boldsymbol{C}_g^b \boldsymbol{\omega}_{ie}^g \end{cases} \tag{4-4-93}$$

式(4-4-93)两边同时作转置,整理后得

$$\begin{bmatrix} (\boldsymbol{g}^b)^{\mathrm{T}} \\ (\boldsymbol{\omega}_{ie}^b)^{\mathrm{T}} \end{bmatrix} = \begin{bmatrix} (\boldsymbol{g}^g)^{\mathrm{T}} \\ (\boldsymbol{\omega}_{ie}^g)^{\mathrm{T}} \end{bmatrix} \boldsymbol{C}_b^g \tag{4-4-94}$$

无人机惯导系统在地面进行对准时,其加速度计和陀螺仪测量的比力和角速度分别记为 $\boldsymbol{\omega}_{mib}^b$ 和 $\boldsymbol{f}_m^b$,忽略无人机晃动影响和惯性元件的测量误差,有

$$\begin{cases} \boldsymbol{f}_m^b \approx -\boldsymbol{g}^b \\ \boldsymbol{\omega}_{mib}^b \approx \boldsymbol{\omega}_{ie}^b \end{cases} \tag{4-4-95}$$

将式(4-4-95)代入式(4-4-94),得

$$\begin{bmatrix} -(\boldsymbol{f}_m^b)^{\mathrm{T}} \\ (\boldsymbol{\omega}_{mib}^b)^{\mathrm{T}} \end{bmatrix} = \begin{bmatrix} (\boldsymbol{g}^g)^{\mathrm{T}} \\ (\boldsymbol{\omega}_{ie}^g)^{\mathrm{T}} \end{bmatrix} \boldsymbol{C}_b^g \tag{4-4-96}$$

设对准时无人机所在地的纬度为 φ，则

$$\boldsymbol{g}^g = \begin{bmatrix} 0 & 0 & g \end{bmatrix}^{\mathrm{T}}, \quad \boldsymbol{\omega}_{ie}^g = \begin{bmatrix} \Omega\cos\varphi & 0 & -\Omega\sin\varphi \end{bmatrix}^{\mathrm{T}} \tag{4-4-97}$$

记

$$\boldsymbol{C}_b^g = \begin{bmatrix} T_{11} & T_{12} & T_{13} \\ T_{21} & T_{22} & T_{23} \\ T_{31} & T_{32} & T_{33} \end{bmatrix}, \quad \boldsymbol{f}_m^b = \begin{bmatrix} f_{mx}^b \\ f_{my}^b \\ f_{mz}^b \end{bmatrix}, \quad \boldsymbol{\omega}_{mib}^b = \begin{bmatrix} \omega_{mibx}^b \\ \omega_{miby}^b \\ \omega_{mibz}^b \end{bmatrix} \tag{4-4-98}$$

则式(4-4-96)可写为

$$\begin{bmatrix} -f_{mx}^b & -f_{my}^b & -f_{mz}^b \\ \omega_{mibx}^b & \omega_{miby}^b & \omega_{mibz}^b \end{bmatrix} = \begin{bmatrix} 0 & 0 & -g \\ \Omega\cos\varphi & 0 & -\Omega\sin\varphi \end{bmatrix} \begin{bmatrix} T_{11} & T_{12} & T_{13} \\ T_{21} & T_{22} & T_{23} \\ T_{31} & T_{32} & T_{33} \end{bmatrix}$$

$$\tag{4-4-99}$$

由上式可解得：

$$\begin{cases} T_{31} = \dfrac{-f_{mx}^b}{g} \\[2mm] T_{32} = \dfrac{-f_{my}^b}{g} \\[2mm] T_{33} = \dfrac{-f_{mz}^b}{g} \\[2mm] T_{11} = \dfrac{\omega_{mibx}^b + \Omega\sin\varphi T_{31}}{\Omega\cos\varphi} \\[2mm] T_{12} = \dfrac{\omega_{miby}^b + \Omega\sin\varphi T_{32}}{\Omega\cos\varphi} \\[2mm] T_{13} = \dfrac{\omega_{mibz}^b + \Omega\sin\varphi T_{33}}{\Omega\cos\varphi} \end{cases} \tag{4-4-100}$$

考虑到姿态阵为单位正交阵，逆和转置相等，即

$$\begin{bmatrix} T_{11} & T_{21} & T_{31} \\ T_{12} & T_{22} & T_{32} \\ T_{13} & T_{23} & T_{33} \end{bmatrix} = \begin{bmatrix} T_{11} & T_{12} & T_{13} \\ T_{21} & T_{22} & T_{23} \\ T_{31} & T_{32} & T_{33} \end{bmatrix}^{-1} \tag{4-4-101}$$

将上式等号右端逆阵展开，得

$$\begin{cases} T_{21} = -T_{12}T_{33} + T_{13}T_{32} \\ T_{22} = T_{11}T_{33} - T_{13}T_{31} \\ T_{23} = -T_{11}T_{32} + T_{12}T_{31} \end{cases} \tag{4-4-102}$$

由式(4-4-100)和式(4-4-102)可见，只要纬度不等于±90°，姿态矩阵的各个元素可以唯一确定。为了减小惯性器件随机误差和飞机晃动对初始对准精度的影响，可在一段时间内多次计算姿态矩阵各元素，取算术平均值为估计值。

上述对准方法所能达到的精度很大程度上取决于惯性器件的测量精度。由于忽略了飞机晃动和惯性器件误差的影响，姿态误差一般在数角分至数十角分范围内。

4.4.6　捷联式惯导系统与平台式惯导系统的比较

捷联式惯导系统与平台式惯导系统的主要区别在于：捷联式惯导系统不采用如平台式惯

导系统那样由环架、台体和控制回路构成的机械式平台,而采用由计算机实现的数学平台,通过姿态矩阵的计算,将加速度计测量的沿机体坐标系的分量变换到地理坐标系,进而完成导航解算。另外,平台式惯导系统从惯导平台环架轴上的角度传感器获取姿态信息,而捷联式惯导系统则根据姿态矩阵的元素进行运算得到姿态、航向信息。捷联式惯导系统的陀螺仪和加速度计是直接固连于载体上的,它们必须能够经受载体动态环境的考验。

在实现捷联式惯导系统时,对陀螺仪和计算机有较高的要求。首先,陀螺仪必须具有低漂移的良好特性,且不受载体的大角速率的限制,陀螺仪的角速率测量范围一般要求从 0.01(°)/h 至 400(°)/s,动态量程达 10^8。其次,计算机必须能完成由载体坐标系至导航坐标系的实时坐标变换,并能进行实时误差补偿和导航计算。

在平台式惯导系统中,惯性平台及其控制系统的体积和重量约占整个系统的一半,而陀螺和加速度计只有约平台系统质量的 1/7,平台系统的制造成本约占整个系统费用的 2/5。由此可见,去掉了实体平台即可减小惯导系统体积、质量和降低制造成本。

由于在捷联式系统中实体的惯性平台被计算机软件取代,故捷联式惯导系统还具有如下的特点:

① 因为取掉了实体平台,减少了机械零部件,加之捷联式惯导系统易采用多个敏感元件、实现多余度,所以捷联式惯导系统的可靠性比平台式高。

② 捷联式惯导系统的初始对准时间比较短,一般不超过 10 分钟;而平台式惯导系统则需要 20 分钟左右。

③ 与平台式惯导系统相比,捷联式惯导系统的维护比较简便、故障率低,因而使用和维护费用较低。

④ 由于动态环境恶劣,对惯性器件的要求比平台式惯导系统的高,也没有平台式惯导系统自动标定惯性器件的方便条件。因此,要求在两次装卸期间惯性器件有良好的参数稳定性。

当惯性器件的性能相同时,捷联式惯导系统的误差比平台式惯导系统要大一些。换句话说,要使惯导系统获得相同的性能,捷联式惯导系统中惯性器件的性能要比平台式惯导系统中的惯性器件高。因此,高性能的惯导系统大多采用平台式惯导。不过,随着光纤陀螺等新型陀螺的性能不断提高且成本显著降低,由光纤陀螺构成的捷联式惯导系统已成为机载惯导系统的主流。

4.5　卫星导航系统

卫星导航系统是以人造卫星作为导航台的星基无线电导航系统,能为全球陆、海、空、天的各类军民载体,全天候 24 小时连续提供高精度的三维位置、速度和精密时间信息。当今,倍受世人瞩目的是美国于 20 世纪 70 年代中期开始发展的全球定位系统 GPS(Global Positioning System)和原先由苏联研制后由俄罗斯继续完善的全球卫星导航系统 GLONASS(Global Navigation Satellite System)。我国研制的北斗卫星导航系统(COMPASS)不断完善,其定位精度并不逊于 GPS,目前已开始应用于军事和民用领域。

4.5.1　GPS 全球定位系统

GPS 全球定位系统是由美国海、陆、空三军和国防测绘局联合研究、开发、建立的利用卫星进行定位、导航和时间传递的卫星无线电导航系统,其英文全称为 Navigation Satellite

Timing and Ranging Global Positioning System(导航卫星计时和测距全球定位系统),缩写为NAVSTARGPS,简称 GPS(全球定位系统)。它是美国第二代卫星导航系统,具有全天候、全方位统一坐标定位,任意地点、任何时间内精确定位,快速移动物体瞬时定位等优点。美国自20 世纪 70 年代末开始开发 GPS,在 1991 年的海湾战争中,GPS 首次被美国空军使用,展现了其卓越的性能和非凡的价值,GPS 因此名声大噪;1993 年底,美国正式完成发射和布置由 24颗专用卫星组成的 GPS 卫星系统,并宣布对全世界开放服务;1995 年,美国宣告 GPS 正式进入全面运行状态。随着卫星技术、通信技术,特别是半导体大规模集成电路和高频集成电路的发展,GPS 系统特别是 GPS 用户设备的造价已大大降低。因此,这一技术被很快地推广到民用的各个领域。

GPS 可以提供全球三维位置、速度和时间,是三军通用的导航定位设备。采用 P 码的精密定位服务(PPS),水平定位精度为 16 m(CEP[①])或者 22 m(2σ[②]),垂直方向精度为 27.7 m(2σ)。而采用 C/A 码的标准定位服务(SPS),在引入人为的选择可用性(Selective Availability,简称 SA)误差后,水平定位精度为 l00 m(2σ),垂直定位精度为 156 m(2σ);在美国于 2004 年终止 SA 政策之后,标准定位服务在水平和垂直方向上的单点定位误差分别减小至 13 m 和22 m,与采用 P 码的定位精度基本相同。自 2013 年起,美国开始发射 GPS‑2F、GPS‑3 等新的导航卫星,这些卫星具有改进的星载原子钟和更好的信号抗干扰能力,并增加了一个改进的M 码军用信号,能够将导航精度提高到米级。

GPS 是继人类登月和发明航天飞机后在空间技术领域的又一个重大成就。同时,现代计算机、微处理器、半导体、原子钟、信号处理和通信等相关领域内科学技术突飞猛进的发展,为造就今天的 GPS 系统奠定了坚实的基础。

1. GPS 系统的构成

GPS 由卫星星座、跟踪控制站和用户设备(接收机)三部分组成。

所设计的 GPS 星座由均匀分布在 6 个近圆形轨道上的 21 颗工作卫星和 3 颗在轨备份卫星组成,GPS 导航卫星及卫星星座组成如图 4‑5‑1 所示。不过,因卫星替换和提高工作可靠性的需要,截至 2013 年底,GPS 星座共有 32 颗卫星,其中 31 颗在轨运行,1 颗超期服役。轨道高为 20 183 km,运行周期为 11 小时 58 分。卫星用两个 L 波段频率(L_1＝1 575.42 MHz,L_2＝1 227.6 MHz)发射信号。载波信号上调制供卫星识别和距离测量用的伪随机噪声码以及由卫星星历、卫星钟差改正参数、电离层传播时延改正参数、卫星工作状态等供导航计算用的导航电文数据流。调制在载波上的伪随机噪声码有两种:供精密定位服务(军用)的 P 码(精密码)和供标准服务(民用)的 C/A 码(粗码)。GPS 采取了反电子欺骗(A‑S)措施,即对公开的 P 码进行加密,加密后的 P 码称为 Y 码,通常将 P 码和 Y 码合称为 P(Y)码。

跟踪控制站包括 5 个监测站、3 个注入站和 1 个主控站。监测站连续对每颗卫星进行跟踪观测,并将测得的数据进行预处理后传送给主控站。主控站根据各监测站的观测数据计算卫星的星历、钟差改正参数,并将计算结果传送给注入站。每天当各颗卫星运行到注入站上空时,注入站将上述数据注入导航卫星。

用户设备接收卫星发播的信号,根据导航电文提供的卫星位置和钟差改正信息计算出接收机的位置。

---

① CEP 指圆概率误差。若 CEP 为 n 米,那么说明 50%的误差在 n 米以内。

② 2σ 也表示为 2dRMS,为 2 倍均方根误差,意为误差在所标数值范围内的概率为 95%。

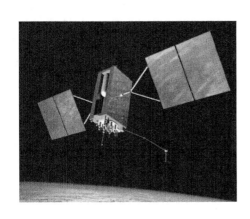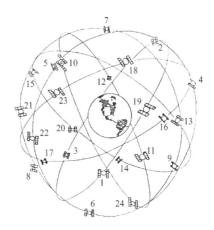

图 4 - 5 - 1　GPS 导航卫星及卫星星座组成示意图

2. GPS 定位原理

利用 GPS 定位,可分为伪距法定位和相位法定位。

(1) 伪距法定位

GPS 采用多星高轨测距体制,以距离作为基本观测量。通过对四颗卫星同时进行伪距测量,即可归算出接收机的位置,由于测距可在极短的时间内完成(即定位是在极短的时间内完成的),故可用于动态用户。

伪距法测距根据 GPS 接收机接收卫星播发的伪随机码在所测距离上的延迟时间来推算出单程距离,因此要求卫星与接收机的时钟严格同步。如果两个时钟不同步,那么所测量的传播延迟时间中除了因卫星至接收机之间的距离所引起的传播延迟之外,还包含了两个时钟间的钟差。

卫星时钟钟差可由地面监控系统测定并通过卫星发播的导航电文提供给用户,可以认为是已知值。接收机的钟差用户很难测定,但可把它作为一个特定参数与接收机的位置一并解出。伪距与接收机到卫星的真实距离及接收机钟差之间的关系为

$$\rho = \sqrt{(x-x_j)^2+(y-y_j)^2+(z-z_j)^2}+c\Delta t_R \qquad (4-5-1)$$

式中,x,y,z 为接收机在地球坐标系中的三维坐标值;x_j,y_j,z_j 为卫星在同一坐标系中的坐标,可由卫星发播的导航电文中的卫星位置信息计算得到;c 为光速(约 3×10^5 km/s);Δt_R 为接收机钟差。尚需确定的只是接收机钟差 Δt_R 和接收机位置(x,y,z)四个参数,因此只要对四颗卫星同时进行观测,即可解出上述四个参数,这就是 GPS 伪距法定位。

(2) 载波相位法定位

伪距法定位虽然能够提供较高精度(10 m 左右)的实时定位(使用精码),但由于军事的需要,美国并不公开精码,故非美国军方用户不能使用精度较高的伪距测量来定位。为了摆脱美国军方的控制,提高定位精度,出现了利用相位测量进行大地相对定位的方法。载波相位测量法通过测量 GPS 载波信号从 GPS 卫星发射天线到 GPS 接收机接收天线的传播路程上的相位变化,即测量载波信号在接收天线处的相位与发射天线处的相位之差,从而确定传播距离。

载波信号在其传播途径上的不同位置,在同一时刻有着不同的相位值。如图 4 - 5 - 2 所示,点 A 代表卫星信号发射器的零相位中心点,在离点 A 一定距离的点 B 处,载波信号的相位为

$$\phi^B = r / \lambda - N \qquad\qquad (4-5-2)$$

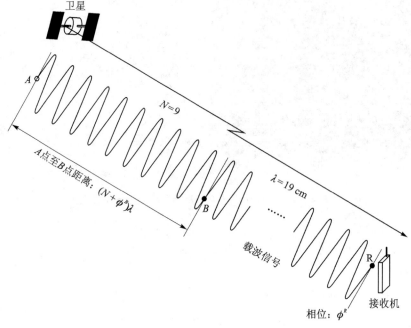

图 4 - 5 - 2　载波相位与距离的关系

式中，ϕ^B 为载波信号在点 B 的相位，以周为单位；r 为点 B 至点 A 的距离；λ 为载波信号波长；N 为点 A 到点 B 之间的信号中具有完整周期信号段的数量，因在一次载波相位测量中无法确定 N 的数值，将 N 称为整周模糊数或整周模糊度。反过来，若测定了载波信号在点 B 的相位 ϕ^B 和整周模糊数 N，就可计算出点 B 至点 A 的距离：

$$r = \lambda (\phi^B + N) \qquad\qquad (4-5-3)$$

不过，点 A 的相位并非总是为零，而是随着信号的发送做周期性变化，造成点 B 的相位也是变化的，所以不能根据点 B 的相位计算出距离，应测量载波信号在点 B 和点 A 的相位差。载波信号相位差的测量采用比相的方法，即 GPS 接收机振荡器产生一个频率和初相均与卫星载波完全相同的基准信号（称为本地参考信号），某一时刻载波信号在接收机处和卫星处的相位差即为接收机所接收的卫星载波信号与本地参考信号的相位差，如图 4 - 5 - 3 所示。

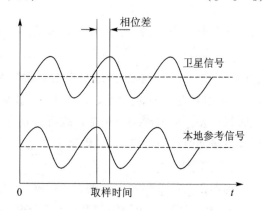

图 4 - 5 - 3　载波相位测量示意图

　　由于卫星与用户间的相对运动，接收的卫星信号的频率因多普勒频移而发生变化，与基准信号频率不同，不能直接将两信号比较而得到相位差。为此，将接收的卫星信号与产生的基准信号混频，得到差频的中频信号，其相位值即为两个信号间的相位差，也就是说，通过测定该中频信号的相位即可获得所需的相位差。

　　伪距和载波相位是 GPS 接收机的两个基本距离测量值，两者既有明显区别，又呈互补特性。伪距测量值尽管包含钟差、大气延时等各种误差，但它真实地反映了卫星与接收机之间的距离，没有类似于载波相位测量中的模糊度问题；在同一时刻利用至少 4 颗不同可见卫星的伪距测量值，接收机就可以实现三维定位。载波相位测量值含有一个未知的整周模糊度，接收机若只利用载波相位测量值不可能实现单点定位。不过，载波相位测量值非常平滑、精度很高，测量误差约为几毫米，精度比伪距测量值要高很多。若能测定整周模糊度，则利用载波相位测量值可实现高精度定位。也可利用载波相位平滑伪距测量值，从而提高伪距法定位精度。

3. 差分 GPS

虽然 GPS 标准定位服务的单点定位精度已很高，在水平与竖直方向上的精度分别达到 13 m 与 22 m(95%)，但是这还远不能满足飞行器着陆(舰)等特殊任务对高精度导航的要求。差分 GPS 是提高定位精度的有效措施。

根据系统所服务的地理范围来分，差分 GPS 通常被分为局域、区域和广域三大类，它们分别对应着不同长度的基线距离。一般来说，虽然基准站与用户接收机之间基线距离较短的局域差分系统有着较小的差分服务覆盖面积，但是它定位精度较高；反之，虽然基线距离较长的广域差分系统有着较大的服务覆盖区域，但是其定位精度相对有所降低。局域差分系统的基线长度一般在 10 ～100 km，其定位精度可达米级甚至分米级。广域差分系统的服务范围覆盖整个大陆板块甚至全球，而区域差分系统的服务覆盖面积则介于局域与广域差分系统的覆盖面积之间。

根据予以差分校正的目标参量不同，差分 GPS 可分为位置差分、伪距差分、载波相位平滑后的伪距差分以及载波相位差分四种。其中，位置差分方法因系统构成简单、算法易于实现而受到广泛应用。

位置差分系统基于这样的事实：两个距离相近的接收机的定位误差相近。位置差分系统在已知坐标的地点设置基准站，将基准站接收机的定位值与经精密测绘得到的位置坐标值之差作为差分校正量播发出去，用于对用户接收机定位值的直接校正。具体方法如下：设有 A、B 两点，A 点为控制点，其坐标(x_A, y_A)的精确值已知，B 点为待测点，其坐标(x_B, y_B)需通过测量来确定。现分别在 A、B 两点各放一台 GPS 接收机，同时接收 4 颗卫星发射的信号进行定位，设 A、B 两点坐标测量值分别为 $x_{A测}$、$y_{A测}$ 和 $x_{B测}$、$y_{B测}$。由于地面 A、B 两点间的距离仅为几至几十公里，而卫星至地球的距离为 2 万多千米，因此在同一时刻 4 颗卫星对地面两测点的系统随机误差应基本一致。故 A 点坐标的测量值与精确值之差

$$\Delta x_A = x_{A测} - x_A, \quad \Delta y_A = y_{A测} - y_A \tag{4-5-4}$$

为系统在 A 点的随机误差。B 点的精确坐标应为

$$x_B = x_{B测} - \Delta x_A, \quad y_B = y_{B测} - \Delta y_A \tag{4-5-5}$$

虽然位置差分的思路相当简单，但它存在一个严重缺陷：为了使基准站接收机和用户接收机的定位误差尽可能一致，要求两个接收机采用同一种定位算法和同一套卫星测量值组合，这在实际操作中会有一定困难。

与位置差分不同，伪距差分、载波相位平滑后的伪距差分和载波相位差分的差分校正量均在测距领域内。由于载波相位测量值的精度比伪距测量值的精度要高出几个数量级，故基于载波相位的差分系统通常具有最高的定位精度。一般来说，基于伪距的差分系统可获得分米级的定位精度，基于载波相位的差分系统的定位精度最高可达毫米级，而基于载波相位平滑后的伪距差分系统的精度介于两者之间。

根据用户接收机的定位结果形式来分，差分 GPS 定位可分为绝对定位和相对定位。在绝

对定位中,基准站接收天线的位置坐标需要事先精确测定。相对定位系统可以不需要知道基准站接收天线的精确位置坐标,用户接收机所解得的定位结果是相对于基准站位置的位移向量(即基线向量)。

差分 GPS 还有其他分类方法,如根据用户接收机运动状态的不同分为静态定位和动态定位差分系统,根据用户是否要求实时性定位分为实时处理和测后处理差分系统等。

4.5.2　GLONASS 全球导航卫星系统

俄罗斯全球导航卫星系统简称 GLONASS,可使数量不限的用户在地球表面和近地空间的任何一点确定自己的坐标、速度和精确标定时间。

GLONASS 是苏联为其国防部和国内民用用户研制的,苏联解体后由俄罗斯继续发展,由航天部队负责管理,从 1991 年开始提供给国际民用用户联合组织使用。

GLONASS 的卫星播放标准精度和高精度的两种导航信号。所有民用用户可以不间断地在全球范围内享用标准精度导航信号提供的信息,这一信息可保证水平位置精度为 50～70 m(概率为 99.7%),高度精度为 70 m(概率为 99.7%),速度精度为 0.15 m/s(概率为 99.7%),时间精度为 1 μs。在应用差分法和特殊测量方法(载波相位测量等)的情况下,精度还可进一步提高。俄罗斯在 2013 年 1 月 12 日发布的《俄罗斯 2013—2020 空间活动》报告中,宣布到 2015 年将使 GLONASS 的定位精度达到 1.4 m,并在 2020 年达到 0.6 m。

GLONASS 的卫星在北纬地区(>50°)的可视性优于美国全球定位系统 GPS 卫星的可视性。

1. GLONASS 的组成

GLNOASS 包括三个分系统:航天器分系统、地面控制设备以及用户分系统。

(1) 航天器分系统

GLONASS 轨道群体由设置在 3 个圆形轨道平面上的 24 个航天器组成[①],每个轨道平面内部署 8 颗卫星,运行周期大约 11 小时 15 分。这种轨道群体的结构配置可保证至少有 5 颗卫星以可接收的星座几何形状进入位于地球和近地空间任何点的用户的可视范围。

(2) GLONASS 的卫星

星上设备由导航设备、控制设备和姿态控制、稳定、修正系统等组成。

每颗卫星都装备铯时间/频率标准,用于形成高度稳定的星上时间标度和星上设备所有程序的同步化。

星上计算机处理从地面控制设备中心发出的导航信息,并将这一信息变换成用户所需的导航信息格式。

(3) 导航信息

在导航无线电信号成分中播放的导航信息包括:① 卫星星历表;② 星上时间标度相对于 GLONASS 和通用时间系统时间的修正值;③ 时间标记;④ 系统历书。

星历表是精确的坐标值以及坐标的一阶和二阶导数,它们表明了卫星在地心坐标系 PZ-90 中的位置。

历书内容包括关于系统所有卫星的信息,即轨道要素的开普勒数、相对于系统时间对星上

---

① 截至 2020 年底,GLONASS 共有 30 颗卫星在轨。自 2020 年起,第二代、第三代 GLONASS 卫星开始发射。

时间的粗略时间修正,以及每颗卫星的正常/故障标志。

（4）地面控制设备

地面控制设备实现 GLONASS 的轨道群体的控制。它包括位于莫斯科州戈利岑诺市的系统控制中心和分散在俄罗斯整个领土的跟踪控制站网。地面控制设备负责搜集、积累和处理系统所有卫星的轨道和遥测信息,并向每颗卫星发送控制指令和导航信息。

借助于地面控制设备组成部分中的激光测距仪(量子光学站)对轨道信息定期校准。为此,GLONASS 的卫星都装备有激光反射器。

为了实现系统的正确工作,所有程序的同步化是很重要的。为此,在地面控制设备中需要有一个中央同步器,它是一个高精度的氢时间/频率标准,中央同步器与通用时间系统是同步的。

2. GLONASS 的工作方式

用户可利用 GLONASS 卫星不断播放的导航信号来确定坐标、速度和时间。GLONASS 的每颗卫星都播放两种无线电导航信号,利用信道的频率划分原则以 L_1、L_2 波段播放标准精度导航信号和高精度导航信号,其频率为

$$f_{L1} = 1\ 602\ \text{MHz} + n \times 0.562\ 5\ \text{MHz}, \quad n = 0, 1, 2, \cdots, 23$$

$$\frac{f_{L1}}{f_{L2}} = \frac{9}{7}$$

用户的导航接收机可自动接收不少于 4 颗卫星播放的信号,并对接收机至卫星的伪距及其变化的速度进行测量。在对卫星播放的信号进行测量的同时,将导航信息分离出来,并进行加工处理。通过接收机的处理器对测量值和导航信息同时进行处理,计算出用户的 3 个坐标、3 个速度分量及精确的时间。

3. GLONASS 的发展过程

根据俄罗斯全球导航卫星系统计划,第一次卫星发射是在 1982 年 10 月 12 日(宇宙 1413)。通过俄罗斯联邦总统签发命令,GLONASS 于 1993 年 9 月 24 日正式投入使用。

为了保持俄罗斯在卫星导航领域的地位,追赶 GPS 现代化的步伐,俄罗斯持续对 GLO-NASS 进行现代化升级,包括对空间段和地面运控段的实施改造以及对 GLONASS 信号整体性能的提升。2003 年开始陆续发射 GLONASS - M、GLONASS - K1、GLONASS - K2 等新的导航卫星,同时,增设地面站并改进地面站设备,在俄罗斯本国境内及世界各地建设大量的差分站,以支持其星基增强系统——差分校正和监测系统的部署。通过上述现代化改造,将能提高 GLONASS 整个系统的可靠性和精确性。

4.5.3　北斗卫星导航系统简介

北斗卫星导航系统是我国自主研发、自主建设、独立运行并与世界其他卫星导航系统兼容共用的全球卫星导航系统,该系统的建成标志着中国成为继美、俄之后世界上第三个拥有自主卫星导航系统的国家。目前,"北斗"系统已开始在军、民两方面得到应用。

1. 北斗卫星导航系统的发展历程

20 世纪 80 年代,我国开始积极探索适合我国国情的卫星导航系统,制定了"三步走"的总体规划和"先区域、后全球;先有源、后无源"的总体发展思路,不断推进北斗卫星导航系统的建设和完善,形成突出区域、面向全球、富有特色的"北斗"系统发展道路。

第一步,"北斗"卫星导航试验系统。

1994 年，"北斗"卫星导航试验系统启动。2000 年相继发射两颗"北斗"导航试验卫星，建成"北斗"卫星导航试验系统。2003 年发射第三颗"北斗"导航试验卫星，进一步增强了"北斗"卫星导航试验系统的性能。这一阶段"北斗"系统被称为"北斗一号"，其定位精度优于 20 m，服务区域仅限于我国及周边地区。

第二步，"北斗"系统区域服务。

2004 年我国启动第二代"北斗"系统工程建设。2012 年底完成 5 颗地球静止轨道（GEO）卫星、5 颗倾斜地球同步轨道（IGSO）卫星和 4 颗中高度圆轨道（MEO）卫星组网，具备区域服务能力，定位精度达 10 m，测速精度优于 0.2 m/s。2012 年 12 月正式向亚太地区提供服务。

第三步，"北斗"系统全球服务。

2014 年开始，继续开展后续组网卫星发射，提升区域服务性能，并向全球扩展。计划到 2020 年左右[①]，共发射约 40 颗"北斗"导航卫星，完成覆盖全球的系统建设目标，提供全球公开、授权、广域差分和短报文等四种服务。

2. 北斗导航系统的组成

北斗卫星导航系统分为"北斗一号"（BD1）和北斗二代（BD2），两者的定位方式不同。BD1 采用主动式定位，即用户向卫星发送请求信号，用户位置的解算由地面中心站完成，然后再通过卫星发送给用户。这种定位方式要求用户至少能观测到 2 颗地球同步轨道卫星，且用户高程信息已知，系统用户数有限。BD2 则采用类似美国 GPS 的被动式定位原理，用户只要能接收到 4 颗卫星即可进行自主定位，系统用户数量无限。以下仅介绍北斗二代卫星导航系统。

与 GPS、GLONASS 一样，北斗卫星导航系统由空间部分、地面控制部分和用户接收部分组成。空间部分是卫星所组成的导航星座。导航卫星沿着一定的轨道运行，卫星上除了电源和收发天线之外还有专用的导航系统，其中包括导航电文的存储、高稳定频标、双频发射机等。计划发射 35 颗卫星，这些卫星根据属性可以分为静止和非静止轨道卫星，数目分别是 5 颗和 30 颗。在这 30 颗非静止轨道卫星中，根据轨道高度的不同又可以细分为 27 颗中轨（MEO）卫星和 3 颗倾斜同步（IGSO）卫星，其中 MEO 卫星均匀分布在轨道高度 21 500 km、倾斜角为 55°的三个平面上。

地面控制部分的主要任务和功能是跟踪和观测空间部分卫星地运行状况，计算和编制卫星的星历、卫星时钟差等参数，并将其注入卫星的存储器中。

用户接收部分也常常被称为北斗终端，其能够接收卫星发射的导航电文和无线电信号，由无线电信号测量出终端到卫星的距离或者是多普勒频移，根据导航电文计算出观测时刻卫星的位置和速度，结合距离和多普勒频移解算出用户的位置和速度。

4.6　组合式导航系统

4.6.1　组合式导航的必要性

惯性导航系统是一种自主性强并具有非常好的短期精度和稳定性的导航系统，它可以连

---

① 截至 2020 年 6 月 23 日，共发射了 55 颗"北斗"导航卫星。同年 7 月 31 日，北斗三号全球卫星导航系统正式开通。

续提供包括姿态基准在内的全部导航与制导信息。但是，从初始对准开始，其导航误差是随时间增加的。提高系统精度的主要技术途径有两个：一是提高惯性器件的精度，或探索研制新型惯性器件，这需要采用新材料、新工艺、新技术，造价很高，而且精度的提高是有限制的。二是在现有器件的基础上，利用导航误差不随时间积累的外部参考信息源（如无线电定位导航系统、多普勒雷达导航系统、GPS 等），定期或不定期地对惯导系统进行综合校正和对惯性器件的误差进行补偿。这种由惯性导航系统与其他导航系统构成的混合系统称为组合式导航系统。随着现代控制理论和计算机技术、电子技术的迅速发展，这种以惯导系统为主的组合导航得到了很大的发展，应用越来越广泛。

组合导航系统的主要优点是：

① 能有效地利用各子系统的导航信息，相互取长补短，限制惯导系统随时间增长的误差，使导航精度大大提高。

② 提高了系统的可靠性。利用故障检测及识别技术，在一个子系统失效时，自动进行工作模式转换。

③ 可实现对各子系统及其元件的校准，从而能放宽对子系统技术指标的要求，有利于用低成本的子系统及元件构成高精度的组合导航系统。

④ 允许惯导平台进行空中对准与调整，从而缩短地面准备时间，提高飞机的快速反应能力。

目前，设计组合导航系统的方法有两种：一种是利用经典控制理论进行设计环节校正的方法，亦称古典法；另一种是利用卡尔曼滤波技术进行状态估计和校正的最优控制法。采用古典法设计的组合导航系统，由于通常都未考虑惯性器件和外部导航信息源的随机误差，故航行中特别是机动运动时，组合导航的性能并不理想。而采用卡尔曼滤波技术设计组合导航系统时，各种测量元件的误差模型都可存贮在计算机中。滤波器对各个测量元件提供的信息进行处理时，能够不断调整误差模型中的参数，使模型参数逐渐接近真实情况，并能实时地求得惯导系统误差状态的最优估计值。控制器根据这些误差的最优估计值对惯导系统进行校正（输出校正或反馈校正），使导航误差最小。为了与古典法设计的组合导航系统相区别，通常把采用卡尔曼滤波器的组合导航系统称为最优组合导航系统。

以惯导系统为主构成的组合导航系统，应用较多的有惯性-多普勒、惯性-伏尔/测距仪、惯性-罗兰、惯性-塔康、惯性-卫星、惯性-多普勒-罗兰、惯性-多普勒-塔康等。从组合原理上讲，以上各种系统基本上可以分为两类：一是惯性-速度组合系统，就是把惯导系统的速度信息与另一种系统（如多普勒雷达导航系统）的速度信息进行综合处理，从而构成的组合导航系统；另一类是惯性-位置组合系统，它把惯导系统和别的导航系统提供的位置信息进行综合处理。

4.6.2　卡尔曼滤波简介

随着科学技术的发展，目前已有各种适用于航行载体的导航系统，它们各自都有其优点，但也有固有的不足之处。将几种导航系统按一定方法构成组合导航系统，将能达到取长补短、综合发挥各种导航系统特点、提高导航精度的目的。在组合导航系统中，需要采用某种滤波方法对导航信息进行处理或进一步对导航系统进行校正。卡尔曼滤波技术就是在两个（或两个以上）导航系统输出的基础上，利用卡尔曼滤波方法估计系统的各种误差，再用误差估值去校正系统。卡尔曼滤波估计是一种最优估计，因此利用卡尔曼滤波进行组合的方法称为最优组合方法。下面介绍卡尔曼滤波技术及其在组合导航和惯导系统初始对准中的应用。

1. 卡尔曼滤波的估计准则

在工程技术问题中,为了了解工程对象(滤波中称为系统)的各个物理量(称为状态)的确切数值,或为了达到对工程对象进行控制的目的,必须利用测量仪器进行测量。但是,由于测量噪声的存在或测量手段的限制,往往不可能对所有需要了解的状态都进行精确测量。估计就是解决上述问题的一种方法,它将测量得到的部分状态的数据进行计算处理,得出从某种统计意义上讲误差最小的更多状态的估值。因此,这种方法也称为最优估计,把误差最小的标准称为估计准则。根据不同的估计准则和估计计算方法,有各种不同的最优估计。卡尔曼滤波是一种递推线性最小方差估计。

最小方差估计的估计准则是估计的均方误差最小,即

$$E\{[\boldsymbol{X}-\hat{\boldsymbol{X}}(\boldsymbol{Z})]^{\mathrm{T}}[\boldsymbol{X}-\hat{\boldsymbol{X}}(\boldsymbol{Z})]\}\leqslant E\{[\boldsymbol{X}-\boldsymbol{Y}(\boldsymbol{Z})]^{\mathrm{T}}[\boldsymbol{X}-\boldsymbol{Y}(\boldsymbol{Z})]\} \quad (4-6-1)$$

式中,$\boldsymbol{X}$ 为系统的 n 维随机状态矢量;$\boldsymbol{Z}$ 为 m 维随机测量矢量;$\hat{\boldsymbol{X}}(\boldsymbol{Z})$ 为根据 $\boldsymbol{Z}$ 计算得到的 $\boldsymbol{X}$ 的最小方差估值;$\boldsymbol{Y}(\boldsymbol{Z})$ 为根据 $\boldsymbol{Z}$ 计算得到的 $\boldsymbol{X}$ 的其他估值;$[\boldsymbol{X}-\hat{\boldsymbol{X}}(\boldsymbol{Z})]$、$[\boldsymbol{X}-\boldsymbol{Y}(\boldsymbol{Z})]$ 为估计误差;$E\{\cdot\}$ 为取均值符号。式(4-6-1)的含义为最小方差估计的均方误差小于等于其他估计的均方误差。

最小方差估计具有无偏性质,最小方差估计不但使估值 $\hat{\boldsymbol{X}}(\boldsymbol{Z})$ 的均方误差最小,而且其均方误差就是 $\hat{\boldsymbol{X}}(\boldsymbol{Z})$ 的误差方差,这也是这种估计称为最小方差估计的原因。

可以证明,最小方差估计就是被估计矢量 $\boldsymbol{X}$ 在 $\boldsymbol{Z}=\beta$ 条件下的条件均值,β 为 $\boldsymbol{Z}$ 的一个随机值。由于必须得到 $\boldsymbol{X}$ 的条件概率密度才能求出条件均值,而系统状态的条件概率密度是很难统计得到的,故这种估计方法的应用范围受到一定限制。

如果将估值 $\hat{\boldsymbol{X}}(\boldsymbol{Z})$ 规定为测量矢量 $\boldsymbol{Z}$ 的线性函数,即

$$\hat{\boldsymbol{X}}=\boldsymbol{A}\boldsymbol{Z}+\boldsymbol{b} \quad (4-6-2)$$

式中,$\boldsymbol{A}$ 和 $\boldsymbol{b}$ 分别为 $n\times m$ 阶和 n 维的矩阵和矢量。$\boldsymbol{A}$ 和 $\boldsymbol{b}$ 的元素按式(4-6-1)的准则来选择,则这样的估计方法称为线性最小方差估计。这种估计只需要被估计量 $\boldsymbol{X}$ 和测量值 $\boldsymbol{Z}$ 的一、二阶统计特性,所以它比最小方差估计实用。需要指出的是,它的估计精度一般低于最小方差估计。由于 t 时刻的状态矢量 $\boldsymbol{X}(t)$ 与从前时刻的状态有着关联,利用 t 时刻和从前时刻的所有测量值对 $\boldsymbol{X}(t)$ 进行估计,将有助于估计精度的提高。但是,对最小方差估计和线性最小方差估计来讲,由于计算方法的限制,同时处理不同时刻的测量值计算量太大,故这两种方法不适于动态系统直线估计。

卡尔曼滤波是一种递推线性最小方差估计,它的估计准则仍是式(4-6-1),它的估值仍是测量值的线性函数,只要滤波初始值选择正确,它的估值也是无偏的。在计算方法上它采用递推形式,即在以前估计的基础上,根据 t 时刻的测量值 $\boldsymbol{Z}(t)$,递推得到 t 时刻的状态估值 $\hat{\boldsymbol{X}}(t)$。由于一次仅处理一个时刻的测量值,故这种估计的计算量大大减小。因为卡尔曼滤波是利用状态方程和线性测量方程来描述系统和测量的,所以它主要适用于线性动态系统。

2. 离散线性系统卡尔曼滤波方程

设离散化后的系统状态方程和测量方程为

$$\begin{cases}\boldsymbol{X}_k=\boldsymbol{\Phi}_{k,k-1}\boldsymbol{X}_{k-1}+\boldsymbol{\Gamma}_{k-1}\boldsymbol{W}_{k-1}\\\boldsymbol{Z}_k=\boldsymbol{H}_k\boldsymbol{X}_k+\boldsymbol{V}_k\end{cases} \quad (4-6-3)$$

式中,$\boldsymbol{X}_k$ 为 k 时刻的 n 维状态矢量;$\boldsymbol{Z}_k$ 为 k 时刻的 m 维测量矢量;$\boldsymbol{\Phi}_{k,k-1}$ 为 $k-1$ 到 k 时刻的

一步转移矩阵($n \times n$ 阶);$\boldsymbol{W}_{k-1}$ 为 $k-1$ 时刻的系统噪声(r 维);$\boldsymbol{\varGamma}_{k-1}$ 为系统噪声矩阵($n \times r$ 阶),它表征 $k-1$ 时刻的各个噪声分量对 k 时刻各个状态的影响程度;$\boldsymbol{H}_k$ 为 k 时刻的测量矩阵($m \times n$ 阶);$\boldsymbol{V}_k$ 为 k 时刻的 m 维测量噪声。要求 $\{\boldsymbol{W}_k\}$ 和 $\{\boldsymbol{V}_k\}$ 是互不相关的零均值白噪声序列。

离散线性系统的卡尔曼滤波方程包括状态一步预测方程、状态估值计算方程、滤波增益方程、一步预测均方误差方程和估计均方误差方程等。

状态一步预测方程:

$$\hat{\boldsymbol{X}}_{k\,|\,k-1} = \boldsymbol{\varPhi}_{k,k-1} \hat{\boldsymbol{X}}_{k-1} \tag{4-6-4a}$$

状态估值计算方程:

$$\hat{\boldsymbol{X}}_k = \hat{\boldsymbol{X}}_{k\,|\,k-1} + \boldsymbol{K}_k (\boldsymbol{Z}_k - \boldsymbol{H}_k \hat{\boldsymbol{X}}_{k\,|\,k-1}) \tag{4-6-4b}$$

滤波增益方程:

$$\boldsymbol{K}_k = \boldsymbol{P}_{k\,|\,k-1} \boldsymbol{H}_k^{\mathrm{T}} (\boldsymbol{H}_k \boldsymbol{P}_{k\,|\,k-1} \boldsymbol{H}_k^{\mathrm{T}} + \boldsymbol{R}_k)^{-1} \tag{4-6-4c}$$

一步预测均方误差方程:

$$\boldsymbol{P}_{k\,|\,k-1} = \boldsymbol{\varPhi}_{k,k-1} \boldsymbol{P}_{k-1} \boldsymbol{\varPhi}_{k,k-1}^{\mathrm{T}} + \boldsymbol{\varGamma}_{k-1} \boldsymbol{Q}_{k-1} \boldsymbol{\varGamma}_{k-1}^{\mathrm{T}} \tag{4-6-4d}$$

估计均方误差方程:

$$\boldsymbol{P}_k = (\boldsymbol{I} - \boldsymbol{K}_k \boldsymbol{H}_k) \boldsymbol{P}_{k\,|\,k-1} (\boldsymbol{I} - \boldsymbol{K}_k \boldsymbol{H}_k)^{\mathrm{T}} + \boldsymbol{K}_k \boldsymbol{R}_k \boldsymbol{K}_k^{\mathrm{T}} \tag{4-6-4e}$$

或

$$\boldsymbol{P}_k = (\boldsymbol{I} - \boldsymbol{K}_k \boldsymbol{H}_k) \boldsymbol{P}_{k\,|\,k-1} \tag{4-6-4f}$$

其中,式(4-6-4a)、(4-6-4d)又称为时间修正方程,其他几个方程又称为测量修正方程。卡尔曼滤波器就是用来解算以上滤波方程以得到估值的计算工具(计算机)。

3. 有色噪声的处理

从上述内容知道,卡尔曼滤波要求系统噪声和测量噪声必须是白噪声。但实际上这些噪声往往都不是白噪声,噪声的协方差函数不为零。即对噪声 $N(t)$,如 $\tau \neq t$,有

$$E\{N(t)N(\tau)\} \neq 0$$

这种噪声称为有色噪声。

如果系统噪声和测量噪声是有色噪声,则在滤波估计之前,必须把有色噪声描述成以下形式:

$$\boldsymbol{N}_k = \boldsymbol{\psi}_{k,k-1} \boldsymbol{N}_{k-1} + \boldsymbol{\xi}_k \tag{4-6-5}$$

式中,$\boldsymbol{\xi}_k$ 是零均值白噪声序列,常称为激励白噪声。由上面的方程可以看到,有色噪声可看作由白噪声通过一个动态系统而形成。这样,在滤波估计时,可以将有色噪声也作为系统状态,描述有色噪声的方程成为状态方程的一部分。这种在滤波中处理有色噪声的方法称为状态扩大法。

4. 卡尔曼滤波应用的直接法与间接法

卡尔曼滤波的作用是估计系统的状态。在惯导系统中,状态可以是系统输出的导航参数,也可以是导航参数的误差。根据所估计的状态不同,卡尔曼滤波在惯导中有两种应用方法:直接法和间接法。

直接法估计导航参数本身,间接法估计惯导输出的导航参数的误差量。对于组合导航,直接法的卡尔曼滤波器接收惯导系统测量的比力和其他导航系统计算的某些导航参数,经过滤波计算,得到所有导航参数的最优估计,如图 4-6-1 所示。这种方法将惯导的力学编排方程

计算和滤波组合计算结合在一起。

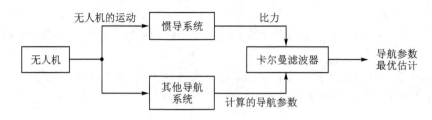

图 4 - 6 - 1　直接法滤波示意图

间接法是将惯导系统和其他导航系统各自计算的某些导航参数进行比较,滤波器将它们的差值作为测量值,经过计算得出惯导系统所有导航参数误差的最优估值,如图 4 - 6 - 2 所示。

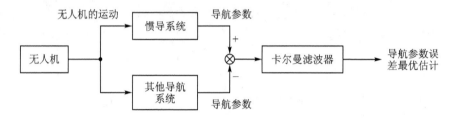

图 4 - 6 - 2　间接法滤波示意图

直接法和间接法各有优劣,对比分析如下:

① 直接法滤波的系统方程直接描述导航参数的动态过程,它能较准确地反映系统的真实演变情况;间接法的系统状态方程主要是惯导系统的误差方程,它是按一阶近似推导出来的,有一定的近似性。

② 直接法的系统方程是惯导系统力学编排方程和某些误差变量方程的组合。滤波器既能起到力学编排方程解算导航参数的目的,又能起到滤波估计的作用。滤波器输出的就是导航参数的估值和某些误差变量的估值。因此,采用直接法时惯导系统不需要单独计算力学编排方程。但如果组合导航在转换到纯惯导工作方式时,计算机需要采用另外一组解算力学编排方程的程序。间接法却相反,组合时惯导系统仍需要单独解算力学编排方程,用于组合的滤波器也需要解算滤波方程,但这便于在程序上对组合导航和纯惯导两种工作方式进行相互转换。

③ 直接法的系统方程体现了飞机的运动和惯导参数的计算过程,为了得到准确的估值,滤波的计算周期必须很短。而间接法对计算周期的要求没有这么高。

④ 直接法的系统方程一般是非线性的,因此必须采用非线性滤波。间接法的状态方程是线性的,可直接用于滤波方程。

综上所述,虽然直接法能直接反映出系统的真实动态过程,但在实际应用中还存在不少困难。在无人机的组合导航系统中,目前常采用间接法卡尔曼滤波。

4.6.3　惯性/卫星组合导航的综合模式

惯性导航系统是一种既不依赖于外部信息、又不发射能量的自主式导航系统,因此具有隐蔽性好、不受电磁干扰的特点。惯导所提供的导航数据十分完全,除能提供载体的位置和速度外,还能给出航向和姿态角。此外,惯导系统还具有数据更新率高、短期精度高和稳定性好的优点。正因上述优点,惯导系统在航空、航天、航海和许多民用领域都得到了广泛的应用,成为目前各种航行体特别是军用航空器、舰船上应用的一种主要导航设备。惯导系统的主要缺点是:导航定位误差随时间增长而增加,因而难以长时间地独立工作;每次使用之前需要进行初始对准,耗时较长,这对要求有快速反应能力的应用来说无疑是致命的弱点。

GPS、GLONASS、北斗等卫星导航系统(以下统称 GNSS, Global Navigation Satellite System)精度高,可实现全球导航,在无人机上得到了广泛应用。但是 GNSS 接收机的工作受飞行器机动的影响,当飞行器的机动超过 GNSS 接收机的动态范围时,接收机会失锁,导致 GNSS 不能工作,或者动态误差太大而不能使用。当用在无人机上时,由于 GNSS 接收机数据更新频率低,故难于满足实时控制的要求。另外,GNSS 信号还易被遮挡,易受电子干扰的影响。

将惯性导航系统和卫星导航系统进行综合,构成惯性/GNSS 组合导航系统,从而克服了各自缺点,取长补短,使综合后的导航精度高于两个系统单独工作的精度。综合的优点表现为:对于惯性导航系统,可以实现惯性传感器的校准、惯性导航系统的空中对准、惯导系统高度通道的稳定等,从而有效地提高惯导系统的性能和精度;而对于卫星导航系统,惯导系统的辅助可以提高其跟踪卫星的能力,提高接收机的动态特性和抗干扰性。惯性/GNSS 综合还可以实现一体化设计,把 GNSS 接收机放入惯导部件中,这样使系统的体积、重量和成本都可以减小,且便于实现惯导和 GNSS 同步,减小非同步误差。总之,惯性/GNSS 综合可以构成一种比较理想的导航系统,是目前导航技术发展的主要方向。

根据不同的应用要求,GNSS 和惯性导航系统可以有不同水平的综合,即综合的深度不同。根据综合深度,可以把综合系统大体分为两类:一类叫松散综合(Loose Coupling),或称简易综合(Easily Integration),另一类叫紧密综合(Tight Coupling),或称深综合。

1. 松散综合

这是一种低水平的综合,其主要特点是 GNSS 和惯导仍独立工作,综合作用仅表现在用 GNSS 辅助惯导。属于这类综合的有以下两种。

(1) 用 GNSS 重调惯导

这是一种最简单的综合方式,它可以有两种工作方式。第一种方式是用 GNSS 给出的位置、速度信息直接重调惯导系统的输出。实际上,就是在 GNSS 工作期间,惯导输出或显示的是 GNSS 的位置和速度;在 GNSS 停止工作时,惯导在原输出值的基础上变化,即 GNSS 停止工作瞬时的位置和速度作为惯导系统的初值。第二种方式是把惯导和 GNSS 输出的位置和速度信息进行加权平均,其原理框图如图 4-6-3 所示。在短时间工作的情况下,第二种方式精度较高。而长时间工作时,由于惯导误差随时间增长而增加,故惯导输出的加权随工作时间增长而减小,因而长时间工作时,性能和第一种工作方式基本相同。

(2) 用位置、速度信息综合

这是采用综合卡尔曼滤波器的一种综合模式,其原理图如图 4-6-4 所示。用 GNSS 和惯导输出的位置和速度信息的差值作为量测值,经综合卡尔曼滤波,估计惯导系统的误差,然后对惯导系统进行校正。

这种综合模式的优点是综合工作比较简单,便于工程实现;而且两个系统仍独立工作,使导航信息有一定余度。

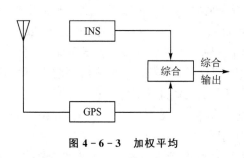

图 4-6-3　加权平均

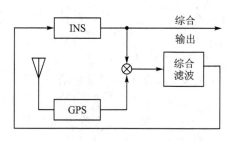

图 4-6-4　位置、速度综合

2. 紧密综合

紧密综合是指高水平的综合或深综合,其主要特点是 GNSS 接收机和惯导系统相互辅助。为了更好地实现相互辅助的作用,最好是把 GNSS 和惯导系统按综合的要求进行一体化设计。属于紧密综合的基本模式是伪距、伪距率的综合,以及在伪距、伪距率的综合基础上再加上用惯导位置和速度对 GNSS 接收机跟踪环进行辅助,也可以再增加对 GNSS 接收机导航功能的辅助。用在高动态飞行器上的 GNSS/惯导综合系统通常都是采用紧密综合模式。

（1）用伪距、伪距率综合

这种综合模式的原理框图如图 4-6-5 所示。用 GNSS 给出的星历数据与 INS 给出的位置和速度计算相当于惯导位置和速度的伪距 ρ_1 和伪距率 $\dot\rho_1$。把 ρ_1 和 $\dot\rho_1$ 与 GNSS 测量的 ρ_G 与 $\dot\rho_G$ 相比较作为量测值,通过综合卡尔曼滤波器估计惯导系统和 GNSS 的误差量,然后对两个系统进行开环或反馈校正。由于 GNSS 的测距误差容易建模,故可以把它扩充为状态,通过综合滤波加以估计,然后对 GNSS 接收机进行校正。

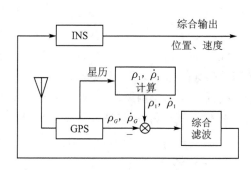

图 4-6-5　伪距、伪距率综合原理

因此,伪距、伪距率综合模式比位置、速度综合模式具有更高的组合导航精度。在这种综合模式中,GNSS 接收机只提供星历数据和伪距、伪距率即可,GNSS 接收机可以省去导航计算处理部分。当然,如果仍保留导航计算部分,作为备用导航信息,使导航信息具有余度,也是一种可取的方案。

（2）用惯性速度信息辅助 GNSS 接收机环路

用惯性速度信息辅助 GNSS 接收机环路,可以有效地提高环路的等效带宽,提高接收机的抗干扰性,减小动态误差,提高跟踪和捕获性能。通常,高动态用户接收机都采用惯性速度辅助。需要指出的是,GNSS 接收机环路有了惯性速度辅助以后,环路的跟踪误差和惯性速度误差相关;同时,由于有了惯性速度辅助,环路本身的带宽可以很窄,因而时间常数较大,从而使环路的跟踪误差又是时间相关的。在这种情况下,如果综合滤波器的设计仍采用普通卡尔曼滤波器,则系统可能产生不稳定,在组合导航系统的设计中这是必须要解决的。

（3）用惯性位置和速度信息辅助 GNSS 导航功能

GNSS 接收机的导航功能有很多也采用卡尔曼滤波技术。对高动态接收机,其导航滤波器的状态为 3 个位置、3 个速度、3 个加速度、用户时钟误差和时钟频率误差共 11 个。而低动态接收机则去掉 3 个加速度状态,只有 8 个状态。如果把 GNSS 接收机导航滤波器的位置、速度状态看作惯导系统简化的位置、速度误差状态,则用 GNSS 滤波器的估计值校正惯导输出的位置和速度信息,即得到 GNSS 的导航解。在这种情况下,就称 GNSS 的导航功能是在惯性辅助下完成的。当采用这样的接收机再和惯导综合时,其综合卡尔曼滤波器(有时也称为 INS 滤波器)的状态和 GNSS 滤波器的估计误差相关。这种相关性也可能产生综合系统的不稳定,解决的办法是综合滤波器采用高阶模型,而 GNSS 滤波器采用低阶模型。

4.6.4　惯性/卫星组合导航的一般算法

1. 组合导航中对惯导系统进行校正的方法

在组合导航系统中,卡尔曼滤波器得到估值后,有两种利用估值对惯导系统进行校正的方法,即开环法和闭环法。开环法仅对惯导系统的输出量进行校正,而闭环法是将估值反馈到惯导系统中,以校正系统的状态。从直接法和间接法得到的估值都可以采用开环法和闭环法。间接法估计的是误差量,这些误差量的估计都是作为校正量来利用的。间接法中的开环法也称为输出校正,闭环法也称为反馈校正。下面分别介绍输出校正和反馈校正。

(1) 输出校正

所谓输出校正,就是用惯导系统导航参数误差的估值 $\Delta\hat{\boldsymbol{X}}_{\text{ins}}$ 去校正惯导系统输出的导航参数 $\boldsymbol{X}_{\text{ins}}$,从而得到组合导航系统的导航参数 $\hat{\boldsymbol{X}}$,如图 4-6-6 所示,即

$$\hat{\boldsymbol{X}} = \boldsymbol{X}_{\text{ins}} - \Delta\hat{\boldsymbol{X}}_{\text{ins}} \tag{4-6-6}$$

经过校正后,组合导航系统的误差就是惯导系统导航参数误差的估计误差。

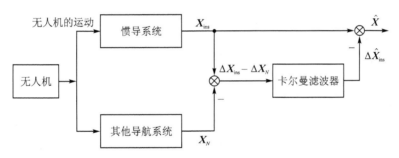

图 4-6-6　组合导航的输出校正

(2) 反馈校正

如图 4-6-7 所示,采用反馈校正的间接法滤波是将惯导系统导航参数误差的估值 $\Delta\hat{\boldsymbol{X}}_{\text{ins}}$ 反馈到惯导系统内,在力学编排计算方程中校正计算的速度值和经纬度值,并修正平台姿态。因此,经过反馈校正后,惯导系统输出的导航参数就是组合导航系统的输出。

从形式上看,输出校正仅校正系统的输出量,而反馈校正则校正系统内部的状态,但可以证明,如果滤波器是最优滤波器,即它的状态基本上包括了真实系统的所有状态,状态方程真实地描述了真实系统的变化规律,则利用输出校正的组合导航系统输出量和利用反馈校正的组合导航系统输出量具有同样的精度。但是,输出校正的滤波器所估计的状态是未经校正的导航参数误差,而反馈校正的滤波器所估计的状态是经过校正的导航参数误差,前者数值大,后者数值小。而状态方程都是经过一阶近似的线性方程,状态的数值越小,则近似的准确性越高。因此,利用反馈校正的系统状态方程更能接近真实地反映系统误差状态的动态过程。由

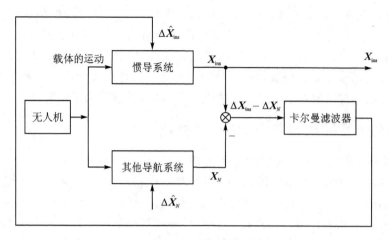

图 4 - 6 - 7　组合导航的输出校正

于以上原因,对实际系统来讲,只要状态能够具体实施反馈校正,组合导航系统就应尽量采用反馈校正的滤波方法。

2. 组合导航卡尔曼滤波器的设计步骤

根据组合导航系统设计任务的要求不同,卡尔曼滤波器的设计步骤也不尽相同,这里仅介绍从全阶(最优)滤波器到降阶(次优)滤波器的思路和一般设计步骤。

设计思路是首先设计全阶滤波器,即尽可能齐全地列出描述系统性能的状态和状态方程,组成全阶滤波器。在全阶滤波器滤波性能的基础上,针对组合导航系统的使用要求,具体设计降阶滤波器。下面介绍基本步骤。

① 确定真实系统基本状态。

在组合导航系统的分系统已确定的前提下,设计的第一步是确定组合导航系统的基本状态,如主要的分系统是惯性导航系统,则基本状态包括位置、速度和姿态误差。在确定基本状态的同时,还需要明确是采用直接法滤波还是采用间接法滤波。

② 确定器件误差源的误差噪声模型和统计特性,列出噪声连续型状态方程。

组合导航系统中各分系统误差源的误差噪声模型和状态的正确制定是正确设计全阶滤波器的关键之一。

在确定噪声状态时,原则上应将尽可能齐全的误差有色噪声作为全阶滤波器的状态。但在实际工作中,也可根据分系统的类型和精度等特点,适当删去对系统影响小的噪声状态,如平台式惯导系统的陀螺刻度因数误差等。

描述噪声状态的状态方程,可根据对器件所做的实验数据进行建模处理的结果,并参照制造单位提供的惯性器件噪声性能指标而确定。

③ 列写真实系统状态方程。

如主要的分系统是惯导系统,则直接法滤波的系统状态方程是惯导速度方程、位置方程、姿态角误差方程(这三组方程为基本状态方程)以及各分系统误差噪声的状态方程。由于基本状态方程都是非线性的,故需采用非线性滤波方法来进行估计。

间接法滤波的系统状态方程是惯导速度误差方程、位置误差方程、姿态误差方程(以上为基本状态方程)以及各分系统误差噪声的状态方程。由于基本状态方程是线性的,故只要误差噪声方程是线性的,全阶滤波器就可按线性卡尔曼滤波器来设计。正因如此,组合导航系统往往采用间接法滤波。下面的叙述均假定采用间接法滤波。

④ 列写测量方程。

采用间接法滤波的组合导航系统,测量方程一般都是两个分系统输出量(或测量值)的差值。但是两个分系统的输出量(或测量值)不一定相同。根据不同的输出量来求得差值,相应的测量方程也不同。输出量的选用需要根据具体情况(例如计算量的限制)和精度等要求来确定。

⑤ 系统离散化。

⑥ 确定滤波器初值。

在没有确切的统计特性的条件下,状态估计的初值可设为零向量,均方误差阵中各对角线元素可按系统状态的可能分布情况选取。如果初始状态间有关联,则初始均方误差阵相应非对角线元素不为零。

⑦ 对滤波估计进行仿真。

仿真程序一般至少包括两大部分,一部分是滤波仿真的计算程序,另一部分为过程参数产生程序(对飞机而言,由它提供估计计算程序所需要的各时刻飞行经纬度、加速度、速度、航向、姿态角等参数)。在仿真过程中需初步确定滤波周期。仿真计算完毕,各时刻均方误差阵对角线元素值就是全阶滤波器各状态的最优估计均方误差,也是估计误差的方差。它们的平方根值就是各状态的估计误差均方差,这些均方差反映了滤波效果。

⑧ 设计降阶滤波器。

全阶滤波器能得到状态的最优估计,但计算量大,且过多的计算舍入误差将使实际的估计精度降低,故实际使用时常在仿真全阶滤波器性能的基础上设计降阶滤波器。降阶滤波器状态的选择,需要根据系统对象情况和性能要求而定。

对间接法估计,原则上位置误差、速度误差和姿态误差是必须估计的,故常在降阶滤波器中保留,主要略去的状态是惯性仪表的各种误差。根据全阶滤波器对上述误差状态估计的效果及计算容量的限制等情况,略去或合并估计效果不佳的误差状态。

降阶滤波器初步设计完成后,利用计算机仿真其滤波估计性能,并将它与全阶滤波器的性能相比较。调整降阶滤波器统计特性参数值,或改变滤波器模型结构,使降阶滤波器的性能尽可能接近全阶滤波器。

⑨ 编制实时计算程序,利用实际设备进行调试,确定计算周期、滤波周期。必要时可先进行实时仿真。

3. 基于位置和速度组合的惯性/卫星组合导航算法

位置、速度组合一般采用间接法滤波,状态变量以系统的误差为主。如需要把加速度计和陀螺仪的误差视为有色噪声,则状态变量还需要包括惯性器件的误差。状态方程包括姿态误差方程、速度误差方程、位置误差方程、惯性器件误差方程等,并将惯导系统与卫星导航系统输出的位置、速度的差值作为量测值。为简化起见,下面假设惯性器件的误差为白噪声。

捷联式惯导系统的误差方程在本质上与平台式惯导系统相同,只是由于惯性器件与机体固连,惯性器件的敏感轴沿机体系三个轴向,误差方程中涉及惯性器件误差的项与平台式惯导系统的误差方程有所不同。此外,正的陀螺漂移造成测量的机体转动角速度偏大,相当于平台系相对惯性系的转动角速度偏小,产生负的平台姿态误差。也就是说,陀螺漂移引起的姿态误差角与陀螺漂移的方向相反,这一点与平台式惯导系统不同。

为简化起见,变量在地理系各轴的分量略去上标"g"。忽略高度误差对姿态误差的影响,由式(4-3-10)和式(4-3-27)可得姿态误差方程:

$$\dot\phi_x = \frac{\delta V_y}{R_E+h} - \Omega\sin\varphi\delta\varphi + \phi_z\frac{V_x}{R_N+h} - \phi_y\left(\Omega\sin\varphi + \frac{V_y}{R_E+h}\tan\varphi\right) - \varepsilon_x$$

$$\dot\phi_y = -\frac{\delta V_x}{R_N+h} + \phi_z\left(\Omega\cos\varphi + \frac{V_y}{R_E+h}\right) + \phi_x\left(\Omega\sin\varphi + \frac{V_y}{R_E+h}\tan\varphi\right) - \varepsilon_y$$

$$\dot\phi_z = -\frac{\delta V_y}{R_E+h}\tan\varphi - \left(\Omega\cos\varphi + \frac{V_y}{R_E+h}\sec^2\varphi\right)\delta\varphi - \frac{V_x}{R_N+h}\phi_x -$$

$$\phi_y\left(\Omega\cos\varphi + \frac{V_y}{R_E+h}\right) - \varepsilon_z$$

$$(4-6-7)$$

式中，$\varepsilon_x,\varepsilon_y,\varepsilon_z$ 为等效陀螺漂移沿地理系各轴的分量，它们与陀螺仪漂移的关系为

$$\begin{bmatrix}\varepsilon_x\\\varepsilon_y\\\varepsilon_z\end{bmatrix} = \boldsymbol{C}_b^g\begin{bmatrix}\varepsilon_x^b\\\varepsilon_y^b\\\varepsilon_z^b\end{bmatrix} \qquad (4-6-8)$$

忽略高度误差对速度误差的影响，由式（4-3-31）可得速度误差方程：

$$\delta\dot V_x = \frac{V_z}{R_N+h}\delta V_x - 2\left(\Omega\sin\varphi + \frac{V_y}{R_E+h}\tan\varphi\right)\delta V_y + \frac{V_x}{R_N+h}\delta V_z -$$

$$\left[2\Omega\cos\varphi + \frac{V_y}{R_E+h}\sec^2\varphi\right]V_y\delta\varphi + \phi_z f_y - \phi_y f_z + \nabla_x$$

$$\delta\dot V_y = \left(2\Omega\sin\varphi + \frac{V_y}{R_E+h}\tan\varphi\right)\delta V_x + \frac{V_x\tan\varphi + V_z}{R_E+h}\delta V_y + \left(2\Omega\cos\varphi + \frac{V_y}{R_E+h}\right)\delta V_z +$$

$$\left[2\Omega(V_x\cos\varphi - V_z\sin\varphi) + \frac{V_xV_y}{R_E+h}\sec^2\varphi\right]\delta\varphi + \phi_x f_z - \phi_z f_x + \nabla_y$$

$$\delta\dot V_z = -2\frac{V_x}{R_N+h}\delta V_x - 2\left(\Omega\cos\varphi + \frac{V_y}{R_E+h}\right)\delta V_y + 2\Omega V_y\sin\varphi\delta\varphi -$$

$$\phi_x f_y + \phi_y f_x + \nabla_z \qquad (4-6-9)$$

式中，f_x,f_y,f_z 为比力沿地理系各轴的分量；$\nabla_x,\nabla_y,\nabla_z$ 为等效加速度计误差沿地理系各轴的分量，它们与加速度计误差的关系为

$$\begin{bmatrix}\nabla_x\\\nabla_y\\\nabla_z\end{bmatrix} = \boldsymbol{C}_b^g\begin{bmatrix}\nabla_x^b\\\nabla_y^b\\\nabla_z^b\end{bmatrix} \qquad (4-6-10)$$

由式（4-3-34）及高度的定义可得位置误差方程：

$$\begin{cases}\delta\dot\varphi = \dfrac{\delta V_x}{R_N+h}\\[2mm]\delta\dot\lambda = \dfrac{\delta V_y\sec\varphi + V_y\sec\varphi\tan\varphi\delta\varphi}{R_E+h}\\[2mm]\delta\dot h = -\delta V_z\end{cases} \qquad (4-6-11)$$

系统状态向量取为

$$\boldsymbol{X}(t) = \begin{bmatrix}\delta V_x & \delta V_y & \delta V_z & \delta\varphi & \delta\lambda & \delta h & \phi_x & \phi_y & \phi_z\end{bmatrix}^T \qquad (4-6-12)$$

系统状态方程为

$$\dot{\boldsymbol{X}}(t) = \boldsymbol{A}\boldsymbol{X}(t) + \boldsymbol{W}(t) \qquad (4-6-13)$$

式中,$\boldsymbol{A}$ 为系统矩阵;$\boldsymbol{W}(t)$ 为系统噪声。根据式(4-6-7)、式(4-6-9)和式(4-6-11)所示误差方程可知,系统矩阵为

$\boldsymbol{A} =$

$$
\begin{bmatrix}
\dfrac{V_z}{R_N+h} & -2\left(\Omega\sin\varphi+\dfrac{V_y}{R_E+h}\tan\varphi\right) & \dfrac{V_x}{R_N+h} & -V_y\left[2\Omega\cos\varphi+\dfrac{V_y}{R_E+h}\sec^2\varphi\right] \\[2mm]
\left(2\Omega\sin\varphi+\dfrac{V_y}{R_E+h}\tan\varphi\right) & \dfrac{V_x\tan\varphi+V_z}{R_E+h} & 2\Omega\cos\varphi+\dfrac{V_y}{R_E+h} & 2\Omega(V_x\cos\varphi-V_z\sin\varphi)+\dfrac{V_xV_y}{R_E+h}\sec^2\varphi \\[2mm]
-2\dfrac{V_x}{R_N+h} & -2\left(\Omega\cos\varphi+\dfrac{V_y}{R_E+h}\right) & 0 & 2\Omega V_y\sin\varphi \\[2mm]
\dfrac{1}{R_N+h} & 0 & 0 & 0 \\[2mm]
0 & \dfrac{1}{R_E+h}\sec\varphi & 0 & \dfrac{V_y}{R_E+h}\sec\varphi\tan\varphi \\[2mm]
0 & 0 & -1 & 0 \\[2mm]
0 & \dfrac{1}{R_E+h} & 0 & -\Omega\sin\varphi \\[2mm]
-\dfrac{1}{R_N+h} & 0 & 0 & 0 \\[2mm]
0 & -\dfrac{1}{R_E+h}\tan\varphi & 0 & -\Omega\cos\varphi-\dfrac{V_y}{R_E+h}\sec^2\varphi
\end{bmatrix}
$$

$$
\begin{bmatrix}
0 & 0 & 0 & -f_z & f_y \\
0 & 0 & f_z & 0 & -f_x \\
0 & 0 & -f_y & f_x & 0 \\
0 & 0 & 0 & 0 & 0 \\
0 & 0 & 0 & 0 & 0 \\
0 & 0 & 0 & 0 & 0 \\
0 & 0 & 0 & -\Omega\sin\varphi-\dfrac{V_y}{R_E+h}\tan\varphi & \dfrac{V_x}{R_N+h} \\[2mm]
0 & 0 & \Omega\sin\varphi+\dfrac{V_y}{R_E+h}\tan\varphi & 0 & \Omega\cos\varphi+\dfrac{V_y}{R_E+h} \\[2mm]
0 & 0 & -\dfrac{V_x}{R_N+h} & -\left(\Omega\cos\varphi+\dfrac{V_y}{R_E+h}\right) & 0
\end{bmatrix}
\tag{4-6-14}
$$

系统噪声向量为

$$\boldsymbol{W}(t)=\begin{bmatrix}\nabla_x & \nabla_y & \nabla_z & 0 & 0 & 0 & -\varepsilon_x & -\varepsilon_y & -\varepsilon_z\end{bmatrix}^{\mathrm{T}} \tag{4-6-15}$$

量测向量取为

$$\boldsymbol{Z}(t)=\begin{bmatrix}V_x-V_x^{\mathrm{GNSS}} & V_y-V_y^{\mathrm{GNSS}} & V_z-V_z^{\mathrm{GNSS}} & \varphi-\varphi^{\mathrm{GNSS}} & \lambda-\lambda^{\mathrm{GNSS}} & h-h^{\mathrm{GNSS}}\end{bmatrix}^{\mathrm{T}}$$
$$\tag{4-6-16}$$

式中,上标为"GNSS"的变量是卫星导航输出的速度、位置信息。

系统量测方程为

$$\boldsymbol{Z}(t)=\boldsymbol{H}\boldsymbol{X}(t)+\boldsymbol{V}(t) \tag{4-6-17}$$

式中

$$\boldsymbol{H}=\begin{bmatrix}\boldsymbol{I}_{6\times6} & \boldsymbol{0}_{6\times3}\end{bmatrix} \tag{4-6-18}$$

量测噪声向量 $\boldsymbol{V}(t)$ 根据惯性导航系统和卫星导航系统的精度确定。

对系统方程和量测方程进行离散化,得到如下方程:

$$\begin{cases}\boldsymbol{X}_k=\boldsymbol{\Phi}_{k,k-1}\boldsymbol{X}_{k-1}+\boldsymbol{W}_{k-1} \\ \boldsymbol{Z}_k=\boldsymbol{H}_k\boldsymbol{X}_k+\boldsymbol{V}_k\end{cases} \tag{4-6-19}$$

式中,在滤波周期较小的情况下,离散系统方程中的一步转移矩阵 $\boldsymbol{\Phi}_{k,k-1}$ 按如下方法计算:

$$\boldsymbol{\Phi}_{k,k-1} = \sum_{i=0}^{N} \frac{T^i}{i!} \boldsymbol{A}^i(t_{k-1}) \qquad (4-6-20)$$

其中,T 为滤波周期;N 的数值根据计算精度确定,理论上 N 的数值越大,计算公式的截断误差越小,但计算量会增大。由于系统矩阵 $\boldsymbol{A}$ 随飞行速度、高度、纬度发生变化,需要不断地计算一步转移矩阵。

系统噪声的方差强度阵按下式计算:

$$\boldsymbol{Q}_k = \boldsymbol{Q}T + [\boldsymbol{AQ}+(\boldsymbol{AQ})^{\mathrm{T}}]\frac{T^2}{2!} + \{\boldsymbol{A}[\boldsymbol{AQ}+(\boldsymbol{AQ})^{\mathrm{T}}]+[\boldsymbol{AQ}+(\boldsymbol{AQ})^{\mathrm{T}}]\boldsymbol{A}^{\mathrm{T}}\}\frac{T^3}{3!} + \cdots$$
$$(4-6-21)$$

式中,$\boldsymbol{Q}$ 由加速度计测量误差和陀螺仪漂移的方差构成。

系统数学模型建立完毕,按式(4-6-4a)至(4-6-4f)所列卡尔曼滤波方程进行运算,估计出惯导系统的速度误差、位置误差和姿态误差,并按反馈校正或输出校正的方法对惯导系统进行校正。在每一个滤波周期循环上述过程,直到组合导航状态工作结束。

4.7　无人机导航子系统

导航子系统属于无人机系统中的飞行器分系统,其主要功能是提供无人机的实时位置、速度、姿态、航向、垂直加速度等信息。这些信息主要为无人机的飞行控制、任务载荷控制、目标定位等提供相关数据。同时,导航子系统还发出系统时钟同步脉冲,用以同步无人机姿态、位置数据、光电平台测角数据和 CCD 相机。

4.7.1　导航子系统的组成与功能

1. 系统组成

导航子系统一般采用 INS/卫星组合导航系统和差分卫星导航系统,如图 4-7-1 所示。目前无人机卫星导航系统用得最多的是 GPS、GLONASS 和我国的北斗卫星导航系统。一般用 GNSS 表示全球卫星导航系统,包括 GPS、GLONASS、北斗等。基于这三种卫星导航系统都可以构成差分导航系统,为叙述方便,下文中用差分 GNSS 或 DGNSS 表示差分卫星导航系统。为在没有卫星导航信号时校正惯导系统的误差,一些无人机的导航系统还具有地标校正功能,即根据已知坐标位置的地标对惯导的位置进行校正。

导航子系统主要由下列部件组成:① 惯导部件;② 惯导部件托架;③ 卫星接收天线;④ 通风盒;⑤ 差分 GNSS 地面站;⑥ 差分 GNSS 数传电台;⑦ 差分 GNSS 接收天线;⑧ GNSS 接收机。

2. 系统主要功能

(1) 信息输入及输出

为进行惯导初始对准和组合导航,导航系统通过数据总线传输接口接收来自飞控计算机和大气数据计算机等设备的信息,主要有:

① 来自飞控计算机的装订数据,包括初始位置、INS 工作状态控制字等信息。

② 来自大气数据计算机的数据,包括高度、真空速、大气机工作状态字等信息。

导航系统解算出运动参数后,经数据总线向有关设备输出这些信息,主要包括:

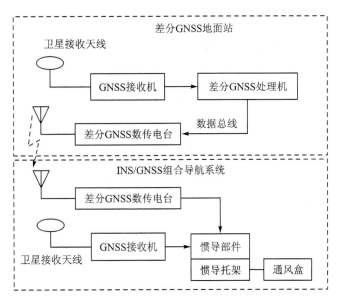

图 4 - 7 - 1　导航系统组成

① 向飞控计算机提供位置(经度、纬度和高度)、速度(空速和地速)、加速度、真航向、俯仰角、横滚角、INS 工作状态字等信息。

② 向链路收发组合、任务分系统提供 INS 工作状态字、位置、惯导气压高度、速度(空速和地速)、真航向、俯仰角、横滚角、偏流角、航迹角、加速度以及时、分、秒等信息。

③ 地面对准时,经由飞控计算机向地面综合保障系统输出初始经度、初始纬度、初始高度等信息。

(2) 对准方式

惯导系统的对准一般包括正常罗经对准、快速罗经对准、存储航向对准等方式。

① 正常罗经对准。正常罗经对准的原理详见 4.3.5 节和 4.4.5 节。水平对准利用加速度计敏感惯导平台或捷联式惯导系统的数学平台相对水平面的偏离;方位对准利用陀螺罗经效应进行。水平对准和方位对准需经过多次循环,以减小惯导平台的姿态误差,并提高陀螺漂移的估算精度。

② 快速罗经对准。快速罗经对准的原理与正常罗经对准是相同的,只是水平对准和方位对准的循环次数要少于正常罗经对准,且对准时间相对较短,精度也相对差一些。

③ 存储航向对准。存储航向对准是将上次无人机飞行结束后的航向记录下来,在初始对准中惯导系统直接用该记录值控制平台的方位(也就是使惯导系统输出的航向与记录值相同),从而显著缩短对准时间。

(3) 自检测功能

导航系统具有自检测能力。系统工作不正常时,应自动降级工作并向有关设备发出相应的无效信号、告警信号直至关机,同时将相应的故障码存储到非易失存储器中。

(4) 差分 GNSS 导航功能

在起飞/着陆阶段,无人机的定位精度要求很高。特别是着陆引导过程,在经历了长时间的飞行后,仍要保证其精度。在差分方式下,系统可以输出经度、纬度、高度、东向速度、北向速度和天向速度等信息。

4.7.2　导航子系统的工作过程

1. 系统工作方式

在无人机中,主导航设备一般为惯性导航系统(INS),并采用卫星导航与惯导进行组合。在卫星导航故障情况下,利用机载光电设备实现 INS/地标组合进行导航。另外,为了在起飞着陆过程中实现高精度的定位,采用差分卫星导航系统来引导无人机起飞/着陆。其中,位于基准位置的差分地面站实时解算出其到可见卫星的距离,并将计算出的距离与含有误差的测量值进行比较,将此差值滤波并求出其偏差,然后将测量系统误差通过数据总线接口发送至数传电台,由数传链路完成偏差量的传输。

惯导部件与卫星接收天线连接形成 INS/卫星导航定位系统。差分卫星导航数传电台通过数传链路将基准站得到的测量系统误差传送至机载卫星导航接收机,卫星导航接收机利用此测量系统误差来改正测量值并求解出自身的位置(差分卫星导航信息),并通过串行接口发送至惯导部件。气压高度信息由大气数据计算机通过串行接口传送至惯导部件,作为惯性导航系统内部高度信号的阻尼。地标校正信息通过飞控计算机由串行接口传送至惯导部件,可在卫星定位系统故障情况下利用地标信息进行惯性导航系统校正。惯导部件对自身的导航信息、卫星导航信息、差分卫星导航信息、气压高度信息及地标校正信息等进行信息融合,最终得到无人机的位置及速度信息。

2. 系统工作流程

(1) 启动和断开

导航系统的启动和断开由安装在前起落架舱或其他便于操作的位置的一个开关来控制。在机上供电正常后,可以通过开关启动惯导,此时维修检测车上导航系统的检测界面上应连续显示惯导的对准数据。

将开关打到"断开"位置时导航系统断开。

(2) 装订初始位置

导航系统需要人工装订初始位置,惯导系统启动后,由操作人员在综合检测车(台)上"导航系统"界面内的"初始化"栏的窗口输入初始经度、初始纬度以及初始高度,检查无误后,双击"发送初始数据"按钮,回报正确后,可以进入下一工作流程。

根据对准方式不同,要求完成初始位置装订的时间也不同,正常罗经对准要求在惯导启动的几分钟内完成装订,而快速罗经对准要求完成装订的时间更短一些,存储航向对准要求完成装订的时间最短。

(3) 对　准

导航系统具有三种对准方式,即正常罗经对准、快速罗经对准和存储航向对准。在初始位置装订完成后,可以通过地面检测车选择上述三种对准方式之一进行初始对准。正常罗经对准需要的时间最长(一般超过 12 min),但惯导系统的精度也较高;快速罗经对准需要的时间要短一些,该对准方式惯导的精度一般;存储航向对准需要的时间最短,只有几分钟,但此对准方式下惯导的精度最低。

使用存储航向对准必须满足以下两个条件:

① 上次关机时已完成正常罗经对准,并在转入导航后关机;

② 上次关机至本次开机前，保持无人机的位置和方位不变。

（4）导　　航

导航是导航系统的主工作状态。在对准进行到最后时，综合检测车上的"准航"灯点亮，此时可以选择进入导航，系统进入导航后，"导航"灯点亮，此时可以启动发动机，进行其他机务检查。

组合导航系统一般至少具有四种导航方式：

① GPS/INS 导航；

② 北斗/INS 导航；

③ GLONASS/INS 导航；

④ INS 导航。

有些无人机导航系统还有地标/INS 导航方式。

4.7.3　导航子系统的使用

1. 导航系统的操作

（1）工作前检查

在导航系统工作前应进行必要的检查，主要包括以下内容：

① 检查载机提供的电源和蓄电池供电是否合乎要求；

② 检查系统各部件的安装是否合乎要求；

③ 检查系统各部件对外连接是否正确；系统在通电前，应接通蓄电池开关，使蓄电池接入系统。

（2）一般操作流程

对导航系统进行操作的一般流程如下：

① 在地检工作准备好后，拨动惯导启动控制开关启动惯导系统，惯导系统自动执行上电初始化流程；上电初始化完成后，系统自动进入准备状态。

② 进入准备状态一定时间（记为 t_1）内，系统若收到由飞控计算机送入的初始位置和航向信息，会在系统准备持续时间 t_1 后自动进入对准状态。在对准状态持续一定时间（记为 t_2）后，系统自动转入导航工作状态。整个准备过程的时间共为 $t_1 + t_2$。在系统对准过程中，不能移动系统或移动无人机。

思考：在惯导系统对准过程中，为什么要求不能移动导航系统或无人机？

③ 若系统进入准备状态持续时间 t_1 后，仍未收到由飞行控制系统送入的初始位置和航向信息，系统仍处于准备状态，等待初始化信息；此后一旦送入初始化信息，系统立刻进入对准状态，对准 t_2 时间后进入导航状态。

④ 系统进入导航状态后，无人机方可进行联试、滑行或飞行。

⑤ 在任何工作状态下，系统出现故障时，都会通过总线向飞控计算机发出相应的故障信息。

⑥ 系统工作完成后，由操作人员拨动启动控制开关，将其由"工作"转向"断开"，此时系统断电并自动关闭，同时关闭机上电源和蓄电池供电。

2. 注意事项

操作中需要注意以下事项：

① 系统关机后如要再次开机必须间隔一段时间（记为 t_3）。不同惯导系统的开机间隔时间是不同的，由机械陀螺构成的惯导系统再次开机的间隔时间应在 10 min 以上，而由光学陀螺、石英陀螺等无机械转子的陀螺构成的惯导系统开机间隔时间只需要几分钟。在关机后的 t_3 时间内不得移动无人机或系统，且不允许再次开机。

② 系统在飞行前必须进行地面对准，对准期间不得移动无人机，并且应减小风对无人机姿态、位置等运动状态的影响，可增加吊锤等设施；系统转入导航后，方可启动发动机，进行各分系统联试、滑行或飞行。

③ 系统发生故障时，看清故障字后应立即关机。

④ 系统关机后，应关闭机上供电同时关闭蓄电池。

⑤ 组合导航部件是精密的机电产品，务必轻拿轻放，绝不允许碰撞、跌落。

⑥ 在更换系统中各部件时，严禁触摸部件的插头，防止静电破坏电子器件。

3. 定期标校

惯导系统的误差特性是随时间变化的。为了保证惯导系统长期使用条件下的精度，系统连续工作 12 个月或长时间存储后重新投入使用前，都要对系统进行重新标定。系统标定必须在具有北向基准的双轴或三轴转台上进行。

小　　结

本章首先介绍了航空导航的主要方法并重点介绍了惯性导航的特点和发展，在此基础上介绍了无人机导航系统的工作原理及导航子系统的功能、组成和操作使用。

惯性导航可不依靠任何其他设备提供的信息而独立地完成导航功能，正是由于这一优点，惯性导航已成为众多军用航空器的主导航设备。一般来说，无人机导航系统是以惯性导航系统为核心构成的组合导航系统。根据实现导航参照系的手段，惯性导航系统可大致分为平台式惯导系统和捷联式惯导系统两类。平台式惯导系统利用机械平台模拟水平坐标系，惯导平台上的加速度计可直接测量无人机的运动加速度（准确地说是比力）在水平系中的分量，这样便于计算运动速度和位移。而捷联式惯导系统需要利用数学手段建立数学平台——机体系到水平系的坐标转换矩阵，在通过数学平台对加速度计测量值进行转换后可得到无人机运动加速度在水平系中的分量，此后的计算与平台式惯导系统基本相同。

卫星导航是一种高精度的导航系统，将卫星导航与惯性导航相结合构成组合导航系统，既可发挥惯性导航的优势，又可有效抑制惯导系统随时间增大的误差。惯性/卫星组合导航系统可大致分为松散组合和紧密组合两种方式。在惯性/卫星组合导航系统中，采用卡尔曼滤波对惯导系统的导航参数或导航参数的误差进行估计，然后对惯导系统进行校正，从而提高导航精度。

导航子系统属于飞行器分系统，其主要功能是提供无人机的实时位置、速度、姿态、航向、垂直加速度等信息。这些信息主要为飞行控制与管理子系统控制无人机、卫通天线跟踪卫星、情报处理子系统进行目标定位提供相关数据。

思 考 题

1. 捷联式惯性导航系统与平台式惯性导航系统相比有何优点和缺点？

2. 当飞机沿子午线以速度 V_N 向正北飞行,为使惯导平台始终跟踪水平面,应给平台施加多大的指令角速度? 其方向指向哪儿?

3. 纯惯性高度通道为什么是不稳定的?

4. 捷联式惯导系统与平台式惯导系统的主要区别是什么? 由相同的惯性器件构成的捷联式惯导系统的精度会比平台式惯导系统高吗? 说明理由。

5. 导航子系统由哪几部分组成?

6. 导航子系统的主要功能有哪些?

7. 导航系统能测量哪些运动参数?

8. 何谓惯导系统的对准? 惯导系统有哪几种对准方式?

9. 目前正在运行的全球卫星导航定位系统有哪些? 各有何特点?

第 5 章　固定翼无人机飞行控制系统

飞行控制系统(简称飞控系统)包括利用自动驾驶仪形成的飞行自动控制系统及阻尼器或增稳系统等与飞行相关的自动控制系统。无人机飞行控制系统可以进行无人机姿态、航向、高度等运动参数的稳定和控制,在导航系统的配合下,还可进行飞行轨迹和飞行速度的稳定和控制,实现自动飞行。目前,无人机主要有固定翼无人机、无人直升机和多旋翼无人机三大平台,而军用无人机以固定翼飞行器和无人直升机平台为主。由于固定翼飞行器和直升机在控制方式上有明显的不同,本章仅介绍固定翼无人机飞行控制系统的原理,下一章再简要介绍无人直升机飞行控制系统的组成和工作原理。在本章后续内容中,如无特别说明,"无人机"指固定翼无人机。

与有人驾驶战斗机不同,目前无人机的气动构形设计大多是使飞行器具有良好的稳定性,而不追求高机动性能,依靠飞行自动控制系统即可保证飞行器的稳定性和所需的动、静态性能,无须另行配备传统意义上的阻尼器或增稳系统。本章重点介绍飞行自动控制系统的原理。

5.1　飞行器的数学模型及运动特点

5.1.1　飞行器数学模型的表现形式

数学模型是为量化研究某一问题而建立的数学表达式,用于描述被研究对象的特性。飞行器的数学模型是对飞行器运动参数变化特性的描述,一般有微分方程、传递函数、结构图等形式。

微分方程形式的飞行器数学模型以动力学方程和运动学方程为基础建立,称为飞行器的运动方程。由于飞行器在不同运动状态下的气动特性并不相同,运动方程为非线性微分方程组,各变量(飞行器的运动参数)一般不能用解析方法求出,而只能用数值积分法求解。为便于研究飞行器的稳定性和控制问题,常根据小扰动原理对这组方程进行线性化处理。

飞行器运动方程的小扰动线性化是相对于基准运动进行的。所谓基准运动是指在完全理想的条件下,飞行器根据驾驶员或飞行控制系统的指令按预定规律进行的运动,如速度、高度、姿态和航向等参数恒定的运动。扰动运动是指飞行器在外干扰作用下偏离基准运动状态后恢复到基准运动状态的过程。外干扰可能来自大气的紊乱、发动机工作情况的改变、控制信号的跳变等。

若扰动运动与基准运动之间差别甚小,则称为小扰动运动。对于小扰动运动,可运用泰勒公式对运动方程进行展开,仅保留一阶项即得到一组线性方程,这就是小扰动线性化原理。用小扰动线性化原理处理得到的运动方程,在大多数情况下能给出工程上足够的准确度,其变量并非运动参数本身,而是运动参数相对于基准运动状态下的运动参数的增量,表示为"Δ＋变量符",如 $\Delta\theta$ 表示俯仰角增量。为叙述方便,除特别说明,本书后续内容中"运动方程"就是指小扰动线性化后的运动方程。

运动方程体现了飞行器运动速度增量、角速度增量、位置增量、姿态增量和偏舵量增量之间的关系,也就是说,这些增量是运动方程的变量。在基准运动为定常直线无侧滑飞行的前提下,运动方程可分为两组。其中一组仅涉及无人机参考面内运动的变量,即纵向运动的变量,包括俯仰角增量、迎角增量、绕横轴的角速率增量、沿纵轴和竖轴的速度增量和位移增量以及升降舵偏角增量,该组方程称为纵向运动方程;另一组运动方程所包含的变量为航向角增量、倾斜角增量、绕纵轴和竖轴的角速度增量、沿横轴的速度增量和位移增量以及副翼和方向舵偏角的增量,由于恰好是横侧运动(或称侧向运动)的变量,故这组方程称为侧向运动方程。纵向运动方程和侧向运动方程相互独立,这大大方便了飞行控制问题的研究,分析和设计飞控系统俯仰通道时仅需要采用纵向运动方程,而对于倾斜通道和航向通道的分析和设计,只需要采用侧向运动方程。

无人机的飞行控制系统大多采用经典控制理论进行设计和分析。采用经典控制理论时研究对象一般采用传递函数描述,因此在研究无人机的飞行控制问题时应用传递函数比应用运动方程更为方便。

无人机的传递函数是对小扰动线性化运动方程进行拉氏变换后获得的,用于表达某一运动参数的增量在舵偏角增量作用下的变化特性,如升降舵增量引起的俯仰角变化量的变化过程、副翼舵偏角增量引起的倾斜角变化量的变化过程等。也就是说,无人机的传递函数是以舵偏角增量为输入,以某一运动参数的增量为输出的拉氏表达式。由于无人机运动方程中的相关系数随飞行状态而变化,在不同高度、速度和迎角、侧滑角状态下,同一输出变量的传递函数具有的参数是不同的。

5.1.2　飞机运动的特点及数学模型

1. 模态的概念

所谓模态,即运动的基本胎型,是时不变系统的固有特性。系统的运动是以模态这一最基本的独立单位出现的。多自由度系统有多个模态,总的运动是各模态的线性组合。模态又称为简正模态,对于某个简正模态,各运动参数的幅值有固定的比例关系,各运动参数之间的相位差也是固定的,并以同一个频率、同一个衰减指数(或增长指数)运动。不同的初始条件只影响各模态系数的大小,而不影响同一模态中不同运动参数间的幅值比例关系。各简正模态都是独立的,因此理论上可以设一种初始条件,只引起某个模态的运动,而不激发其他模态的运动。

固定翼飞机的纵向运动有两个模态:长周期运动模态和短周期运动模态;侧向运动有三个模态:滚转阻尼模态、荷兰滚模态(也称振荡模态)和螺旋模态。

2. 纵向扰动运动的两种模态——长周期运动和短周期运动

固定翼飞机纵向运动的扰动运动存在两种模态:一种模态周期短、衰减快,称为短周期运动模态;另一种模态周期长、衰减慢,称为长周期运动模态。

在纵向扰动运动中,俯仰角、迎角变化较快,因此这些变量的变化过程主要是短周期运动。而速度、高度的变化较慢,它们的变化过程为长周期运动。可以这样理解,长周期运动近似描述飞机质心的移动,短周期运动则描述飞机绕质心的转动,这就是所谓的扰动运动的两种典型运动模态。

飞机的纵向扰动运动可大致分为两个阶段:初始阶段是以迎角和俯仰角的变化为代表的短周期运动,飞行速度基本不变;以后的阶段则是以飞行速度和爬升角的变化为代表的长周期运动,飞机迎角基本不变。把飞机的运动分成这样两个阶段,可简化飞机运动特性的分析,对设计飞行控制系统有很大的实际意义。

(1) 纵向短周期运动数学模型

纵向短周期运动俯仰角增量 $\Delta\theta$ 的近似传递函数为

$$W_{\Delta\delta_e}^{\Delta\theta}(s)=\frac{\Delta\theta(s)}{\Delta\delta_e(s)}=\frac{-A_\theta\left(s+\dfrac{1}{T_\theta}\right)}{s(s^2+2\xi_s\omega_s s+\omega_s^2)}=\frac{-K_\theta(T_\theta s+1)}{s(T_s^2 s^2+2\xi_s T_s s+1)} \quad (5-1-1)$$

式中，A_θ 为短周期运动 $\Delta\theta$ 传递函数的增益；T_θ 为短周期运动 $\Delta\theta$ 传递函数的时间常数；K_θ 为短周期运动 $\Delta\theta$ 传递函数的传递系数；ξ_s 为短周期运动的阻尼比；ω_s 为短周期运动的固有频率；T_s 为短周期运动的时间常数。

纵向短周期运动迎角增量 $\Delta\alpha$ 的近似传递函数为

$$W_{\Delta\delta_e}^{\Delta\alpha}(s)=\frac{\Delta\alpha(s)}{\Delta\delta_e(s)}=\frac{-A_\alpha(s+1/T_\alpha)}{s^2+2\xi_s\omega_s s+\omega_s^2}=\frac{-K_\alpha(T_\alpha s+1)}{T_s^2 s^2+2\xi_s T_s s+1} \quad (5-1-2)$$

式中，A_α 为短周期运动 $\Delta\alpha$ 传递函数的增益；T_α 为短周期运动 $\Delta\alpha$ 传递函数的时间常数；K_α 为短周期运动 $\Delta\alpha$ 传递函数的传递系数；ξ_s 为短周期运动的阻尼比；ω_s 为短周期运动的固有频率；T_s 为短周期运动的时间常数。

对于常规构型的无人机，升降舵在距重心较远的平尾上，$\Delta\alpha$ 传递函数可进一步简化为

$$W_{\Delta\delta_e}^{\Delta\alpha}(s)=\frac{\Delta\alpha(s)}{\Delta\delta_e(s)}=\frac{-A_\alpha}{s^2+2\xi_s\omega_s s+\omega_s^2}=\frac{-K_\alpha}{T_s^2 s^2+2\xi_s T_s s+1} \quad (5-1-3)$$

且有

$$K_\theta=K_\alpha/T_\theta \quad (5-1-4)$$

由爬升角的定义可知

$$\Delta\theta_k=\Delta\theta-\Delta\alpha \quad (5-1-5)$$

故

$$W_{\Delta\delta_e}^{\Delta\theta_k}(s)=\frac{\Delta\theta_k(s)}{\Delta\delta_e(s)}=\frac{\Delta\theta(s)}{\Delta\delta_e(s)}-\frac{\Delta\alpha(s)}{\Delta\delta_e(s)}=\frac{-K_\theta}{s(T_s^2 s^2+2\xi_s T_s s+1)} \quad (5-1-6)$$

为便于后续内容的学习，下面给出某型机短周期运动的近似传递函数：

$$\frac{\Delta\theta(s)}{\Delta\delta_e(s)}=\frac{-1.955\left(\dfrac{s}{1.371}+1\right)}{s\left[\left(\dfrac{s}{4.27}\right)^2+2\left(\dfrac{0.493}{4.27}\right)s+1\right]} \quad (5-1-7)$$

$$\frac{\Delta\alpha(s)}{\Delta\delta_e(s)}=\frac{-1.44\left(\dfrac{s}{248.5}+1\right)}{\left(\dfrac{s}{4.27}\right)^2+2\left(\dfrac{0.493}{4.27}\right)s+1} \quad (5-1-8)$$

(2) 纵向长周期运动数学模型

定义切向速度相对增量 $\Delta\bar{V}=\dfrac{\Delta V}{V_0}$，其中，$V_0$ 为基准运动切向速度；ΔV 为切向速度增量。

长周期运动近似传递函数为

$$M_{\Delta\delta_e}^{\Delta\bar{V}}(s)=\frac{\Delta\bar{V}(s)}{\Delta\delta_e(s)}=\frac{K_V(T_V s+1)}{T_p^2 s^2+2\xi_p T_p s+1} \quad (5-1-9)$$

$$M_{\Delta\delta_e}^{\Delta\theta}(s)=\frac{\Delta\theta(s)}{\Delta\delta_e(s)}=\frac{-K_{p\theta}(T_{\theta 1} s+1)(T_{\theta 2} s+1)}{T_p^2 s^2+2\xi_p T_p s+1} \quad (5-1-10)$$

$$M_{\Delta\delta_e}^{\Delta a}(s) = \frac{\Delta\alpha(s)}{\Delta\delta_e(s)} = -K_{pa} \tag{5-1-11}$$

式中，K_V 为长周期运动 $\Delta\bar{V}$ 传递函数的传递系数；T_V 为长周期运动 $\Delta\bar{V}$ 传递函数的时间常数；$K_{p\theta}$ 为长周期运动 $\Delta\theta$ 传递函数的传递系数；$T_{\theta1},T_{\theta2}$ 为长周期运动 $\Delta\theta$ 传递函数的时间常数；K_{pa} 为长周期运动 $\Delta\alpha$ 传递函数的传递系数；ξ_p 为长周期运动的阻尼比；ω_p 为长周期运动的固有频率；T_p 为长周期运动的时间常数。

前述某型机的长周期运动近似传递函数为

$$\frac{\Delta\bar{V}(s)}{\Delta\delta_e(s)} = \frac{25.2\left(\frac{s}{1.478}+1\right)}{\left(\frac{s}{0.068\,26}\right)^2 + 2\left(\frac{0.071\,04}{0.068\,26}\right)s + 1} \tag{5-1-12}$$

$$\frac{\Delta\theta(s)}{\Delta\delta_e(s)} = \frac{-5.063\,7\left(\frac{s}{1.43}+1\right)\left(\frac{s}{0.009\,81}+1\right)}{\left(\frac{s}{0.068\,26}\right)^2 + 2\left(\frac{0.071\,04}{0.068\,26}\right)s + 1} \tag{5-1-13}$$

$$\frac{\Delta\alpha(s)}{\Delta\delta_e(s)} = -1.683 \tag{5-1-14}$$

（3）油门变化对纵向运动的影响

发动机的推力是通过油门（或节风门）控制的。改变推力时，纵向长周期模态的响应占绝对优势，相应的传递函数如下：

$$M_{\Delta\delta_T}^{\Delta\bar{V}}(s) = \frac{\Delta\bar{V}(s)}{\Delta\delta_T(s)} = \frac{K_{V\delta_T}s}{T_p^2 s^2 + 2\xi_p T_p s + 1} \tag{5-1-15}$$

$$M_{\Delta\delta_T}^{\Delta\theta}(s) = \frac{\Delta\theta(s)}{\Delta\delta_T(s)} = \frac{K_{\theta\delta_T}(T_{\theta\delta_T}s+1)}{T_p^2 s^2 + 2\xi_p T_p s + 1} \tag{5-1-16}$$

$$M_{\Delta\delta_T}^{\Delta a}(s) = \frac{\Delta\alpha(s)}{\Delta\delta_T(s)} = \frac{K_{a\delta_T}s}{T_p^2 s^2 + 2\xi_p T_p s + 1} \tag{5-1-17}$$

式中，$K_{V\delta_T}$ 为 $\Delta\delta_T$ 产生的长周期运动 $\Delta\bar{V}$ 传递函数的传递系数；$K_{\theta\delta_T}$ 为 $\Delta\delta_T$ 产生的长周期运动 $\Delta\theta$ 传递函数的传递系数；$T_{\theta\delta_T}$ 为 $\Delta\delta_T$ 产生的长周期运动 $\Delta\theta$ 传递函数的时间常数；$K_{a\delta_T}$ 为 $\Delta\delta_T$ 产生的长周期运动 $\Delta\alpha$ 传递函数的传递系数。

根据终值定理及式（5-1-15）、式（5-1-16）可知，当油门或节风门阶跃增大时，速度变化量、迎角变化量和俯仰角变化量的稳态值分别为：$\Delta\bar{V}=0$，$\Delta\alpha=0$，$\Delta\theta=K_{\theta\delta_T}\Delta\delta_{T0}$。也就是说，油门使发动机推力加大，但速度和迎角的增量终值都为零，即都回到油门改变前的状态，只有俯仰角增大了，即飞机抬头，飞机向上爬升。这似乎不符合人们的直观判断，推力增大了，速度为何不增加呢？

推力增加后飞机纵向运动的过渡过程是：飞机先增加速度，随后动压增大使升力增加，爬升角增大，飞行轨迹向上弯曲（速度既有水平分量也有垂直分量）；同时，飞机在纵向静稳定力矩作用下抬头，飞机纵轴趋向速度方向。当爬升角达到一定值后，重力沿轨迹的分力又使速度减小。在长周期动态过程结束后爬升角 $\Delta\theta_k$ 达到一定稳态值 $\Delta\gamma_0$，推力增量为

$$\Delta T = T_{\delta_T}\Delta\delta_{T0} = mg\sin(\Delta\theta_k) \simeq mg\sin(\Delta\gamma_0)$$

即增加的推力完全用于平衡飞机重力沿轨迹的分力，而速度的数值回到原值，但速度的方向改

变了。此外,由于纵向静稳定性的作用,稳态时迎角也恢复原值。

从以上分析可看到:单纯改变油门只能在过渡过程中改变速度,最终的稳态速度和迎角均不改变,但爬升角增大或减小,飞行轨迹上升或下滑。若要平飞加速,应在加大油门后,随着飞行速度的增加使升降舵下偏,减小迎角以使升力与重力达到平衡。如果飞机平飞时飞控系统工作在姿态稳定状态,增大油门或节风门将使速度增大,升力增加,飞机向上爬升。随着飞机爬升角的增大,由于俯仰角并未改变,迎角不断减小甚至为负值,飞机爬升角增加量即为迎角减小量。同时,因速度增大(可能还有迎角变负的原因)造成阻力增大。稳态下,飞机速度增大,俯仰角不变,迎角有所减小,飞机不断爬升。

思考:如飞控系统工作在定高状态,增大油门后飞机各运动参数有何变化?

前述某型机关于油门(节风门)变化量的近似传递函数为[①]

$$\frac{\Delta \bar{V}(s)}{\Delta \delta_T(s)} = \frac{73.249\ 3\ s}{\left(\dfrac{s}{0.068\ 26}\right)^2 + 2\left(\dfrac{0.071\ 04}{0.068\ 26}\right)s + 1} \tag{5-1-18}$$

$$\frac{\Delta \theta(s)}{\Delta \delta_T(s)} = \frac{102.45\left(\dfrac{s}{293.007} - 1\right)}{\left(\dfrac{s}{0.068\ 26}\right)^2 + 2\left(\dfrac{0.071\ 04}{0.068\ 26}\right)s + 1} \tag{5-1-19}$$

$$\frac{\Delta \alpha(s)}{\Delta \delta_T(s)} = \frac{6.859s}{\left(\dfrac{s}{0.068\ 26}\right)^2 + 2\left(\dfrac{0.071\ 04}{0.068\ 26}\right)s + 1} \tag{5-1-20}$$

3. 侧向扰动运动的三种模态

固定翼飞机的侧向扰动运动通常由两个非周期运动模态和一个振荡模态组成,分别是滚转阻尼模态、荷兰滚模态和螺旋模态。飞机受到侧向干扰后,侧向运动变量的变化均由这三种典型模态的简单运动叠加而成。在分析侧向扰动运动时需要注意航向静稳定力矩和横向静稳定力矩的作用。静稳定力矩总是试图使飞机恢复原来的状态即基准状态。

(1)滚转阻尼模态

一般说来,在扰动运动刚开始的时候,飞机倾斜角速度和倾斜角迅速变化,而其他参数(如侧滑角、偏航角速度)的变化很小。这主要是由于滚转转动惯量比偏航转动惯量小得多,在外干扰作用下容易产生滚转运动而不易产生偏航运动。另外,飞机的滚转阻尼较强,运动过程能很快衰减。因此,飞机在扰动运动初始阶段表现为迅速衰减的滚转运动,称为滚转阻尼模态,简称滚转模态。

(2)荷兰滚模态(振荡模态)

滚转阻尼运动基本结束后,倾斜角、偏航角和侧滑角随时间周期性地变化。如果侧滑角引起的绕纵轴的横向静稳定力矩远大于绕竖轴的航向静稳定力矩,就会比较突出地表现出荷兰滚运动。如图5-1-1(a)所示,假定飞机受侧向扰动而向右倾斜,此时升力 L 的向心力分量 $L \sin \gamma$ 指向飞机右侧,使飞机速度矢量 $\boldsymbol{V}$ 转向飞机右侧(飞机有向右侧运动的分量),从而形成右侧滑($\beta > 0$)。右侧滑引起负的横向稳定力矩(绕机体纵轴 x_b 负向),使飞机向左滚转以减小倾斜角 γ。与此同时,右侧滑引起正的航向稳定力矩(绕机体竖轴 z_b 正向),使飞机向右

[①] 文献[34]未给出关于油门变化量的传递函数的具体参数,本书所列传递函数为以文献[34]为基础推导所得。

偏转以减小侧滑角。由于横向静稳定力矩远大于航向静稳定力矩,向左滚转的力矩大于向右偏航的力矩。这样,当倾斜角 γ 回到零时,机头偏转不大,仍存在侧滑角 β。滚转力矩使飞机继续向左滚转,飞机左倾斜($\gamma<0$)。这时,向心力 $L\sin\gamma$ 指向飞机左侧,速度矢量转向左侧,形成左侧滑($\beta<0$),飞机将出现与 $\beta>0$ 时相反的运动现象,如图 5 - 1 - 2(b)所示。

综上所述,飞机右倾斜引起右侧滑,形成左滚转和右偏航,进而形成左倾斜,引起左侧滑,又形成右滚转和左偏航,然后又形成右倾斜并引起右侧滑,周而复始。这就使得飞机的航迹呈弯曲的 S 形。这种运动方式与荷兰人滑冰时的动作相仿,故称为荷兰滚。

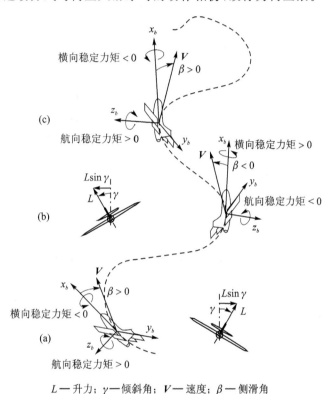

L —升力; γ —倾斜角; V —速度; β —侧滑角

图 5 - 1 - 1   荷兰滚运动示意图

(3) 螺旋模态

螺旋模态表现为有一定偏航角速度、倾斜角单调而缓慢变化的运动方式。在侧滑角引起的绕竖轴的航向静稳定力矩远大于绕纵轴的横向静稳定力矩时,螺旋运动就会突出地表现出来。

如图 5 - 1 - 2 所示,在扰动运动后期,如果飞机仍有小的正侧滑角,则将产生两个力矩——绕竖轴的航向静稳定力矩和绕纵轴的横向静稳定力矩。在前者大于后者的情况下,航向静稳定力矩对飞机起主要作用,使机头向右偏转以减小侧滑角 β。在机头向右偏转的过程中将产生绕飞机纵轴正向的交叉力矩,使飞机向右滚转。虽然这时横向静稳定力矩使飞机向左滚转,但因横向静稳定力矩较小且小于交叉力矩,结果飞机向右滚转。在飞机缓慢地向右滚转时,速度矢量也缓慢地向右偏转,β 角将保留一个很小的值,飞机将继续缓慢地向右偏航。于是飞机在缓慢右偏的同时缓慢地向右滚转。飞机滚转后,升力 L 在垂直方向的分量 $L\cos\gamma$ 小于飞机的重力,飞行高度也将缓慢地下降,飞机最终沿着螺旋下降的轨迹运动,这种运动模态称为螺旋模态。

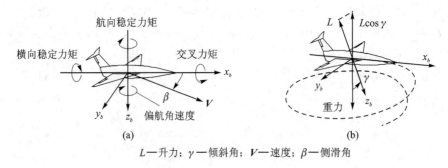

L—升力；γ—倾斜角；V—速度；β—侧滑角

图 5 - 1 - 2　螺旋运动示意图

对无人机而言,滚转模态衰减较快,一般是稳定的。螺旋模态运动参数的变化非常缓慢,但因地面飞行控制人员不能实时掌握或感知无人机飞行状态,当无人机进入尾旋后很难以人工操纵方式改出尾旋,所以要求无人机应具有抑制螺旋模态出现的能力。而荷兰滚模态周期较短、参数变化剧烈,地面飞行控制人员更加难以控制,当无人机出现荷兰滚运动时,飞行控制人员很难保证无人机的飞行安全。因此,不仅要求荷兰滚模态稳定而且须有较好的阻尼。

(4) 侧向运动的传递函数

飞机横侧向三自由度运动的传递函数如下:

$$
\begin{aligned}
W_{\delta_r}^{\beta}(s) &= \frac{\beta(s)}{\delta_r(s)} = \frac{A_{\beta_r}\left(s + \dfrac{1}{T_{\beta_{r1}}}\right)\left(s + \dfrac{1}{T_{\beta_{r2}}}\right)\left(s + \dfrac{1}{T_{\beta_{r3}}}\right)}{\left(s + \dfrac{1}{T_R}\right)\left(s + \dfrac{1}{T_S}\right)\left(s^2 + 2\xi_D\omega_D s + \omega_D^2\right)} \\
&= \frac{K_{\beta_r}\left(T_{\beta_{r1}}s + 1\right)\left(T_{\beta_{r2}}s + 1\right)\left(T_{\beta_{r3}}s + 1\right)}{\left(T_R s + 1\right)\left(T_S s + 1\right)\left(T_D^2 s^2 + 2\xi_D T_D s + 1\right)}
\end{aligned}
\tag{5-1-21}
$$

式中,A_{β_r} 为以 δ_r 为输入 β 为输出的传递函数的增益;$T_{\beta_{r1}}$,$T_{\beta_{r2}}$ $T_{\beta_{r3}}$ 为分子的时间常数;T_R 为滚转模态的时间常数;T_S 为螺旋模态的时间常数;ξ_D 为荷兰滚模态的阻尼比;ω_D 为荷兰滚模态的固有频率;T_D 为荷兰滚模态的时间常数;K_{β_r} 为以 δ_r 为输入 β 为输出的传递函数的传递系数。

$$
\begin{aligned}
W_{\delta_r}^{\phi}(s) &= \frac{\phi(s)}{\delta_r(s)} = \frac{A_{\phi_r}\left(s + \dfrac{1}{T_{\phi_{r1}}}\right)\left(s + \dfrac{1}{T_{\phi_{r2}}}\right)}{\left(s + \dfrac{1}{T_R}\right)\left(s + \dfrac{1}{T_S}\right)\left(s^2 + 2\xi_D\omega_D s + \omega_D^2\right)} \\
&= \frac{K_{\phi_r}\left(T_{\phi_{r1}}s + 1\right)\left(T_{\phi_{r2}}s + 1\right)}{\left(T_R s + 1\right)\left(T_S s + 1\right)\left(T_D^2 s^2 + 2\xi_D T_D s + 1\right)}
\end{aligned}
\tag{5-1-22}
$$

式中,A_{ϕ_r} 为以 δ_r 为输入 ϕ 为输出的传递函数的增益;$T_{\phi_{r1}}$,$T_{\phi_{r2}}$ 为分子的时间常数;K_{ϕ_r} 为以 δ_r 为输入 ϕ 为输出的传递函数的传递系数。

$$
W_{\delta_r}^{\dot{\psi}}(s) = \frac{\dot{\psi}(s)}{\delta_r(s)} = \frac{A_{\dot{\psi}_r}\left(s + \dfrac{1}{T_{\dot{\psi}_{r1}}}\right)\left(s^2 + 2\xi_{\dot{\psi}_{r2}}\omega_{\dot{\psi}_{r2}} s + \omega_{\dot{\psi}_{r2}}^2\right)}{\left(s + \dfrac{1}{T_R}\right)\left(s + \dfrac{1}{T_S}\right)\left(s^2 + 2\xi_D\omega_D s + \omega_D^2\right)}
$$

$$= \frac{K_{\dot{\psi}_r}(T_{\dot{\psi}_{r1}}s+1)(T_{\dot{\psi}_{r2}}^2 s^2 + 2\xi_{\dot{\psi}_{r2}}T_{\dot{\psi}_{r2}}s+1)}{(T_R s+1)(T_S s+1)(T_D^2 s^2 + 2\xi_D T_D s+1)} \tag{5-1-23}$$

或

$$W_{\delta_r}^{\psi}(s) = \frac{\psi(s)}{\delta_r(s)} = \frac{A_{\dot{\psi}_r}\left(s+\dfrac{1}{T_{\dot{\psi}_{r1}}}\right)(s^2 + 2\xi_{\dot{\psi}_{r2}}\omega_{\dot{\psi}_{r2}}s + \omega_{\dot{\psi}_{r2}}^2)}{s\left(s+\dfrac{1}{T_R}\right)\left(s+\dfrac{1}{T_S}\right)(s^2 + 2\xi_D\omega_D s + \omega_D^2)}$$

$$= \frac{K_{\dot{\psi}_r}(T_{\dot{\psi}_{r1}}s+1)(T_{\dot{\psi}_{r2}}^2 s^2 + 2\xi_{\dot{\psi}_{r2}}T_{\dot{\psi}_{r2}}s+1)}{s(T_R s+1)(T_S s+1)(T_D^2 s^2 + 2\xi_D T_D s+1)} \tag{5-1-24}$$

式中，$A_{\dot{\psi}_r}$ 为以 δ_r 为输入 $\dot{\psi}$ 为输出的传递函数的增益；$T_{\dot{\psi}_{r1}}$，$T_{\dot{\psi}_{r2}}$ 为分子的时间常数；$\xi_{\dot{\psi}_r}$ 为分子的阻尼比；$\omega_{\dot{\psi}_r}$ 为分子的固有频率；$K_{\dot{\psi}_r}$ 为以 δ_r 为输入 $\dot{\psi}$ 为输出的传递函数的传递系数。

同样求出以 δ_a 为输入，β,γ 和 $\dot{\psi}$ 为输出的传递函数，其中系数的含义与上面相似，不再一一写出。

$$W_{\delta_a}^{\beta}(s) = \frac{\beta(s)}{\delta_a(s)} = \frac{A_{\beta_a}(s+1/T_{\beta_{a1}})(s+1/T_{\beta_{a2}})}{\left(s+\dfrac{1}{T_R}\right)\left(s+\dfrac{1}{T_S}\right)(s^2+2\xi_D\omega_D s+\omega_D^2)} \tag{5-1-25}$$

$$W_{\delta_a}^{\varphi}(s) = \frac{\phi(s)}{\delta_a(s)} = \frac{A_{\phi_a}(s^2+2\xi_{\phi_a}\omega_{\phi a}s+\omega_{\phi a}^2)}{\left(s+\dfrac{1}{T_R}\right)\left(s+\dfrac{1}{T_S}\right)(s^2+2\xi_D\omega_D s+\omega_D^2)} \tag{5-1-26}$$

$$W_{\delta_a}^{\dot{\psi}}(s) = \frac{\dot{\psi}(s)}{\delta_a(s)} = \frac{A_{\dot{\psi}_a}\left(s+\dfrac{1}{T_{\dot{\psi}_{a1}}}\right)(s^2+2\xi_{\dot{\psi}_{a2}}\omega_{\dot{\psi}_{a2}}s+\omega_{\dot{\psi}_{a2}}^2)}{\left(s+\dfrac{1}{T_R}\right)\left(s+\dfrac{1}{T_S}\right)(s^2+2\xi_D\omega_D s+\omega_D^2)} \tag{5-1-27}$$

或

$$W_{\delta_a}^{\psi}(s) = \frac{\psi(s)}{\delta_a(s)} = \frac{A_{\dot{\psi}_a}\left(s+\dfrac{1}{T_{\dot{\psi}_{a1}}}\right)(s^2+2\xi_{\dot{\psi}_{a2}}\omega_{\dot{\psi}_{a2}}s+\omega_{\dot{\psi}_{a2}}^2)}{s\left(s+\dfrac{1}{T_R}\right)\left(s+\dfrac{1}{T_S}\right)(s^2+2\xi_D\omega_D s+\omega_D^2)} \tag{5-1-28}$$

前述某型飞机的横侧向运动传递函数如下：

$$\frac{\beta(s)}{\delta_r(s)} = \frac{1.033\left(\dfrac{-s}{0.00384}+1\right)\left(\dfrac{s}{1.696}+1\right)\left(\dfrac{s}{117.51}+1\right)}{\Delta_0(s)} \tag{5-1-29}$$

$$\frac{\phi(s)}{\delta_r(s)} = \frac{495.6\left(\dfrac{s}{2.5602}+1\right)\left(\dfrac{s}{-2.886}+1\right)}{\Delta_0(s)} \tag{5-1-30}$$

$$\frac{\dot{\psi}(s)}{\delta_r(s)} = \frac{23.96\left(\dfrac{s}{1.723}+1\right)\left[\left(\dfrac{s}{0.296}\right)^2+2\left(\dfrac{0.00436}{0.296}\right)s+1\right]}{\Delta_0(s)} \tag{5-1-31}$$

$$\frac{\beta(s)}{\delta_a(s)} = \frac{13.32\left[\left(\dfrac{s}{0.538}\right)^2+2\left(\dfrac{0.52}{0.538}\right)s+1\right]}{\Delta_0(s)} \tag{5-1-32}$$

$$\frac{\phi(s)}{\delta_a(s)} = \frac{10\ 552.8\left[\left(\frac{s}{1.823}\right)^2 + 2\left(\frac{0.046\ 46}{1.823}\right)s + 1\right]}{\Delta_0(s)} \quad (5-1-33)$$

$$\frac{\dot{\psi}(s)}{\delta_a(s)} = \frac{510.7\left(\frac{-s}{3.62} + 1\right)\left[\left(\frac{s}{1.752}\right)^2 + 2\left(\frac{0.260\ 3}{1.752}\right)s + 1\right]}{\Delta_0(s)} \quad (5-1-34)$$

以上各式中的分母为

$$\Delta_0(s) = \left(\frac{-s}{0.001\ 51} + 1\right)\left(\frac{s}{1.690\ 3} + 1\right)\left[\left(\frac{s}{1.834\ 5}\right)^2 + 2\left(\frac{0.049\ 6}{1.834\ 5}\right)s + 1\right]$$

$$(5-1-35)$$

　　通过对飞机横侧向三自由度运动的传递函数进行分析可知,方向舵偏转主要引起荷兰滚模态运动,对滚转模态的影响不大。而副翼主要引起滚转模态运动,对荷兰滚模态有一定程度的影响。

　　荷兰滚运动的近似传递函数的形式为

$$\frac{\beta(s)}{\delta_r(s)} = \frac{K'_{\beta_r}(T_{\beta_r}s + 1)}{T_{D1}^2 s^2 + 2\xi_{D1}T_{D1}s + 1} \quad (5-1-36)$$

$$\frac{\dot{\psi}(s)}{\delta_r(s)} = -\frac{K'_{\dot{\psi}_r}(T_{\dot{\psi}_r}s + 1)}{T_{D1}^2 s^2 + 2\xi_{D1}T_{D1}s + 1} \quad (5-1-37)$$

以上两式分母中荷兰滚运动的相关系数与三自由度运动传递函数略有差异。

　　前述某型机二自由度荷兰滚运动的近似传递函数为

$$\frac{\beta(s)}{\delta_r(s)} = \frac{0.402\ 1\left(\frac{s}{117.5} + 1\right)}{\left(\frac{s}{1.841}\right)^2 + 2\left(\frac{0.046\ 7}{1.841}\right)s + 1} \quad (5-1-38)$$

$$\frac{\dot{\psi}(s)}{\delta_r(s)} = -\frac{0.021\ 74\left(\frac{s}{0.054\ 1} + 1\right)}{\left(\frac{s}{1.841}\right)^2 + 2\left(\frac{0.046\ 7}{1.841}\right)s + 1} \quad (5-1-39)$$

　　分析通过副翼对倾斜角进行控制时,可忽略荷兰滚运动的影响,于是滚转运动的传递函数近似为

$$\frac{\Delta\phi(s)}{\Delta\delta_a(s)} = -\frac{L_{\delta_a}}{s(s + L_p)} \quad (5-1-40)$$

　　前述某型机滚转运动的近似传递函数为

$$\frac{\Delta\phi(s)}{\Delta\delta_a(s)} = -\frac{27.276}{s(s + 1.699)} \quad (5-1-41)$$

5.2　飞行自动控制系统的组成与功用

　　描述飞行器运动的参数主要有三个姿态角(包括航向角)、三个角速度、迎角、侧滑角、位移或位置(水平位置和高度)以及速度。在无人参与的条件下,飞行自动控制系统可自动控制部分或全部上述参数,必要时还可控制取决于速度与迎角的马赫数及法向过载等。与其他自动

控制系统一样,飞行自动控制系统也由被控对象(飞行器)和自动控制器组成。自动控制器的基本组成包括:

① 测量单元(即传感器部件),测量飞行器运动参数。如速率陀螺测量角速度,垂直陀螺和航向陀螺测量俯仰角、滚动角以及偏航角。

② 信号处理与计算装置(简称计算装置),对各种传感器的输出信号进行处理并按控制规律要求输出舵面控制信号。模拟式计算装置常称为飞行控制盒,主要包括综合放大模块、微分器、积分器、限幅器及滤波器等。数字式飞行控制系统的计算装置是飞行控制计算机。

③ 放大元件,对计算装置的输出信号进行放大。

④ 执行机构,根据放大元件的输出带动舵面偏转,亦称舵机。

图 5-2-1 所示为飞行自动控制器原理方块图。为实现舵面角度的准确控制,改善舵机性能,舵机控制中引入了反馈,所形成的控制回路称为舵回路。

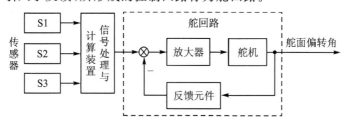

图 5-2-1　飞行自动控制器方块图

飞行自动控制器的基本功能是完成飞机姿态、航向的稳定与控制,可替代飞行员完成部分飞行操纵工作,一般称为自动驾驶仪,它包括测量飞行器姿态、航向的传感器及计算装置、舵回路。自动驾驶仪与飞行器构成的姿态、航向(角运动)自动控制系统称为稳定回路或内回路,如图 5-2-2 所示。

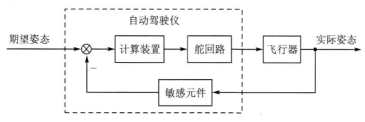

图 5-2-2　稳定回路

稳定回路加上测量飞行器重心位置信号的设备(导航系统)组成更大的回路,称为控制回路(或外回路),如图 5-2-3 所示。控制回路可对飞行器的位置进行稳定(如直升机悬停)或控制(飞行轨迹控制)。

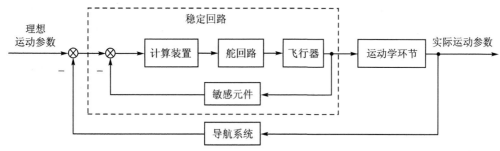

图 5-2-3　控制回路

描述飞行控制系统输出(操纵面偏角、油门杆位置等)与所有输入信号的动态数学关系称为控制规律,简称控制律。输出值与单个输入信号之比的稳态值称为传动比。

5.3　飞行自动控制的一般原理

飞行自动控制是指飞行器从起飞、巡航、返航直至着陆,包括飞行过程中应急情况的处理等都是自主完成,其实现的关键是自动驾驶仪的自主飞行控制律,如图 5-3-1 所示,其基本思想是:通过传感器获得无人机实际运动的相关信息,与理想运动参数相比较,得到无人机实际运动与理想运动的偏差,然后根据该偏差按一定的控制律计算控制信号,并将其放大后输出到相关舵机,使操纵面按一定的规律偏转,从而实现对无人机姿态等运动参数的控制。

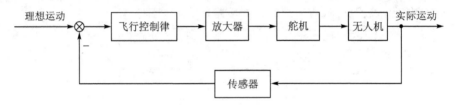

图 5-3-1　飞行自动控制基本思想

为了控制某一物理量,首先必须有敏感元件测量其值。自动驾驶仪中可用垂直陀螺仪测量俯仰角及倾斜角,用航向陀螺仪、磁传感器等测量航向角。姿态、航向传感器将角度信息转换为电信号后送入计算装置进行飞行控制律计算,经放大器放大后的电信号被送入舵机,驱动舵面偏转,从而控制相应姿态角或航向角(升降舵控制俯仰角,副翼控制倾斜角和偏航角速度,方向舵控制航向角)。为准确控制舵机偏转的角度或角速度,改善舵机控制的性能,用放大器、舵机运动传感器和舵机构成舵回路。

各通道在原理上基本相似,下面以俯仰通道为例说明姿态角自动控制系统的原理。

5.3.1　舵回路

舵回路是由舵机、舵机运动传感器及放大器构成的一种伺服控制系统,它是飞行控制系统中不可缺少的组成部分。舵回路根据指令模型装置或飞行器运动敏感元件输出的电信号去操纵舵面,将电气指令控制信号转换为作动器(舵机)的机械操纵量,驱动相关舵面偏转,从而实现飞行器运动状态的稳定与控制。

1. 舵回路的分类与组成

在舵回路中常用的反馈有三种:位置反馈(又称硬反馈)、速度反馈(又称软反馈)和均衡反馈(又称弹性反馈)。采用位置反馈时,舵回路反馈信号为舵面位置,舵回路的输出为舵面偏转角度。而采用速度反馈时,反馈信号为舵面角速率,舵回路的输出为舵面偏转角速度。所谓弹性反馈,可由位置反馈中串联一个均衡环节来实现,弹性反馈式舵回路的特性在低频段接近于软反馈式舵回路的特性,高频段则接近于硬反馈式舵回路的特性,因此弹性反馈式舵回路是一种既有硬反馈式又有软反馈式舵回路特性的舵回路。大部分无人机仅使用前两种反馈形式的舵回路,因此本单元仅介绍位置反馈舵回路和速度反馈舵回路构成的飞行控制系统。

对大部分舵机来说,输入一个电信号,舵机输出的是转动速度(电动舵机)或线运动速度(液压舵机)。舵机的转动或线运动通过舵面传动装置带动舵面偏转。除了舵机之外,舵回路一般还包括放大器、舵机运动传感器、舵面传动装置等,这些部件都可看作比例环节。对于电动舵机,舵机运动传感器一般包含在舵机里,舵机的转动要经过减速器再传递到诸如线性旋转变压器、测速发电机等舵机运动传感器;而对于液压舵机,舵机运动传感器大多安装在舵机之外,一般仅有位置传感器。

以电动舵机为例,由其组成的舵回路工作原理如图 5 - 3 - 2 所示。控制信号 Δu 经放大器放大后驱动舵机的电机转动,经离合器和减速齿轮(图中的减速器 1)带动舵机鼓轮转动,并通过舵面传动装置使舵面发生偏转。同时,电机的转动经减速器 2 带动测速发电机转动,经减速器 3 带动旋转变压器转动,分别输出与舵机鼓轮转速及位置成一定比例关系的电信号,并反馈至放大器的输入端与控制信号进行综合,改善舵回路动静态性能。

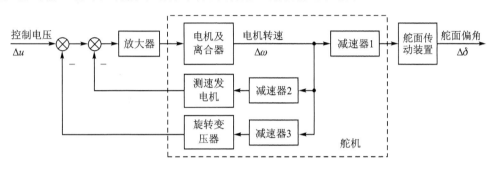

图 5 - 3 - 2　由电动舵机构成的舵回路

2. 舵回路的数学模型

(1) 位置反馈舵回路

舵机是一个极为灵敏的机电装置,其过渡过程可以忽略,这样舵机输出与输入信号的关系可近似为一个比例环节。舵回路中的放大器、舵机运动传感器、舵面传动装置等部件都可看作比例环节。

图 5 - 3 - 3 所示为由电动舵机构成的硬反馈舵回路的结构图。图中, K_A 、 K_M 、 K_p 、 i 分别为放大器、电机、旋转变压器(含减速器)、舵面传动装置(含减速器)的传递系数,也就是这 4 个部件各自输出与输入的比值。

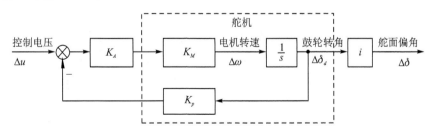

图 5 - 3 - 3　硬反馈舵回路结构图

经过比较图 5 - 3 - 4 所示的 3 个步骤,可得到硬反馈舵回路的传递函数为

$$G_\delta(s) = \frac{\Delta\delta}{\Delta u} = \frac{K_A K_M i}{s + K_A K_M K_p} = \frac{K_\delta}{T_\delta s + 1} \tag{5 - 3 - 1}$$

由式(5 - 3 - 1)可知硬反馈舵回路是一个典型的惯性环节,其传递系数为 $K_\delta = i/K_p$,时间常数为 $T_\delta = 1/(K_A K_M K_p)$ 。一般来说, $K_A K_M K_p$ 远大于 1(表示为 $K_A K_M K_p \gg 1$),因此 T_δ 很小,也就是说,舵回路的响应过程很快。

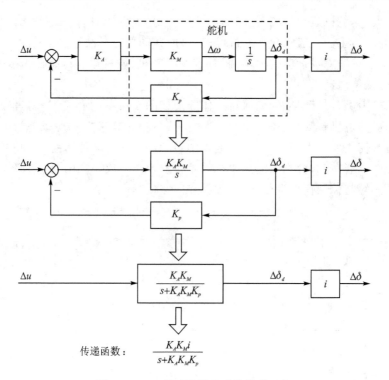

图 5 - 3 - 4 硬反馈舵回路的传递函数

当控制信号为幅值为 U_{in} 的阶跃信号(表示为 $\Delta u(s) = U_{in}/s$ 时),舵回路稳态时的输出为

$$\Delta\delta(\infty) = \lim_{s\to 0}s \cdot \frac{U_{in}}{s} \cdot \frac{K_\delta}{T_\delta s + 1} = K_\delta U_{in} \qquad (5 - 3 - 2)$$

式(5 - 3 - 2)表明,在输入为阶跃信号时,硬反馈舵回路的舵面偏转角度与输入信号幅值成比例关系。由于舵回路的响应速度很快,硬反馈舵回路也可近似为一个比例环节。

某型无人机硬反馈舵回路传递函数近似为

$$G_\delta(s) = \frac{\Delta\delta}{\Delta u} = \frac{0.64}{0.037s + 1}(\text{rad/V}) \qquad (5 - 3 - 3)$$

在数字式飞行控制系统中,对舵面的控制是由飞控计算机按给定控制律计算出舵面控制指令(理想舵面角)后,经数/模转换或直接将数字信号送到由舵机控制盒、舵机(包含舵机运动传感器)和相应舵面构成的舵回路执行。稳态下实际的舵面偏转角应与控制指令基本相同,为便于分析,可将飞控计算机的数/模转换部分归入舵回路。于是,硬反馈舵回路的传递函数改为

$$G'_\delta(s) = \frac{\Delta\delta}{\Delta\delta_c} = \frac{1}{T_\delta s + 1} \qquad (5 - 3 - 4)$$

相应地,某型无人机舵回路的传递函数变为

$$G'_\delta(s) = \frac{\Delta\delta}{\Delta\delta_c} = \frac{1}{0.037s + 1}(\text{rad/rad}) \qquad (5 - 3 - 5)$$

(2) 速度反馈舵回路

同理,根据图 5 - 3 - 2 可得到如图 5 - 3 - 5 所示的由电动舵机构成的软反馈舵回路的结构图。图中,$\Delta\dot{\delta}$ 为舵面偏转角速度。

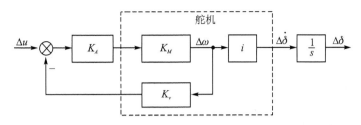

图 5 - 3 - 5　软反馈舵回路结构图

经过如图 5 - 3 - 6 所示的两个步骤,可得到硬反馈舵回路的传递函数为

$$G_{\dot\delta}(s)=K_{\dot\delta}=\frac{K_A K_M i}{1+K_A K_M K_v}, \quad G_\delta(s)=\frac{K_{\dot\delta}}{s} \tag{5-3-6}$$

式中,$G_{\dot\delta}(s)$ 为舵回路控制信号至舵面偏转角速度的传递函数;$G_\delta(s)$ 为舵回路控制信号至舵面偏转角的传递函数。

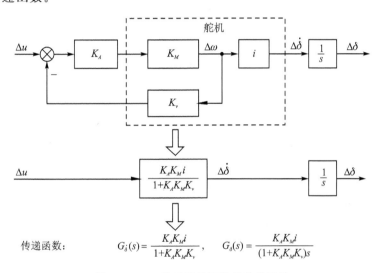

传递函数:　　　$G_{\dot\delta}(s)=\dfrac{K_A K_M i}{1+K_A K_M K_v},\quad G_\delta(s)=\dfrac{K_A K_M i}{(1+K_A K_M K_v)s}$

图 5 - 3 - 6　软反馈舵回路的传递函数

由式(5 - 3 - 6)及图 5 - 3 - 6 可知,软反馈舵回路由一个比例环节和一个积分环节串联而成,其舵面偏转角速度与控制信号成比例关系。

对于数字式飞行控制系统的软反馈舵回路,从舵面控制指令到舵面偏转角速度和舵面偏转角的传递函数分别为

$$G_{\dot\delta}(s)=1,\quad G'_\delta(s)=\frac{1}{s} \tag{5-3-7}$$

3. 舵面偏转角对无人机角运动的作用

升降舵、副翼和方向舵的偏转角分别用 δ_e、δ_a 和 δ_r 表示[1],其正负符号与舵面绕相应轴转动的方向一致,即绕相应轴的正向转动为正[2]。这三个舵偏角分别产生绕机体横轴、纵轴和竖轴的力矩,使无人机发生俯仰、倾斜和偏航运动,详见表 5 - 3 - 1。

----

[1] e,a 和 r 分别为升降舵、副翼、方向舵英文 elevator、aileron 和 rudder 的首字母。

[2] 副翼偏转角根据右侧舵面确定正负。

表 5 - 3 - 1　舵面偏转角及其作用

序　号	舵面名称	符　号	正负规定		作　用
1	升降舵	δ_e	下偏:正	上偏:负	偏舵量为正时产生低头力矩
2	副翼	δ_a	左上右下:正	左下右上:负	偏舵量为正时产生左倾斜力矩
3	方向舵	δ_r	左偏:正	右偏:负	偏舵量为正时产生左偏航力矩

5.3.2　比例式自动驾驶仪的控制规律

图 5 - 3 - 7 所示为俯仰角自动控制系统原理方块图。图中,计算装置、垂直陀螺与舵回路组成自动驾驶仪,$G_c(s)$ 为计算装置实现控制律的拉氏表达式;$G_\delta(s)$ 为舵回路传递函数;$W_{\delta_e}^{\Delta\theta}(s)$ 为无人机俯仰角运动(短周期)传递函数;k_θ 为垂直陀螺仪输出电压与角度之间的转换比例(也称为标度因数);$\Delta\theta$ 为无人机相对平衡状态的俯仰角变化量;$U_{\Delta\theta}$ 为俯仰角变化量经垂直陀螺仪信号转换器转换后的输出电压,即 $U_{\Delta\theta}=k_\theta\Delta\theta$;$U_{\Delta\theta_g}$ 为对应俯仰角控制量 $\Delta\theta_g$ 的电压,并有 $U_{\Delta\theta_g}=k_\theta\Delta\theta_g$。将 $U_{\Delta\theta_g}$ 与 $U_{\Delta\theta}$ 的差值 Δu 送入计算装置,计算装置向舵回路输出与 Δu 成比例的控制指令 $\Delta\delta_{ce}$,舵回路驱动升降舵相对平衡状态产生舵偏角增量 $\Delta\delta_e$。这里定义升降舵相对平衡状态向下偏转为正,即 $\Delta\delta_e$ 为正时产生低头力矩。需要注意,$W_{\delta_e}^{\Delta\theta}(s)$ 的表达式中有负号,因为正的升降舵偏角(升降舵下偏)使飞机低头,产生负的俯仰角增量。考虑到 $\Delta u>0$,即 $\Delta\theta$ 的数值小于控制量 $\Delta\theta_g$ 时,需要使无人机抬头,$\Delta\delta_e$ 应为负值,故计算装置是一个负比例系数的比例环节。令 $G_c(s)=-k_{\delta_e}$,略去舵回路的惯性,舵回路可用系数为 1 的比例环节描述,即 $G_\delta(s)=1$。$\Delta\delta_e$ 与 Δu 存在如下关系:

$$\Delta\delta_e=-k_{\delta_e}(U_{\Delta\theta_g}-U_{\Delta\theta})=k_{\delta_e}k_\theta(\Delta\theta-\Delta\theta_g)=L_\theta(\Delta\theta-\Delta\theta_g) \qquad (5-3-8)$$

式中,$L_\theta=k_{\delta_e}k_\theta$。显然,$L_\theta>0$。

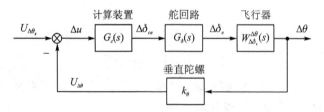

图 5 - 3 - 7　俯仰角自动控制系统原理方块图

式(5 - 3 - 8)说明升降舵偏角增量与俯仰角偏差($\Delta\theta-\Delta\theta_g$)成比例。具有这种控制规律的姿态角自动控制器称为比例式自动驾驶仪。

对于数字式飞行自动控制系统,飞控计算机负责控制律的计算,它处理的是传感器测量的运动参数的数值,反馈系数体现在控制律计算公式中。为准确描述数字式飞行自动控制系统的结构及参数,将图 5 - 3 - 7 改为图 5 - 3 - 8。图中,虚框内描述了控制律的计算及其与系统中其他部分的关系。

下面分析图 5 - 3 - 8 所示的俯仰角控制系统的工作过程。设初始时刻无人机处于等速水平直线飞行状态(初始俯仰角为零,表示为 $\theta_0=0$),要求无人机保持平飞,即外加控制信号 $\Delta\theta_g=0$,也就是要求无人机俯仰角在发生变化后恢复至初始俯仰角。若无人机受某种干扰后,出现俯仰角增量 $\Delta\theta=\theta-\theta_0>0$。垂直陀螺仪测出俯仰角增量,飞控计算机的模拟量采集

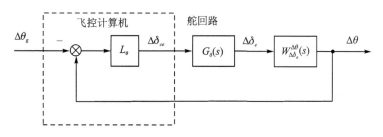

图 5 - 3 - 8　数字式飞行自动控制系统俯仰角控制原理图

模块将其转换为数字量。这样,飞控计算机的输出为 $\Delta\delta_{ce}=L_{\theta}\Delta\theta$。舵回路驱动升降舵下偏,即 $\Delta\delta_e>0$,由 $\Delta\delta_e$ 产生的气动力矩使无人机向低头方向转动,即 $\Delta\theta$ 减小。适当选择参数 L_{θ} 可保证 $\Delta\theta$ 趋于 0 时,$\Delta\delta_e$ 也趋于 0。修正过程如图 5 - 3 - 9 所示。

仍假设无人机原来处在平直飞行状态,即 $\Delta\theta=\theta_0=\theta=0$。如果有外加控制信号 $\Delta\theta_g>0$(其物理意义是要求无人机的俯仰角在原值基础上增大),此时飞控计算机的输出为 $\Delta\delta_{ce}=-L_{\theta}\Delta\theta_g<0$,经舵回路使升降舵向上偏转,即 $\Delta\delta_e<0$,产生抬头力矩,表示为 $M(\Delta\delta_e)>0$;此后,俯仰角增加,从而使 $\Delta\theta$ 逼近 $\Delta\theta_g$。若适当选取参数 L_{θ},则 $\Delta\theta\to\Delta\theta_g$,$\Delta u\to0$,$\Delta\delta_e\to0$。$\Delta\theta(t)$ 过渡过程曲线如图 5 - 3 - 10 所示。

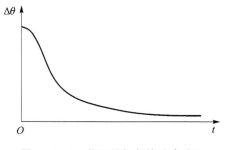

图 5 - 3 - 9　修正俯仰角的过渡过程

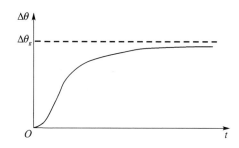

图 5 - 3 - 10　控制俯仰角的过渡过程

在以上修正和控制 $\Delta\theta$ 的过程中,如果存在使无人机产生俯仰转动的常值干扰力矩 M_{ef},无人机稳定后必然存在一个 $\Delta\delta_e$ 抵消 M_{ef} 的影响。大家知道,升降舵偏转引起的俯仰力矩与舵偏角的关系可表示为

$$M(\delta_e)=-M_{\delta_e}\Delta\delta_e \qquad (5-3-9)$$

式中,M_{δ_e} 为与升降舵偏角对应的力矩系数,负号是因为负的偏舵量产生正向(抬头)力矩。根据力矩平衡条件可知

$$-M_{\delta_e}\Delta\delta_e+M_{ef}=0 \qquad (5-3-10)$$

于是,有

$$\Delta\delta_e=\frac{M_{ef}}{M_{\delta_e}} \qquad (5-3-11)$$

根据控制律 $\Delta\delta_e=L_{\theta}(\Delta\theta-\Delta\theta_g)$ 可得

$$\Delta\theta-\Delta\theta_g=\frac{M_{ef}}{M_{\delta_e}L_{\theta}} \qquad (5-3-12)$$

上式表明,有常值干扰力矩 M_{ef} 时,稳态时俯仰角增量 $\Delta\theta$ 与要求的控制增量 $\Delta\theta_g$ 不再一致,而是出现与干扰力矩 M_{ef} 成正比,与传递系数 L_{θ} 成反比的误差,这一误差也称为静差。

　　增大系数 L_θ 可减小静差,但无人机在修正 $\Delta\theta$ 角时,升降舵偏角增量 $\Delta\delta_e$ 较大,会产生较大的俯仰力矩 $M(\delta_e)$,使无人机有较大的角速度。在 $\Delta\theta$ 变化过程中,当 $\Delta\theta$ 与 $\Delta\theta_g$ 相等时,$\Delta\delta_e$ 虽已到零,但由于无人机的惯性,且角速率不为零,故无人机会继续转动,以致产生振荡,如图 5-3-11 所示。

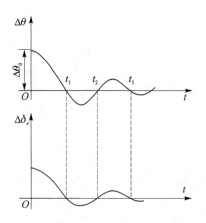

5.3.3 一阶微分信号在比例式 控制律中的作用

　　引入俯仰角速率信号产生附加舵偏角,形成与俯仰角速率反向的附加操纵力矩,对无人

图 5-3-11　舵偏角与姿态角的振荡现象

机运动起阻尼作用,可减小振荡。与此相应的自动驾驶仪控制律为

$$\Delta\delta_e = L_\theta(\Delta\theta - \Delta\theta_g) + L_{\dot\theta}\Delta\dot\theta \qquad (5-3-13)$$

　　$L_{\dot\theta}\Delta\dot\theta$ 的阻尼作用如图 5-3-12 所示。图中,由 $\Delta\theta(t)$ 可画出 $\Delta\dot\theta(t)$ 曲线,再依据控制律可画出相应舵偏角 $\Delta\delta_{e1}(t)$、$\Delta\delta_{e2}(t)$ 及 $\Delta\delta_e(t)$ 的曲线。由图可知,在 $\Delta\theta(t)$ 由正值减小过程中,$\Delta\dot\theta(t)$ 为负值,所产生的舵偏角也是负值,因而在 $\Delta\theta$ 仍为正值的 t_1 时刻,舵就已提前回到基准位置,即 $\Delta\delta_e(t)=0$;而当 $\Delta\theta(t)=0$ 的 t_2 时刻,$\Delta\delta_e$ 为负值,产生抬头力矩,阻止无人机俯冲,这就是所谓的人工阻尼。

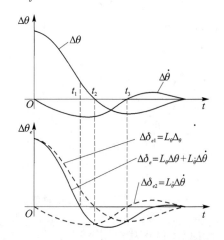

　　在自动驾驶仪中速率信号 $\Delta\dot\theta$ 由角速度陀螺给出,它是一种微分信号,使舵偏转相位超前于位置信号 $\Delta\theta$。因而速率信号 $\Delta\dot\theta$ 的作用叫作"提前反舵",反映了飞行控制系统中引入俯仰速率信号的物理本质。

图 5-3-12　速率信号所产生的阻尼效果

　　下面以 5.1.2 节中所述某型机为对象,进一步说明角速度反馈的作用。根据式(5-1-7)所示某型机纵向短周期传递函数,在未引入角速度反馈前,该型机俯仰角控制系统的结构图如图 5-3-13 所示。

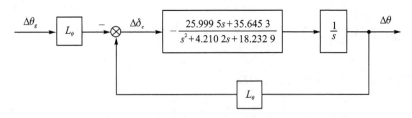

图 5-3-13　某型机未引入角速度反馈时的俯仰角控制系统

　　图 5-3-13 所示结构图等效于图 5-3-14。

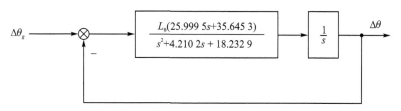

图 5 - 3 - 14　未引入角速度反馈时的俯仰角控制系统等效结构图

由图 5 - 3 - 14 可求出系统开环传递函数为

$$G_{开环}(s) = -\frac{L_\theta(25.999\,5s + 35.645\,3)}{s\,(s^2 + 4.210\,2s + 18.232\,9)} \qquad (5-3-14)$$

系统闭环传递函数为

$$G(s) = \frac{\Delta\theta}{\Delta\theta_g} = \frac{L_\theta(25.999\,5\,s + 35.645\,3)}{s^3 + 4.210\,2s^2 + (18.232\,9 + 25.999\,5L_\theta)s + +35.645\,3L_\theta}$$

$$(5-3-15)$$

利用 MATLAB 软件可绘制出根轨迹,在 MATLAB 编辑器中编写如下程序:

```
num = [25.9995,35.6453];        % 开环传递函数分子多项式系数
den = [1,4.2102,18.2329,0];     % 开环传递函数分母多项式系数
sys = tf(num,den);              % 系统传递函数模型
rlocus(sys);                    % 绘制系统的根轨迹图
```

运行后得到如图 5 - 3 - 15 所示根轨迹图。在 MATLAB 中查看根轨迹曲线可看到,无论参数 L_θ 如何设置,闭环系统中的二阶振荡环节的阻尼比都比较小,L_θ 数值越大,阻尼比越小,系统输出的振荡会越剧烈,超调量越大。系统单位阶跃响应仿真曲线如图 5 - 3 - 16 所示。

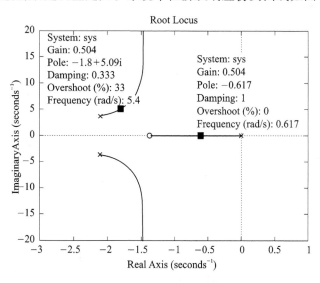

图 5 - 3 - 15　未引入角速度反馈时的俯仰角控制系统根轨迹

引入角速度反馈后的系统结构图如图 5 - 3 - 17 所示。

为说明引入角速度反馈的效果,令 $L_\theta = 2$,并先后取 $k_{\dot\theta} = 0$,$k_{\dot\theta} = 0.15$,分别对应于 $L_{\dot\theta} = 0$,$L_{\dot\theta} = 0.3$,系统单位阶跃响应仿真曲线如图 5 - 3 - 18 所示。

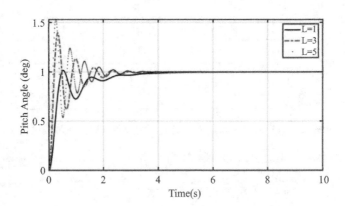

图 5 - 3 - 16 L_θ 不同数值时系统的单位阶跃曲线

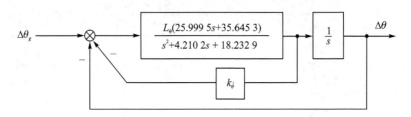

图 5 - 3 - 17 某型机引入角速度反馈后的俯仰角控制系统

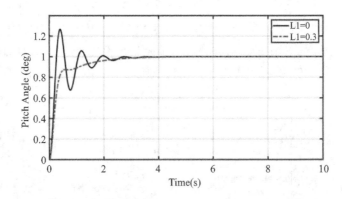

图 5 - 3 - 18 未引入角速度反馈与引入角速度反馈的系统单位阶跃响应对比

显然,引入角速度反馈后振荡减弱了,说明阻尼比增加了。

根据图 5 - 3 - 17,引入角速度反馈后系统的闭环传递函数为

$$G(s) = \frac{L_\theta(25.999\,5s + 35.645\,3)}{s^3 + (4.210\,2 + 25.999\,5L_{\dot\theta})s^2 + (18.232\,9 + 25.999\,5L_\theta + 35.645\,3L_{\dot\theta})s + 35.645\,3L_\theta}$$

将 $L_\theta = 2$ 和 $L_{\dot\theta} = 0.3$ 代入上式,得

$$G(s) = \frac{51.999s + 71.290\,6}{s^3 + 12.01s^2 + 80.925\,5s + 71.290\,6}$$

系统特征多项式的 3 个根为 $s_1 = -1.023, s_{2,3} = -5.493\,5 \pm 6.285\,4i$。$s_{2,3}$ 即为系统中二阶振荡环节的极点,可求出二阶振荡环节的阻尼比和自然频率为 $\zeta = 0.658\,1, \omega_n = 8.347\,7$。而未引入角速度反馈时,系统的闭环传递函数为

$$G(s) = \frac{51.999s + 71.290\,6}{s^3 + 4.210\,2s^2 + 70.231\,9s + 71.290\,6}$$

二阶振荡环节的阻尼比和自然频率为 $\zeta=0.192\,2,\omega_n=8.178$。可见,引入角速度反馈后显著增大了二阶振荡环节的阻尼比。

　　需要说明,以上控制律参数的选择仅为了说明引入角速度反馈的作用,并非最佳或合理的设计。为选择控制律参数,可以将系统特征多项式设计为

$$\Delta(s)=(s+a)(s^2+2\zeta\omega_n s+\omega_n^2) \tag{5-3-16}$$

先初步选择 ζ 和 ω_n,将式(5-3-16)右侧展开后与系统闭环特征多项式进行对比,可得到 3 个方程,由这些方程可解出 a 和反馈系数 L_θ 和 $L_{\dot\theta}$。再利用 MATLAB 软件对系统的时域和频率特性进行分析,若不满足设计要求,需要对相关参数进行调整。

5.3.4　积分式自动驾驶仪控制律

　　比例式自动驾驶仪根据姿态角偏差按比例关系控制舵面偏转角,其舵回路为硬反馈(位置反馈)舵回路。在常值干扰力矩作用下,采用比例式控制律会出现静差。若舵回路采用软反馈形式,使舵面偏转角速度与俯仰角偏差信号成正比,如图 5-3-19 所示,则可消除静差。

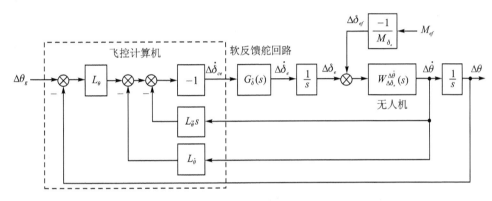

图 5-3-19　舵回路采用速度反馈的自动驾驶仪

　　为便于分析,首先设 $\Delta\theta_g=0,L_{\dot\theta}=0,L_{\ddot\theta}=0$。当舵回路工作在稳定状态,有

$$\Delta\dot\delta_e=L_\theta\Delta\theta \tag{5-3-17}$$

式中,L_θ 为单位俯仰角偏差产生的舵偏角速度。

　　对式(5-3-17)两边积分,并令初始条件 $\Delta\theta_0=0$,则

$$\Delta\delta_e=L_\theta\int_0^t\Delta\theta\mathrm{d}t \tag{5-3-18}$$

即舵偏角变化量与俯仰角偏离值的积分成比例,正是由于这一特点,这种自动驾驶仪被称为积分式自动驾驶仪。由于是舵回路速度反馈造成这种积分关系,故亦称其为速度反馈或软反馈式自动驾驶仪。系统进入稳态后,靠 $\Delta\theta$ 的积分信号产生舵偏角,使 $\Delta\theta$ 的静差为零。

　　为使系统稳定并改善系统动态品质,引入俯仰角速度信号 $\Delta\dot\theta$(反馈系数为 $L_{\dot\theta}$)。于是控制规律为

$$\Delta\dot\delta_e=L_\theta\Delta\theta+L_{\dot\theta}\Delta\dot\theta \tag{5-3-19}$$

式中,$L_{\dot\theta}$ 为单位俯仰角速度引起的舵偏角速度。若初始条件 $\Delta\theta_0=0,\Delta\dot\theta_0=0$,求上式两边的积分,则得

$$\Delta\delta_e=L_\theta\int_0^t\Delta\theta\mathrm{d}t+L_{\dot\theta}\Delta\theta \tag{5-3-20}$$

由上式知,控制律中有 $\Delta\theta$ 的成分,是由速率陀螺提供的信号形成的,是使系统稳定不可少的信号。因此,对速率陀螺的零位、死区等非线性因素有进一步的限制。为使无人机的动态性能更好,还希望舵偏转超前于俯仰角偏离,因此在控制律中引入俯仰角加速度信号(反馈系数为 $L_{\ddot{\theta}}$),该信号可由角速度信号经有源微分电路得到。这样,控制律变为

$$\Delta\dot{\delta}_e = L_\theta\Delta\theta + L_{\dot{\theta}}\Delta\dot{\theta} + L_{\ddot{\theta}}\Delta\ddot{\theta} \qquad (5-3-21)$$

式中,$L_{\ddot{\theta}}$ 为单位俯仰角加速度引起的舵偏角速度。

若系统工作在控制状态,即 $\Delta\theta_g \neq 0$,则控制律为

$$\Delta\delta_e = L_\theta\int_0^t(\Delta\theta - \Delta\theta_g)\,\mathrm{d}t + L_{\dot{\theta}}\Delta\theta + L_{\ddot{\theta}}\Delta\dot{\theta} \qquad (5-3-22)$$

由式(5-3-22)可得到图5-3-20所示的等效系统结构图。图中,虚线中的部分与硬反馈式自动驾驶仪形式一样。

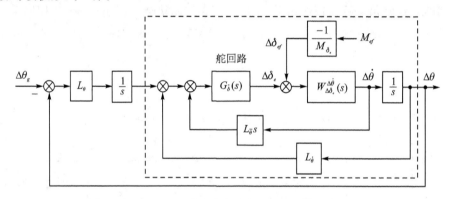

图 5 - 3 - 20　积分式自动驾驶仪等效结构图

需要指出,当控制信号 $\Delta\theta_g$ 为斜坡函数时,系统仍存在控制静差。

尽管积分式自动驾驶仪可克服常值干扰引起的控制静差,但与比例式自动驾驶仪相比,控制律要复杂一些,其控制律中的角加速度信息需要采用角加速度计或对角速度进行微分的方法提取,前者要增加部件,而后者容易引起高频干扰。对于控制精度要求不高的无人机,一般采用比例式自动驾驶仪。

5.3.5　飞行自动控制系统的控制回路

无人机飞行自动控制系统各部分之间的关系如图5-3-21所示。以姿态的给定与保持为例,飞控计算机根据地面站发来的飞控指令生成姿态期望值(记为 E)并存入存储器;机上的有关传感器实时地测量无人机的姿态(记为 D),并把测量结果(记为 S)传送给飞控计算机;飞控计算机将传感器测量结果与期望值做比较得到误差信号,并通过控制律计算形成控制指令(记为 B);伺服系统根据控制指令使相应舵面偏转,以改变无人机的姿态。控制指令的一般形式可表达为

$$B = f(E - S) \qquad (5-3-23)$$

即控制指令是无人机实际参数与该参数期望值之差的函数。控制指令的表达式 $f(E-S)$ 就是前面所说的自动驾驶仪控制律。

自动驾驶仪总是力图保持系统处于平衡状态,即稳定或按给定的期望值改变无人机姿态,力图使误差为零,所以无人机的姿态也就被稳定在期望值附近。

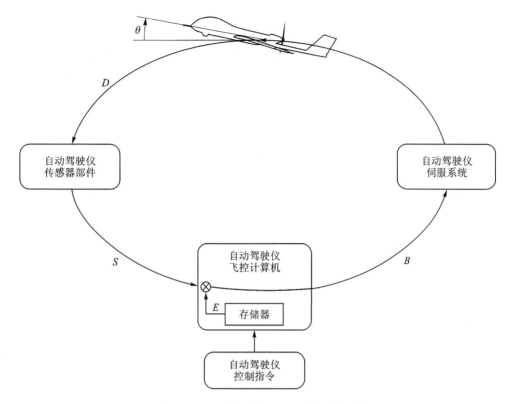

图 5 - 3 - 21　自动驾驶仪功能的基本原理

　　根据被稳定或控制的参数,自动驾驶仪分为俯仰通道、倾斜通道、航向通道。对于固定翼无人机来讲,由于没有独立的高度通道,故其高度的稳定和控制是通过俯仰通道来完成的。而无人直升机有独立的高度通道,其高度的改变是通过改变总距来实现的。

　　倾斜角的控制与航向角的控制相互影响,而俯仰角和高度的控制与倾斜角和航向角的控制相对独立,因此往往将俯仰角控制回路和高度控制回路称为纵向回路,而把倾斜角控制回路和航向角控制回路称为横航向回路、横侧向回路或侧向回路。在控制回路中,常把姿态、航向的控制回路称为内回路,而涉及高度、位置的控制回路称为外回路。

　　纵向回路包括俯仰角控制回路、高度控制回路、爬升/下降控制回路、升降速度控制回路等。

　　横侧向回路除倾斜角控制回路和航向角控制回路外,还包括侧偏控制回路、滑跑纠偏控制回路等。

5.4　无人机的姿态控制系统

　　姿态控制也常称为角运动控制,是指对飞行器倾斜角、俯仰角和航向角的稳定与控制,是飞行自动控制系统的基本功能。实现飞行器姿态控制的装置常称为自动驾驶仪。在当前广泛应用的数字式飞行控制系统中,自动驾驶仪的功能由飞行控制计算机中的软件模块及相应的硬件实现。

　　无人机的角运动可分为纵向角运动和侧向角运动,它们在控制系统的设计上有一定差异。

5.4.1　无人机纵向角运动的稳定与控制

所谓纵向角运动是指无人机绕机体横轴的转动,涉及俯仰角、迎角及升降舵的变化过程。纵向角运动的稳定与控制由自动驾驶仪的俯仰通道完成。在5.3节中已经以俯仰角的稳定和控制为例介绍了自动驾驶仪的工作原理,本节以比例式自动驾驶仪为对象,进一步分析纵向角运动的稳定与控制(暂不考虑高度的稳定与控制),即自动驾驶仪控制律为

$$\Delta\delta_e = L_\theta(\Delta\theta - \Delta\theta_g) + L_{\dot\theta}\Delta\dot\theta \qquad (5-4-1)$$

式中,$\Delta\theta$ 和 $\Delta\dot\theta$ 由惯导系统提供。考虑无人机的纵向角运动数学模型(俯仰角短周期传递函数)及舵回路的惯性,纵向角运动控制系统(常称为自动驾驶仪俯仰通道)如图 5-4-1 所示。图中,因正的升降舵偏角产生负向的转动角速度 q,$W_{\delta_e}^q$ 的传递系数为负数。

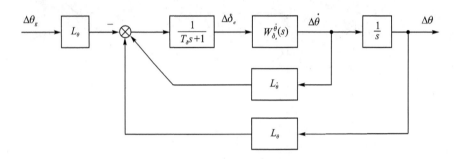

图 5-4-1　纵向角运动控制系统结构图

1. 纵向角运动稳定与控制的一般过程

首先讨论俯仰角的稳定过程($\Delta\theta_g = 0$)。比例式自动驾驶仪稳定俯仰角运动过程中相关参数的变化如图 5-4-2 所示。设无人机做平直等速飞行,爬升角 $\theta_{k0} = 0$,迎角 $\alpha_0 = \theta_0 > 0$。无人机受扰后出现俯仰角偏差 $\Delta\theta_0$($\Delta\theta_0 > 0$)。由控制律知,将产生舵偏角增量 $\Delta\delta_e = L_\theta\Delta\theta > 0$,升降舵下偏,产生低头力矩,无人机绕横轴向下转动,出现 $\dot\theta < 0$,$\Delta\theta$ 值减小。

思考: 什么情况下 $\Delta\theta$ 能减小到零? 什么情况下不能?

再来看迎角的变化过程。无人机姿态角的变化比其速度大小及速度方向的变化要快。如图 5-4-2 所示,当无人机受扰产生正向俯仰角偏差(抬头)时,由于速度的方向还来不及变化,故迎角也产生正向偏差($\Delta\alpha = \alpha - \alpha_0 > 0$)。随着舵偏角增量 $\Delta\delta_e$ 的产生,无人机纵轴开始向下转动,俯仰角增量 $\Delta\theta$ 和迎角增量 $\Delta\alpha$ 开始减小,但由于速度方向开始向上变化,故 $\Delta\alpha$ 要小于 $\Delta\theta$。

若干扰消失,稳态时 $\Delta\theta$ 和 $\Delta\alpha$ 都应为零。

前面已介绍了 $L_{\dot\theta}\Delta\dot\theta$ 信号的作用,这里不再赘述。

用类似方法可以分析俯仰角的控制过程。如图 5-4-3 所示,当给定期望的俯仰角增量 $\Delta\theta_g$(图中 $\Delta\theta_g > 0$),由控制律知,将产生舵偏角增量 $\Delta\delta_e < 0$,升降舵上偏,产生抬头力矩,无人机绕横轴向上转动,出现 $\dot\theta > 0$,$\Delta\theta$ 值增大,并不断接近 $\Delta\theta_g$ 的数值。在 $\Delta\theta$ 开始变化的初始阶段,由于速度方向变化较慢,故迎角增量 $\Delta\alpha$ 增大较快;在 $\Delta\alpha$ 增大到一定数值后,速度方向的改变加快,速度矢量的转动角速度快于俯仰角速度,此后 $\Delta\alpha$ 逐渐减小。

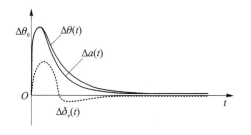

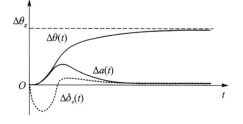

图 5 - 4 - 2　俯仰角运动的稳定过程　　　　　　图 5 - 4 - 3　俯仰角运动的控制过程

2. 阶跃垂直风干扰下俯仰角的稳定

自动驾驶仪对无人机姿态具有稳定的作用。无人机飞行进入垂直阵风区后,虽然俯仰角和迎角一开始会出现变化,但是在自动驾驶仪作用下俯仰角和迎角都能恢复至原来的状态(俯仰角增量和迎角增量为零),那么其他飞行参数会发生变化吗?

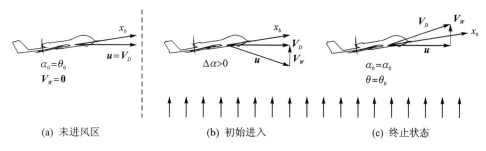

图 5 - 4 - 4　进入垂直阵风区前后几种状态的速度三角形

图 5 - 4 - 4(a)表示无人机进入向上垂直气流前的状态。无人机的空速 u 和地速 V_D 都为水平方向且大小相等,即 $u = V_D$;无垂直风,即风速 $V_W = 0$;此时俯仰角与迎角相等,即 $\theta_0 = \alpha_0 > 0$。无人机刚进入向上的垂直气流区时,如图 5 - 4 - 4(b)所示,风速为 V_W,增加了空速在 z 轴的分量(为 $-V_W$),空速变为 $u = V_D - V_W$,机体纵轴和地速方向都来不及变化,因而产生了迎角增量:

$$\Delta \alpha = \arcsin \frac{V_{Wz}}{u} \qquad (5 - 4 - 2)$$

式中,u 为无人机空速的量值;V_{Wz} 为风速在 z 轴的分量。

随着迎角增量 $\Delta \alpha$ 的产生,由于静稳定力矩的作用,无人机纵轴会向减小迎角的方向偏转,即俯仰角会减小($\Delta \theta < 0$)。当俯仰角增量达到一定数值时,在自动驾驶仪作用下,俯仰角增量的数值会逐渐减小,而迎角增量的数值也会减小,如图 5 - 4 - 4(c)所示,当过渡过程结束,无人机俯仰角恢复到初始值 θ_0,迎角恢复到 α_0,即 $\Delta \theta = \Delta \alpha_0 = 0$。无人机空速矢量 u 仍为水平,空速与向上垂直风 V_W 合成的地速 V_D 是朝上的。因此,过渡过程结束后,无人机保持原俯仰角和迎角,但会随风不断爬高。

无人机在阶跃垂直风干扰下纵向运动各参数的变化过程如图 5 - 4 - 5 所示。

3. 飞控系统俯仰通道控制律设计示例

下面针对 5.1.2 节中所述某型机,给出俯仰角控制系统控制律参数设计的一种方法。系统主要设计要求及约束条件如下:

① 调节时间不大于 2 s;

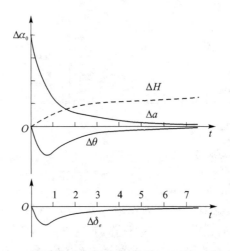

图 5 - 4 - 5　阶跃垂直风干扰下的纵向运动

② 超调量不大于 8%；

③ 最大俯仰角速度范围为 $-60 \sim +80\ (°)/s$；

④ 升降舵偏转范围为 $-30 \sim +20°$。

由式(5 - 1 - 7)知,升降舵增量 $\Delta\delta_e$ 到俯仰角速度增量 $\Delta\dot{\theta}$ 的传递函数为

$$\frac{\Delta\dot{\theta}(s)}{\Delta\delta_e(s)} = \frac{-1.955\left(\dfrac{s}{1.371}+1\right)}{\left(\dfrac{s}{4.27}\right)^2 + 2\left(\dfrac{0.493}{4.27}\right)s + 1} \tag{5 - 4 - 3}$$

忽略舵回路数值很小的时间常数,俯仰角控制回路的闭环传递函数为

$$G(s) = \frac{L_\theta(25.999\,5s + 35.645\,3)}{s^3 + (4.210\,2 + 25.999\,5L_{\dot{\theta}})s^2 + (18.232\,9 + 25.999\,5L_\theta + 35.645\,3L_{\dot{\theta}})s + 35.645\,3L_\theta}$$

将系统特征多项式设计为 $\Delta(s) = (s+a)(s^2 + 2\zeta\omega_n s + \omega_n^2)$,展开后与闭环传递函数的分母进行对比,得

$$s^3 + (a + 2\zeta\omega_n)s^2 + (2a\zeta\omega_n + \omega_n^2)s + a\omega_n^2$$
$$= s^3 + (4.210\,2 + 25.999\,5L_{\dot{\theta}})s^2 + (18.232\,9 + 25.999\,5L_\theta + 35.645\,3L_{\dot{\theta}})s + 35.645\,3L_\theta$$

$$\tag{5 - 4 - 4}$$

根据上式可得 3 个方程:

$$\begin{cases} a + 2\zeta\omega_n = 4.210\,2 + 25.999\,5L_{\dot{\theta}} \\ 2a\zeta\omega_n + \omega_n^2 = 18.232\,9 + 25.999\,5L_\theta + 35.645\,3L_{\dot{\theta}} \\ a\omega_n^2 = 35.645\,3L_\theta \end{cases} \tag{5 - 4 - 5}$$

方程中有 5 个未知数,需要先设置 a、ζ 和 ω_n 中的 2 个参数才能求解出 L_θ 和 $L_{\dot{\theta}}$。

下面借助 MATLAB 软件进行控制律参数的选择。

根据工程经验,先取 $\zeta = 0.7$ 和 $\omega_n = 6$,代入式(5 - 4 - 5)得到 3 个方程,用 solve 函数解方程组,得 $L_\theta = 0.631\,5$, $L_{\dot{\theta}} = 0.185\,2$。在 Simulink 中建立如图 5 - 4 - 6 所示的系统仿真模型,这里考虑了舵回路的惯性、舵面偏转角度范围和最大俯仰角速度的限制。

运行后得到如图 5 - 4 - 7(a)所示的单位阶跃响应曲线。由图可见,调节时间约为 4 s,不

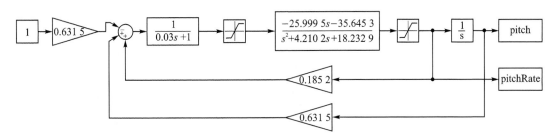

图 5 - 4 - 6　俯仰控制回路系统仿真模型

满足设计要求。

为提高响应速度,应增大俯仰角反馈系数,即增大自然频率。取 $\omega_n = 9$,代入式(5 - 4 - 5)求得 $L_\theta = 2.434\ 5$,$L_{\dot{\theta}} = 0.363\ 9$。系统单位阶跃响应曲线如图 5 - 4 - 7(b)所示,由图可见,调节时间约为 1.95 s,基本无超调,满足设计要求。

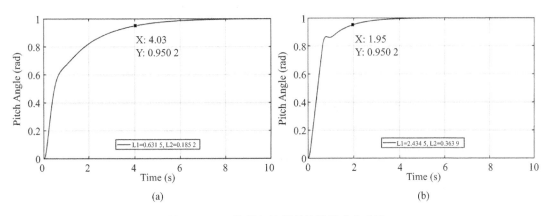

图 5 - 4 - 7　俯仰角控制单位阶跃响应曲线

上述控制律参数的选择需要反复多次计算和实验验证,过程繁琐,当控制律较为复杂时,建立计算控制律参数的公式十分困难。此外,由于计算时要对飞机模型进行简化,故计算得到的控制律参数难以在实际系统或采用未简化飞机模型构成的控制系统上获得理想的效果。Simulink 中有完善的系统分析和控制律参数调整、优化功能,只要在 Simulink 中建立控制系统模型,设置好调整优化的相关选项,在数秒钟内即可获得满足性能要求的控制律参数,大大提高了飞控系统设计与分析的工作效率。

为利用 Simulink 对控制律参数进行优化,在 Simulink 中建立如图 5 - 4 - 8 所示的系统模型。图中,L_p 为角位置反馈系数;L_d 为角速度反馈系数;$G_c(s)$ 为校正环节,表达式为

$$G_c(s) = \frac{as + b}{s + c} \tag{5 - 4 - 6}$$

L_p 和 L_d 可以按照前述方法确定,本例中设置为 $L_p = 2.434\ 5$,$L_d = 0.363\ 9$。校正环节的三个参数运用 Simulink 进行选择。

运用 Simulink 调整控制器参数的主要步骤如下:

① 在 Simulink 模型窗口的 Analysis 菜单中,选择 Control Design→Control System Tuner,打开控制系统参数调整工具,如图 5 - 4 - 9 所示。

② 在 Tuning 选项卡中单击 Select Blocks 按钮选择需要调整参数的模块——校正环节。

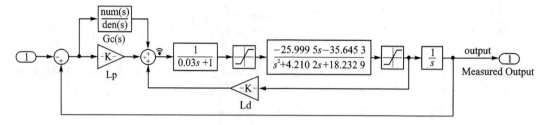

图 5 - 4 - 8　加入校正环节的俯仰角控制系统模型

③ 单击 New Goal 选择和设置系统设计目标，如图 5 - 4 - 10 所示。期望响应及相关数据根据设计要求设置，本例选期望响应为二阶，时间常数为 0.3，超调量为 5%。

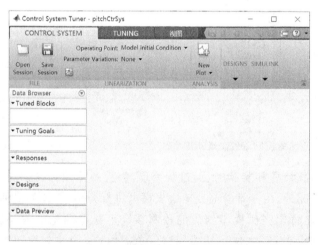

图 5 - 4 - 9　控制系统参数调整界面

图 5 - 4 - 10　优化目标设置

④ 单击 Tuning Options 按钮选择和设置参数调整过程相关参数。

⑤ 单击 Tune 按钮上面的三角形图标，进行参数调整，调整结束后会显示期望响应曲线和参数调整后的响应曲线，如图 5 - 4 - 11 所示。

⑥ 双击 Data Brower→Tuned Blocks 下的参数调整模块 pitchCtrlSys_Gc_s，可以看到参数调整结果，在此基础上，选择用于实际系统的参数数值，并进行仿真验证。

本例中调整后校正环节的参数为 $a=-1.886$，$b=-0.561$，$c=1.600$，将这些数据填入仿真模型中的校正模块，仿真结果如图 5 - 4 - 12 所示。由图可见，调节时间约为 1.3 s，超调量为 5.2%，满足设计要求。与未采用校正环节的俯仰角控制回路相比，系统动态性能提升显著。

需要指出，Control System Tuner 工作时对系统模型进行了线性化，其调整得到的参数不

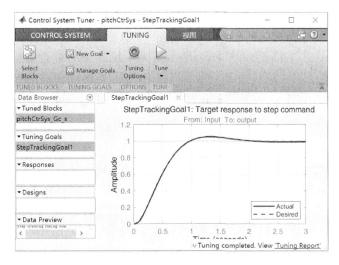

图 5 - 4 - 11　期望响应曲线与优化后的响应曲线

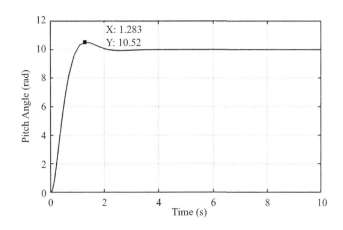

图 5 - 4 - 12　加入校正环节的俯仰角控制回路单位阶跃响应曲线

一定适用于带有非线性环节的系统。此外,对于时域、频域等不同类型的指标,其调整的结果也不一样,有时为了追求接近期望的系统特性,参数会调得非常大,造成其他类型指标严重偏离要求。因此,Control System Tuner 调整结果只能作为控制律设计和参数选择的参考。

　　思考:上述包括角位置反馈、角速度反馈和积分控制环节的控制系统与传统的 PID 控制系统有何异同?

　　本例中设计要求未包含频域指标,若具体机型有频域指标要求,还需要在参数优化时设置频域指标,并对系统的频率特性进行检验。

5.4.2　无人机侧向角运动的稳定与控制

　　侧向角运动稳定与控制的任务是使无人机在平飞状态下的偏航角与倾斜角等于零,或利用自动驾驶仪控制无人机转弯。

　　1. 侧向角运动稳定与控制的基本方式

　　偏航力矩使无人机纵轴在水平面内转动(产生偏航运动),而侧力使速度方向在水平面内发生改变。通过方向舵和副翼可以实现侧向角运动的控制,一般有三种控制方式。

（1）通过方向舵稳定或控制航向

这种控制方式由垂直陀螺感受无人机倾斜角，并将此信号加入倾斜通道构成滚转稳定回路，保持无人机机翼在水平位置；由航向陀螺感受无人机纵轴相对给定航向 ψ_g 的偏离，并将偏离信号加入航向通道构成航向稳定与控制回路，保持给定的航向；为增加运动的阻尼将角速度信号加入各自回路。该控制方式的控制律为

$$
\begin{cases}
\delta_a = I_{\dot\phi}\dot\phi + I_\phi\phi \\
\delta_r = K_{\dot\psi}\dot\psi + K_\psi(\psi - \psi_g)
\end{cases}
\tag{5-4-7}
$$

式中，δ_a 和 δ_r 分别为副翼、方向舵的偏舵量；ϕ 和 ψ 分别为倾斜角和偏航角；ψ_g 为给定航向角。

这种控制律力图使无人机的倾斜角为零，并使航向与给定航向保持一致。在没有倾斜角的情况下进行航向的改变必然会产生侧滑。

试想：当公共汽车转弯时，乘客的坐姿会有什么变化？是什么原因造成这种变化的？

由于这种控制律在修正航向偏差时，采用带侧滑的水平转弯，导致纵轴与空速协调性差，故只适用于修正小的航向角。

（2）通过副翼修正航向

这种方式将航向偏差信号送入滚转稳定回路，倾斜通道的控制律变为

$$
\delta_a = I_{\dot\phi}\dot\phi + I_\phi\phi + I_\psi(\psi - \psi_g)
\tag{5-4-8}
$$

当无人机纵轴的指向偏离给定航向 ψ_g，例如（$\psi - \psi_g$）>0（机头偏右），此偏差信号加入倾斜通道，使 $\delta_a = I_\psi(\psi - \psi_g)$>0，副翼左侧向上偏而右侧向下偏，产生负向滚转力矩，无人机向左倾斜（ϕ<0），机翼上的升力会有一个向左的水平分量，提供了使空速矢量向左转的侧力，使其转向给定航向。因此当 ϕ<0，$I_\phi\phi$ 与 $I_\psi(\psi - \psi_g)$ 的符号相反，所以随倾斜角的绝对值增大，副翼偏角 δ_a 会减小。当倾斜角达到一定角度值，$I_\phi\phi$ 与 $I_\psi(\psi - \psi_g)$ 大小相等时，副翼回到初始位置（零位）。在空速矢量转向给定航向初期，无人机的纵轴还未转动，纵轴落后于空速矢量，出现侧滑角，无人机的偏航稳定力矩会使纵轴跟随空速矢量转动。随着无人机转向，航向偏差信号减小，会出现 $|I_\phi\phi| > |I_\psi(\psi - \psi_g)|$，副翼反向偏转，倾斜角 ϕ 开始减小，无人机航向逐渐回到给定的航向 ψ_g，倾斜角和侧滑角也都回到零。

必须指出，式（5-4-8）描述的控制律能保持航向，但不能保持航线（航迹），因为在修正航向时会有侧滑角。如果无人机自身航向稳定性较小，侧滑角会较大。

（3）同时用副翼和方向舵稳定与控制航向

这种控制方式是横滚和航向角运动的协调控制。所谓协调控制是指将某一通道的被调量加到另一通道，使两通道协调的控制方式，加入的信号称为协调交联信号。具体的控制律有两种情况。

① 将航向偏差信号同时送入航向通道和倾斜通道。

两个通道的控制律为

$$
\begin{cases}
\delta_a = I_{\dot\phi}\dot\phi + I_\phi\phi + I_\psi(\psi - \psi_g) \\
\delta_r = K_{\dot\psi}\dot\psi + K_\psi(\psi - \psi_g) - K_\phi\phi
\end{cases}
\tag{5-4-9}
$$

只要适当选取传递系数,可保证在最小侧滑(或无侧滑)情况下,使无人机回到给定航向。这种消除侧滑角的方法是开环补偿的方法,它试图消除产生侧滑的原因,但产生侧滑的因素较多,再加上飞行状态的变化,侧滑角很难做到完全补偿。为进一步减小侧滑角,可采用闭环调整的方法,即引入侧滑角信号,这时航向通道的控制律变为

$$\delta_r = K_{\dot\psi}\dot\psi + K_\psi(\psi - \psi_g) - K_\beta\beta \tag{5-4-10}$$

② 在倾斜通道和航向通道分别引入相应的交联信号。

这种控制的特点是:航向偏差信号被送入副翼通道,而副翼工作后产生的滚转信号被引入航向通道。该控制方式适用于小转弯状态,控制律为

$$\begin{cases} \delta_a = I_{\dot\phi}\dot\phi + I_\phi\phi + I_\psi(\psi - \psi_g) \\ \delta_r = K_{\dot\psi}\dot\psi - K_\phi\phi \end{cases} \tag{5-4-11}$$

与式(5-4-7)、式(5-4-8)描述的控制律相比,式(5-4-9)、式(5-4-10)和式(5-4-11)描述的三种控制律可实现小侧滑甚至无侧滑的航向控制,这对无人机航迹的控制有益处。虽然式(5-4-10)的控制律可实现无侧滑航向控制,但需要引入侧滑角信号,增加了系统的复杂性。一般来说,采用式(5-4-9)或式(5-4-10)的控制律即可满足无人机侧向角运动稳定与控制的要求。

控制律采用式(5-4-11)的侧向角运动控制系统如图 5-4-13 所示。图中,由于正向的副翼和方向舵偏角产生负向的机体角速度,描述滚转运动和偏航运动的传递函数 $W_{\delta_a}^p$ 和 $W_{\delta_r}^r$ 具有负的传递系数。

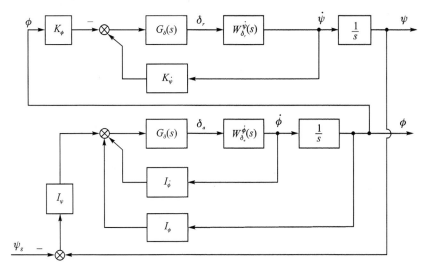

图 5-4-13　适用于小转弯状态的横航向控制系统

2. 航向自动稳定的过程

下面以式(5-4-11)的控制律为例分析航向自动稳定的过程。

如图 5-4-14 所示,设无人机处于平直飞行状态,由于受扰出现左偏航,即 $\psi_0 = \psi - \psi_g < 0$,假定此时侧滑角为零($\beta_0 = 0$)。在 $I_\psi(\psi - \psi_g)$ 信号作用下,副翼左下右上偏转,产生正向滚转力矩,无人机向右倾斜,升力的水平分量成为向右的侧力,使空速矢量向右转动。

由于空速矢量向右转动超前于纵轴,产生正侧滑角。无人机向右倾斜,以 $-K_\phi\phi$ 信号使

方向舵向右偏转。正侧滑角和方向舵右偏都产生使纵轴向右转动的偏航力矩，无人机趋向原航向。机体姿态的改变一般快于速度方向的改变，只要 K_ϕ 足够大，纵轴很快就赶上且超过空速矢量，出现负侧滑角，产生负偏航力矩，使纵轴转动变慢。最终航向偏差、侧滑角和倾斜角都趋于零。

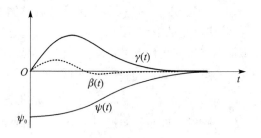

图 5 - 4 - 14　修正航向偏差角的过程

3. 侧向转弯控制律

这里主要讨论等坡度(等倾斜角)的转弯。

(1) 协调转弯的概念

飞行器在水平面内连续改变飞行方向、无侧滑并能保持飞行高度的一种机动动作称为协调转弯。在实际飞行中，飞行器的滚转与偏航运动紧密联系，相互交叉耦合。在转弯过程中，当飞行器的纵轴与速度矢量不能以相同的角速度一起转动时就会产生侧滑角。侧滑角不仅增大了无人机的阻力，且不利于轨迹的准确控制和任务设备的工作，故要求无人机能够实现协调转弯。

无人机协调转弯时应满足如下条件：

① 稳态倾斜角 ϕ_∞ 等于常数；

② 航向稳态角速度 $\dot{\psi}_\infty$ 等于常数；

③ 稳态升降速度 $\dot{H}_\infty$ 等于零；

④ 稳态侧滑角等于零。

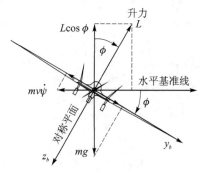

图 5 - 4 - 15　无人机协调转弯受力图

对于一定的倾斜角和飞行速度，只有一个相应的转弯角速度可实现协调转弯。图 5 - 4 - 15 所示为协调转弯时作用在无人机上的力。为简便起见，设俯仰角为零($\theta = 0$)，由图知

$$\begin{cases} L\cos \phi = mg \\ L\sin \phi = m\dot{\psi}v \end{cases} \qquad (5-4-12)$$

式中，L 为升力；mg 为重力；v 为地速。

式(5 - 4 - 12)表明，协调转弯时，在垂直方向上升力的分力与重力平衡，保持无人机在水平面内飞行。升力的水平分力与无人机转弯时的离心力平衡，无人机以恒定的转弯角速度 $\dot{\psi}$ 在水平面内做圆周运动。由式(5 - 4 - 12)可得协调转弯公式：

$$\dot{\psi} = \frac{g}{v}\tan \phi \qquad (5-4-13)$$

由式(5 - 4 - 13)可知，在无人机转弯过程中，倾斜角和偏航角速率存在一定的关系(在一定角度范围内可近似为线性关系)，这一关系还受到飞行速度的影响。倾斜角由副翼控制，偏航角速率由方向舵控制。由于无人机倾斜时升力不在垂线方向，为使转弯过程中无人机的高度不变，还需要增加升降舵的舵偏角。所以，要完全实现协调转弯，必须同时操纵副翼、方向舵和升降舵。

由式(5 - 4 - 13)可知，当需要无人机的偏航角速度达到 $\dot{\psi}_g$ 时，应使倾斜角为

$$\phi_g = \arctan\left(\frac{\dot{\psi}_g v}{g}\right) \qquad (5-4-14)$$

也可如下简要解释副翼、方向舵和升降舵在无人机协调转弯过程中的作用：副翼使无人机倾斜某个角度，产生使无人机转弯的向心力；方向舵使无人机的航向随着转弯运动而改变，以消除侧滑；升降舵使无人机适当抬头，目的是增加升力，使无人机在转弯过程中高度不降低。

（2）协调转弯时自动驾驶仪的控制规律

式（5-4-13）表明，要实现无人机的协调转弯，自动驾驶仪必须通过副翼稳定倾斜角，同时通过方向舵稳定偏航角速率。为避免或减小侧滑，在航向通道引入侧滑角信号（用 β 表示）。协调转弯的控制规律有两种形式，一种是积分式控制律，另一种是比例式控制律。

积分式控制律为

$$\begin{cases} \dot{\delta}_a = I_{\ddot{\phi}}\ddot{\phi} + I_{\dot{\phi}}\dot{\phi} + I_{\phi}(\phi - \phi_g) \\ \dot{\delta}_r = K_{\ddot{\psi}}\ddot{\psi} + K_{\dot{\psi}}(\dot{\psi} - \dot{\psi}_g) - K_{\beta}\beta \end{cases} \qquad (5-4-15)$$

当给定 ϕ_g 为正值时（右滚转），给定的偏航角速度也为正值，并应保证两者数值的关系满足式（5-4-13）。此外，如果飞行状态发生变化（如地速 v 变化），必须改变控制信号。虽引入 β 信号，也只能减小 β，而不能保证 $\beta=0$。

采用式（5-4-15）所示的积分式控制律，在常值干扰力矩作用下，稳态时倾斜角、侧滑角以及偏航角速率均无静差。

对于比例式驾驶仪，可构建具有相互交联信号的侧向控制系统，适当调节交联信号传递系数也可基本实现协调转弯。这种系统的控制规律为

$$\begin{cases} \delta_a = I_{\dot{\phi}}\dot{\phi} + I_{\phi}(\phi - \dot{\phi}_g t) - I_{\dot{\phi}_g}\dot{\phi}_g \\ \delta_r = K_{\dot{\psi}}\dot{\psi} - K_{\phi}\phi \end{cases} \qquad (5-4-16)$$

转弯指令信号 $I_{\phi}\dot{\phi}_g t$ 加入副翼通道后，使无人机倾斜，也使地速矢量转动。同时，倾斜角信号控制方向舵使无人机纵轴跟随地速矢量转动。调节 K_{ϕ} 可减小 β，基本上实现协调转弯。当 $\dot{\phi}_g t = \phi_g$ 时，须将控制律变为

$$\begin{cases} \delta_a = I_{\dot{\phi}}\dot{\phi} + I_{\phi}(\phi - \phi_g) \\ \delta_r = K_{\dot{\psi}}\dot{\psi} - K_{\phi}\phi \end{cases} \qquad (5-4-17)$$

为简化控制算法，也可直接采用式（5-4-17）作为控制律。将式（5-4-17）与式（5-4-11）对比可看到，协调转弯控制律用倾斜角指令信号 ϕ_g 代替了式（5-4-11）所示控制律的航向角偏差。采用式（5-4-17）作为控制律的协调转弯控制系统如图 5-4-16 所示。

（3）协调转弯的纵向控制

无人机在转弯时，由于机体倾斜，故垂线方向的升力有所损失。要保持无人机的飞行高度，必须使升降舵上偏以增加升力，使得滚转后升力的垂直分量等于无人机的重力，即

$$(L_0 + \Delta L)\cos\phi = mg \qquad (5-4-18)$$

式中，L_0 为无人机转弯前的升力，应满足 $L_0 = mg$；ΔL 为升力增量。则

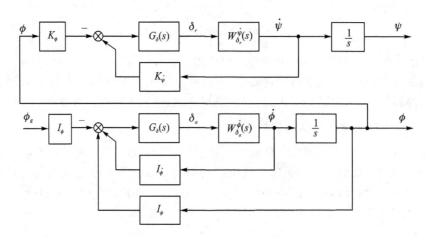

图 5-4-16　协调转弯控制系统

$$\Delta L = mg\,(1 - \cos\phi)\,/\cos\phi \qquad (5-4-19)$$

另外,升力增量与迎角大小有关,表示为

$$\Delta L = L_a \Delta\alpha \qquad (5-4-20)$$

式中,系数 L_a 在一定的迎角范围内接近常值。由式(5-4-19)和式(5-4-20)可得

$$\Delta\alpha = \frac{mg}{L_a} \cdot \frac{1 - \cos\phi}{\cos\phi} \qquad (5-4-21)$$

迎角增量由升降舵向上偏一个角度来产生,记为 $\Delta\delta_{eh}$,即偏舵量 $\Delta\delta_{eh}$ 使无人机抬头,产生迎角增量 $\Delta\alpha$,进而产生升力增量 ΔL,以补充因无人机倾斜而损失的升力。偏舵量与倾斜角之间的关系为

$$\Delta\delta_{eh} = -L_\phi \left| \frac{1 - \cos\phi}{\cos\phi} \right| \approx -L_\phi |\phi| \qquad (5-4-22)$$

式中,L_ϕ 为倾斜角到升降舵之间的传动比。可以看到,无论倾斜角是正还是负,升降舵偏角增量都为负,即上偏。这样,可以按式(5-4-22)设计一个回路,如图 5-4-17 所示,使无人机在进行转弯时保持高度不变,这个回路称为高度补偿回路。

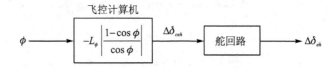

图 5-4-17　高度补偿原理图

图 5-4-17 所示为转弯过程中进行纵向控制的简化方法的方块图。其原理是:无人机滚转后,垂直陀螺或惯导系统测得倾斜角并送入飞控计算机,飞控计算机计算的升降舵控制指令 $\Delta\delta_{ceh}$ 始终为负,使升降舵向上偏转,从而增加升力,以补偿因飞机倾斜减小的升力。具有高度补偿的纵向通道控制律为

$$\Delta\delta_e = L_{\dot{\theta}}\dot{\theta} + L_\theta(\theta - \theta_g) - L_\phi |\phi| \qquad (5-4-23)$$

需要指出,为在不同速度、高度状态下均能较好地补偿高度损失,传动比 L_ϕ 应随飞行状态进行调整。不过,为简化控制方案,往往采用相对固定的传动比参数,而由此造成的高度变化由自动驾驶仪的高度通道进行控制。

4. 飞控系统横航向通道控制律设计示例

本例中横航向通道控制律与式(5-4-17)略有差异,如下:

$$\begin{cases} \delta_a = L_{\dot\phi}\dot\phi + L_\phi(\phi - \phi_g) \\ \delta_r = K_{\dot\psi}\dot\psi + K_\psi(\psi - \psi_g) - K_\phi\phi \end{cases} \tag{5-4-24}$$

式中,当转弯角度较小时,$\phi_g = 0$;当转弯角度较大时,采用协调转弯控制,此时 $\psi_g = 0$,并按式(5-4-14)计算期望倾斜角 ϕ_g,即

$$\phi_g = \arctan\left(\frac{\dot\psi_g v}{g}\right)$$

(1) 倾斜通道

主要设计要求及约束条件如下:

① 调节时间不大于 1.5 s;

② 超调量不大于 8%;

③ 最大倾斜角速度范围为 $-120(°)/s \sim +120(°)/s$;

④ 副翼偏转范围为 $-25° \sim +25°$。

由式(5-1-41)知,副翼增量 $\Delta\delta_a$ 到倾斜角速度增量 $\Delta\dot\phi$ 的近似传递函数为

$$\frac{\Delta\dot\phi(s)}{\Delta\delta_a(s)} = -\frac{27.276}{s + 1.699} \tag{5-4-25}$$

忽略舵回路数值很小的时间常数,倾斜角控制回路的闭环传递函数为

$$G(s) = \frac{27.276 L_\phi}{s^2 + (1.699 + 27.276 L_{\dot\phi})s + 27.276 L_\phi}$$

可见,倾斜角控制回路是一个典型的二阶振荡系统,且有

$$27.276 L_\phi = \omega_n^2, \quad 1.699 + 27.276 L_{\dot\phi} = 2\zeta\omega_n$$

整理后得

$$\begin{cases} L_\phi = \dfrac{\omega_n^2}{27.276} \\ L_{\dot\phi} = \dfrac{2\zeta\omega_n - 1.699}{27.276} \end{cases} \tag{5-4-26}$$

取 $\zeta = 0.7$ 和 $\omega_n = 6$,代入式(5-4-26),解得:$L_\phi = 1.319\,8$,$L_{\dot\phi} = 0.245\,7$。在 Simulink 中建立如图 5-4-18 所示的系统结构图,结构图中考虑了舵回路的惯性、副翼偏转范围和最大倾斜角速度的限制。系统单位阶跃响应曲线如图 5-4-19(a)所示,由图可见,调节时间为 1.14 s,满足设计要求,但超调量约为 13%,超出了设计指标要求。

上述倾斜角控制回路中飞机模型采用的是近似传递函数,若采用式(5-1-33)所示未做近似处理的副翼增量 $\Delta\delta_a$ 到倾斜角速度增量 $\Delta\dot\phi$ 的传递函数,则系统仿真结构图变为图 5-4-20。系统单位阶跃响应曲线如图 5-4-19(b)所示,可见系统输出是发散的。

为抑制误差,须增加校正环节和积分控制环节,如图 5-4-21 所示。图中,针对飞机方向舵到倾斜角速度的传递函数中有一个数值很小的正极点,校正环节设计为 $G_c(s) = (s-a)$ $(a > 0)$,a 的数值根据计算的飞机传递函数确定,这里设定 $a = 0.002$,以模拟飞机建模误差。

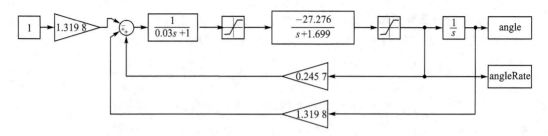

图 5 - 4 - 18　采用近似飞机模型的倾斜角控制回路仿真结构图

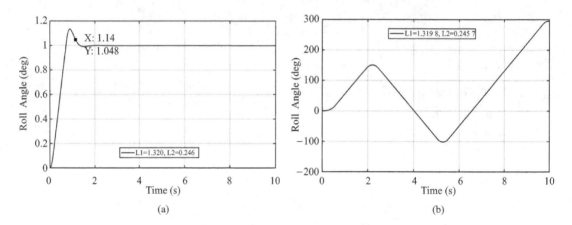

(a)　　　　　　　　　　　　　　　　(b)

图 5 - 4 - 19　倾斜角控制回路单位阶跃响应曲线

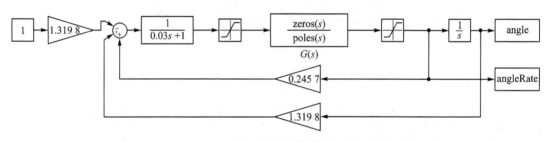

$$G(s): -27.275\,4 \cdot \frac{(s+0.046\,46*1.823+1.821i)(s+0.046\,46*1.823-1.821i)}{(s-0.001\,51)(s+1.690\,3)(s+0.049\,6*1.834\,5+1.832\,2i)(s+0.049\,6*1.834\,5-1.832\,2i)}$$

图 5 - 4 - 20　倾斜角控制回路仿真结构图

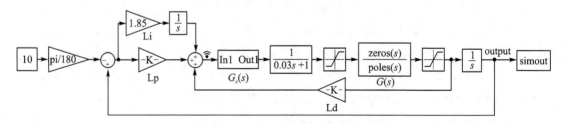

图 5 - 4 - 21　增加积分控制的倾斜角控制回路

改进系统的阶跃响应曲线如图 5 - 4 - 22(a)所示,由图可见,调节时间不超过 1.6 s,基本上无超调,满足设计要求。

倾斜角控制回路采用 PID 控制律,系统模型如图 5 - 4 - 23 所示,也可获得满足要求的控制性能,系统阶跃响应曲线如图 5 - 4 - 22(b)所示,由图可见,调节时间不超过 1.85 s,超调量小于 2.7%,满足设计要求。

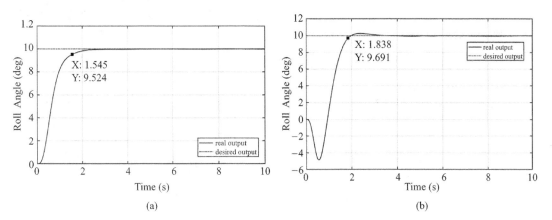

图 5 - 4 - 22　倾斜角控制回路阶跃响应曲线

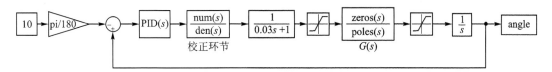

图 5 - 4 - 23　采用 PID 控制的倾斜角控制回路

(2) 航向通道

主要设计要求及约束条件如下：

① 调节时间不大于 2.0 s；

② 超调量不大于 8%；

③ 最大偏航角速度范围为 −60(°)/s ～ +60(°)/s；

④ 方向舵偏转范围为 −20° ～ +20°。

由式 (5 - 1 - 39) 知,方向舵增量 $\Delta\delta_r$ 到偏航角速度增量 $\Delta\dot{\psi}$ 的近似传递函数为

$$\frac{\dot{\psi}(s)}{\delta_r(s)} = -\frac{1.362(s + 0.054\ 1)}{s^2 + 0.171\ 9s + 3.389\ 3} \tag{5 - 4 - 27}$$

忽略舵回路数值很小的时间常数,在同时有航向角反馈和偏航角速度反馈时,航向角控制回路的闭环传递函数为

$$G_1(s) = \frac{L_\psi(1.362\ 0s + 0.073\ 7)}{s^3 + (0.171\ 9 + 1.362\ 0L_{\dot{\psi}})s^2 + (3.389\ 3 + 0.073\ 7L_{\dot{\psi}} + 1.362\ 0L_\psi)s + 0.073\ 7L_\psi} \tag{5 - 4 - 28}$$

将系统特征多项式设计为

$$\Delta(s) = (s + a)(s^2 + 2\zeta\omega_n s + \omega_n^2)$$

展开后与式 (5 - 4 - 28) 等号右侧分母进行对比可建立如下方程组：

$$\begin{cases} a + 2\zeta\omega_n = 0.171\ 9 + 1.362\ 0L_{\dot{\psi}} \\ 2a\zeta\omega_n + \omega_n^2 = 3.389\ 8 + 0.073\ 7L_{\dot{\psi}} + 1.362\ 0L_\psi \\ a\omega_n^2 = 0.073\ 7L_\psi \end{cases} \tag{5 - 4 - 29}$$

取 $\zeta=0.7$ 和 $\omega_n=6$，解得：$L_\psi=23.916\,4$，$L_{\dot\psi}=6.077\,1$。设计思路与倾斜通道基本相同，采用 PID 控制器，系统仿真结构图如图 5-4-24 所示。结构图中考虑了舵回路的惯性、方向舵偏转范围和最大偏航角速度的限制，飞机模型采用式(5-1-31)所示未进一步简化的传递函数，校正环节与倾斜通道相同，即 $G_c(s)=(s-a)(a>0)$。

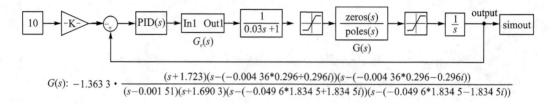

$$G(s):\ -1.363\,3 \cdot \frac{(s+1.723)(s-(-0.004\,36*0.296+0.296i))(s-(-0.004\,36*0.296-0.296i))}{(s-0.001\,51)(s+1.690\,3)(s-(-0.049\,6*1.834\,5+1.834\,5i))(s-(-0.049\,6*1.834\,5-1.834\,5i))}$$

图 5-4-24　航向角控制回路仿真结构图

PID 控制律中比例系数和微分系数分别为前面计算的 L_ψ 和 $L_{\dot\psi}$，积分系数可通过仿真选取。系统阶跃响应曲线如图 5-4-25 所示。由图可见，调节时间小于 1.8 s，超调量不超过 5%，满足设计要求。但是，航向角稳态输出呈周期约为 22 s 的小幅振荡。

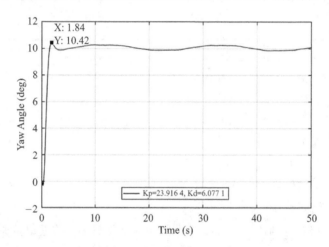

图 5-4-25　航向角控制回路阶跃响应曲线

当需要控制无人机以固定的偏航角速度运动时，只需要令航向角控制回路的输入信号为斜坡函数 $\dot\psi_g t$ 即可。不过，为了实现协调转弯，在转弯过程中航向通道的输入信号应为根据协调转弯公式计算的期望偏航角速度，反馈信号相应地变为偏航角速度。为获得与航向角控制回路相同的性能，在 PID 控制律计算前或计算后增加积分环节，如图 5-4-26 所示，结构图中把积分环节融入了校正环节。系统阶跃响应曲线如图 5-4-27 所示，由图可见，调节时间小于 1 s，超调量小于 3.5%，满足设计要求。

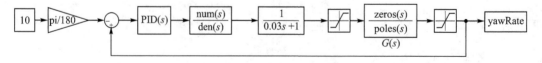

图 5-4-26　偏航角速度控制回路

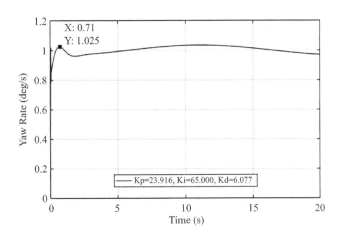

图 5 - 4 - 27　偏航角速度控制回路阶跃响应曲线

（3）协调转弯控制仿真

协调转弯控制由倾斜角控制回路和偏航角速度控制回路实现,系统仿真结构图如图 5 - 4 - 28 所示。图中,假设无人机的速度为 100 m/s,偏航角速度控制回路的输入信号根据协调转弯公式和倾斜角的大小(转弯坡度)计算。结构图中还考虑了副翼偏转引起的偏航角速度,其传递函数见式(5 - 1 - 34)。当转弯坡度设定为 20°时,无人机的实际倾斜角和偏航角速度如图 5 - 4 - 29 所示。由图可见,在开始进行协调转弯控制不到 2 s 的时间内,倾斜角和偏航角速度就趋于稳定,偏航角速度围绕设定的偏航角速度值(2.039 6(°)/s)做小辐振荡,最大偏差绝对值不超过 2%。

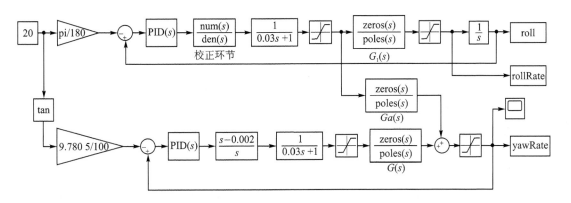

图 5 - 4 - 28　协调转弯控制仿真结构图

飞控计算机实现 PID 控制律时,比例控制信号为比例系数乘以导航系统或垂直陀螺测量的姿态角与期望姿态角之差(姿态角偏差),微分控制信号为微分系数乘以导航系统或速率陀螺测量的姿态角速度(若期望的姿态角速度不为零,还应减去期望姿态角速度),而积分控制信号则需要对姿态角偏差信号进行积分并乘以积分系数。

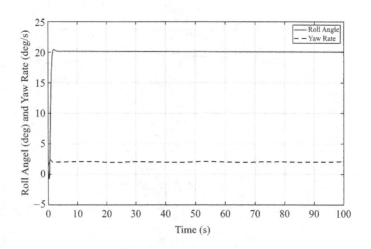

图 5 - 4 - 29　协调转弯控制仿真结果

5.5　纵向轨迹的控制

无人机飞行控制的最终目的是使无人机能够准确地沿预定航线飞行。飞行器运动轨迹控制系统是在角运动控制系统(姿态控制系统)的基础上形成的,姿态控制系统是轨迹控制系统的内回路。本节介绍纵向飞行轨迹(高度)的控制原理。

5.5.1　飞行高度的稳定与控制

无人机在编队飞行、远距离巡航、进场着陆时的初始阶段以及执行照相、监视等任务时需要保持高度的稳定。无人机起飞、着陆,舰载无人机进行自动着舰,无人机进行地形跟随低空突防时,需要对高度进行控制。

1. 高度控制系统基本工作原理

飞行高度的稳定与控制不能由俯仰角的稳定控制来完成。当无人机受纵向常值干扰力矩时,硬反馈式舵回路角稳定系统存在俯仰角及爬升角静差,不能保持高度。角稳定系统在垂直气流干扰下同样会产生高度漂移。

高度稳定系统根据高度传感器(如气压式高度表、无线电高度表、大气数据系统等)或导航系统测量的高度计算出相对给定高度的偏差信息,或采用高度差传感器测量相对高度偏差,按高度控制律计算升降舵控制指令并送入升降舵舵回路,通过升降舵控制无人机的俯仰角,改变无人机爬升角,最终使无人机回到或到达预定高度。高度稳定系统并不是完全独立的控制系统,它通过俯仰角稳定系统(前述的纵向角稳定系统)来实现对高度的稳定,单独执行俯仰角稳定和控制时,应将给定高度和高度信号、高度变化率信号断开。一般高度稳定系统原理如图 5 - 5 - 1 所示。

为便于转换飞行状态,设计高度稳定系统时通常不改变已设计完成的俯仰角控制系统。该系统的控制律为

$$\delta_e = L_\theta \theta + L_{\dot{\theta}} \dot{\theta} + L_H \Delta H + L_{\dot{H}} \dot{H} \tag{5-5-1}$$

式中,ΔH 为相对于给定高度 H_g 的偏差,即 $\Delta H = H - H_g$,超过给定高度时 ΔH 为正;$\dot{\Delta H}$

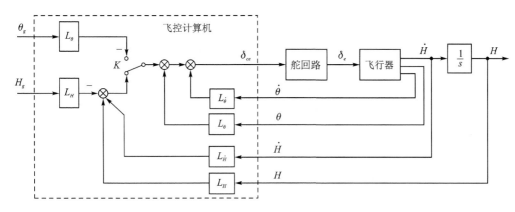

图 5 - 5 - 1　一般高度稳定系统的原理

为高度差变化率，$\Delta\dot{H}=\dot{H}-\dot{H}_g$。$\Delta H$ 及 $\Delta\dot{H}$ 可由高度差传感器测量，也可由其他高度测量装置测量后由飞控计算机计算得到。式（5 - 5 - 1）中等号右侧各项系数均为正。

若无人机低于预定高度（ΔH 为负），则 δ_e 为负值，升降舵向上偏，无人机爬升返回预定高度。而当无人机高于预定高度（ΔH 为正）时，δ_e 为正值，升降舵向下偏，无人机下降返回预定高度。

目前，大多数无人机的高度由高度表、大气数据系统或导航系统测量，高度控制系统的控制律改为

$$\delta_e=L_\theta\theta+L_{\dot{\theta}}\dot{\theta}+L_H(H-H_g)+L_{\dot{H}}(\dot{H}-\dot{H}_g) \qquad (5-5-2)$$

2. 高度控制系统的数学模型

在高度控制过程中，升降舵偏转会引起爬升角和飞行速度的变化。以高度变化过程中某点状态为参考，其爬升角为 θ_{k0}，速度为 V_0，高度变化率为 $\dot{H}_0$，则高度变化率（升降速度）为

$$\dot{H}=V\sin\theta_k\approx V_0\sin\theta_{k0}+V_0\cos\theta_{k0}\Delta\theta_k+\sin\theta_{k0}\Delta V=\dot{H}_0+\Delta\dot{H}_{\Delta\theta_k}+\Delta\dot{H}_{\Delta V}$$

$$(5-5-3)$$

式中，$\dot{H}_0=V_0\sin\theta_{k0}$，$\Delta\dot{H}_{\Delta\theta_k}=V_0\cos\theta_{k0}\Delta\theta_k$，$\Delta\dot{H}_{\Delta V}=\sin\theta_{k0}\Delta V$。由此可得高度控制系统的结构图，如图 5 - 5 - 2 所示。图中：

$$W_{\Delta\delta_e}^{\Delta\theta}(s)=\frac{-K_\theta(T_\theta s+1)}{s(T_s^2 s^2+2\xi_s T_s s+1)} \qquad (5-5-4)$$

$$W_{\Delta\theta}^{\Delta\theta_k}(s)=W_{\Delta\delta_e}^{\Delta\theta_k}(s)/W_{\Delta\delta_e}^{\Delta\theta}(s)=\frac{1}{T_\theta s+1} \qquad (5-5-5)$$

$$M_{\Delta\delta_e}^{\Delta V}(s)=V_0\cdot M_{\Delta\delta_e}^{\Delta\bar{V}}(s)=\frac{K_V V_0(T_V s+1)}{T_p^2 s^2+2\xi_p T_p s+1} \qquad (5-5-6)$$

式中各符号的含义参见 5.1.2 节。

3. 高度控制回路设计示例

下面针对前例某型机讨论高度控制回路的设计。主要设计要求及约束条件如下：

① 调节时间不大于 8 s（20 m 内）；

② 超调量不大于 8%；

③ 最大俯仰角速度范围为 $-60(°)/s\sim+80(°)/s$；

④ 升降舵偏转范围为 $-30°\sim+20°$。

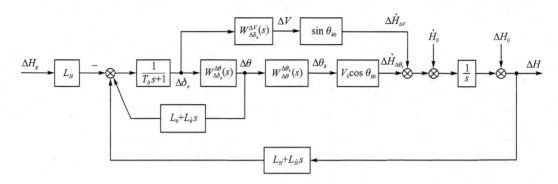

图 5 - 5 - 2　高度控制系统结构图

为便于设计,忽略舵回路的时间常数和俯仰角控制回路的过渡过程。由式(5-1-7)可知,$W_{\Delta\delta_e}^{\Delta\theta}(s)$可简化为

$$W_{\Delta\delta_e}^{\Delta\theta}(s) = \frac{-1.955}{s} \tag{5-5-7}$$

由式(5-1-7)和式(5-1-8)推知

$$W_{\Delta\theta}^{\Delta\theta_k}(s) = \frac{1.371}{s + 1.371} \tag{5-5-8}$$

假定无人机速度为 100 m/s,由式(5-1-12)得

$$M_{\Delta\delta_e}^{\Delta V}(s) = \frac{2\,520\left(\dfrac{s}{1.478} + 1\right)}{\left(\dfrac{s}{0.068\,26}\right)^2 + 2\left(\dfrac{0.071\,04}{0.068\,26}\right)s + 1}$$

下面分高度稳定(或称高度保持、定高)和高度控制(或称高度捕获)两种状态进行讨论。

(1) 高度稳定状态

高度稳定时无人机参考状态为平飞,即 $\theta_{k0} = 0$,$\dot{H}_0 = 0$。由图 5-5-2 可得简化的高度稳定回路结构图,如图 5-5-3 所示。系统闭环传递函数为

$$G_{闭}(s) = \frac{s(s + 1.371)}{s^2 + (1.371 + 137.1 L_{\dot{H}})s + 137.1 L_H} \tag{5-5-9}$$

可见,高度稳定回路是一个二阶系统。根据终值定理,当初始高度误差 $\Delta H_0 > 0$ 时,只要 $L_H > 0$,就有 $\Delta H(\infty) = 0$。由闭环传递函数的分母可知:

$$\begin{cases} L_H = \omega_n^2/137.1 \\ L_{\dot{H}} = (2\zeta\omega_n - 1.371)/137.1 \end{cases} \tag{5-5-10}$$

取 $\zeta = 0.7$ 和 $\omega_n = 10$,解得:$L_H = 0.729\,4$,$L_{\dot{H}} = 0.092\,1$。

建立如图 5-5-4 所示高度控制系统 Simulink 仿真模型,为使设计适用于真实系统,仿真图中采用未做进一步近似处理的数学模型。图中,$M_{\Delta\delta_e To\Delta V}(s)$ 为升降舵增量到速度增量的传递函数,即前述的 $M_{\Delta\delta_e}^{\Delta V}(s)$;PitchLoop 为俯仰角控制回路,其结构和参数与 5.4.1 节中给出的俯仰通道设计示例相同,并考虑了升降舵偏转和俯仰角速度的范围。为检验高度稳定状态下的系统性能,设置 $\Delta H_g = 0$,$\dot{H}_0 = 1$,$\Delta H_0 = 10$,仿真结果如图 5-5-5(a)所示。由图可以

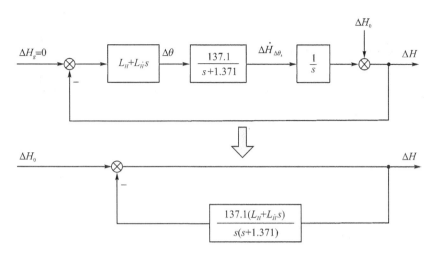

图 5 - 5 - 3　高度稳定回路示例

看到,系统是发散的,这与基于简化模型的设计不相符,其原因主要是非线性的存在及飞机实际模型与设计控制律时采用的飞机模型不一致。为使系统稳定并消除稳态误差,在 PID 控制器中设置积分系数为 0.01,并增加一超前校正环节 $\dfrac{aTs+1}{Ts+1}$(这里取 $T=0.01$),为减小振荡,适当增大微分系数(校正环节参数 a 和微分系数的具体数值请读者通过仿真实验探索)。仿真结果如图 5 - 5 - 5(b)所示。由图可见,系统是稳定的,到 100 s 时误差小于 0.2 m,调节时间小于 5 s,基本上无超调,满足设计要求。

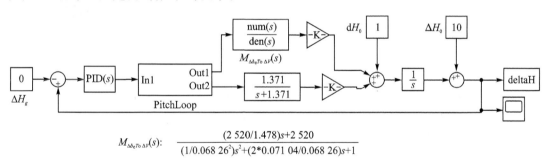

图 5 - 5 - 4　高度控制系统 Simulink 仿真图

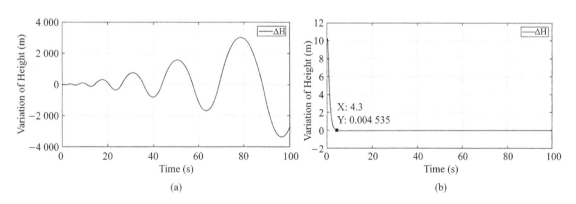

(a)　　　　　　　　　　　　　　　　(b)

图 5 - 5 - 5　高度稳定状态仿真结果

（2）高度捕获状态

采用与高度稳定状态相同的控制参数,设 $\Delta H_g = 50, \Delta \dot{H}_0 = 1, \Delta H_0 = 10$,仿真结果如图 5 - 5 - 6 所示。由图可见,调节时间小于 3.5 s,超调量低于 2%,控制误差随时间不断减小(到 100 s 时误差小于 0.2 m),满足设计要求。

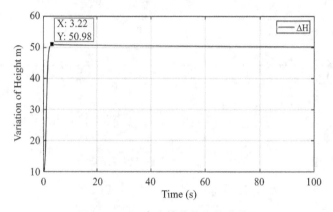

图 5 - 5 - 6　高度捕获状态仿真结果

5.5.2　爬升与下降控制

爬升与下降是无人机在飞行中较大幅度改变飞行高度的过程。

1. 爬升控制

爬升控制的基本思想是控制无人机沿着预先制定的最佳爬升曲线爬升。该最佳爬升曲线通过无人机性能计算而得到。

根据牛顿第二定律,质量与加速度的乘积等于合外力,表述为

$$F = m \cdot a \tag{5-5-11}$$

无人机在爬升过程中的受力情况如图 5 - 5 - 7 所示。图中,v 为速度,T 为推力,L 为升力,D 为阻力,m 为无人机的质量,mg 为重力,θ 为俯仰角,θ_k 为爬升角,α 为迎角。假设迎角较小,把式(5 - 5 - 11)沿速度方向和垂直于速度的方向进行分解,可得

$$\begin{cases} m\dot{v} = T - D - mg\sin\theta_k \\ mv\dot{\theta_k} = T \cdot \alpha + L - mg\cos\theta_k \end{cases} \tag{5-5-12}$$

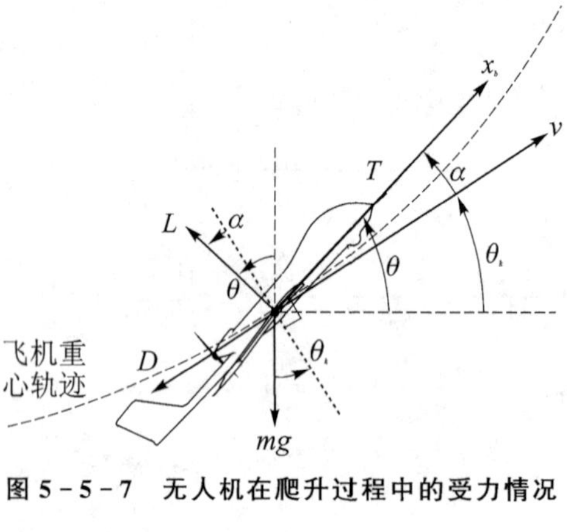

图 5 - 5 - 7　无人机在爬升过程中的受力情况

无人机爬升率(高度增加的速度)与飞行速度及爬升角之间的关系为

$$\dot{h} = v\sin\theta_k \tag{5-5-13}$$

由式(5-5-12)中第 1 式和式(5-5-13)知

$$T - D - mg\sin\theta_k = m\,\frac{\mathrm{d}v}{\mathrm{d}h}\cdot\frac{\mathrm{d}h}{\mathrm{d}t} = mv\sin\theta_k\,\frac{\mathrm{d}v}{\mathrm{d}h}$$

$$\Rightarrow \sin\theta_k = \frac{T - D}{mg\left(1 + \dfrac{v}{g}\,\dfrac{\mathrm{d}v}{\mathrm{d}h}\right)} \tag{5-5-14}$$

无人机的爬升角一般不大,故爬升梯度为

$$CG = \tan\theta_k \approx \sin\theta_k = \frac{T - D}{mg\left(1 + \dfrac{v}{g}\,\dfrac{\mathrm{d}v}{\mathrm{d}h}\right)} \tag{5-5-15}$$

当爬升角较小时,爬升梯度大致与爬升角(量纲为弧度)相等。而爬升率为

$$RC = v\sin\theta_k = \frac{(T - D)v}{mg\left(1 + \dfrac{v}{g}\,\dfrac{\mathrm{d}v}{\mathrm{d}h}\right)} \tag{5-5-16}$$

根据式(5-5-15)、式(5-5-16)、无人飞行器的结构参数及飞行参数,可绘制出爬升梯度、爬升率与速度之间的关系如图 5-5-8 所示。图中,V_1 为最大爬升梯度对应的速度值,V_2 为最大爬升率对应的速度值。

无人机按最大爬升梯度爬升,爬升飞行的水平距离最短;而按最大爬升率爬升,爬升飞行所需的时间最短。根据爬升率曲率和爬升梯度曲线,可确定无人机达到最佳爬升率的速度值及相应的爬升角。

发动机的推力通过油门或节风门控制,在爬升过程中可以保持相对稳定。因此,可以通过调节俯仰角控制无人机的速度,以使无人机

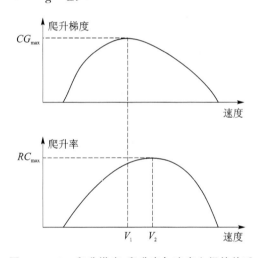

图 5-5-8　爬升梯度、爬升率与速度之间的关系

获得最佳爬升率,并使无人机沿着预期的爬升曲线飞行。

无人机爬升控制的原理可用如图 5-5-9 所示的框图来表示。无人机飞行控制与管理系统中的爬升管理模块根据无人机的重量及当前高度和速度,计算出应达到的飞行速度及发动机推力。发动机控制律解算程序根据给定推力计算并输出节风门指令。爬升控制律解算程序根据给定速度和实际速度的差值计算出给定俯仰角,作为自动驾驶仪纵向内回路(俯仰角稳定与控制回路)的输入。纵向内回路程序综合给定俯仰角、实际俯仰角以及俯仰角速率得到升降舵指令。最后通过节风门舵机和升降舵机的调节,实现爬升过程的控制。升降舵控制律为

$$\delta_e = L_\theta(\theta - \theta_g) + L_{\dot{\theta}}\dot{\theta} - L_c(v - v_g)/v_g \tag{5-5-17}$$

式中,θ_g 根据最佳爬升率对应的爬升角和所需迎角计算。当飞行速度 v 大于设定速度 v_g 时,相当于增加了俯仰角设定值,升降舵将增加上偏量,无人机的俯仰角和爬升角增大,从而使飞行速度下降。

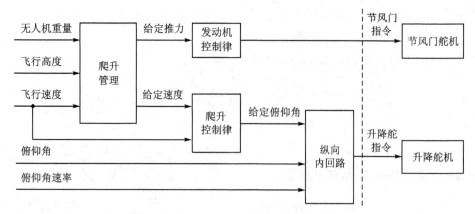

图 5 - 5 - 9　最佳爬升控制原理框图

2. 下降控制

与爬升类似,无人机需要下降时要求控制无人机沿着预先制订的最佳下降曲线下降。不同之处在于,下降时发动机节风门根据飞行高度选择不同的位置。

最佳下降控制与最佳爬升控制采用类似的结构,如图 5 - 5 - 10 所示,其外层的下降管理器用于产生最佳空速及发动机节风门控制指令。

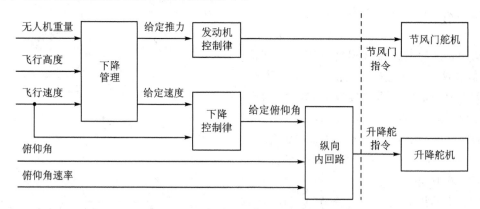

图 5 - 5 - 10　最佳下降控制原理框图

下降时升降舵控制律在形式上与爬升时相同。

5.6　侧向轨迹的控制

侧向轨迹控制主要是指侧向偏离的自动控制,其原理与高度自动控制有许多相似之处。高度自动控制系统以俯仰角控制系统为内回路,而侧向偏离自动控制系统则以偏航角及滚转角控制系统作为内回路。侧向偏离一般通过飞机的转弯来修正,所以在航向与滚转两通道的协调方法上与侧向角运动的自动控制相同。

5.6.1　侧向偏离控制的几种方案

侧向偏离控制主要有以下几种方案:

① 通过副翼控制滚转转弯以修正侧向偏离,方向舵只起阻尼与辅助作用。该方案目前使用最广泛。

② 同时通过副翼与方向舵两通道协调转弯来控制侧偏。

③ 利用方向舵控制转弯修正侧偏,副翼通道起辅助协调作用。

④ 利用方向舵使无人机保持航向,靠滚转产生侧滑来修正侧偏。在自动着陆时,利用该方案虽能使机头保持与跑道中心线平行的方向,但为了修正侧偏而滚转,使机翼有碰地的危险。

⑤ 通过无人机不倾斜的平面转弯来修正侧偏。副翼竭力保持机翼水平,方向舵控制无人机平面转弯来修正侧向偏离。

前三种方案均通过副翼和方向舵协调控制的转弯来修正侧偏。后两种方案是靠侧滑角产生侧力,而侧力值一般不大,故修正侧偏的过程较缓慢。下面介绍第一种方案。

5.6.2　侧向偏离控制系统的数学模型及工作原理

1. 简化的无人机运动方程

采用第一种方案修正侧偏,无人机基本上处于协调转弯状态,可认为侧滑角几乎为零,其次,方向舵通道只起阻尼与协调作用,在近似分析时可略去方向舵偏角及偏航力矩方程。此外,无人机滚转比偏航快得多,倾斜角控制的过渡过程可忽略,这样滚转角速度、角加速度可近似为零。因倾斜角、俯仰角较小,有 $r \approx \dot{\psi}$,于是,绕机体纵轴的力矩方程近似为

$$L_r \dot{\psi} = -L_{\delta_a} \delta_a \tag{5-6-1}$$

由于是协调转弯,故满足下列公式:

$$\dot{\psi} = \frac{g}{v} \tan \phi \approx \frac{g}{v} \phi = \frac{g}{V_0} \phi \tag{5-6-2}$$

式中,V_0 为基准速度。

在航迹角误差较小的情况下,无人机相对理想轨迹的侧向偏离运动方程为

$$\dot{y} = V_0 \sin(\psi_k - \psi_{kg}) = V_0 \sin(\psi + \beta - \psi_{kg}) \approx V_0(\beta + \psi - \psi_{kg}) \tag{5-6-3}$$

式中,ψ_{kg} 为理想航迹角,角度量纲为弧度。考虑到侧滑角 β 较小,式(5-6-3)近似为

$$\dot{y} = V_0(\psi - \psi_{kg}) \tag{5-6-4}$$

由式(5-6-1)、式(5-6-2)和式(5-6-4)组成了侧向偏离控制系统的被控对象方程,即

$$\begin{cases} \dot{\psi} = \frac{g}{V_0} \phi \\ L_r \dot{\psi} = -L_{\delta_a} \delta_a \\ \dot{y} = V_0(\psi - \psi_{kg}) \end{cases} \tag{5-6-5}$$

2. 侧向偏离控制系统的控制律及结构图

侧向偏离控制系统是在图 5-4-13 所示的横航向控制系统的基础上构建的,其控制律为

$$\begin{cases} \delta_a = I_{\dot{\phi}} \dot{\phi} + I_\phi \phi + I_\psi(\psi - \psi_{kg}) + I_y y \\ \delta_r = K_{\dot{\psi}} \dot{\psi} - K_\phi \phi \end{cases} \tag{5-6-6}$$

将式(5-6-6)与横航向控制系统的控制律式(5-4-11)对比可知:侧向偏离控制时,给定航向角为理想航迹角,并增加了侧偏距反馈。为便于分析系统特性,根据式(5-6-5)、式(5-6-6)及横航向控制系统结构图,可得等效的侧向偏离控制系统副翼通道结构图,如

图 5-6-1 所示,图中忽略了偏航角速度引起的绕纵轴的交叉动态力矩。

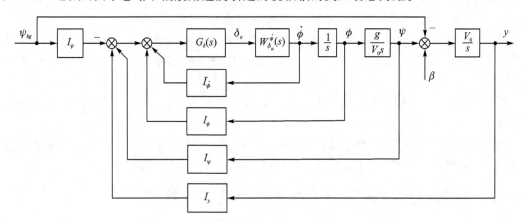

图 5-6-1　侧向偏离控制系统等效结构图(副翼通道)

在卫星导航工作正常时,导航系统定位精度较高,无人机的侧偏距较小,可仅通过副翼控制侧向偏离,此时控制律为

$$\delta_a = I_\phi \phi + I_y y + I_{\dot{\phi}} \dot{\phi} + I_{\dot{y}} \dot{y} \tag{5-6-7}$$

式(5-6-7)可写为

$$\delta_a = I_\phi(\phi - \phi_g) + I_{\dot{\phi}} \dot{\phi} \tag{5-6-8}$$

式中,给定倾斜角 ϕ_g 的表达式为

$$\phi_g = -(I_y y + I_{\dot{y}} \dot{y})/I_\phi \tag{5-6-9}$$

上述侧偏距控制的原理可用图 5-6-2 表示。侧偏距控制律解算程序根据侧偏距和侧偏移速度计算出给定倾斜角。横侧向内回路综合给定倾斜角及实际倾斜角和倾斜角速率,得出副翼控制指令,通过调节副翼使无人机发生倾斜,这样升力在侧向就有一个分量,从而使无人机向预定航线运动,以减小侧偏距。

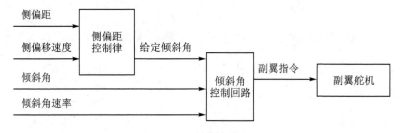

图 5-6-2　侧偏距控制原理框图

思考:如果无人机存在正向侧偏距,应如何控制副翼,使无人机倾斜以减小侧偏距?

3. 侧向偏离控制系统工作过程

假设无人机向右偏离原航线,即 $y > 0$。无人机侧向偏离的修正过程如图 5-6-3 所示。由式(5-6-6)知 $\delta_a > 0$,副翼左上右下,产生左滚转力矩,无人机向左倾斜,$\phi < 0$。此时,$\delta_r = -K_\phi \phi > 0$,方向舵左偏,产生左偏航力矩。在副翼和方向舵共同作用下,无人机向左做几乎无侧滑的转弯,$\psi - \psi_{kg}$ 逐渐变负,使副翼有负的舵偏分量,减小了副翼偏舵量,无人机逐渐改平,水平飞向预定航线,如图 5-6-3(a)、(b)所示。当侧偏距 y 减小,航向偏离引起的偏舵

量 $I_\psi(\psi-\psi_{kg})$ 超过了侧偏距引起的偏舵量 $I_y y$，由于航向偏差为负，$I_\psi(\psi-\psi_{kg})+I_y y<0$，故无人机向右倾斜，如图 5 - 6 - 3(c)所示。最终，侧偏距 y、航向偏差 $\psi-\psi_{kg}$ 和倾斜角都回到零，无人机沿原航线飞行，如图 5 - 6 - 3(d)所示。

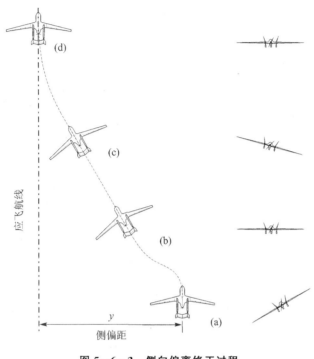

图 5 - 6 - 3　侧向偏离修正过程

5.7　空速的控制与保持

　　空速是无人机十分重要的运动参数。在巡航特别是着陆阶段，对无人机空速的稳定要求很高。因此，空速的控制与保持成为无人机飞行自动控制系统的一个重要功能。

5.7.1　速度控制的方案

　　固定翼无人机纵向控制的控制变量有两个：一个是升降舵，另一个是油门或节风门舵机。单独改变升降舵，俯仰角和速度都会发生变化，其中俯仰角的变化很快（短周期运动）。在起飞和着陆过程中，一些无人机常通过用升降舵改变俯仰角来控制无人机的飞行速度。改变油门或节风门（为简便起见，以下均称为油门），可以在不改变俯仰角的情况下改变速度，特别适于巡航阶段飞行速度的稳定。同时控制升降舵和油门，俯仰角和速度均可达到希望值。

1. 通过控制升降舵改变俯仰角来控制空速

　　这种方案简称俯仰空速控制方案。该方案的原理是：升降舵改变俯仰角，使推力在飞行速度方向上的投影发生变化，引起飞行加速度的变化，从而控制了速度，其原理如图 5 - 7 - 1 所示。由图可见，自动驾驶仪俯仰通道（俯仰角控制系统）是速度控制系统的内回路，飞控计算机根据无人机的速度与期望速度的差值计算俯仰角控制指令，通过自动驾驶仪控制升降舵偏转，使无人机抬头或低头，改变推力方向，进而实现速度的控制。如果是稳定空速，速度传感器为大气数据计算机，导航系统也可输出空速；如稳定地速，则速度由导航系统测量。将空速转换为马赫数,可实现马赫数的自动控制。由于此方案中不改变油门,故速度的调节范围受到限制。

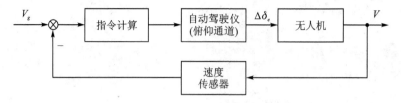

图 5-7-1 通过升降舵控制速度原理图

2. 通过油门改变发动机推力控制速度

该方案简称油门速度控制方案,所构成的系统称为油门自动控制系统或自动油门系统,其原理如图 5-7-2 所示。

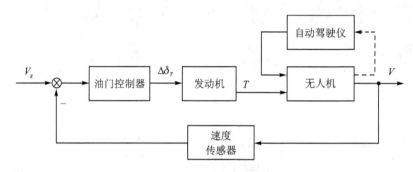

图 5-7-2 油门自动控制系统原理图

在油门自动控制系统中,自动驾驶仪的工作是对姿态或高度进行稳定,速度信息未引入自动驾驶仪中,故在图 5-7-2 中无人机与自动驾驶仪用虚线连接。自动驾驶仪稳定的变量不同,油门自动控制系统的工作是不同的。如自动驾驶仪处于高度保持状态,速度向量始终处于水平状态,重力的切向投影为零,油门变化引起的推力增量全部对速度起作用。若自动驾驶仪处于姿态稳定状态,当推力改变时,迎角及爬升角会发生变化,飞机的高度会改变,即推力增量不是全部对速度(准确地讲是水平速度)起作用。

3. 速度与俯仰角的解耦控制

该方案的目的是互不干扰地控制俯仰角和速度,即实现俯仰角控制与速度控制的解耦。前两种方案,速度变化时俯仰角必定变化,这是固定翼无人机自身动力学存在的耦合决定的。要实现解耦,应在油门自动控制器与自动驾驶仪之间增加交联信号,如图 5-7-3 所示。需要指出,要达到速度与俯仰角的完全解耦是十分困难的,目前广泛应用的是部分解耦方案。

除上述方案外,许多无人机在进场着陆时还通过调节阻力板来控制空速,称为阻力空速控制结构。

5.7.2 速度自动控制系统的控制律

1. 俯仰空速控制方案

采用俯仰空速控制方案的空速自动控制系统结构图如图 5-7-4 所示,控制律为

$$\delta_e = L_\theta(\theta - \theta_g) + L_{\dot{\theta}}\dot{\theta} + L_\theta k_p(V_g - V) + L_\theta k_I \int_0^t (V_g - V)\,\mathrm{d}\tau \tag{5-7-1}$$

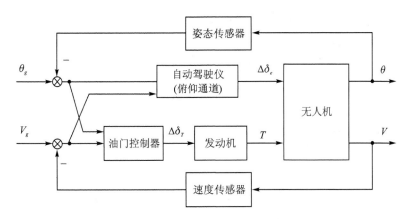

图 5 - 7 - 3　速度与俯仰角解耦控制方案原理图

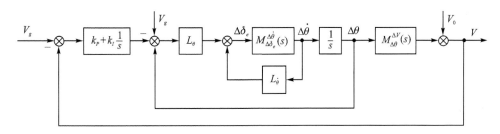

图 5 - 7 - 4　采用俯仰空速控制方案的空速自动控制系统结构图

图中，$M_{\Delta\theta}^{\Delta V}(s)$ 为俯仰角变化量到速度变化量的传递函数。为消除速度控制稳态误差，采用了比例积分控制。忽略短周期运动（俯仰角控制的动态过程），图 5 - 7 - 4 可简化为图 5 - 7 - 5。图中，ΔV_g 为期望速度变化量。

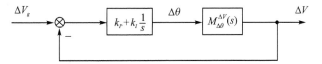

图 5 - 7 - 5　采用俯仰空速控制方案的空速自动控制系统简化结构图

由式（5 - 1 - 9）和式（5 - 1 - 10）知

$$M_{\Delta\delta_e}^{\Delta V}(s)=\frac{\Delta V(s)}{\Delta\delta_e(s)}=\frac{K_V V_0(T_V s+1)}{T_p^2 s^2+2\xi_p T_p s+1}$$

$$M_{\Delta\delta_e}^{\Delta\theta}(s)=\frac{\Delta\theta(s)}{\Delta\delta_e(s)}=\frac{-K_{p\theta}(T_{\theta1}s+1)(T_{\theta2}s+1)}{T_p^2 s^2+2\xi_p T_p s+1}$$

于是，俯仰角变化量 $\Delta\theta$ 到速度变化量 ΔV 的传递函数为

$$M_{\Delta\theta}^{\Delta V}(s)=\frac{\Delta V(s)}{\Delta\theta(s)}=\frac{-K_V V_0(T_V s+1)}{K_{p\theta}(T_{\theta1}s+1)(T_{\theta2}s+1)} \tag{5 - 7 - 2}$$

根据图 5 - 7 - 5 所示系统结构图和式（5 - 7 - 2），可得速度控制系统闭环传递函数为

$$\frac{\Delta V(s)}{\Delta V_g(s)}=\frac{K_V V_0(T_V s+1)(k_P s+k_I)}{K_{p\theta}(T_{\theta1}s+1)(T_{\theta2}s+1)s+K_V V_0(T_V s+1)(k_P s+k_I)} \tag{5 - 7 - 3}$$

由终值定理可得

$$\Delta V(\infty)=\Delta V_g(\infty) \tag{5 - 7 - 4}$$

式(5 - 7 - 4)表明,速度变化量的稳态值与期望的速度变化量相等。

2. 油门速度控制方案

采用油门速度控制方案的速度自动控制系统简化结构图如图 5 - 7 - 6 所示,控制律为

$$\delta_T = k_p(V_g - V) + k_I \int_0^t (V_g - V)\, \mathrm{d}\tau \tag{5 - 7 - 5}$$

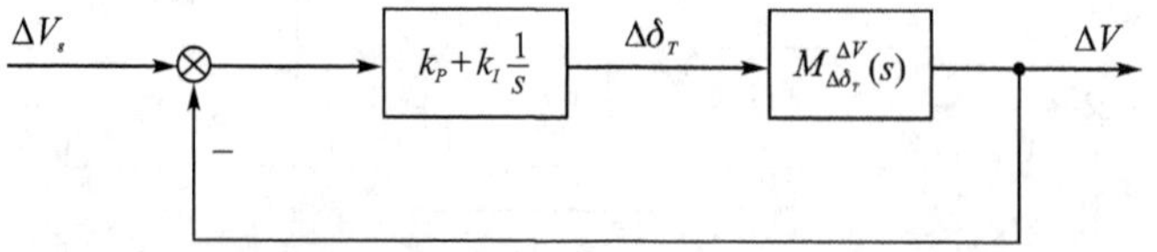

图 5 - 7 - 6　采用油门速度控制方案的速度自动控制系统结构图

图中,油门变化量到速度变化量的传递函数为

$$M_{\Delta \delta_T}^{\Delta V}(s) = \frac{\Delta V(s)}{\Delta \delta_T(s)} = V_0 \cdot M_{\Delta \delta_T}^{\Delta \bar{V}}(s) = \frac{K_{V\delta_T} V_0 s}{T_p^2 s^2 + 2\xi_p T_p s + 1}$$

于是,系统闭环传递函数为

$$\frac{\Delta V(s)}{\Delta V_g(s)} = \frac{K_{V\delta_T} V_0 (k_P s + k_I)}{T_p^2 s^2 + 2\xi_p T_p s + 1 + K_{V\delta_T} V_0 (k_P s + k_I)} \tag{5 - 7 - 6}$$

式中,$K_{V\delta_T} k_I V_0 \gg 1$。由终值定理可得

$$\Delta V(\infty) \approx \Delta V_g(\infty) \tag{5 - 7 - 7}$$

上式表明,采用油门速度控制方案,同样可实现速度变化量的稳态值与期望的速度变化量相等。

许多飞机在机翼或机身上设有阻力板,用于在进场着陆过程中调节飞行速度。增大阻力板展开角度会增大阻力,并产生俯仰力矩。由于无人机着陆过程中通过自动驾驶仪稳定姿态,故阻力板产生的俯仰力矩不会对无人机的角运动产生多大影响。阻力增大相当于减小油门,因此,可用分析自动油门控制系统的方法分析采用阻力板的速度控制系统。

5.8　自动着陆控制

目前国际上将飞机的自动着陆分为三级,即等级 Ⅰ、Ⅱ、Ⅲ,最高级又分为 Ⅲ_a、Ⅲ_b 及 Ⅲ_c。无人机的自动着陆为最高等级 Ⅲ_c。

在无人机自动着陆过程中需要准确测量无人机相对着陆点的位置或距离、方位等参数,这些信息由着陆引导系统(或设备)提供。根据技术手段的不同,无人机着陆引导分为微波着陆引导、雷达引导、卫星导航引导、视觉引导等,目前应用最为广泛的是卫星导航引导。卫星导航引导是通过差分卫星导航(包括伪距差分、位置差分、载波相位差分等)测量无人机相对着陆点的三维位置,并与预定的着陆下滑飞行轨迹相比较得到轨迹误差,为自动着陆控制奠定基础。下面介绍基于差分卫星导航的无人机自动着陆控制。

5.8.1　无人机自动着陆的过程及纵向控制

1. 无人机自动着陆的过程及一般要求

无人机自动着陆的整个过程分为定高、下滑、拉平、保持(飘落)、滑跑五个阶段。无人机在着陆前,在 300～500 m 的高度上做定高飞行,此为定高阶段。当到达着陆下滑点后,无人机

进入下滑阶段,按一定的下滑角($-2.5°\sim-3°$)下滑,此时速度较高。为降低无人机接地时的垂直速度,在离地 15 m 左右进入拉平阶段,以减小下滑角,使接地时垂直速度为$-0.5\sim-0.6$ m/s。无人机离地 0.5～1.0 m 时进入保持(漂落)阶段,无人机以指数曲线轨迹落地。当无人机与地面接触后进入滑跑阶段,此时常采用机轮刹车来减小滑跑距离。

着陆控制的目的是:为无人机主轮触地瞬间创造合适的飞行姿态及下沉率条件。所谓下沉率,即为无人机着陆过程中高度减小的速度。触地时理想的无人机姿态为:

① 零倾斜角;

② 零偏航角(相对跑道中心线);

③ 俯仰角为小角度上仰;

④ 很小的下沉率(如不超过 0.6 m/s)。

为达到上述要求,无人机在由下滑飞行到触地前应有一个拉平的过程,即将无人机的姿态由俯冲改为上仰一个小角度,并使下沉率减小到较小数值范围内。着陆过程中无人机的运动轨迹如图 5-8-1 所示。

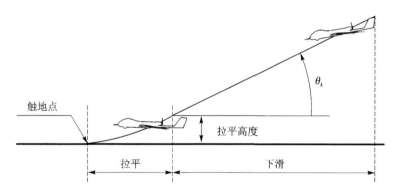

图 5-8-1　无人机着陆轨迹示意图

设无人机在拉平前沿下滑角为 2.5°的下滑线下滑,速度为$U=50$ m/s,则其下降垂直速度为$\dot{H}=U\sin 2.5°=2.18$ m/s。而目前实际允许的着陆接地下降速度为 0.3～0.6 m/s。显然,需要经过一个拉平机动,使无人机在接地前降低下降垂直速度。

在无人机着陆过程中,需要控制无人机相对跑道的侧偏距及偏航角,使无人机地速处于通过跑道中轴线的垂直平面内,并且使航向与跑道轴线方向一致。此外,在无人机接地后还需要修正滑跑过程中的侧偏,这就是所谓滑跑纠偏控制。

2. 着陆下滑高度控制

在下滑段,基于高度控制系统控制无人机跟踪下滑线,达到拉平高度后,控制无人机按照指数规律曲线拉平,使无人机触地瞬间的下沉率达到要求,并具有合适的俯仰角。

为精确跟踪下滑线,在巡航高度控制的基础上引入微分项,如图 5-8-2 所示。所采用的控制律如下:

$$\delta_e = L_\theta\theta + L_{\dot{\theta}}\dot{\theta} + L_H\left[H - H_g(t)\right] + L_{\dot{H}}\dot{H} \qquad (5-8-1)$$

式中,给定高度根据无人机相对着陆点的距离计算。如着陆下滑角为 2.5°,则

$$H_g(t) = L\tan(2.5°) \approx \pi L/72 \qquad (5-8-2)$$

式中,L 为无人机到着陆点的水平距离。

将式(5-8-2)代入式(5-8-1),整理后得

$$\delta_e = L_\theta(\theta - \theta_g) + L_{\dot\theta}\dot\theta = L_\theta\left[\theta - L_H(\pi L/72 - H)/L_\theta + L_{\dot H}\dot H/L_\theta\right] + L_{\dot\theta}\dot\theta$$

$$(5-8-3)$$

显然,有

$$\theta_g = L_H(\pi L/72 - H)/L_\theta - L_{\dot H}\dot H/L_\theta \qquad (5-8-4)$$

上式即为图 5-8-2 中给定俯仰角的表达式。

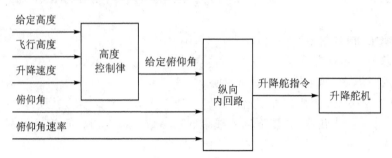

图 5-8-2　下滑高度控制原理框图

3. 着陆拉平控制

拉平控制的目的是将下滑时的垂直速度减小到允许的着陆速度。拉平机动开始后,机头应逐渐抬起。

设计拉平轨迹的思想是:使无人机每个瞬间的下降速度与它当前的高度成比例,即

$$\dot H(t) = -CH(t) = -\frac{1}{\tau}H(t) \qquad (5-8-5)$$

式中,$C = \dfrac{1}{\tau}$。上式可写成

$$\tau\frac{\mathrm{d}H(t)}{\mathrm{d}t} + H(t) = 0 \qquad (5-8-6)$$

若开始拉平时无人机的高度为 H_0,则由上式可解得

$$H(t) = H_0 \mathrm{e}^{-t/\tau} \qquad (5-8-7)$$

可见,拉平时高度按指数规律变化。假定无人机拉平过程中速度基本不变,则无人机拉平飞行经历的距离为

$$l = (U_0\cos\theta_k)t \approx U_0 t \qquad (5-8-8)$$

式中,U_0 为拉平时的飞行速度。由式(5-8-6)~式(5-8-8)可得拉平飞行距离与升降速度、高度之间的关系为:

$$\dot H(l) = \dot H_0 \mathrm{e}^{-\frac{l}{\tau U_0}} \qquad (5-8-9)$$

$$H(l) = H_0 \mathrm{e}^{-\frac{l}{\tau U_0}} \qquad (5-8-10)$$

式中,$\dot H_0$ 为拉平开始时的升降速度。由式(5-8-6)及式(5-8-10)可得

$$l = \tau U_0 \ln\left(-\frac{H_0}{\tau\dot H}\right) \qquad (5-8-11)$$

由上式可看出,要使高度降到零,须 $l \to \infty$,即 $t \to \infty$,这显然是不行的。为此,应使跑道平面高出拉平渐近线 h_c 距离。此时

$$\dot{H} = -\frac{H}{\tau} = -\frac{1}{\tau}(h + h_c) = -\frac{h}{\tau} + \dot{H}_{td} \qquad (5-8-12)$$

式中,h 为无人机相对跑道的高度;$\dot{H}_{td}$ 为规定的无人机接地升降速度。一般取 $\tau = 2 \sim 5$ s,为满足规定的着陆接地下降速度($0.3 \sim 0.6$ m/s),应使 $h_c = 0.6 \sim 3$ m。限制允许的接地升降速度 $\dot{H}_{td}$ 后,拉平距离可按下式计算:

$$l_{td} = \tau U_0 \ln\left(\frac{\dot{H}_0}{\dot{H}_{td}}\right) \qquad (5-8-13)$$

拉平控制可依托高度控制系统进行。为使无人机沿着设计的指数轨迹飞行,给定高度应满足:

$$H_g = H_0 e^{-\frac{l}{\tau U_0}} \qquad (5-8-14)$$

式中,拉平飞行所经历的距离 l 可根据当前位置与开始拉平时的位置求出,而在整个着陆过程中,无人机的位置由差分卫星导航与惯性导航系统构成的组合导航系统测量。假设组合导航系统高度的最大测量误差为 1 m,取 $\tau = 5$ s,并设 $U_0 = 50$ m/s,$H_0 = 18$ m,$\dot{H}_{td} = -0.6$ m/s,由式(5-8-11)可知,实际拉平距离相对理想拉平距离的最大差值为

$$\Delta l_{td} = \max\left(\left| \tau U_0 \ln(1 \pm \Delta h / H_0) \right| \right) \approx 14.3 \text{ m} \qquad (5-8-15)$$

可见,通过给定高度来进行拉平飞行高度控制难以保证下滑轨迹的准确性,当导航系统位置测量噪声较大时,对无人机着陆精度影响很大。如采用载波相位差分卫星导航的无人机,其定位精度达到分米甚至厘米级,则可采用高度控制的方法实现安全、可靠的着陆拉平控制。

在导航精度并不高时,可采用升降速度控制进行拉平,其原理框图如图 5-8-3 所示。升降速度控制的原理与爬升控制的原理类似——通过俯仰角调节无人机速度和爬升角。由于升降速度 $\dot{h}$ 与速度 v 和爬升角 θ_k 之间存在以下关系:

$$\dot{h} = v \sin \theta_k$$

故速度和爬升角改变了,升降速度自然就会发生变化。

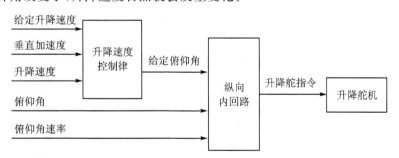

图 5-8-3　升降速度控制原理框图

升降速度控制回路的控制律为

$$\delta_e = L_\theta \theta + L_{\dot{\theta}} \dot{\theta} + L_{\dot{H}}(\dot{H} - \dot{H}_g) + L_{\ddot{H}} \ddot{H} \qquad (5-8-16)$$

5.8.2　无人机自动着陆的横侧向控制

在无人机着陆下滑飞行过程中,横侧向主要控制无人机相对跑道的侧偏距及偏航角,使无人机地速处于通过跑道中轴线的垂直平面内,并且使航向与跑道轴线方向一致。当无人机下

降到跑道上空一个小的高度时,需要将倾斜角改平,以免触地时机翼碰撞地面,这一高度称为滚转改平高度。无人机触地后在跑道上滑跑,需要通过方向舵和差动刹车控制航向、修正侧偏。

1. 着陆下滑中的横侧向控制

着陆下滑过程中,横侧向控制回路的原理如图 5-8-4 所示。侧偏距由副翼进行控制,即通过使无人机倾斜产生侧向力来减小侧偏距。航向角则由方向舵进行控制,通过方向舵的偏转产生绕无人机竖轴的力矩,使无人机转动。

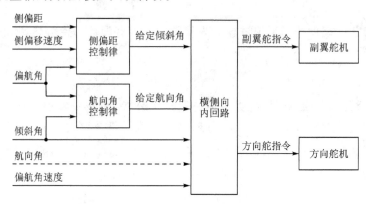

图 5-8-4　着陆下滑中横侧向控制原理框图

着陆下滑横侧向控制回路的控制律为

$$
\begin{cases}
\delta_a = I_{\dot\phi}\dot\phi + I_\phi\phi + I_\psi\Delta\psi + I_y y + I_{\dot y}\dot y \\
\delta_r = K_\psi\Delta\psi + K_{\dot\psi}\dot\psi - K_\phi\phi
\end{cases}
\tag{5-8-17}
$$

式中,$\Delta\psi$ 为偏航角,是无人机实际航向角与理想航向角(跑道中线与真北的夹角)之差。

由式(5-8-17)可知,由侧偏距控制律计算模块输出给横侧向内回路的给定倾斜角为

$$\phi_g = -(I_\psi\Delta\psi + I_y y + I_{\dot y}\dot y)/I_\phi \tag{5-8-18}$$

而航向角控制律计算模块输出给横侧向内回路的给定航向角为

$$\psi_g = \psi - (\Delta\psi - K_\phi\phi/K_\psi) \tag{5-8-19}$$

虽然式(5-8-19)中有航向角 ψ,但在横侧向内回路航向通道控制律计算中 ψ 会被减掉,故图 5-8-4 中航向角信号用虚线连接。

2. 滑跑纠偏控制

滑跑纠偏控制是通过方向舵和差动刹车修正侧偏距和航向误差,其原理如图 5-8-5 所示。

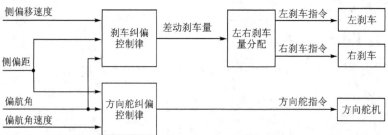

图 5-8-5　滑跑纠偏控制原理图

刹车纠偏控制律和方向舵纠偏控制律为

$$\begin{cases} \delta_b = B_y y + B_{\dot{y}} \dot{y} + B_\psi \Delta\psi \\ \delta_r = F_\psi \Delta\psi + F_{\dot{\psi}} \dot{\psi} + F_y y \end{cases} \qquad (5-8-20)$$

5.9　飞行控制系统的执行机构

执行机构是航空航天器飞行控制系统中一个不可缺少的重要组成部分。它是控制器的一个施力装置,根据控制器的指令产生相应的力或力矩,以操纵飞行器的舵面或推力导向机构,从而使飞行器的姿态或轨迹做相应的变化。

执行机构通常都是一个伺服回路,它由伺服放大器、舵机和反馈元件构成,因此又称舵回路或伺服机构。舵回路中舵机是关键性的组成部件,在有些简单的控制装置中,执行机构就是一个舵机,而没有伺服回路。

飞行器常用的执行机构,依其产生力或力矩的机理可分为电动式、液压式、气动式三种。其中,电动式舵机和液压式舵机在无人机中应用最多。由于控制对象和使用环境的不同,执行机构的具体结构和工作原理各不相同。本章介绍典型的电动舵机和液压舵机的工作原理和结构组成。

5.9.1　电动舵机

电动式舵机以电力为能源,结构简单,使用维护方便,工作可靠,被广泛应用于无人机的飞行控制系统中。

无人机上常用的电动舵机有直流和交流两种形式,它通常由电动机、减速机构、反馈信号装置、输出机构和安全保护装置组成。对于有机械操纵系统的有人驾驶飞机而言,舵机和人的操纵系统通过机械装置连在一起,共同拖动飞机的同一个操纵舵面(升降舵、方向舵或副翼);对于电传操纵系统飞机,通过飞控计算机对人工操纵信号和飞控系统控制信号进行综合,然后控制舵机并操纵舵面。而无人机上没有人工操纵的机械装置,地面人员对无人机的人工操纵指令通过电信号的形式传给飞控系统或直接控制舵机。

电动舵机有两种控制方式:直接式和间接式。直接式控制方式通过电动机直接调速来控制舵面的转速和转向;而在间接式控制方式中,电动机恒速转动,通过控制离合器调速和换向,从而达到控制输出机构转速和转向的目的。

(1) 间接控制式电动舵机

现代无人机上最常用的间接控制式电动舵机是磁粉离合器式舵机,其原理结构如图 5-9-1 所示。

由图 5-9-1 可见,该舵机有以下几个主要组成部分:

① 电动机。图中电机 1 是直流磁滞电动机,它带动齿轮 Z_1 恒速转动。

② 磁粉离合器。它由两个磁粉离合器组成,每个磁粉离合器有主动、从动和固定三个部分。其中一个磁粉离合器主动部分的壳体与齿轮 Z_4 固联,并随电动机一起恒速转动,主动部分内装磁粉和控制绕组。另一个磁粉离合器的主动部分与齿轮 Z_4' 固联,也与电动机一起恒速转动,但转向与 Z_4 相反。磁粉离合器的绕组受伺服放大器输出信号控制,控制信号越大,从动部分的转速越高,其对下一级齿轮的驱动力越强。

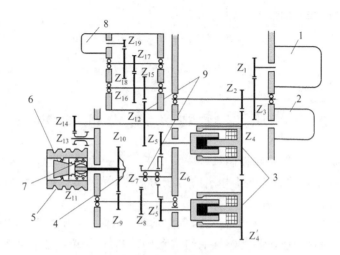

1—磁滞电动机；2—旋转变压器；3—磁粉离合器；4—金属摩擦离合器；

5—鼓轮；6—衔铁与斜盘；7—电磁离合器；8—测速发电机；9—减速齿轮

图 5 - 9 - 1　磁粉离合器式舵机原理图

③ 减速机构。它由齿轮 $Z_5 \sim Z_{10}$ 组成，共有 3 级减速。其作用是将磁粉离合器的高转速运动转变为低转速运动，以获得较大的扭矩。

提示：在功率相同的情况下，速度越低，推力越大。同样，转速越低，扭矩越大。

④ 反馈信号装置。它由测速电机和旋转变压器组成。测速电机输出与舵面偏转角速度成比例的电压信号，旋转变压器则输出与舵偏角成比例的电压信号。

⑤ 鼓轮输出机构。它由输出鼓轮和电磁离合器构成。电磁离合器是用来控制鼓轮与输出齿轮 Z_{10} 连接的一种装置，它解决了人工操纵和自动控制的矛盾。电磁离合器由衔铁、斜盘和电磁线包组成。自动控制时，电磁离合器激磁线包通电，电磁离合器吸合，由衔铁、斜盘机构将鼓轮与电磁离合器固联成一体。同时，电磁离合器的转动轴通过摩擦片离合器与输出齿轮 Z_{10} 连接，使输出鼓轮与输出齿轮 Z_{10} 一起转动。当人工操纵时，电磁离合器线包断电，输出齿轮 Z_{10} 不与鼓轮连接，鼓轮可绕电磁离合器自由转动，舵面改由人工操纵。

⑥ 安全保护装置。该舵机的金属摩擦离合器就是一种安全保护机构。利用金属片之间的摩擦传递力矩，当电磁离合器工作时，输出齿轮 Z_{10} 经金属摩擦离合器带动鼓轮转动。若负载力矩超过某个限制值时，金属片离合器将打滑，从而限制了舵机的最大输出力矩，保护了舵机的安全工作。在紧急情况下，驾驶员可以做强力操纵，确保无人机的安全飞行。如自动飞行控制系统故障，驾驶员在未断开自动控制的情况下，只要所加的操纵力矩超过金属摩擦片离合器的接合力矩，就可强制性地操纵舵面偏转，保证无人机正常飞行。

这种形式的电动舵机的特点是控制功率小、起动快、动态性能好，其舵回路的形式如图 5 - 9 - 2 所示。

(2) 直接控制式电动舵机

直接控制式电动舵机常用的电动机有两相交流异步电动机和直流电动机。

图 5 - 9 - 3 所示为利用两相交流异步电机调速的电动舵机电气原理图，它由两相电动机、离合器、鼓轮输出机构、交流测速机反馈装置等部分组成。该舵机没有舵偏角反馈元件，交流测速机的输出电压与舵面偏转角速度成比例，输出鼓轮的角速度正比于控制信号。离合器和

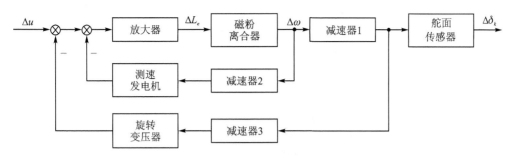

图 5 - 9 - 2　磁粉离合器式电动机的伺服回路原理图

鼓轮组成的输出机构,其功用和间接式舵机的作用完全一样。脉冲调宽-直接力矩电机(PWM - D)构成的直流式直流电动舵机是当前航空飞行器中一种先进的电动执行机构,其原理如图 5 - 9 - 4 所示。由图可见,其基本结构与直接式交流舵机相似。该舵机的信号反馈装置由直流测速机和同步器(或电位计)两部分组成,舵机鼓轮的输出转角与控制信号成比例。这种舵机的突出特点是体积小、输出力矩大、速比宽、调速性能好。

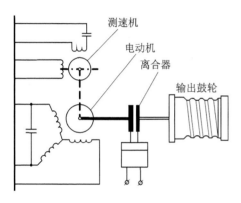

图 5 - 9 - 3　直接式交流舵机原理图

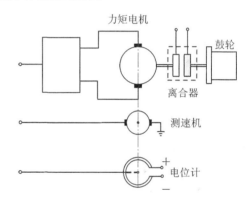

图 5 - 9 - 4　PWM - D 直流电动机原理图

5.9.2　液压式舵机

　　液压式舵机是以高压油为能源的执行机构。与电动舵机相比,液压舵机具有功率增益大、转动惯量小、输出力矩大、运转平稳、快速性好、结构紧凑、重量轻、体积小、灵敏度高、控制功率小、承受负载大等优点,被极为广泛地应用在航空航天飞行器系统中。

　　液压舵机按其运动形式可分为直线式、旋转式和旋摆式。在飞行控制系统中应用最多的是直线运动式液压舵机,本节着重讲述这种形式舵机的结构组成和工作原理。

　　液压舵机是控制系统中的伺服执行机构,它必须依据控制系统的控制指令产生相应的力和力矩,从而拖动被控对象的控制机构(舵面、喷管等)。因此,液压舵机在原理组成上既有舵机的共同点,又有它结构和功能上的特点。

　　液压舵机主要包括电液伺服阀、作动筒和信号反馈装置等部分,如图 5 - 9 - 5 所示。电液伺服阀又称电液信号转换装置,它将控制系统的电指令信号转换成具有一定功率的液压信号。它既是一个功率放大器,又是一个控制液体流量和方向的控制器。电液伺服阀一般包括力矩马达和液压放大器两个主要部分。作动筒又称液压筒或油缸,是舵机的施力机构,主要由筒体和运动活塞组成,而活塞杆与负载相连。信号反馈装置感受活塞的位移或速度变化,并转换成相应的电信号,用来构成伺服舵回路。

作动筒是液压舵机的重要组成部分,它由活塞、活塞杆、筒体和密封圈等组成。作动筒的运动受滑阀控制,以双凸肩滑阀为例,其工作原理如图 5-9-6 所示。作动筒的工作介质为液压油,液压油由滑阀分配。高压油(I_s)由进油管引入滑阀中腔,回油(I_o)管路接入滑阀的左、右两腔。当滑阀处在中立位置时,阀芯的两个凸肩刚好将作动

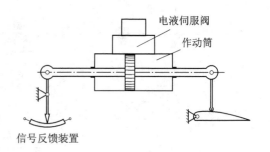

图 5-9-5　液压舵机的原理组成

筒的两个油路堵死,高压油不能进入作动筒的两腔,活塞处在中立位置不动。如果拉动阀芯向左移动一个位置,阀芯凸肩将两油路窗口打开一个相应的面积,使高压油油路与作动筒左腔相通,回油油路与作动筒右腔相通。活塞在两腔压力差作用下向右移动,通过活塞杆推动舵面偏转。活塞移动的速度和推力都与滑阀阀芯移动的位移大小成正比。如果阀芯移动的方向相反(向右),则作动筒的活塞也改变移动方向(向左),而舵面则向相反方向偏转。

实际应用的大多数液压舵机采用三凸肩滑阀,如图 5-9-7 所示,其工作过程与双凸肩滑阀液压舵机相似。当滑阀在中立位置时,阀芯左右两凸肩将高压进油口堵死,中间的凸肩将回油口堵死。因此,作动筒的腔内无高压油流入,保持两腔压力相等,活塞不动。当滑阀向左侧移动一个距离后,左进油口和回油口右侧都被打开一个相应的面积,高压油进入作动筒左腔,回油路连通右腔,从而推动活塞以一定的速度向右移动。如果滑阀向右移动,则活塞运动方向与上述相反。

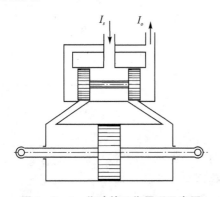

图 5-9-6　作动筒工作原理示意图

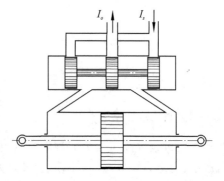

图 5-9-7　三凸肩滑阀作动筒工作过程

5.10　数字式飞行控制系统

数字式飞行控制系统又称飞行计算机控制系统,是指采用数字计算机进行控制律解算的飞行控制系统。飞行控制计算机简称飞控计算机,是数字式飞行控制系统的重要组成部分,主动控制、综合控制与飞行管理都必须采用计算机作为重要部件。

5.10.1　飞行计算机控制问题的提出

自 20 世纪 60 年代产生和发展了模拟式电传飞行控制系统以来,由于计算机技术的发展,

数字式电传飞行控制系统逐步代替了模拟式系统。此外,随着无人机性能不断增强,对飞行控制系统的要求越来越高,模拟式系统已不能适应现代飞行控制系统发展的要求,但这些要求却很容易由数字式系统来实现。

随着飞行控制技术的不断发展及无人机作战的需要,对飞行控制系统功能的要求不断增加,包括直接力控制、颤振抑制、自动导航控制、自动着陆控制等。模拟式飞控系统很难适应上述任务的要求,如果采用数字控制系统(或称计算机控制系统),问题则迎刃而解。大量的飞行状态变量及大气数据、导航参数等信息可以迅速地从子系统的接口实时得到并存贮起来,在应用程序的控制下,计算机可以很方便地处理这些变量及数据,得到整个飞行包线内的最优控制律,使无人机具有较好的飞行品质。

模拟式系统的另一个问题是,如果采用三余度或四余度系统,要想通过监控和余度管理来保证系统的安全,就必须增加很多硬件,随着硬件的增加,自检及系统中部件之间的接口更加复杂,进而使整个系统变得越来越复杂。据统计,如果模拟式系统仅采用单通道完成指定控制功能的电子装置及所需的全部电子装置数均为1,那么采用单故障工作的三余度系统完成指定控制功能的电子装置及全部电子装置要分别增加为2.2及10,如果采用双故障工作的四余度系统,则分别为2.7及25~60。但如果采用数字计算机,余度管理功能可以通过软件实现,系统复杂性的增加主要体现在余度部件和相应接口的增加上。

数字式飞控系统的优点主要有:

① 最能适应高度、速度、机翼外形、操纵状态等变化所引起的无人机气动导数的变化;

② 容易实现复杂的控制规律和系统功能,例如,多维复杂的非线性调参、自动着舰等;

③ 容易实现更高程度的系统综合;

④ 各种功能重复性好;

⑤ 容易实现机内自检测功能;

⑥ 研制过程中灵活性大,控制律的改变可以通过更改软件实现,比更改硬件要容易;

⑦ 系统可靠性高;

⑧ 易于减小尺寸,降低成本。

以美国的 F - 16/A 及 AFTIF - 16 为例。F - 16/A 无人机的模拟式飞控系统与 AFTIF - 16 数字式系统的成本和性能比较曲线如图 5 - 10 - 1 所示。F - 16/A 只包括一种控制模态,而 AFTIF - 16 总共有八种模态可供选择,AFTIF - 16 的性能相比 F - 16/A 有明显的提高。同时,带自监控的三余度系统将比模拟式四余度系统平均无故障工作时间增加 2~6 倍,全周期费用下降 20%。

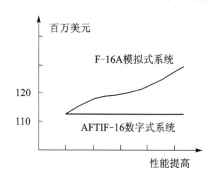

图 5 - 10 - 1　F - 16/A 与 AFTIF - 16 系统比较

还应注意,目前无人机座舱已逐步实现数字化,采用数字计算机的飞控系统通过标准的机内总线,可以更容易地和无人机上的其他航空电子系统进行通信,从而提高了无人机完成空-空、空-地多种作战任务的能力,对于民用无人机,则可以提高其适航能力和经济效益。

无人机的飞行控制技术与有人驾驶飞机是同步的,在某些功能方面(如自动着陆、自动着舰、对敌攻击等),对无人机的飞行控制系统要求更高,因而采用数字式飞行控制系统是必然的。

5.10.2　数字式飞行控制系统的组成与功能

数字式飞行控制系统的种类很多,其功能、组成也各不相同,但就多数系统来说,它的构成大致如图 5-10-2 所示,主要由下述几部分组成:

① 被控飞行器(本书中指无人机)。

② 飞行器运动参数的测量及传感装置,如角速度陀螺、大气数据系统、导航系统等。

③ 数字计算机及其外围通道,这是整个飞控系统的核心,它采集传感器测量的飞行器运动参数,并按指定的控制算法及逻辑产生控制指令,通过执行机构控制无人机的运动。

④ 伺服作动器回路,这是一个电-机变换装置,它将计算机产生的指令信号转换成飞行器的操纵面的机械偏转,以控制飞行器的运动。

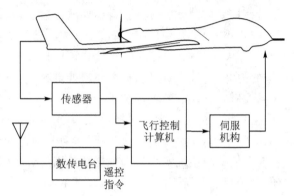

图 5-10-2　数字式飞控系统的构成

现代飞行器控制系统一般可以分成内回路与外回路两部分。内回路主要是控制和操纵无人机的姿态运动,而外回路主要是控制飞行器质心的轨迹运动。

为了保证飞行控制系统的可靠性,目前数字飞行控制系统对软件及硬件都采用冗余技术,构成三余度或四余度系统,即系统中采用三套或四套上述各主要部件,并按一定管理方法使其并联工作。

5.10.3　飞行控制计算机系统的典型结构

1. 飞控计算机主要功能

飞行控制计算机是无人机飞控系统的核心部件,其主要功能如下:

① 采集无人机运动的反馈信号,并对其进行必要的转换与处理;

② 飞行控制系统工作模式的管理与控制;

③ 计算不同工作模式中的控制律,并生成必要的控制指令;

④ 对各种控制指令的输出与管理;

⑤ 对飞控系统中各传感器及伺服作动器进行余度管理;

⑥ 对飞控计算机本身的硬件及软件进行余度管理与检测;

⑦ 完成飞行前地面及飞行中机内对飞控系统各子系统及部件的自动检测;

⑧ 完成与机内其他任务计算机及电子部件信息交换的管理。

2. 飞控计算机通道结构

为了完成上述功能,余度飞行控制计算机每个通道通常是由一些功能模块构成,分别执行各自的任务。由于不同飞控计算机的构成方案不同,功能模块的划分亦不同,但余度计算机所应完成的功能大致是类似的。下边以 X 型无人机的飞控计算机为例,简要介绍每个通道的组成。

X 型飞行控制计算机由两个相同的通道组成,分别装在两个独立的机箱内,每个机箱内又有两个分开的计算机及接口通道,构成了四套并行工作的四余度系统。每个通道按功能可以分成以下四个部分(模块),如图 5 - 10 - 3 所示。

(1) 数字处理部分

主要用于全机管理、控制算法及余度管理算法的计算,它是计算机系统的核心。它一般包含主处理机、不同类型的内部存储器以及 I/O 接口、时钟发生器、中断控制等。

早期,主处理机多为专用的处理机,自从微处理机广泛应用以来,目前多采用各种高水平军用型通用微处理机。

存储器一般有程序存储器 PROM(或EPROM)和随机存储器 RAM。程序存储器用来存贮监控程序,地面、空中的测试程序,余度管理及控制律计算程序等;随机存储器用来作为各种工作单元、堆栈及数据区。为了保存和记忆故障状态等,还应提供

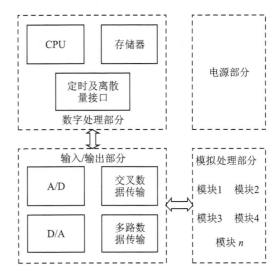

图 5 - 10 - 3　飞控计算机的功能模块框图

非易失性存储器(NVM),用于存放机内自检、恢复要求和故障分析所需的参数等。

I/O 接口主要包括异步串行接收及发送器,定时器及中断控制器,以提供 CPU 与 I/O 设备的数据通信。定时器用于提供时间基准,控制采样周期的执行,中断控制器应提供一定级别的可编程的中断优先级别。

一般数字处理部分中还应包括"看门狗"电路,它是由非程控器件组成的,用于 CPU 故障及计算机监控软件共点故障的检测。此外,还应有奇偶位检测,在机内自检时用来监控暂时存储器。

飞控计算机数字处理部分还包括离散量输入/输出模块,离散量 I/O 多路转换器允许中央处理机同多个离散输入/输出通道进行通信,并受 CPU 控制。

(2) 输入/输出部分

对飞控计算机来说,每个通道的输入/输出部分包括模拟输入/输出模块和余度系统交叉通道数据链模块,此外,在每个机箱的第一个通道里还包括多路传输的接口模块。飞控系统的模拟输入信号可能是交流信号或直流信号(这由传感器的类型决定)。对于直流信号,一般应经过条件化电路处理(电平转换及前置滤波器处理)后,送往多路转换开关按规定的速率进行A/D 变换;对于交流信号,一般应解调成直流信号才能进行 A/D 变换。

计算机的输出信号经过 D/A 变换器送往模拟信号处理部分,经过必要的处理后,作为伺服放大器的输入指令。

多路传输总线接口模块使飞控计算机(FCC)和无人机上的航空电子总线(如 1553B、ARINC429 等总线)相连,以便和机上其他任务计算机及电子设备交换信息。

交叉数据链模块(CCDL)是用来在各余度计算机之间交换信息的。它提供了三个独立的接收机和发送机,一般可采用曼彻斯特 II 码串行传输。各通道的飞控计算机(FCC)通过发送机,以广播发送方式将信息由单一数据通道同时发送到其他通道,每个通道的计算机通过相互独立的三条数据通道接收其他飞控计算机发来的信息。

(3) 模拟处理部分

一般来说,飞控计算机中的模拟处理部分主要是由各种模拟电子部件功能模块组成的,主要作用是为伺服作动器提供一定的模拟指令信号,并对来自数字处理部分或输入/输出部分的信号在存在两个相似故障时提供必要的信号输出,以保证系统安全工作,实现模拟备份作用。

(4) 电源部分

每个通道应从机上接收直流+28 V 电压。电源模块进行电源转换及电压调节,提供飞控系统所需的各种电源。

5.10.4　数字飞控系统软件

1. 飞控软件的组成与功能

一个计算机应用系统的软件一般包括系统软件、支持性软件和应用软件。系统软件是专门用来使用和管理计算机本身的程序,如计算机的监控管理程序、操作系统、计算机调试程序等。应用软件是实现系统具体功能的计算机程序,而支持性软件是指支持软件开发和运行的软件、软件工具和软件环境。这里的飞控软件是指飞控系统的应用软件。

一个多余度数字飞控系统,除了配置必要的硬件外,还必须有相应完善及可靠的软件支持。飞行控制系统软件的具体构成因系统的硬件配置不同而有所不同。对于单一集中计算机系统来说,大致应包括管理执行程序、余度管理模块、控制律计算模块、机内自检测模块、数据处理模块等部分,如图 5-10-4 所示。

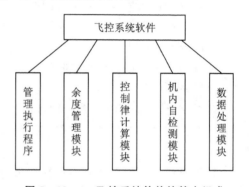

图 5-10-4　飞控系统软件的基本组成

(1) 管理执行程序

管理执行程序的主要功能包括:
① 任务调度;
② 系统工作模态的管理与控制;
③ 中断处理;
④ 各余度计算机之间交叉通道的数据传递;
⑤ 各余度计算机之间的帧频同步。

(2) 余度管理模块

根据余度管理对象,余度管理模块可分为传感器、伺服器、计算机余度管理以及全机余度降级策略和算法计算等模块。

(3) 控制律计算模块

该模块可分为纵向控制律计算、横侧向控制律计算、边界限制计算、外回路控制律计算以及大气数据修正计算、备份模态控制计算等模块。

(4) 机内自检测模块

机内自检测(BIT)模块可分为飞行前地面 BIT 和飞行中 BIT 两种。飞行前 BIT 应包括部件级和系统级 BIT、故障定位、报警逻辑及测试记录等软件。飞行中 BIT 主要包括空中部件级 BIT、故障定位和切换逻辑。飞行中 BIT 是在空中周期地进行,一般多利用后台计算时间完成,因此也称为周期自检测。

（5）数据管理模块

该模块的主要功能是管理飞控系统与机载电子设备的数据交换。它将飞控系统的有关数据传送给其他系统,并将其他系统传送来的数据进行处理,然后传送到相应的模块。

具体的无人机飞控系统各种功能模块应如何划分,与计算机硬件的实现方式、余度管理方案及控制方案有关,但一般都应包括上述各种功能。图 5 - 10 - 5 所示为某型无人机飞行控制程序的顶层框图。

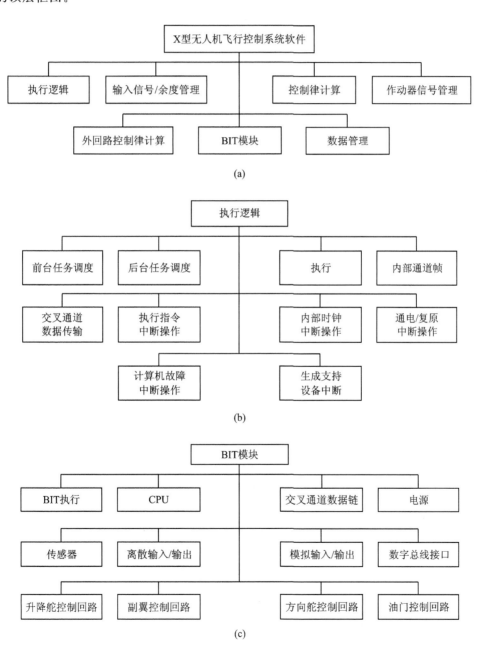

图 5 - 10 - 5　某型无人机飞行控制程序顶层框图

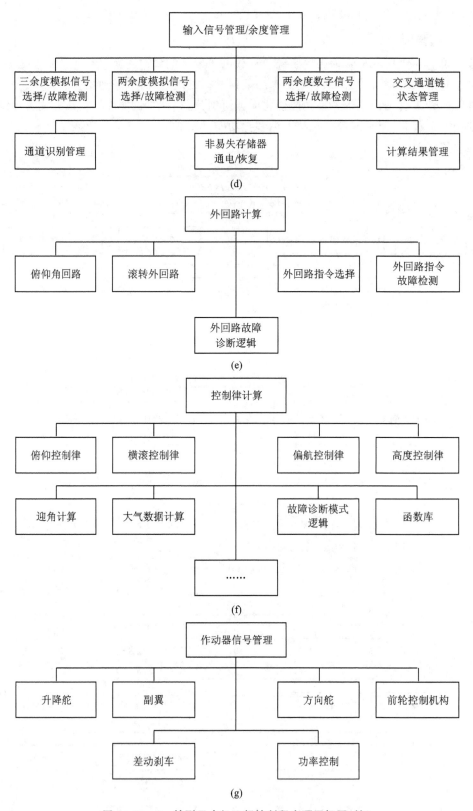

图 5 - 10 - 5　某型无人机飞行控制程序顶层框图(续)

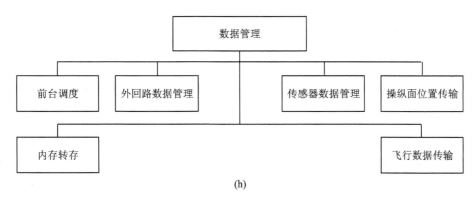

(h)

图 5 - 10 - 5　某型无人机飞行控制程序顶层框图(续)

5.10.5　飞行控制系统的余度技术

与载人飞行器一样,无人机的安全飞行也是至关重要的。无人机安全飞行的关键是飞控系统应工作可靠。在当前的技术条件下,单通道的数字飞控系统无法实现国家军用标准所规定的飞行安全可靠性指标。解决这个问题有两种途径:一种途径是进一步提高元部件的可靠性,但这是有限的;另一种有效的方法就是采用余度技术,即用多重可靠性较低的结构和工作机理相同或相似的元部件组成可靠性较高的系统,一般称这样的系统为冗余系统。目前,国内外采用的飞控系统余度技术大体上可分为单故障-安全式,单故障-工作式,双故障-工作式三种。

1. 基本余度管理

冗余系统可以提高系统可靠性的道理很清楚。图 5 - 10 - 6(a)是一个无余度的单通道系统,显然,系统任一部件出现一次故障,该系统就失效而不能正常工作。如果将系统中每一个部件都改成两套或两套以上相同部件,这就构成了多套性能相同、执行同一使命的多重余度系统,如图 5 - 10 - 6(b)所示。这样,某一部件发生一次故障就只能使

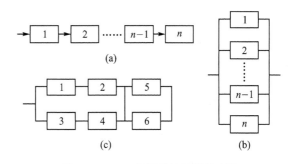

图 5 - 10 - 6　单通道及双通道系统

一个通道失效,而不会使整个系统失效。在余度系统里,除了多重通道外,另一个重要问题是余度管理,即余度系统的各个通道应按什么方式和程序来工作,怎样检测与识别故障,出现各种不同的故障后,系统又怎样处置等。

余度管理的主要问题是信号选择(表决)与故障监控和隔离。

(1) 信号选择(表决)

信号选择的含义是在正常工作和各处故障状态下,从余度通道的信号中选择适宜的信号作为工作信号参与控制。目前常用的表决方法有:

平均值表决法。这是广泛应用的表决器,它的输出是各输入信号的代数平均值,利用软件很容易实现,其缺点是故障瞬态较大。

中值表决法。对于奇数余度通道的系统,中值为自然中值。对于偶数余度通道系统,中值

可以按不同的定义来确定：用次小值作中值（把最大及最小值去掉，在余下的两个中间值中取较小者）；平均中值法（将两个自然中值取平均值），这种方法利用程序实现时稍复杂。

多数表决法。它以"多数通过"的表决原则从余度信号中选出一个作为输出。这种表决法主要用于离散信号的余度管理。

（2）故障监控

故障监控是由监控器实现的一种功能，它能检测并识别有故障的部件及通道，发出监控信号以便执行告警与切换。

飞控系统中的故障有两类：飞行中故障和潜在故障。通常，故障监控主要指飞行中故障监控。故障监控器的一个重要指标是监控覆盖率，它指的是能够识别的故障在全部故障中的百分比。余度系统设计的中心任务就是确保监控覆盖率能够满足给定的安全可靠性指标。

故障监控主要有两种方法：比较监控和自主式监控。比较监控是利用两个相同或相似通道之间的差异来检查和识别故障。自主式监控（自监控）是不用外部的相似数据作基准，而是在监控对象本身建立基准，完全依自身的手段来监控自身的故障。目前，这种方法还不成熟，还不能满足高标准要求，但它与比较监控结合起来，可以改善系统的监控能力。对数字飞控系统而言，计算机的自监控是非常重要的。计算机内的自监控或自检测（BIT）主要包括飞行中的自检测及地面自检测，前者主要对计算机进行检测，后者还要对飞控系统其他部件进行检测。计算机自检测的目的是检测各功能部件工作的正确性及完整性。实现时，一般采用软硬件结合的方法，对关键硬件，如定时器、时钟、存储器、奇偶位校验、电源等，采用硬件监控器，对其他部件可采用软件自监控（自诊断）。目前，主要有处理机自检测（对处理机指令系统，从头至尾检测每条指令的功能是否能正确执行）、存储器自检测、I/O回路自检测、交叉通道的自检测等。

故障监控的另一个问题是故障隔离与切换。它对检测出有故障的通道实现隔离与切换。在故障隔离与切换时，要改变系统的状态，所以还必须确定系统的状态并及时通告驾驶员。这一套余度管理功能，不仅应从部件级还要从系统级设计，且包含有复杂的逻辑设计内容。在数字飞控系统里，主要采用软件隔离与硬件切换（切换装置的可靠性应高于切换部件的可靠性），并应保证切换瞬态满足要求。

组成余度管理系统是一个复杂问题，除上述问题外，还有均衡问题、全套余度管理软件组成问题等。

2. 多余度飞行控制系统的组成

余度系统是执行同一指令或完成同一任务的多重（套）系统，并且应具备如下功能：

① 对系统各组成部分进行监控；

② 对故障部件进行隔离，不使其危及系统的安全运行；

③ 在故障部件隔离后，系统应具有重构的能力，以保证系统继续正常运行。

为了完成上述功能，余度系统应如下配置：

① 余度通道。目前多采用双、三、四重冗余。冗余数的多少，须从系统可靠性指标出发，兼顾体积、重量及费用，同时余度管理方式对它也有很大影响。一般来说，在相同的余度管理方式下，冗余数增多，系统完成任务的可靠性就提高，但相同的冗余数，采用不同的余度管理方式，完成任务的可靠性也会不同。

② 表决/监控面的设置。冗余系统一般是由多重多级冗余部件组成的，应在系统不同的部件上对信号进行监控选择，及时检测出部件级的故障，故应在系统不同位置设置表决/监

控面。

③ 信号传递方式的设置。各余度通道之间的信号
除前台连接传递外,在各通道间还交叉连接,即交叉增
强,这是提高可靠性的重要手段,如图 5 - 10 - 7 所示。
计算表明,完善的交叉增强可以提高可靠性 5～10 倍。

④ 备份通道。为了使飞控系统有极高的安全可靠
性,除主余度通道外,还设有备份通道,以保证余度通道
万一失效后,无人机能安全返航和着陆。

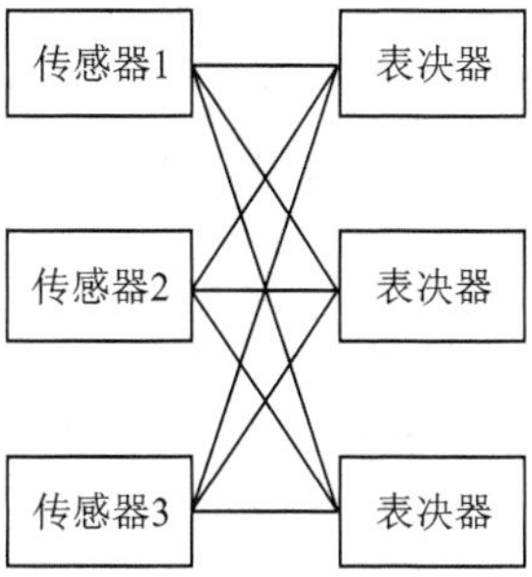

设置表决/监控面应满足如下三条基本要求:

① 可靠性指标要求。分析表明,分级冗余的可靠性
要求高于整机的可靠性,设置表决面就是将系统分级。

图 5 - 10 - 7　三余度系统的交叉传输

所以,增加表决面可以提高可靠性,但过多则使检测部件增加,可靠性的提高也将受到限制;

② 系统及部件单元的故障-工作/安全能力的要求;

③ 系统控制要求。如控制律要求重构,则应对传感器信号设置表决/监控。

小　结

本章介绍了无人机飞行控制系统的工作原理。无人机飞行控制系统可以实现无人机姿
态、航向、高度等运动参数的稳定和控制。在导航系统的配合下,还可进行飞行轨迹和飞行速
度的稳定和控制,实现自动飞行。飞行控制系统一般由测量元件(传感器)、信号处理元件(飞
控计算机)、放大元件和执行机构(各种舵机)组成。完成飞行器姿态、航向和高度稳定与控制
的飞行控制系统往往称为自动驾驶仪。自动驾驶仪的控制律分为比例式控制律和积分式控制
律两种。比例式自动驾驶仪根据期望的运动参数与实际运动参数的偏差控制舵偏角;而积分
式控制律则是根据偏差信号控制舵偏角速率。比例式自动驾驶仪实现简单,但当有常值干扰
力矩时会有静差;而积分式自动驾驶仪可消除静差,但其实现较比例式自动驾驶仪稍复杂一
些。针对某型固定翼飞机,本章介绍了飞控系统主要控制回路的设计方法,并给出了 Simu-
link 仿真结果。

无人机常用的执行机构(舵机)有电动舵机和液压舵机。电动式舵机以电力为能源,结构
简单,使用维护方便,工作可靠。液压式舵机是以高压油为能源的执行机构,与电动舵机相比,
液压舵机具有功率增益大、转动惯量小、输出力矩大、运转平稳、快速性好、结构紧凑、重量轻、
体积小、灵敏度高、控制功率小、承受负载大等优点。

数字式飞行控制系统又称飞行计算机控制系统,是指采用数字计算机进行控制律解算的
飞行控制系统。随着飞行控制系统的功能不断增加、控制算法日趋复杂、对系统工作可靠性的
要求不断提高,采用数字式飞行控制系统成为必然。

思考题

1. 试述无人机飞行控制系统的组成。

2. 飞机纵向运动和横侧向运动各有几种模态? 各运动参数的主要表现特征是什么?

3. 什么是舵回路? 舵回路的基本类型有哪些,各自有何特点?

4. 无人机飞行控制系统包括哪些主要的工作回路,各自的作用是什么?

5. 试画出俯仰角控制系统的基本结构图,并说明该系统的工作过程。

6. 试分析在姿态控制系统中加入角速度反馈信号的作用。

7. 垂直风对无人机的纵向运动有何影响? 试分析阶跃垂直风干扰下飞机俯仰角、迎角、空速等参数的变化过程。

8. 飞行速度控制系统的作用是什么? 飞行速度控制有哪些基本方案?

9. 协调转弯的要求有哪些? 人工操控无人机时,如何通过遥控器实现协调转弯?

10. 何谓协调转弯? 试说明在转弯过程中消除侧滑角的三种办法,并画出控制系统的基本结构图。

11. 试推出在协调转弯控制中偏航角速度与倾斜角的近似关系。

12. 协调转弯时为什么要对俯仰角进行控制,应如何控制?

13. 分析飞机协调转弯中各舵面的作用,并描述各运动参数和舵面的变化过程。

14. 分析高度控制系统修正高度偏差的过程。

15. 试述自动着陆的五个典型阶段及其含义。

16. 数字式飞行控制系统与模拟式飞行控制系统相比有何优缺点?

第6章 无人直升机的飞行控制

无人直升机是指通过无线电遥控飞行或自主控制飞行的可垂直起降不载人飞行器,在构形上属于旋翼飞行器,在功能上属于垂直起降飞行器。无人直升机具有独特的飞行性能及使用价值,随着复合材料、动力系统、传感器、飞行控制等技术的发展,无人直升机得到了迅速发展,成为各国日益关注的焦点。

虽然直升机和固定翼飞行器在控制方式上有明显的不同,但它们都是飞行器,在飞行控制系统的构成和工作原理上还是有很多共同点。从控制角度来看,直升机的旋翼可理解成接收控制信号的执行机构,起着类似于固定翼飞机舵面的作用。

6.1 直升机的基本工作原理

6.1.1 无人直升机的组成

无人直升机系统大体上由直升机本体、导航与控制系统、测控与信息传输分系统以及任务载荷设备等组成。

直升机本体包括旋翼(主桨)、尾梁及尾桨、机体、动力装置(发动机)以及水平安定面、垂直安定面和起落架等,如图 6-1-1 所示。

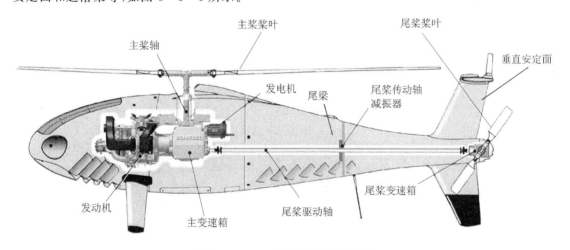

图 6-1-1 一般无人直升机的组成

旋翼和尾桨显示了直升机的结构特点。旋翼是一个单独的系统,也是直升机最重要的组成部分,它肩负着直升机飞行时所需的推进、负重和操控三种功能,其作用有以下几点:

① 产生向上的拉力以克服重力,类似于固定翼飞机机翼的作用;

② 产生向前的水平分力使直升机前进,类似于固定翼飞机的发动机;

③ 产生其他分力及力矩使直升机保持平衡或做机动飞行,类似于固定翼飞机操纵面的作用;

④ 若发动机在空中发生事故停车,可及时操纵旋翼,使其像风车一样自转以产生升力,从而保证安全着陆。

旋翼通过变距机构改变拉力的大小和方向,尾桨配合旋翼稳定和控制航向。在旋翼和尾桨作用下,直升机可以实现垂直上升、下降、悬停、按任意航向水平飞行,进而构成了直升机的各种飞行模态。

对于无人直升机而言,导航和控制系统是必不可少的,主要包括地面控制站、机载姿态传感器、导航设备、机载飞行控制系统等。

测控与信息传输分系统和任务载荷设备与固定翼无人机类似,在此不再赘述。

6.1.2　旋翼系统

1. 旋翼的组成及类型

旋翼系统主要由桨叶和桨毂组成,桨叶是提供力的重要部件。桨叶安装在桨毂上,发动机工作时桨叶与桨毂一起旋转。

旋翼的数目和组成旋翼的桨叶的数目依赖于直升机的尺寸和所需的飞行高度,它们与固定翼飞行器的机翼面积、机翼载荷和机翼性能相当,一般直升机的旋翼由2~6片桨叶组成。

旋翼的类型大致分为铰接式、跷跷板式、无铰接式、无轴承式四种,如图6-1-2所示。

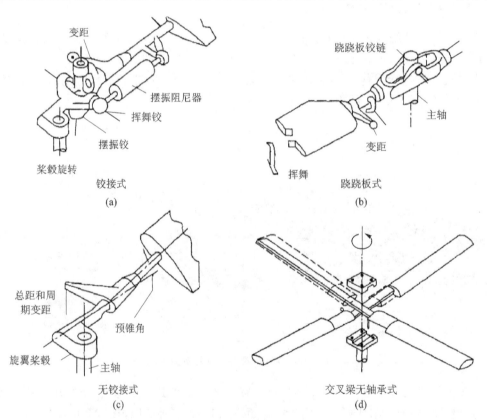

图 6-1-2　主要旋翼类型

铰接式旋翼(又称全铰接式旋翼)是应用广泛的一种旋翼系统,它是通过在桨毂上设置挥舞铰、摆振铰和变距铰使每片桨叶自由地进行挥舞、摆动和改变桨距。摆振铰上带有桨毂减摆器,为桨叶绕摆振铰的摆振运动提供阻尼,以改善桨叶受力情况、延长其使用寿命。同时,减摆器对于防止出现"地面共振",保证其有足够的稳定性裕度也是很必要的。

跷跷板式旋翼通常是指没有单独的挥舞铰和摆振铰,仅安装跷跷板铰链,有挥舞和改变桨距的自由度。与铰接式旋翼相比,跷跷板式旋翼的优点是桨毂构造简单,去掉了摆振铰、减振器,两片桨叶共同的挥舞铰不负担离心力而只传递拉力及旋翼力矩,轴承负荷比较小,没有"地面共振"问题。但是,这种旋翼操纵功效和姿态角速度阻尼比较小,为了加大角速度阻尼,一般都要带机械增稳装置——稳定杆。目前,还没有好的办法来改善操纵功效,因此对于机动性要求较高的直升机,上述缺点就显得很突出。

无铰式旋翼没有挥舞和摆振铰链,只有变距铰。因保留了变距用的轴向铰,这种旋翼也还不是真正的"无铰"。由于保留了承受很大力矩和离心力的变距铰,故其结构重量难以减轻,结构的简化也受到了限制。无铰式旋翼结构的力学特性与直升机飞行力学特性联系更为密切,它会产生一些新的气动力稳定性问题。

无轴承式旋翼就是取消了挥舞铰、摆振铰和变距铰的旋翼,桨叶的挥舞、摆振和变距运动都是通过桨叶根部的柔性构件来完成的。与一般无铰式旋翼相比,无轴承旋翼的重量可减轻。

2. 旋翼基本参数

(1)旋翼直径和半径

旋翼旋转时忽略挥舞,此时桨尖所划圆的直径就是旋翼直径 D,半径为 $R=D/2$,如图 6-1-3 所示。图中,r 为任一桨叶剖面离桨毂中心的半径,e 为铰外伸量。

(2)桨盘面积

旋翼旋转时忽略挥舞,桨叶所划圆的面积称为桨盘面积,如图 6-1-4 所示。用 A 表示桨盘面积,则

$$A=\pi R^2$$

如图 6-1-4 所示,产生拉力对应的桨盘面积(称为有效桨盘面积)并非桨尖所划圆的面积,要扣除桨尖和桨根因产生升力较小或不产生升力造成的等效面积损失。桨盘面积关系到产生的旋翼拉力的大小,一般来说,桨盘面积越大旋翼拉力也越大。

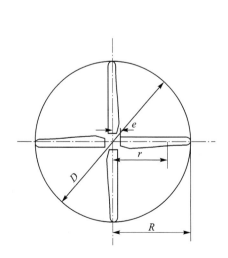

图 6-1-3 旋翼基本参数

图 6-1-4 桨盘面积图

（3）桨盘实度

所有桨叶面积占桨盘面积的比值称为桨盘实度，也称为填充系数。对于矩形桨叶而言，桨盘实度可表示为

$$\sigma = \frac{总桨叶面积}{桨盘面积} = \frac{A_b}{A} = \frac{b \cdot cR}{\pi R^2} = \frac{bc}{\pi R}$$

式中，b 为桨叶片数；c 为桨叶宽度。

直升机的填充系数一般为 $0.03 \sim 0.12$。

（4）旋翼转速

旋翼转速是影响升力的重要参数。在桨叶形状和桨距一定的情况下，转速越高，旋翼产生的拉力越大。

3. 旋翼的基本空气动力特性

旋翼由数片形状相同的桨叶组成，其空气动力是建立在每片桨叶的空气动力基础上的。

当桨叶以一定角速度旋转，直升机以一定速度垂直上升时，每片桨叶都会产生向上的升力和与桨叶旋转方向相反的阻力（称为旋转阻力）。所有桨叶气动力的总和就形成了旋翼的拉力和空气的反作用力矩（或称为反扭矩）。反扭矩会使直升机绕竖轴转动，必须采用一定措施平衡这一力矩。

当直升机前飞或向侧向水平移动时，同一片桨叶在旋转平面的不同位置，相对气流速度的大小和方向是不同的，因而所产生的气动力也不同。若桨叶左旋，直升机前飞，桨叶转到右侧时相对气流速度增大，转到左侧时相对气流速度减小，造成右侧升力比左侧升力大。因此，在桨叶旋转的过程中，桨叶尖部的高度会发现变化，这种运动形式称为桨叶的挥舞运动。

4. 桨叶的挥舞运动

直升机定常垂直飞行或悬停时，桨叶形成一个倒置圆锥，圆锥的锥体轴与旋转轴重合，如图 6-1-5 所示。图中，α_0 称为锥角。

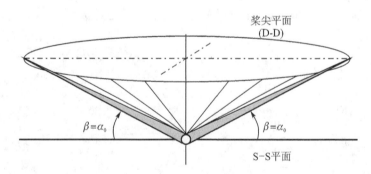

图 6-1-5　桨叶均匀挥舞运动

在直升机匀速垂直飞行时，由于相对气流是轴对称的，桨叶旋转一周过程中其所受的气动力、离心力均不变，任意旋转位置的挥舞角等于锥角，即为均匀挥舞。

若桨叶左旋，当直升机前飞时，桨叶从正后方开始在右侧向左旋转，周向来流速度随桨叶旋转角度的增大而增大，桨叶的拉力也逐渐增大，使桨叶逐渐向上挥舞；桨叶到达最右侧时周向来流速度达到最大，向上挥舞的速度也最大；随后，周向来流速度逐渐减小，挥舞速度也不断减小，但桨叶仍在向上挥舞；当桨叶旋转至最前方时，其挥舞速度减小为零，桨叶尖部达到最高

位置;随后,桨叶旋转至左侧,周向来流速度继续减小,挥舞速度为负,桨叶向下挥舞;在桨叶到达最左侧时,周向来流速度最小,挥舞速度也最小[1];随后周向来流速度增大,挥舞速度向上增大,虽然桨叶仍向下挥舞,但挥舞速度的绝对值在减小;当桨叶旋转到正后方,挥舞速度为零,挥舞角达到最小。

综上所述,若桨叶左旋,当直升机前飞时,旋翼的挥舞既向后倒又向左侧倒,如图 6-1-6 所示。

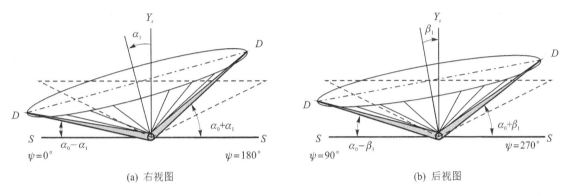

(a) 右视图　　　　　　　　　　　　　　(b) 后视图

图 6-1-6　前飞时桨叶的挥舞运动

5. 前进比与轴向来流速度系数

直升机的前进比(用 μ 表示)用来描述直升机平行于构造平面的速度相对于翼尖切向线速度的大小。显然悬停时 $\mu=0$,前飞速度越大,μ 值越大,直升机最大的 μ 值一般为 0.4,故 $0\leqslant\mu\leqslant0.4$。

轴向来流速度系数(用 λ 表示)也称流入比,为轴向来流速度与翼尖切向线速度之比。

6.2　无人直升机的操纵原理

6.2.1　无人直升机稳定与操纵的基本概念

无人直升机在飞行过程中的平衡是通过飞行控制系统控制旋翼和尾桨,使作用于直升机的诸力及绕重心的诸力矩之和为零,从而保持某个定常飞行状态,此时称直升机处于平衡状态。

稳定性是指在飞行中原来处于平衡状态的直升机,若偶然受到干扰(如突风)破坏了力及力矩的平衡而偏离原来状态,当干扰消失后,直升机能自动恢复原来的平衡状态的能力。若干扰消失后直升机能自动恢复原来的平衡状态,则认为它是稳定的;反之,若直升机越来越偏离原来的状态,则认为是不稳定的。若直升机停留在干扰消失时的偏离状态上,则称其中性稳定。

静稳定性是指直升机受到扰动后是否自动产生恢复力和恢复力矩。动稳定性是指直升机受到扰动后的全过程,即动态性能,往往以直升机恢复到原来状态所需的时间来度量。

对无人直升机的操纵可以通过遥控设备进行,也可由机载飞行控制系统完成。所谓操纵,

---

[1] 此时的速度值为负,即向下的挥舞。速度值最小,向下挥舞的速度绝对值最大。

是指直升机原来处于平衡状态,当控制旋翼、尾桨的舵机接受飞控计算机的指令工作后,旋翼、尾桨的拉力发生变化,进而改变了直升机的飞行状态,建立起新的平衡状态。无人直升机的操纵性是指通过舵机对旋翼、尾桨进行控制,进而改变施加于直升机的力和力矩后,直升机完成机动飞行的能力。

直升机的平衡及控制,主要是通过保持(对平衡而言)或改变(对控制而言)旋翼的空气动力合力的大小和方向以及尾桨的空气动力的大小来实现的。旋翼产生的气动合力可分解为旋翼拉力、侧向力和纵向力。垂直飞行或悬停状态下,旋翼气动力大致与地面垂直。显然,改变旋翼气动合力的大小,可使直升机升降或悬停。如果使旋翼气动合力左右倾斜,即改变旋翼的侧向力,直升机便产生滚转运动及侧向偏移;如果使旋翼气动合力前后倾斜,即改变旋翼的纵向力,直升机便产生俯仰运动,以改变直升机的前飞速度。

在旋翼旋转的同时,机体会受到来自旋翼反作用力矩的作用,该力矩试图使直升机以与旋翼旋转相反的方向转动,所以需要尾桨的拉力使机体的航向力矩平衡,从而使直升机保持一定的航向飞行。改变尾桨拉力的大小,即可实现直升机航向的变化。

总之,直升机是通过旋翼和尾桨的操纵来实现升、降、悬停、前飞、后飞、左右侧飞、左右转弯等飞行。

6.2.2　无人直升机的操纵机构

无人直升机的操纵机构根据机上飞控计算机的指令对旋翼系统、尾桨及发动机进行控制和调节,从而实现对无人直升机飞行状态的稳定与控制,无人直升机的操纵机构包括旋翼操纵机构、尾桨操纵机构和发动机油门调节机构。

1. 旋翼操纵机构

改变直升机旋翼的气动合力有两种方式:

① 直接控制,即直接改变旋翼轴的方向,从而改变旋翼气动合力的方向。这种控制方法适用于小型直升机,对重量较大的直升机来说构造困难。

② 间接控制,即通过自动倾斜器的倾斜,周期性地改变桨叶的桨距,从而改变旋翼的气动合力的方向。这种控制方式因实现简单而被广泛使用。

旋翼操纵机构包括自动倾斜器、变距舵机和拉杆组件,三个舵机控制纵向周期变距、横向周期变距和总距,如图 6-2-1 所示。

自动倾斜器由滑筒、导筒、内环、外环、旋转环、操纵摇臂等组成。滑筒套在导筒的外面,可沿导筒上下滑动。滑筒通过一对轴销与内环联系,外环通过一对轴销与内环联系,两对轴销相互垂直,外环可以向任意方向倾斜。外环与旋转环之间有轴承,而旋转环通过变距拉杆与桨叶相连。旋翼转动时,通过与桨毂相连的拨杆带动旋转环及变距拉杆一起转动。

变距舵机有三套,分别控制自动倾斜器横向倾斜(左右)、纵向倾斜(前后)和上下滑动,这样,在自倾斜器倾斜一定角度的情况下,桨叶的桨距随旋转方位的不同而变化,实现了旋翼气动合力方向的改变。自动倾斜器的上下滑动使所有桨叶的桨距角(称为总距角)同时变大或变小,从而增大或减小旋翼气动合力的大小,使直升机上升或下降。

2. 尾桨操纵机构

尾桨操纵机构对尾桨进行控制,通过改变尾桨拉力的大小实现航向的稳定与控制。

尾桨操纵机构由舵机、滑动操纵杆、桨距拉杆等组成。尾桨舵机通过传动装置使滑动操纵杆沿尾桨转动轴方向移动,并通过桨距拉杆带动尾桨桨叶改变桨距。

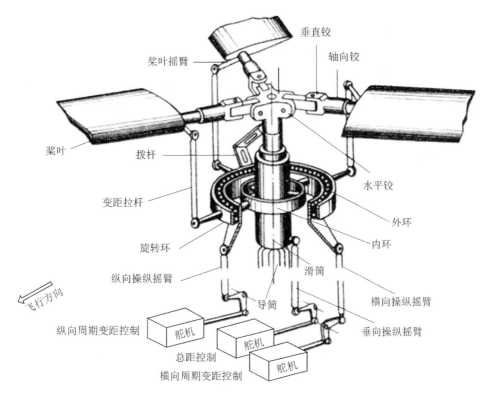

图 6 - 2 - 1　无人直升机旋翼的操纵机构

3. 油门调节机构

发动机油门调节机构通过控制发动机油门的开启度,实现对发动机驱动力的控制。

在对总距进行控制时,要求发动机的输出功率做相应的改变,以使旋翼转速接近于常值。因此,总距和油门需要进行协调控制。

6.2.3　无人直升机的操纵特点

同固定翼无人机一样,要改变飞行状态,无人直升机上的各力和各力矩的平衡关系应做改变。

直升机在悬停状态时,其旋翼拉力通过直升机重心,拉力等于重力,力和力矩都达到平衡。

直升机向前飞行时,除挥舞后的旋翼锥体向前倾斜外,机身也随之向前倾斜。当旋翼系统的自动倾斜器在舵机作用下向前倾斜,旋翼锥体就会向前倾斜一个角度,旋翼拉力也就随之向前倾斜。拉力倾斜后有两个作用,一是拉力的水平分量使直升机向前加速,二是拉力对重心形成下俯力矩,使直升机下俯,从而使拉力更加倾斜。当直升机下俯到要求的位置时,应使自动倾斜器的倾斜角度减小至较小的数值,以使俯仰力矩平衡。由于直升机前飞时旋翼会向后倾倒,自动倾斜器应保持一定的前倾角度才能使直升机稳定前飞。另外,当直升机前飞时,旋翼左旋的直升机旋翼会向左倾斜,从而使直升机左倾。因此,自动倾斜器向前倾斜的同时还要向右倾斜一定角度。

直升机尾桨的拉力是用来平衡旋翼的反作用力矩的,但这也会造成直升机因侧向有拉力而向左或向右移动。为此,应使自动倾斜器根据旋翼的旋转方向向左或向右倾斜,从而使旋翼产生侧向拉力与尾桨的拉力平衡。

思考：

假定直升机旋翼左旋，那么：

① 悬停时直升机会向哪个方向移动？

② 应使自动倾斜器向哪个方向倾斜才能使旋翼的侧向拉力与尾桨拉力平衡？

由于直升机旋翼拉力的增大是靠增大桨距而获得的，而旋翼的桨距有一定的范围，这个范围还要为前飞时的挥舞运动和自动倾斜器的操纵留出一定余量，这就决定了直升机不可能做急剧的机动飞行。

由以上分析可知，直升机的操纵是比较困难的。

6.3　直升机的数学模型

6.3.1　直升机受力分析

除了重力以外，作用于直升机上的力和力矩主要是旋翼、尾桨、平尾和机身的气动力和气动力矩。

1. 旋翼的气动力和气动力矩

旋翼旋转后产生拉力和扭力矩。在直升机运动过程中，旋翼锥体会倾倒，拉力沿机体系纵轴、横轴和竖轴都有分量，这些分量的大小与纵向变距、横向变距和总距成比例关系。用 x，y，z 分别表示机体纵轴（向前为正）、横轴（向右为正）和竖轴（向下为正），如图 6-3-1 所示。图中，θ 为俯仰角，ϕ 为倾斜角，F_G 为重力。

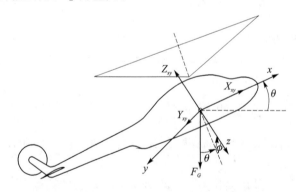

图 6-3-1　直升机机体坐标系及旋翼拉力

旋翼拉力在三个机体轴的分量分别用 X_{xy}，Y_{xy}，Z_{xy} 表示。旋翼拉力沿三个机体轴的分量相对直升机重心会产生力矩，分别用 L_{xy}，M_{xy}，N_{xy} 表示，其中，N_{xy} 包含了旋翼的扭力矩即旋翼阻转力矩。

旋翼的气动力和气动力矩的大小通过纵向周期变距、横向周期变距和总距调节。

2. 尾桨的气动力和气动力矩

尾桨与旋翼的不同之处是没有垂直铰和自动倾斜器，故可把它称为无周期变距的构造平面与机体参考面平行的小旋翼。

在尾桨桨叶半径、旋转角速度一定的情况下，尾桨的拉力与其桨距成正比。尾桨拉力在三个机体轴的分量分别用 X_{wj}，Y_{wj}，Z_{wj} 表示，其中，沿横轴的拉力 Y_{wj} 起主要作用。

尾桨拉力相对重心会产生绕竖轴的力矩，用 N_{wj} 表示。尾桨气动力矩在纵轴和横轴的分

量用 L_{wj}，M_{wj} 表示。为平衡旋翼的扭力矩，尾桨气动力矩 N_{wj} 应与旋翼扭力矩的方向相反，由此可确定尾桨拉力的方向。

思考：假定直升机旋翼右旋，当直升机悬停时尾桨拉力的方向指向左侧还是右侧？

与旋翼类似，尾桨旋转时也会产生阻转力矩（已包含在 M_{wj} 中），该力矩与旋翼的阻转力矩（扭力矩）成正比。

3. 平尾的气动力及气动力矩

直升机平尾起水平安定面作用，位于尾梁后段。在飞行过程中，平尾会产生升力和阻力（纵向和侧向两个方向都可能有阻力）。平尾的气动力分别用 X_{pw}，Y_{pw}，Z_{pw} 表示，气动力的大小与飞行速度、平尾形状及其安装角有关。

平尾气动力会造成绕机体轴的力矩，用 L_{pw}，M_{pw}，N_{pw} 表示。

4. 机身的气动力及气动力矩

在直升机运动过程中，其机身同样会产生气动力和气动力矩，大小与飞行速度、机身形状有关。

用 X_{js}，Y_{js} 和 Z_{js} 分别表示沿纵轴、横轴和竖轴的气动力。作用于机身的气动力对重心所构成的横滚、俯仰及偏航力矩分别用 L_{js}，M_{js} 和 N_{js} 表示。

5. 直升机合力与合力矩

由上分析，最终可列出作用在直升机上的力与力矩如下：

$$\begin{cases} X = X_{xy} + X_{wj} + X_{pw} + X_{js} + X_G \\ Y = Y_{xy} + Y_{wj} + Y_{pw} + Y_{js} + Y_G \\ Z = Z_{xy} + Z_{wj} + Z_{pw} + Z_{js} + Z_G \\ L = L_{xy} + L_{wj} + L_{pw} + L_{js} \\ M = M_{xy} + M_{wj} + M_{pw} + M_{js} \\ N = N_{xy} + N_{wj} + N_{pw} + N_{js} \end{cases} \qquad (6-3-1)$$

式中，X_G，Y_G，Z_G 分别是直升机有俯仰与滚转运动时，重力 F_G 在三个机体轴上的分量。其中

$$\begin{cases} X_G = -F_G \sin \theta \\ Y_G = F_G \sin \phi \cos \theta \\ Z_G = F_G \cos \phi \cos \theta \end{cases} \qquad (6-3-2)$$

6.3.2　直升机的运动方程

假定直升机为一刚体，并作如下假定：忽略直升机弹性变形的影响；不考虑地球自转与公转的影响，将地球坐标系作为惯性坐标系，并忽略水平面曲率；假设重力加速度不随飞行高度变化。

直升机作为六自由度刚体，当沿直升机三轴的力 X，Y，Z 及绕三轴的力矩 L，M，N 均为零时，直升机的线加速度为零（悬停或做匀速直线运动），转动角加速度为零（绕某轴匀速转动）。否则，将产生加速度或角加速度运动。当其线运动和角运动同时存在时，还将产生与角速度及线速度相关的加速度。

根据牛顿力学，在直升机所受的力、力矩及其质量和质量分布特点（体现为转动惯量、惯性积）的基础上所建立的动力学方程和运动学方程，称为直升机的全量运动方程，其特点是非线性和参数时变。为便于分析直升机的运动特性、设计直升机飞行控制系统，一般需要运用小扰

动线性化方法对全量运动方程进行线性化。

　　直升机的运动分为基准运动和扰动运动。所谓基准运动是指直升机按照某设计意图,以一定规律进行的运动。扰动运动是指在外来干扰或控制作用下,直升机在原基准运动的基础上进行的增量运动。直升机的增量运动量与外界扰动量或控制量成线性关系,所以小扰动运动是增量线性化运动。事实证明,运用小扰动法分析直升机的稳定性与操纵性,既可使研究的问题简化,又具有足够的准确度。

　　将直升机的姿态变化量 $\Delta\phi$,$\Delta\theta$,$\Delta\psi$,角速度变化量 Δp,Δq,Δr 和速度变化量 Δu,Δv,Δw 等作为被控量。以 $\Delta\delta_e$,$\Delta\delta_a$,$\Delta\delta_r$,$\Delta\delta_c$ 分别表示旋翼纵向周期变距、横向周期变距、尾桨桨距及旋翼总距对应舵机的输出量。则直升机在机体轴系下的增量线性状态方程为

$$H\Delta\dot{X} = F\Delta X + M\Delta\delta \qquad (6-3-3)$$

取状态变量

$$\Delta X = \begin{bmatrix} \Delta u & \Delta v & \Delta w & \Delta\theta & \Delta\phi & \Delta\psi & \Delta q & \Delta p & \Delta r \end{bmatrix}^{\mathrm{T}}$$

控制变量

$$\Delta\delta = \begin{bmatrix} \Delta\delta_e \\ \Delta\delta_a \\ \Delta\delta_r \\ \Delta\delta_c \end{bmatrix}$$

则各状态系数阵为

$$H = \begin{bmatrix} X_{\dot{u}} & X_{\dot{v}} & X_{\dot{w}} & X_q & X_p & X_r & 0 & 0 & 0 \\ Y_{\dot{u}} & Y_{\dot{v}} & Y_{\dot{w}} & Y_q & Y_p & Y_r & 0 & 0 & 0 \\ Z_{\dot{u}} & Z_{\dot{v}} & Z_{\dot{w}} & Z_q & Z_p & Z_r & 0 & 0 & 0 \\ L_{\dot{u}} & L_{\dot{v}} & L_{\dot{w}} & L_q & L_p & L_r & L_{\dot{q}} & L_{\dot{p}} & L_{\dot{r}} \\ M_{\dot{u}} & M_{\dot{v}} & M_{\dot{w}} & M_q & M_p & M_r & M_{\dot{q}} & M_{\dot{p}} & M_{\dot{r}} \\ N_{\dot{u}} & N_{\dot{v}} & N_{\dot{w}} & N_q & N_p & N_r & N_{\dot{q}} & N_{\dot{p}} & N_{\dot{r}} \\ 0 & 0 & 0 & 1 & 0 & 0 & 0 & 0 & 0 \\ 0 & 0 & 0 & 0 & 1 & 0 & 0 & 0 & 0 \\ 0 & 0 & 0 & 0 & 0 & 1 & 0 & 0 & 0 \end{bmatrix} \qquad (6-3-4)$$

$$F = \begin{bmatrix} X_u & X_v & X_w & X_\theta & X_\phi & X_\psi & 0 & 0 & 0 \\ Y_u & Y_v & Y_w & Y_\theta & Y_\phi & Y_\psi & 0 & 0 & 0 \\ Z_u & Z_v & Z_w & Z_\theta & Z_\phi & Z_\psi & 0 & 0 & 0 \\ L_u & L_v & L_w & L_\theta & L_\phi & L_\psi & 0 & 0 & 0 \\ M_u & M_v & M_w & M_\theta & M_\phi & M_\psi & 0 & 0 & 0 \\ N_u & N_v & N_w & N_\theta & N_\phi & N_\psi & 0 & 0 & 0 \\ 0 & 0 & 0 & 0 & 0 & 0 & 1 & 0 & 0 \\ 0 & 0 & 0 & 0 & 0 & 0 & 0 & 1 & 0 \\ 0 & 0 & 0 & 0 & 0 & 0 & 0 & 0 & 1 \end{bmatrix} \qquad (6-3-5)$$

$$\boldsymbol{M} = \begin{bmatrix} X_{\delta_e} & X_{\delta_a} & X_{\delta_r} & X_{\delta_c} \\ Y_{\delta_e} & Y_{\delta_a} & Y_{\delta_r} & Y_{\delta_c} \\ Z_{\delta_e} & Z_{\delta_a} & Z_{\delta_r} & Z_{\delta_c} \\ L_{\delta_e} & L_{\delta_a} & L_{\delta_r} & L_{\delta_c} \\ M_{\delta_e} & M_{\delta_a} & M_{\delta_r} & M_{\delta_c} \\ N_{\delta_e} & N_{\delta_a} & N_{\delta_r} & N_{\delta_c} \\ 0 & 0 & 0 & 0 \\ 0 & 0 & 0 & 0 \\ 0 & 0 & 0 & 0 \end{bmatrix} \qquad (6-3-6)$$

在小扰动线性化假设下认为

$$\begin{cases} \Delta\dot{\theta} = \Delta q \\ \Delta\dot{\phi} = \Delta p \\ \Delta\dot{\psi} = \Delta r \end{cases}$$

将式(6-3-3)化为标准形式的直升机小扰动线性化状态方程,则

$$\Delta\dot{\boldsymbol{X}} = \boldsymbol{H}^{-1}\boldsymbol{F}\Delta\boldsymbol{X} + \boldsymbol{H}^{-1}\boldsymbol{M}\Delta\boldsymbol{\delta} \qquad (6-3-7)$$

简化表达为

$$\Delta\dot{\boldsymbol{X}} = \boldsymbol{A}\Delta\boldsymbol{X} + \boldsymbol{B}\Delta\boldsymbol{\delta} \qquad (6-3-8)$$

其中,系数阵 $\boldsymbol{A} = \boldsymbol{H}^{-1}\boldsymbol{F}$,控制阵 $\boldsymbol{B} = \boldsymbol{H}^{-1}\boldsymbol{M}$。

若忽略以下气动导数:X_v,$X_{\dot{w}}$,Y_u,$Y_{\dot{w}}$,$Z_{\dot{u}}$,$Z_{\dot{v}}$,L_u,L_v,$L_{\dot{w}}$,L_q,L_r,M_u,$M_{\dot{v}}$,$M_{\dot{w}}$,$M_{\dot{r}}$,M_p,N_u,$N_{\dot{v}}$,$N_{\dot{w}}$,N_q,N_p,则式(6-3-8)中的 $\boldsymbol{A}$,$\boldsymbol{B}$ 阵可分别写为

$$\boldsymbol{A} = \begin{bmatrix} \dfrac{X_u}{X_{\dot{u}}} & \dfrac{X_v}{X_{\dot{u}}} & \dfrac{X_w}{X_{\dot{u}}} & \dfrac{X_\theta}{X_{\dot{u}}} & \dfrac{X_\phi}{X_{\dot{u}}} & \dfrac{X_\psi}{X_{\dot{u}}} & -\dfrac{X_q}{X_{\dot{u}}} & -\dfrac{X_p}{X_{\dot{u}}} & -\dfrac{X_r}{X_{\dot{u}}} \\[2.2ex] \dfrac{Y_u}{Y_{\dot{v}}} & \dfrac{Y_v}{Y_{\dot{v}}} & \dfrac{Y_w}{Y_{\dot{v}}} & \dfrac{Y_\theta}{Y_{\dot{v}}} & \dfrac{Y_\phi}{Y_{\dot{v}}} & \dfrac{Y_\psi}{Y_{\dot{v}}} & -\dfrac{Y_q}{Y_{\dot{v}}} & -\dfrac{Y_p}{Y_{\dot{v}}} & -\dfrac{Y_r}{Y_{\dot{v}}} \\[2.2ex] \dfrac{Z_u}{Z_{\dot{w}}} & \dfrac{Z_v}{Z_{\dot{w}}} & \dfrac{Z_w}{Z_{\dot{w}}} & \dfrac{Z_\theta}{Z_{\dot{w}}} & \dfrac{Z_\phi}{Z_{\dot{w}}} & \dfrac{Z_\psi}{Z_{\dot{w}}} & -\dfrac{Z_q}{Z_{\dot{w}}} & -\dfrac{Z_p}{Z_{\dot{w}}} & -\dfrac{Z_r}{Z_{\dot{w}}} \\[2.2ex] 0 & 0 & 0 & 0 & 0 & 0 & 1 & 0 & 0 \\[1ex] 0 & 0 & 0 & 0 & 0 & 0 & 0 & 1 & 0 \\[1ex] 0 & 0 & 0 & 0 & 0 & 0 & 0 & 0 & 1 \\[1ex] \dfrac{M_u}{M_{\dot{q}}} & \dfrac{M_v}{M_{\dot{q}}} & \dfrac{M_w}{M_{\dot{q}}} & \dfrac{M_\theta}{M_{\dot{q}}} & \dfrac{M_\phi}{M_{\dot{q}}} & \dfrac{M_\psi}{M_{\dot{q}}} & -\dfrac{M_q}{M_{\dot{q}}} & -\dfrac{M_p}{M_{\dot{q}}} & -\dfrac{M_r}{M_{\dot{q}}} \\[2.2ex] \dfrac{L_u}{L_{\dot{p}}} & \dfrac{L_v}{L_{\dot{p}}} & \dfrac{L_w}{L_{\dot{p}}} & \dfrac{L_\theta}{L_{\dot{p}}} & \dfrac{L_\phi}{L_{\dot{p}}} & \dfrac{L_\psi}{L_{\dot{p}}} & -\dfrac{L_q}{L_{\dot{p}}} & -\dfrac{L_p}{L_{\dot{p}}} & -\dfrac{L_r}{L_{\dot{p}}} \\[2.2ex] \dfrac{N_u}{N_{\dot{r}}} & \dfrac{N_v}{N_{\dot{r}}} & \dfrac{N_w}{N_{\dot{r}}} & \dfrac{N_\theta}{N_{\dot{r}}} & \dfrac{N_\phi}{N_{\dot{r}}} & \dfrac{N_\psi}{N_{\dot{r}}} & -\dfrac{N_q}{N_{\dot{r}}} & -\dfrac{N_p}{N_{\dot{r}}} & -\dfrac{N_r}{N_{\dot{r}}} \end{bmatrix}$$

$$(6-3-9)$$

$$\boldsymbol{B} = \begin{bmatrix} \dfrac{X_{\delta_e}}{X_{\dot{u}}} & \dfrac{X_{\delta_a}}{X_{\dot{u}}} & \dfrac{X_{\delta_r}}{X_{\dot{u}}} & \dfrac{X_{\delta_c}}{X_{\dot{u}}} \\[2mm] \dfrac{Y_{\delta_e}}{Y_{\dot{v}}} & \dfrac{Y_{\delta_a}}{Y_{\dot{v}}} & \dfrac{Y_{\delta_r}}{Y_{\dot{v}}} & \dfrac{Y_{\delta_c}}{Y_{\dot{v}}} \\[2mm] \dfrac{Z_{\delta_e}}{Z_{\dot{w}}} & \dfrac{Z_{\delta_a}}{Z_{\dot{w}}} & \dfrac{Z_{\delta_r}}{Z_{\dot{w}}} & \dfrac{Z_{\delta_c}}{Z_{\dot{w}}} \\[2mm] 0 & 0 & 0 & 0 \\ 0 & 0 & 0 & 0 \\ 0 & 0 & 0 & 0 \\[1mm] \dfrac{M_{\delta_e}}{M_{\dot{q}}} & \dfrac{M_{\delta_a}}{M_{\dot{q}}} & \dfrac{M_{\delta_r}}{M_{\dot{q}}} & \dfrac{M_{\delta_c}}{M_{\dot{q}}} \\[2mm] \dfrac{L_{\delta_e}}{L_{\dot{p}}} & \dfrac{L_{\delta_a}}{L_{\dot{p}}} & \dfrac{L_{\delta_r}}{L_{\dot{p}}} & \dfrac{L_{\delta_c}}{L_{\dot{p}}} \\[2mm] \dfrac{N_{\delta_e}}{N_{\dot{r}}} & \dfrac{N_{\delta_a}}{N_{\dot{r}}} & \dfrac{N_{\delta_r}}{N_{\dot{r}}} & \dfrac{N_{\delta_c}}{N_{\dot{r}}} \end{bmatrix} \qquad (6-3-10)$$

为简化起见，令 $X_u^{\dot{u}} = \dfrac{X_u}{X_{\dot{u}}}$，表示纵向速度 u 变化而引起纵向加速度 $\dot{u}$ 的变化；令 $M_u^{\dot{q}} = \dfrac{M_u}{M_{\dot{q}}}$，表示纵向速度 u 变化而引起的俯仰角加速度 $\dot{q}$ 的变化；令 $X_{\delta_e}^{\dot{u}} = \dfrac{X_{\delta_e}}{X_{\dot{u}}}$，表示纵向周期变距舵机输出量 δ_e 变化而引起的纵向线加速度 $\dot{u}$ 的变化；令 $\dfrac{M_{\delta_e}}{M_{\dot{q}}} = M_{\delta_e}^{\dot{q}}$，表示纵向周期变距舵机输出量 δ_e 变化而引起的俯仰角速度 $\dot{q}$ 的变化；其他依次类推。于是，可将 $\boldsymbol{A}$，$\boldsymbol{B}$ 阵写成如下形式：

$$\boldsymbol{A} = \begin{bmatrix} X_u^{\dot{u}} & X_v^{\dot{u}} & X_w^{\dot{u}} & X_\theta^{\dot{u}} & X_\phi^{\dot{u}} & X_\psi^{\dot{u}} & -X_q^{\dot{u}} & -X_p^{\dot{u}} & -X_r^{\dot{u}} \\ Y_u^{\dot{v}} & Y_v^{\dot{v}} & Y_w^{\dot{v}} & Y_\theta^{\dot{v}} & Y_\phi^{\dot{v}} & Y_\psi^{\dot{v}} & -Y_q^{\dot{v}} & -Y_p^{\dot{v}} & -Y_r^{\dot{v}} \\ Z_u^{\dot{w}} & Z_v^{\dot{w}} & Z_w^{\dot{w}} & Z_\theta^{\dot{w}} & Z_\phi^{\dot{w}} & Z_\psi^{\dot{w}} & -Z_q^{\dot{w}} & -Z_p^{\dot{w}} & -Z_r^{\dot{w}} \\ 0 & 0 & 0 & 0 & 0 & 0 & 1 & 0 & 0 \\ 0 & 0 & 0 & 0 & 0 & 0 & 0 & 1 & 0 \\ 0 & 0 & 0 & 0 & 0 & 0 & 0 & 0 & 1 \\ M_u^{\dot{q}} & M_v^{\dot{q}} & M_w^{\dot{q}} & M_\theta^{\dot{q}} & M_\phi^{\dot{q}} & M_\psi^{\dot{q}} & -M_q^{\dot{q}} & -M_p^{\dot{q}} & -M_r^{\dot{q}} \\ L_u^{\dot{p}} & L_v^{\dot{p}} & L_w^{\dot{p}} & L_\theta^{\dot{p}} & L_\phi^{\dot{p}} & L_\psi^{\dot{p}} & -L_q^{\dot{p}} & -L_p^{\dot{p}} & -L_r^{\dot{p}} \\ N_u^{\dot{r}} & N_v^{\dot{r}} & N_w^{\dot{r}} & N_\theta^{\dot{r}} & N_\phi^{\dot{r}} & N_\psi^{\dot{r}} & -N_q^{\dot{r}} & -N_p^{\dot{r}} & -N_r^{\dot{r}} \end{bmatrix} \qquad (6-3-11)$$

$$\boldsymbol{B} = \begin{bmatrix} X_{\delta_e}^{\dot{u}} & Y_{\delta_e}^{\dot{v}} & Z_{\delta_e}^{\dot{w}} & 0 & 0 & 0 & M_{\delta_e}^{\dot{q}} & L_{\delta_e}^{\dot{p}} & N_{\delta_e}^{\dot{r}} \\ X_{\delta_a}^{\dot{u}} & Y_{\delta_a}^{\dot{v}} & Z_{\delta_a}^{\dot{w}} & 0 & 0 & 0 & M_{\delta_a}^{\dot{q}} & L_{\delta_a}^{\dot{p}} & N_{\delta_a}^{\dot{r}} \\ X_{\delta_r}^{\dot{u}} & Y_{\delta_r}^{\dot{v}} & Z_{\delta_r}^{\dot{w}} & 0 & 0 & 0 & M_{\delta_r}^{\dot{q}} & L_{\delta_r}^{\dot{p}} & N_{\delta_r}^{\dot{r}} \\ X_{\delta_c}^{\dot{u}} & Y_{\delta_c}^{\dot{v}} & Z_{\delta_c}^{\dot{w}} & 0 & 0 & 0 & M_{\delta_c}^{\dot{q}} & L_{\delta_c}^{\dot{p}} & N_{\delta_c}^{\dot{r}} \end{bmatrix}^{\mathrm{T}} \quad (6\text{-}3\text{-}12)$$

6.3.3　直升机的运动模态

由式(6-3-8)可知,反映全面运动的小扰动方程是 9×9 的矩阵方程,其相应的微分方程为 9 阶,因此它具有 9 个特征根,它们分别代表一定的运动特性,显示出不同的运动模态。

以某型直升机为例,在低高度前飞状态,速度为 22 m/s,前进比 $\mu=0.1$ 的状态下,此时方程(6-3-8)的 $\boldsymbol{A}$ 阵与 $\boldsymbol{B}$ 阵将为

$$\boldsymbol{A} =$$

$$\begin{bmatrix} -0.025\,8 & -0.027\,2 & -0.006\,5 & -0.170\,9 & 0.000\,0 & -0.009\,7 & 0.010\,2 & -0.004\,9 & 0.002\,3 \\ 0.007\,1 & -0.073\,3 & 0.045\,5 & 0 & 0.170\,9 & 0 & -0.004\,8 & -0.010\,1 & -0.381\,1 \\ -0.140\,2 & -0.005\,4 & -0.558\,1 & 0 & 0.009\,7 & 0 & 0.384\,4 & -0.000\,8 & -0.000\,1 \\ 0 & 0 & 0 & 0 & 0 & 0 & 1.000\,0 & 0 & 0 \\ 0 & 0 & 0 & 0 & 0 & 0 & 0 & 1.000\,0 & 0 \\ 0 & 0 & 0 & 0 & 0 & 0 & 0 & 0 & 1.000\,0 \\ 1.240\,3 & 0.605\,5 & -1.242\,5 & 0 & 0.001\,6 & 0 & -0.975\,7 & 0.312\,6 & 0.000\,9 \\ 1.099\,3 & -3.508\,7 & 11.636\,1 & 0 & 0.000\,2 & 0 & -1.298\,1 & -2.970\,9 & -0.015\,9 \\ -0.566\,7 & 1.432\,9 & -0.963\,5 & 0 & 0 & 0 & 0.421\,5 & 0.176\,6 & -0.091\,8 \end{bmatrix}$$

$$\boldsymbol{B} = \begin{bmatrix} 0.074\,0 & 0 & 0 & 0.046\,2 \\ -0.008\,3 & 0.063\,2 & -0.061\,4 & 0.016\,4 \\ 0.088\,7 & 0.010\,1 & 0 & -0.061\,81 \\ 0 & 0 & 0 & 0 \\ 0 & 0 & 0 & 0 \\ 0 & 0 & 0 & 0 \\ -5.562\,7 & 0.372\,6 & -0.191\,1 & -0.053\,65 \\ -2.430\,1 & 18.40\,2 & -1.664\,2 & 0.419\,4 \\ 0.093\,1 & -0.111\,5 & 8.454\,5 & 4.200\,1 \end{bmatrix}$$

上述直升机 9 个特征根在复平面中的分布如图 6-3-2 所示。

由图可知,直升机具有以下典型模态特性。

(1) 纵向短周期模态

在纵向小扰动运动方程的诸特征根中,大复根所代表的模态称为纵向短周期模态。图 6-3-3 相应的两根为 $S_{1,2}=-1.097\pm0.658\mathrm{j}$。主要特征为迎角和俯仰角均呈短周期、衰减快的振荡,直升机在该短周期运动内速度变化小。

(2) 纵向长周期模态

在纵向小扰动运动中,以小复根所代表的运动模态称为纵向长周期模态。图 6-3-2 相应的两根为 $S_{3,4}=0.035\pm0.435\mathrm{j}$。主要特征为飞行速度和迎角均呈缓慢的长周期变化,典型

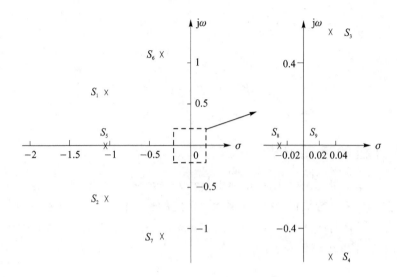

图 6 - 3 - 2　直升机小扰动运动方程特征根分布

周期为 $10 \sim 30$ s，且往往呈现不稳定而发散，倍幅时间为 $4 \sim 5$ s。

（3）侧向滚转收敛模态

在侧向小扰动运动方程的诸特征根中，大实根所代表的运动模态称为侧向滚转收敛模态。相应的根为 $S_5 = -1.057$。主要特征是滚转角和滚转角速度呈现衰减快的非周期运动。

（4）侧向荷兰滚模态

在侧向小扰动运动方程的诸特征根中，复根所代表的运动模态称为侧向荷兰滚模态。例如相应的两根为 $S_{6,7} = -0.35 \pm 1.098\mathrm{j}$。主要特征是滚转角、侧滑角和偏航角呈现频率较高的周期性振荡。

（5）螺旋模态

在侧向小扰动运动方程的诸特征根中，小实根所代表的运动模态称为螺旋模态。例如相应的根为 $S_8 = -0.030$。主要特征是非周期的缓慢滚转和偏航运动，具有螺旋运动特性。

（6）航向随遇平衡模态

零根 $S_9 = 0$ 所代表的运动模态，它具有航向随遇平衡的特性。例如在外干扰作用（包括控制作用）下，它显示航向以积分形式偏离。当外干扰或控制消除后，则停止在干扰或控制消除时的位置。故称随遇平衡模态。

直升机全面运动小扰动方程及特征根表明：直升机工作存在不稳定性，且四个通道之间的耦合较为严重。为了方便工程设计与分析，往往首先不计全面运动方程（6 - 3 - 8）中纵侧向之间的气动耦合元素，人为地处理成纵侧向独立的状态方程。

不计纵侧向之间的气动耦合，小扰动线性化后的纵向运动方程为

$$\Delta \dot{u} = X_u^{\dot{u}} \Delta u + X_w^{\dot{u}} \Delta w + X_\theta^{\dot{u}} \Delta \theta - X_q^{\dot{u}} \Delta q + X_{\delta_e}^{\dot{u}} \delta_e + X_{\delta_c}^{\dot{u}} \delta_c \qquad (6 - 3 - 13)$$

$$\Delta \dot{w} = Z_u^{\dot{w}} \Delta u + Z_w^{\dot{w}} \Delta w + Z_\theta^{\dot{w}} \Delta \theta - Z_q^{\dot{w}} \Delta q + Z_{\delta_e}^{\dot{w}} \delta_e + Z_{\delta_c}^{\dot{w}} \delta_c \qquad (6 - 3 - 14)$$

$$\Delta \dot{q} = M_u^{\dot{q}} \Delta u + M_w^{\dot{q}} \Delta w + M_\theta^{\dot{q}} \Delta \theta - M_q^{\dot{q}} \Delta q + M_{\delta_e}^{\dot{q}} \delta_e + M_{\delta_c}^{\dot{q}} \delta_c \qquad (6 - 3 - 15)$$

小扰动线性化后的侧向运动方程为

$$\dot{\Delta v} = Y_v^{\dot{v}} \Delta v + Y_\phi^{\dot{v}} \Delta \phi + Y_\psi^{\dot{v}} \Delta \psi - Y_p^{\dot{v}} \Delta p - Y_r^{\dot{v}} \Delta r + Y_{\delta_a}^{\dot{v}} \delta_a + Y_{\delta_r}^{\dot{v}} \delta_r \quad (6-3-16)$$

$$\dot{\Delta p} = L_v^{\dot{p}} \Delta v + L_\phi^{\dot{p}} \Delta \phi + L_\psi^{\dot{p}} \Delta \psi - L_p^{\dot{p}} \Delta p - L_r^{\dot{p}} \Delta r + L_{\delta_a}^{\dot{p}} \delta_a + L_{\delta_r}^{\dot{p}} \delta_r \quad (6-3-17)$$

$$\dot{\Delta r} = N_v^{\dot{r}} \Delta v + N_\phi^{\dot{r}} \Delta \phi + N_\psi^{\dot{r}} \Delta \psi - N_p^{\dot{r}} \Delta p - N_r^{\dot{r}} \Delta r + N_{\delta_a}^{\dot{r}} \delta_a + N_{\delta_r}^{\dot{r}} \delta_r \quad (6-3-18)$$

6.4　无人直升机的增稳系统

直升机作为控制对象与固定翼飞机相比有更复杂的动力学特性。除了应考虑机体的六自由度运动以外,还必须考虑旋翼及尾桨相对于机身的旋转以及桨叶的挥舞运动。这些决定了直升机具有较差的稳定性与操纵性。因此与固定翼飞机相比,直升机需要采用增稳系统、控制增稳系统、自动飞行控制系统等,以改善稳定性和飞行品质。

有人驾驶直升机的控制增稳系统是在增稳系统的基础上,增加敏感驾驶杆和脚蹬杆力传感器或杆位移传感器及指令模型,实现在提高直升机稳定性的同时改善操纵性。对于无人直升机而言,人工操纵的驾驶杆和脚蹬由遥控器取代。与有人机的控制增稳类似,机上数据传输设备接收到遥控指令后,飞控计算机按一定模型对遥控指令信号进行处理,并与增稳系统输出指令综合,然后驱动舵机进行变距控制。

6.4.1　直升机结构图形式数学模型

由方程(6-3-13)~(6-3-15)可建立以结构图形式表示的直升机纵向运动数学模型和相应的增稳系统模型,如图6-4-1、图6-4-2所示。图6-4-1为纵向俯仰通道气动模型及俯仰增稳系统结构图,图6-4-2为纵向高度通道气动模型及高度增稳系统结构图。

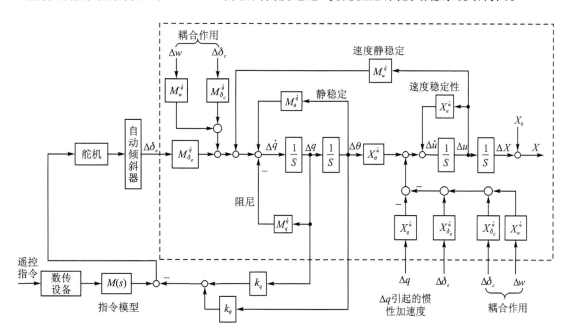

图 6-4-1　纵向俯仰通道气动模型及俯仰增稳系统结构图

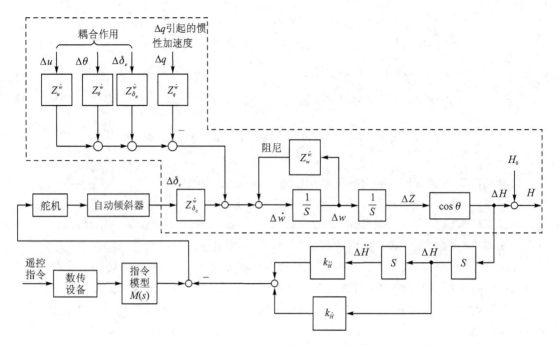

图 6-4-2 纵向高度通道气动模型及高度增稳系统结构图

由方程(6-3-16)~(6-3-18)可建立由结构图形式表示的直升机侧向运动数学模型，并在此基础上建立相应的增稳系统。图 6-4-3 为侧向的横滚通道气动模型及其增稳系统结构图，图 6-4-4 为侧向的航向通道气动模型及航向增稳系统结构图。

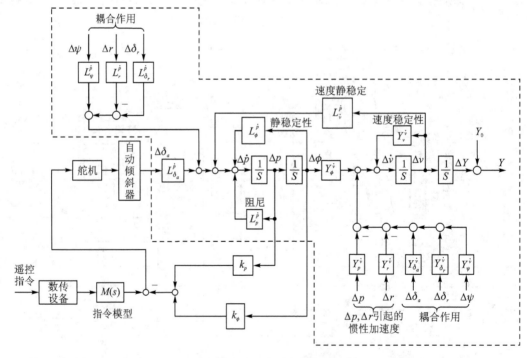

图 6-4-3 侧向横滚通道气动模型及横滚增稳系统结构图

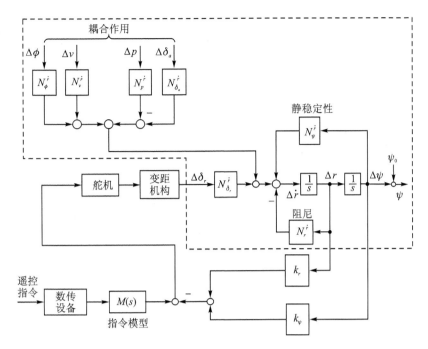

图 6 - 4 - 4　侧向航向通道气动模型及航向增稳系统结构图

6.4.2　增稳系统工作原理

早期的直升机多采用机械稳定,如贝尔稳定杆、霍尼韦尔稳定杆、洛克希德稳定杆等。这种稳定装置主要适用于小型及跷跷板式旋翼直升机。由于稳定杆不能在整个飞行包线内提供足够的稳定裕度,且稳定杆及其联动装置又增加了旋翼阻力,所以这种稳定装置迅速被具有电子反馈的增稳系统所替代。

直升机的增稳系统包括俯仰增稳系统、横滚增稳系统、偏航增稳系统和高度增稳系统,

1. 俯仰增稳系统

图 6 - 4 - 1 中俯仰增稳系统中的角速率 k_q 反馈以并联反馈的形式弥补直升机中阻尼力矩系数 $M_q^{\dot q}$ 的不足,角位移 k_θ 反馈以并联反馈的形式弥补直升机俯仰运动静稳定力矩系数 $M_\theta^{\dot q}$ 的不足。

2. 横滚增稳系统

图 6 - 4 - 3 中,横滚控制增稳系统中的 k_p 反馈以并联反馈的形式弥补直升机中横滚阻尼力矩系数 $L_p^{\dot p}$ 的不足,k_ϕ 反馈以并联反馈的形式弥补直升机横滚稳定力矩系数 $L_\phi^{\dot p}$ 的不足。

3. 偏航增稳系统

图 6 - 4 - 4 中,偏航控制增稳系统中的 k_r 反馈以并联反馈的形式弥补直升机偏航阻尼力矩系数 $N_r^{\dot r}$ 的不足,而 k_ϕ 反馈以并联反馈的形式弥补偏航稳定力矩系数 $N_\phi^{\dot r}$ 的不足。

4. 高度增稳系统

图 6 - 4 - 2 中,高度增稳系统中的 $k_{\dot H}$ 反馈弥补直升机 Z 轴方向的速度稳定性导数 $Z_w^{\dot w}$ 的不足。而 $k_{\ddot H}$ 反馈可增加 $\dot H$ 稳定系统的阻尼。

由以上分析可知,无人直升机相当于是一架通过电子反馈进行增稳后的等效直升机。

由于直升机的俯仰、横滚及航向增稳系统一般都采用对应各轴的角速度和角位移反馈,它们相当于在根轨迹 s 平面中增加一个具有相位提前补偿作用的零点,使增稳后的等效直升机的特征根分布得到改善。对于输出为 $\Delta \dot{H}$ 的高度增稳系统,$k_{\dot{H}}$ 及 $k_{\ddot{H}}$ 反馈也相当于在根轨迹 s 平面中增加一个零点,以改善直升机总距通道的动态特性。

6.5　无人直升机自动飞行控制系统

虽然直升机的旋翼起着升力、推进与操纵机构的作用,使直升机的控制方式不同于定翼机,但从控制的角度,旋翼可理解成接受控制信号的执行机构,起着类似于定翼机控制舵面的作用,直升机纵向周期变距的作用相当于定翼机的升降舵,横向周期变距相当于定翼机的副翼,而尾桨相当于方向舵。通过改变旋翼的挥舞运动,可完成对飞行高度、纵向与横向通道的控制。因此可以将定翼机的控制方法运用到直升机上。当然,直升机与定翼机在控制上还是有一些不同,如直升机高度的控制可以只改变旋翼的总距,而定翼机是通过升降舵进行控制的。

6.5.1　直升机自动飞行控制的一般结构

图 6-5-1 所示为直升机自动飞行控制的一般结构,它由 4 个通道组成,俯仰与横滚姿态系统 $FCS|_\theta$ 和 $FCS|_\phi$ 为纵向速度控制系统 $FCS|_u$ 及侧向速度控制系统 $FCS|_v$ 的内回路,而速度控制系统与导航系统构成纵向和侧向轨迹控制系统;总距通道构成高度控制系统 $FCS|_H$;尾桨通道构成航向角控制系统。

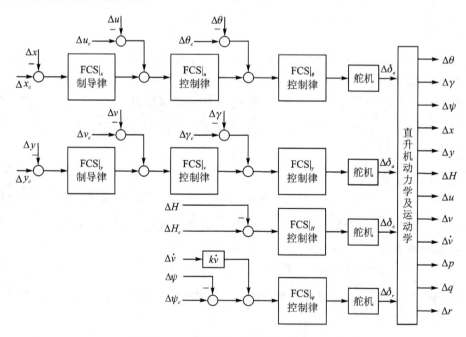

图 6-5-1　直升机飞控系统一般结构图

根据自动飞行任务管理要求,由自动飞行一般结构图可构建出各种自动飞行模式。

6.5.2　各种模态一般控制律

1. 三轴姿态保持模态

三轴姿态保持一般具有如图 6-5-2 所示结构。

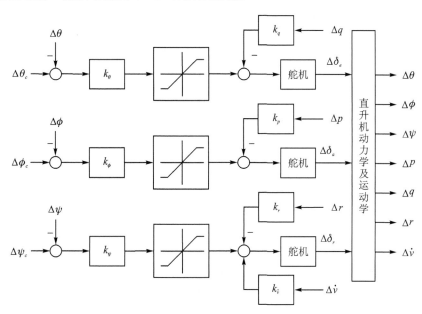

图 6-5-2　直升机三轴姿态保持与控制结构图

由图可见,无人直升机姿态控制系统的控制律在姿态角、姿态角速度反馈上与固定翼无人机是相同的,只是航向通道除了引入了航向角、偏航角速度反馈外,还引入了侧向加速度信号 $\Delta\dot{v}$,其目的是消除侧滑。

当飞行速度与直升机参考面之间有夹角即存在侧滑时,此时速度在机体横轴方向一定会有分量,也就是说,侧滑和侧向速度是同时存在的。

在直升机等速直线飞行时,侧滑并不一定产生侧向加速度,但有侧向加速度时,一定会有侧向速度,也就意味着会产生侧滑。

与固定翼飞机一样,直升机要实现协调转弯,必须满足式(5-4-12)的要求,即

$$\begin{cases} L\cos\phi = mg \\ L\sin\phi = m\dot{\psi}v \end{cases} \tag{6-5-1}$$

式中,L 为旋翼拉力;mg 为重力;v 为地速。在机体横轴方向的重力分量为

$$F_{gy} = mg\sin\phi \tag{6-5-2}$$

而向心加速度在横轴的分量为

$$a_y = \text{sign}(\phi)\dot{\psi}v\cos\phi \tag{6-5-3}$$

相应的惯性力为

$$F_{ly} = -\text{sign}(\phi)m\dot{\psi}v\cos\phi \tag{6-5-4}$$

当直升机处于协调转弯状态时,有

$$F_{ly} + F_{gy} = 0 \tag{6-5-5}$$

此时在横轴方向的比力分量为零,侧向加速度计的输出为零。

当直升机在转弯过程中有侧滑时,向心加速度引起的惯性力在横轴上的分量 F_{1y} 的数值大于(外侧滑时)或小于(内侧滑时)重力在横轴上的分量 F_{gy} 的数值,此时侧向加速度计会有输出。从侧向加速度计输出的比力扣除掉重力加速度分量即得到侧向加速度。需要指出,侧向加速度是加速度沿横轴方向的分量。若飞控系统没有独立的加速度计,需要惯导系统向飞控计算机输出侧向加速度信号。

综上,直升机无论是等速直线飞行还是转弯,只要侧向加速度计有输出,就意味着存在侧滑。根据侧向加速度的大小和方向(正负)适当调节尾桨的桨距,即可通过改变直升机航向消除侧滑。

2. 空速保持模态

空速保持模态是在俯仰姿态系统的基础上构成的,如图 6-5-3 所示,通过控制直升机的姿态角达到控制纵向飞行速度的目的。空速保持模态工作时,其他通道应处于姿态保持状态。

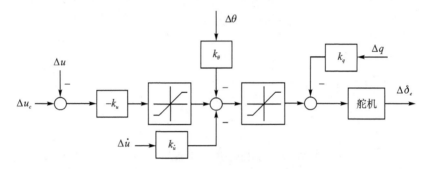

图 6-5-3 直升机速度保持模态控制原理图

3. 地速保持模态

地速保持模态是指相对地面的纵向速度和侧向速度保持不变,它是在俯仰通道和横滚通道的基础上构成的。纵向地速保持的原理与空速保持模态基本相同,只是控制信号为地速。侧向地速保持的原理也和纵向地速保持相同,它通过控制直升机的倾斜角达到控制侧向飞行速度的目的。

4. 自动悬停模态

自动悬停模态的内回路由俯仰与横滚姿态系统构成,与地速保持模态时的俯仰与横滚姿态系统相一致;自动悬停模态的外回路由速度控制系统构成,它与地速保持模态的结构相一致,只是控制律的参数有变化。

5. 高度保持模态

当空速大于某一值后,可采用如图 6-5-4 所示的气压高度保持模态,通过控制总距实现高度的稳定。

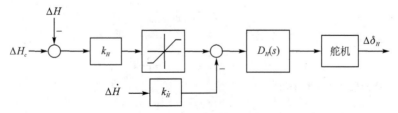

图 6-5-4 直升机高度保持原理图

无线电高度保持模态的结构与气压高度保持模态相同,只是工作范围离地面较近,在精度上更高。

6. 航向保持模态

航向保持模态根据航向偏差的大小有两种形式。

当航向有较大偏差时,通过控制横向周期变距 $\Delta\delta$,使飞机滚转,改变飞行航迹偏转角;而尾桨通道起航向协调作用,当有侧滑时,根据侧向加速度信号使机头偏转,以消除侧滑。

当航向偏差较小时,直接控制尾桨使机头偏转,同时引入侧向加速度信号,有利于消除侧滑。

7. 自动区域导航模态

自动区域导航模态的控制结构与航向保持模态的第一种形式一致,导航信息以航向偏差指令信号的形式加入系统。

8. 垂直速度保持模态

当要求直升机以恒定的垂直升降速度飞行时,系统工作在垂直速度保持模态。该模式的原理如图 6-5-5 所示。

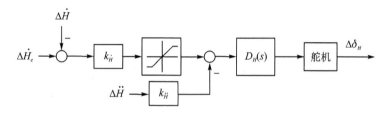

图 6-5-5　垂直速度保持模态原理图

小　结

本章介绍了无人直升机的飞行控制。

无人直升机本体包括旋翼(主桨)、尾梁及尾桨、机体、动力装置(发动机)以及水平安定面、垂直安定面和起落架等。旋翼通过变距机构改变拉力的大小和方向,尾桨配合旋翼稳定和控制航向。在旋翼和尾桨作用下,直升机可以实现垂直上升、下降、悬停、按任意航向水平飞行,进而构成了直升机的各种飞行模态。

虽然直升机的旋翼起着升力、推进与操纵机构的作用,使直升机的控制方式不同于定翼机,但从控制的角度,旋翼可理解成接受控制信号的执行机构,起着类似于定翼机控制舵面的作用,直升机纵向周期变距的作用相当于定翼机的升降舵,横向周期变距相当于定翼机的副翼,而尾桨相当于方向舵。通过改变旋翼的挥舞运动,可完成对飞行高度、纵向与横向通道的控制。

无人直升机自动飞行控制由 4 个通道组成:俯仰与横滚姿态系统为纵向速度控制系统及侧向速度控制系统的内回路,而速度控制系统与导航系统构成纵向和侧向轨迹控制系统;总距通道构成高度控制系统;尾桨通道构成航向角控制系统。

思考题

1. 试述直升机和定翼机在飞行操纵方面有哪些异同？
2. 无人直升机如何实现前飞、侧飞和协调转弯？
3. 当无人机存在侧滑时，是否一定有侧向加速度，为什么？
4. 试述直升机保持悬停的操纵过程。
5. 如何操纵直升机进行水平直线飞行？

第7章　飞行控制与管理系统

飞行控制与管理系统是无人机系统的重要组成部分,是无人机机载各子系统的控制与管理中心。无人机飞行控制与管理系统有三大主要功能:飞行控制、飞行管理、任务设备管理,也就是说,飞行控制与管理系统是在前述飞行控制系统的基础上,加入飞行管理和任务管理功能形成的一个功能强大的系统。飞行控制主要包括:飞行姿态控制、飞行轨迹控制、起飞/着陆控制。飞行管理主要包括:遥控/遥测管理、电气系统管理、动力装置管理、起落架及刹车管理、飞行安全性管理、地面检测管理、航点的装订与修改、飞行性能管理等。任务设备管理主要包括对于合成孔径雷达等任务设备的管理。本章以某型无人机为基础,介绍飞行控制与管理系统的功能及组成。

7.1　飞行控制与管理系统的一般功能与组成

7.1.1　系统主要功能

1. 飞行控制

飞行自动控制是飞行控制与管理系统的核心功能,包括姿态控制、飞行轨迹控制、起飞/着陆控制等方面。

三轴姿态稳定与控制是对俯仰、横滚姿态和偏航角进行稳定和控制。

飞行轨迹控制包括高度稳定与控制、侧向偏离控制、速度稳定与控制以及爬升、下降控制。

起飞/着陆控制一般是具有自主起降功能的无人机才具备,包括起飞滑跑控制、起飞拉起控制、着陆侧向控制、着陆下滑/拉平/滑跑控制。

2. 飞行管理

飞行管理功能主要包括以下几个方面:

① 无人机状态参数及机载设备参数的采集与处理。

② 航线预置、编辑及回家航线的自动生成。

③ 飞行控制管理,包括飞行控制模态切换管理及飞行控制指令/控制参数软化与限幅处理两个方面。

④ 动力系统、电气系统、起落架系统、机载测控终端的状态监控与管理。

⑤ 遥控指令接收与处理,包括遥控数据接收、指令有效性判断、指令处理和指令转发。

⑥ 遥测数据的收集与发送,包括任务设备、动力子系统、电气子系统和导航系统参数的收集,飞控子系统参数收集以及遥测数据打包发送。

⑦ 应急控制。

3. 任务设备管理

根据地面遥控指令实施对各种任务设备的控制。

4. 遥控飞行

地面飞行控制人员(也称飞行操作手、飞控手)通过地面控制台和数据链操纵无人机舵面,以控制无人机的飞行。

5. 检测控制与管理

检测控制与管理主要包括飞控子系统的自检测控制、机载设备自检测、惯性导航系统地面初始化等。系统自检测包括维护自检测（MBIT）、上电自检测（PUBIT）、飞行前自检测（PBIT）、飞行自检测（IFBIT）等。

如图 7-1-1 所示，对一个设备的电路（简称被测对象）进行检测，需要由测试设备向被测对象送入某些信号（称为测试激励），然后对被测对象电路或接口中的一个或多个点（称为测试点）的电信号进行测量，据此判断被测对象的状态。

无人机上的电子设备基本上都与飞控计算机有信息交互，可以说，飞行控制与管理计算机

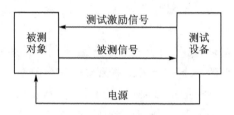

图 7-1-1　检测原理

是无人机各电子设备和地面测试终端（维修检测车）的信息交互中心和管理中心。无人机上需要进行检测的设备很多，主要包括飞行控制系统、导航系统、大气数据系统、刹车子系统、发动机等，这么多设备的检测要有序地完成必须要有一个管理中心，这一管理功能就由飞行控制与管理计算机来执行。

此外，惯性导航系统在地面进行初始化等工作时需要与地面维修检测设备进行信息交互，而这一过程的实现要通过飞控计算机。

7.1.2　系统组成与余度配置

在系统组成的硬件方面，飞行控制与管理系统与前述的数字式飞行控制系统是相同的，即由飞行控制与管理计算机、传感器、伺服作动控制设备三部分组成，如图 7-1-2 所示。伺服作动控制设备包含放大器、舵机及控制刹车、起落架的执行机构。

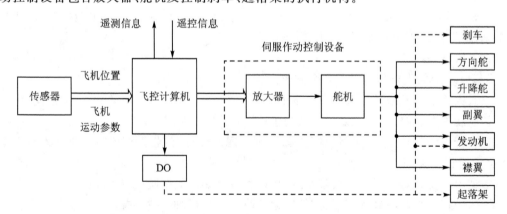

图 7-1-2　飞行控制与管理系统组成

对无人机运动的控制主要通过控制面的偏转和调节发动机的节风门来实现。飞行控制与管理系统根据采集的无人机有关输入信息，依据控制律实时地产生必要的指令，通过执行机构对控制面或发动机节风门进行调节，使无人机按要求的方式飞行。

1. 系统组成

飞行控制与管理系统（FCMS）包括飞行控制与管理计算机（以下仍简称飞控计算机）、传感器部件以及伺服作动控制设备。传感器部件主要包括速率陀螺、垂直陀螺、磁力计、大气数

据系统、组合导航系统、无线电高度表等；飞行控制与管理计算机包括 CPU 模块、电源模块以及模拟量输入模块、离散量输入/输出模块、通信模块等；伺服作动控制设备主要包括作动控制设备和作动器（舵机）。为提高系统的可靠性，各组成部分可采用冗余技术。飞行控制与管理系统主要与机载测控终端、任务设备、电气子系统、发动机、起落架等其他设备的信号联系，如图 7-1-3 所示。

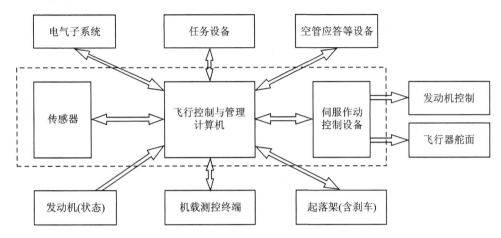

图 7-1-3　飞行控制与管理系统及其交联的主要设备

飞行控制与管理系统的软件由操作系统与输入输出软件、飞行控制律软件以及飞行管理与任务设备管理软件组成。飞行管理与任务设备管理软件包括遥控指令接收与处理、遥测参数收集与发送、电气系统状态监控与管理、动力系统状态监控与管理、起落架/刹车控制与管理、导航控制与管理、检测控制与管理、飞行安全性管理、飞行性能管理、飞行控制管理、飞行器平台管理、任务设备管理等模块。

2. 系统余度配置与管理

（1）系统余度配置

采用余度配置的目的是提高系统的任务可靠性。考虑到对系统的体积、重量、功耗有相当严格的限制，因而余度配置采用满足任务可靠性要求前提下的最小冗余配置。

飞行控制与管理计算机相当于无人机的大脑和神经中枢，一般采用三余度或四余度配置，传感器和伺服作动系统可采用二余度配置。

（2）系统余度管理

系统余度管理通过硬件与软件手段，对系统各余度单元实行交叉监控与自监控，以对可能发生的故障进行检测、诊断和隔离，并对监控表决算法和系统进行重构，从而达到容忍故障（可在某些故障发生的情况下继续飞行）和保证飞行安全的要求。

余度管理还能完成诸如故障申报、故障记录、故障恢复与故障处理等功能。

7.2　飞行控制与管理系统的性能指标

飞行控制与管理系统的性能指标主要包括飞行性能、电源要求、环境适应性指标、工作范围指标、飞行平稳度指标、起飞/着陆要求及测试性、可靠性、维修性、安全性、保障性等"五性"指标。上述指标对飞行控制与管理系统的设计都有影响，都要在设计时统筹考虑。

下面重点介绍飞行性能和"六性"指标要求。

7.2.1　飞行性能

飞行性能描述飞机质心运动规律的诸参数,包括飞机的速度、高度、航程(或任务半径)、续航时间、载荷能力以及起飞、着陆和机动飞行等性能。

飞机有各种飞行状态,如起飞/着陆、等速上升/下降、上升/下降转弯、巡航、机动飞行等。在不同飞行状态下,对飞机飞行性能的要求侧重点不同。概括起来可将飞机的飞行性能分为等速直线飞行性能、续航性能、起飞着陆性能和机动飞行性能等几类。

1. 基本飞行性能

飞机做定常(加速度为零)直线运动时的性能称为基本飞行性能。

在等速直线飞行时,飞行迎角较小,近似为零。飞机保持等速直线平飞的条件是:动力装置提供的推力等于飞机的迎面阻力,飞机的升力等于飞机的重力。

基本飞行性能包括最大水平飞行速度、最小水平飞行速度、巡航速度、爬升率、升限和上升时间等。其中,最大水平飞行速度、最小水平飞行速度和巡航速度是主要需要关注的指标。

最大水平飞行速度(也称最大平飞速度)是飞机在一定飞行高度上所能达到的最大定常水平飞行速度,常用马赫数表示,是飞机的重要性能指标之一,对军用飞机尤为重要。

最小水平飞行速度(也称最小平飞速度)是指飞机在一定飞行高度上维持飞机定常水平飞行的最小速度。飞机的最小平飞速度越小,它的起飞、着陆和盘旋性能就越好。

巡航速度是指发动机在每千米消耗燃油最少的情况下飞机的飞行速度。这个速度一般为飞机最大平飞速度的 70%~80%。巡航速度状态的飞行最经济且飞机的航程最大。

最大爬升率是指飞机在单位时间内所能上升的最大高度。爬升率的大小主要取决于发动机推力的大小。

理论升限是指飞机能进行平飞的最大飞行高度,此时的爬升率为零。由于达到这一高度所需的时间为无穷大,故称为理论升限。

实用升限是指飞机在爬升率为 0.5 m/s(亚音速飞行)或 5 m/s(超音速飞行)时所对应的飞行高度。

2. 续航性能

飞机的续航性能直接影响飞机的活动范围、持久执行任务能力及经济性等指标,是飞机性能的重要指标。续航性能主要包括两个指标:航程和航时。

飞机在平静大气中沿预定的方向耗尽可用燃料所飞达的水平距离称为航程。可用燃料量是飞机装载的总燃料量扣除下列几部分燃料后的剩余量:① 地面试车、滑行、起飞和着陆所需的燃料;② 为保证安全而必须贮备的燃料;③ 残留在油箱和供油系统中无法用尽的燃料。在一定的装载情况下,航程越大经济性越好,作战性能也越佳。

整个飞行过程可分为上升段、巡航段和下滑段。远程飞机的巡航占航程的绝大部分。航程与活动半径的大小可以表明飞机作战范围的大小,因此有时也用活动半径(军用机多用作战半径)来替代航程。活动半径是指飞机由机场起飞,到达某一空中位置并完成一定任务后返回原机场所能达到的最远单程距离,一般略小于航程的一半。

航时长表明飞机可在空中长时间进行巡逻和作战。往往用续航时间表述航时,所谓续航时间,是指飞机耗尽其可用燃料所能持续飞行的时间。这一指标对用于侦察、监视、搜索的无人机十分重要。

3. 起飞着陆性能

飞机的起飞和着陆是实现一次完整的飞行必不可少的两个环节。起飞着陆性能的好坏有时甚至影响到飞机能否执行及顺利完成正常飞行任务。

起飞着陆性能指标可概括为两部分:起飞/着陆距离和起飞离地/着陆接地速度。后者除影响起飞/着陆距离外,还涉及起降的安全问题。

飞机由地面向空中飞行的阶段,即从起飞线开始滑跑到离开地面,爬升至安全高度为止的加速运动过程称为起飞。对于无人机来说,最关心的起飞性能是起飞滑跑距离。

着陆是飞机从安全高度下滑过渡到接地滑跑直至安全停止的整个减速运动过程,一般分为下滑、拉平、平飞减速、飘落和着陆滑跑五个阶段。对陆基无人机来说,主要关注的是着陆滑跑距离。而对于舰载无人机,还需要关注接地速度。

4. 机动飞行性能

飞行状态(包括速度、高度和飞行方向等)随时间变化的飞行称为机动飞行。单位时间内改变飞行状态的能力称为机动性。

飞行状态改变的范围越大,改变状态所需的时间越短,飞机的机动性就越好。

对于具备空中能力的无人作战飞机,良好的机动飞行性能十分重要。但其他类型的无人机对机动飞行能力一般没有特别要求。

7.2.2 "六性"要求

1. 测试性

测试性是指产品能及时、准确地确定其状态(可工作、不可工作或性能下降),并判断故障部位的一种设计特性。测试性指标包括故障检测率和故障隔离率。

故障检测率是能够检测出的故障的数目占全部故障数目的比例。故障隔离率是指当系统出现故障时,能够判断故障部位的数目占能够检测出的故障数目的比例。故障检测率和故障隔离率都用"$X\%$"的形式表示。

对于整个系统而言,故障隔离的最小单位的 LRU(外场可更换单元,一般指独立的部件),故障隔离率一般是指将故障确定到 1 个或若干个(最多 3 个)LRU 的数目占能够检测出的故障数目的比例。而对于单个 LRU,故障隔离的最小单位的 SRU(内场可更换单元,一般是指板卡或独立元器件)。

2. 可靠性

可靠性指产品在规定的条件下和规定的时间内,完成规定功能的能力。

规定条件包括使用时的环境条件、作用条件、维修条件等。

可靠性指标一般用平均无故障间隔时间(MTBF)表示。

3. 维修性

维修性或称可维修性,是指产品在规定的条件下和规定的维修时间内,按规定的程序和方法进行维修时保持或恢复其规定状态的能力。

维修性是产品的重要性能,对系统效能和使用维修费用有直接影响。维修性中的"维修"包含修复性维修、预防性维修等内容。维修性的概率度量称为维修度(记为 $M(t)$),表示为

$$M(t) = P(T \leqslant t) \tag{7-2-1}$$

式中,T 为实际维修时间;t 为规定的维修时间;$P(T \leqslant t)$ 为在规定的时间内完成维修的概率。

维修性也可用维修的延续时间、工时、费用等参数来度量,最常用的是平均修复时间

（MTTR）。

维修性还可表达为一系列的定性要求,通常实施相应的设计准则来实现。这些要求包括:良好的可达性,提高标准化和互换性程度,完善的防差错设计和识别标志,维修检测快速、简便,符合维修的人机工程要求,各种自修复设计,减少维修对环境的影响等。

4. 安全性

安全性描述装备对人员及其他装备或设备所具有的潜在危险。它是评价装备的效能需要考虑的因素,通常用危险的严重性等级和危险的可能性等级来综合衡量。装备的安全性与可靠性是密切相关的,可靠性是安全性的基础和前提,但一个可靠的系统不一定是安全的。因此,安全性成为装备的又一重要特性。

5. 保障性

保障性泛指设备的设计特性和计划的保障资源应满足平时战备和战时使用要求的能力。军用设备的保障性要求很高。现代军事装备的保障不是狭义的故障维修保养模式,而是全系统、全寿命保障模式,因此,装备的保障性要求与装备的设计生产联系密切。

6. 环境适应性

环境适应性是指装(设)备在服役过程中的综合环境因素作用下能实现所有预定的功能和性能且不被破坏的能力,是装(设)备对环境适应能力的具体体现,是一种重要的质量特性。环境适应性主要包括低气压、温度、湿度、盐雾、沙尘、太阳辐射、振动等方面的要求。评价环境适应性的主要手段是环境试验。

7.3 飞行控制与管理系统的机理和工作过程

7.3.1 飞行控制

由前述内容知道,飞行控制与管理系统实现飞行自主控制的基本思想是:飞行控制与管理计算机通过传感器获得无人机实际运动的相关信息并与理想运动相比较,得到无人机实际运动与理想运动的偏差,然后根据该偏差解算飞行控制律得到控制信号,并将控制信号输出到相关舵机,使操纵面按一定的规律偏转,从而实现对无人机姿态、航向等运动参数的控制。

无人机的起降航线大致由五段航线构成,称为五边航线,如图7-3-1所示。

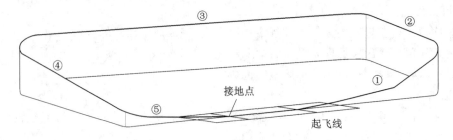

图7-3-1 无人机起降的五边航线

从机场上方来看,五边航线实际上是一个四边形,但是立体情况下由于起飞离场边(第一边)与进场边(第五边)的性质和飞行高度都不一样,故把这条边一分为二,这样就成了五边。图7-3-1中,数字①代表一边(upwind,离场边),数字②为二边(cross-wind,侧风边,方向与跑道成90°),数字③为三边(down-wind,下风边,方向与跑道起飞方向反向平行),数字④

为四边(base,底边,与跑道垂直,开始着陆准备),数字⑤为五边(final,进场边,与起飞方向相同,着陆刹车)。

一般来说,无人机在执行任务时其飞行轨迹不可能是一个简单的五边航线,但把起飞和着陆过程的轨迹合起来就基本上是五边航线。

在飞行的不同阶段,进行控制律计算所需的信息及相应传感器是不同的,工作原理及工作过程也不尽相同。

1. 起　飞

无人机在起飞前,机轮处于刹死状态。开始起飞后刹车松开,发动机调至最大节风门状态,无人机加速滑跑至一定速度时拉起离地。

在滑跑过程中主要通过差动刹车控制无人机相对跑道的侧偏距。达到起飞速度后,通过控制升降舵使无人机产生一定的俯仰角,将无人机拉起。

2. 爬升/下降

(1) 爬升控制

爬升控制的目的是控制无人机沿着预先制定的最佳爬升曲线爬升,其原理见5.5.2节。

一般来说,在爬升的初始阶段,发动机节风门置于最大位置。一段时间后,再将节风门置于最大连续工作状态。

无人机起飞时的爬升大多分为几个阶段,最后达到巡航高度,如图7-3-2所示。

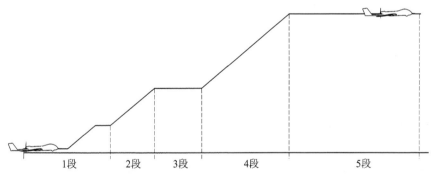

图 7-3-2　无人机爬升剖面图

(2) 下降控制

与爬升类似,无人机需要下降时要求控制无人机沿着预先制定的最佳下降曲线下降,原理见5.2.2节。

3. 巡　航

巡航飞行控制的任务是使无人机质心在要求的高度上沿预先装订的航线运动。因此,巡航飞行控制包括相对预定航线的侧偏距控制、高度保持与捕获控制。

(1) 侧偏距控制

侧偏距控制的原理详见5.6.2节。侧偏距控制的作用是将无人机控制到预定航线上飞行。侧偏距和侧偏移速度由导航系统测量。

(2) 高度保持与捕获

高度保持与捕获的作用是将无人机控制到给定高度,并保持该高度飞行。当给定的高度为当前高度时,即为高度稳定;当给定的高度为其他值时即为高度捕获。控制原理如图7-3-3

所示。

在高度保持状态,升降速度信号可不加入。

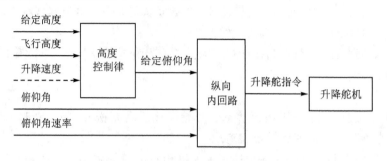

图 7 - 3 - 3　巡航高度控制原理框图

4. 着　陆

整个着陆过程分为下滑、拉平、触地滑跑三个阶段。着陆控制包括纵向控制和横侧向控制,原理见 5.8 节。

7.3.2　飞行管理与任务设备管理

飞行管理包括飞行安全性管理、起落架/刹车装置控制与管理、导航管理、飞行性能管理、飞行器构型管理以及飞行控制管理、遥控指令接收与管理、遥测数据收集与发送、电气系统状态监控与管理、动力系统监控与管理等。下面重点介绍前 5 项及任务设备管理。

1. 飞行安全性管理

飞行安全性管理包括链路中断处理、自毁处理和重大故障处理等三个方面。

(1) 链路中断处理

数据链路是无人机与地面站进行信息交互的纽带。链路中断后,无人机无法接收地面站发出的指令(包括飞行控制指令和任务设备控制指令),链路中断处理流程即启动,如图 7 - 3 - 4 所示,以防止无人机失控。链路正常时,飞行控制与管理系统正常工作。当链路刚开始中断,飞行控制系统应能自动控制无人机飞行。若链路在一定的时限内恢复正常,则继续链路中断前的工作(恢复正常工作流程),若超过该时限仍未恢复,则自动控制无人机返航。

(2) 自毁处理

自毁处理是为了防止无人机失控造成损失。为确保不因偶然的原因造成无人机的误动作,自毁设置有预令和动令:预毁、即毁,其工作流程如图 7 - 3 - 5 所示。

对于地面发送的自毁指令而言,无人机接收到预毁指令后开始计时,如果在一

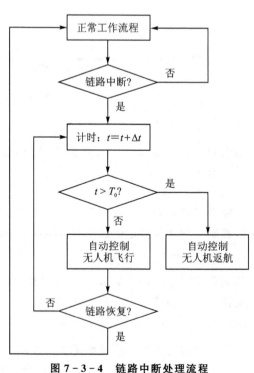

图 7 - 3 - 4　链路中断处理流程

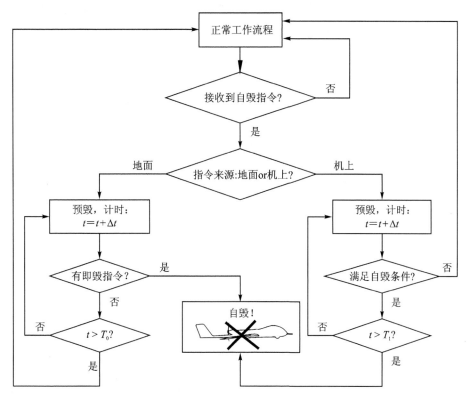

图 7 - 3 - 5　自毁处理流程

定时间内,再接收到即毁指令,即进行自毁。如果
超过时限仍未收到即毁指令,则取消预毁。

对于由程序产生的自毁指令而言,当判断满
足自毁条件时,发预毁指令,接下来,多次重复对
自毁条件进行判断,如果在预毁计数的时限内,始
终判断满足自毁条件,则发即毁指令,如果出现不
满足条件的情况,则取消预毁。

自毁可通过控制无人机进行毁灭性的机动来
实现。

(3)重大故障处理(不满足程序自毁条件)

重大故障是指不满足程序自毁条件但危害飞
行安全的故障。

重大故障处理主要包括:发动机故障或再次
启动失败时自动控制无人机进行飘落,飞行控制
与管理系统设备故障时进行余度切换,以及电气
系统重大故障时切断相应的汇流条。

2. 起落架/刹车装置控制与管理

收起落架的流程如图 7 - 3 - 6 所示。收起落
架时,为防止机轮打转,同时发刹车指令。在一段

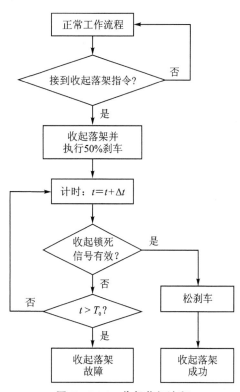

图 7 - 3 - 6　收起落架流程

时间检查收起锁死信号,若有效,则松刹车,起落架收起成功;若无效,则收起落架故障。

放起落架的流程如图 7 - 3 - 7 所示。

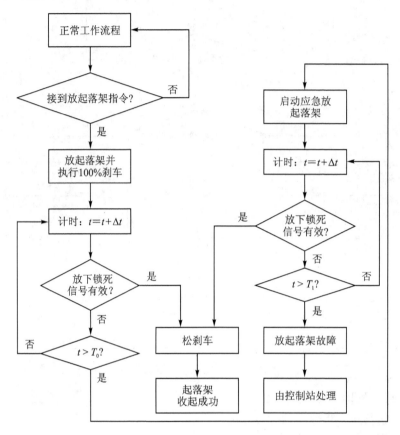

图 7 - 3 - 7　放起落架流程

在发出放起落架指令时,同时发刹车指令。在一段时间内,检查放下锁死信号,若有效,则松刹车,起落架放下成功;若无效,则自动启动应急放,发应急放起落架指令,在一段时间内,检查放下锁死信号,若仍无效,则起落架放下故障,由地面控制站采取应对措施。

起落架接地后,若起落架全压缩信号有效,且满足刹车的速度约束,则可发出刹车指令。

飞控系统输出两路脉冲宽度调制(PWM)信号,一路发往左刹车机构,一路发往右刹车机构。

3. 导航管理

与大部分有人驾驶飞机不同,许多无人机的飞行控制与管理系统具备一定的导航功能,在导航子系统发生故障而丧失工作能力时,可以提供导航信息并控制无人机继续飞行。飞行控制与管理系统的导航及导航管理功能主要有:航路点装订与修改、提供导航信息、导航系统监控等。

(1) 航点装订与修改

具有导航功能的无人机飞行控制与管理计算机中专门设置有非易失性存储器(NVM),用于存储航点和飞行中的关键数据。每个航点数据中包括航点经度、航点纬度、航点高度、该航点所在的航线编号、航点编号以及在该航点上的任务程控标志等。

航点的装订与修改由飞行控制人员在地面控制站上操作实现。虽然在空中也可实现航点的装订与修改,但考虑到无人机升空后有许多的实时任务要完成,因而建议起飞前完成航点的装订与修改工作,升空后仅做必要的调整或修改。

为确保航点数据的可靠性,每个航点数据装订或修改后必须通过遥测链路回报到地面控制站,如果出现上下不一致的情况,则须重新操作。

(2) 导航功能备份

飞控系统的导航管理模块能够直接接收并处理 DGPS 的定位信息,也能够进行领航解算。这样,一旦导航系统出现故障,飞控系统也能在一定程度上起到导航作用,从而提高了系统的任务可靠度。

(3) 导航系统状态监测

对导航系统的工作状态进行监测。当出现故障时,向地面控制站报告,并进行有关的切换工作。例如,惯导系统发生故障时,主姿态传感器由惯导切换为垂直陀螺和磁力计;当整个导航系统故障时,启用飞控系统中备用的导航模块进行导航工作。

4. 飞行性能管理

飞行性能管理的目的在于对无人机飞行过程中的某些参数进行优化,使得飞行的性能达到一定意义下的最佳。主要包括最佳爬升、最佳巡航和最佳下降控制。

(1) 最佳爬升控制

爬升控制的基本思想是控制无人机沿着预先制定的最佳爬升曲线爬升。该最佳爬升曲线通过无人机性能计算得到。最佳的含义可以是最省油,也可以是最迅速。最佳爬升曲线一般是指以表格函数的形式提供的随着飞行高度和飞行速度而变化的爬升角。爬升的初始阶段,发动机节风门置于最大极限位置;一段时间后,再将节风门置于最大连续工作状态。

(2) 最佳巡航控制

考虑到长航时的需要,最佳巡航控制的目的是使巡航过程中的燃油消耗最小。

最佳巡航控制中的巡航管理部分根据无人机总体提供的最佳巡航数据,给出发动机和航迹的控制参数,并由其内层的发动机控制和航迹控制实现该控制需求。一般来说,纵向航迹控制采用高度保持,横侧向航迹控制则采用侧偏距控制。

(3) 最佳下降控制

与爬升类似,下降控制同样控制无人机沿着预先制定的最佳下降曲线下降。

下降过程中,按最小油门限幅值收油门,该最小油门限幅值可通过油门微调量更改,其缺省值应按几个特定高度提供,中间数值通过线性插值处理。

5. 飞行器构型管理

飞行器构型管理包括起落架收放管理和襟翼收放管理。

(1) 起落架收放管理

收起落架:在自主控制(包括人工修正、指令控制)模式下,无人机起飞到达爬升 1 阶段,发收起落架指令;若飞行阶段飞行高度大于一定高度(如 100 m),则可根据需要在任何控制模式下发遥控指令收起落架。

放起落架:自主控制(包括人工修正、指令控制)模式下,无人机返场飞行至五边航线的第三边,离到点的距离小于一定距离,可根据需要在任何控制模式下发遥控指令放起落架。

（2）襟翼收放管理

襟翼用于改变机翼面积，当襟翼放下时，机翼面积增大。在起飞、着陆飞行过程中，无人机的速度越小，襟翼放下的角度应越大。一般来说，襟翼的角度分为三档：零档、中档和高档。

无人机在地面等待阶段，襟翼置为0°。

无人机执行起飞时，从地面滑跑阶段开始，襟翼偏至中档。飞至爬升1段后，如果在一定时间内起落架收起，则收襟翼为零档；若超过此时间起落架仍然没有收起，则直接收襟翼为零档。

无人机飞行至五边航线的第四边时，若离到点距离小于一定数值，则放襟翼至中档。飞至第五边时，放襟翼至最大值，以获得足够的升力。

此后如果无人机没有进入下滑窗口，则收襟翼至中档（地速度应相应变化）；若无人机进入了下滑窗口，则襟翼一直保持在高档直至完全着陆。

6. 任务设备管理

任务设备管理主要包括任务设备的遥控和状态监测两个方面。在此过程中，飞控与管理系统的作用主要是转发信息。

（1）任务设备的地面遥控

任务设备控制人员在地面控制站通过遥控链路对任务设备进行控制时，飞行控制与管理系统仅起到信号中转的作用，即接收地面站发来的任务设备控制指令，并转发给任务设备，同时接收任务设备发往地面的遥测参数，转发给测控系统。

（2）任务设备的状态监测

任务设备对其工作状态实施自监控，并周期性地将监测结果发送给飞控与管理系统，由飞控与管理系统转发给测控系统。

7.3.3 飞行控制与管理软件的组成与功能

如图7-3-8所示，飞行控制与管理软件由输入输出管理与任务调度、检测控制与管理、余度管理、遥控指令接收与处理、遥测参数收集与发送、电气系统状态监控与管理、动力系统状

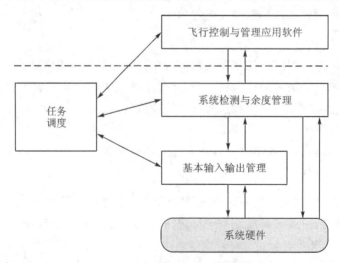

图7-3-8 飞行控制与管理软件结构图

态监控与管理、起落架/刹车控制与管理、导航控制与管理、飞行安全性管理、飞行性能管理、飞行控制管理、飞行器平台管理、任务设备管理等模块组成。其中,输入输出管理、任务调度、飞控系统自检测控制与管理(检测控制与管理中的飞行控制与管理自检测部分)、余度管理处于系统的底层,起着操作系统的作用(相当于系统软件),其余部分相当于应用软件。

系统硬件是整个系统的工作基础。基本输入输出管理模块通过模拟量输入接口、离散量输入接口、数据总线等获取数据和相关信息,通过输出接口向伺服控制设备输出控制量,并向其他设备传递必要的信息。系统检测与余度管理模块对来自多余度传感器的数据进行判断和处理,然后送给相关应用软件进行处理或计算。应用软件处理或计算后的数据再逆向传输给相关硬件,实现对无人机的控制与管理。

飞行控制与管理软件的功能与整个系统的功能是对应的,归纳起来主要有:① 基本输入输出管理与任务调度;② 检测控制与管理;③ 软件余度管理;④ 遥控指令接收与处理;⑤ 遥测参数收集与发送;⑥ 电气系统状态监控与管理;⑦ 动力系统监控与管理;⑧ 起落架/刹车装置控制与管理;⑨ 飞行安全性管理;⑩ 导航管理;⑪ 任务设备管理;⑫ 飞行性能管理;⑬ 飞行控制管理;⑭ 飞行器构型管理。

7.3.4　飞行控制与管理系统的工作过程

1. 系统工作模式

一般来说,飞行控制与管理系统的工作模式分为地面检测和空中飞行两种。为保障空中飞行工作的可靠性,除地面检测模式外,某些无人机设置了滑行模式和放飞模式,可以通过地检软件进行设置。这里的放飞模式实际上就是前述的空中飞行工作模式。

(1) 地面检测工作模式

当满足地面连锁条件(地面检测插头正常连接),并接收到检测台发送的地面检测指令时,系统自动进入地面检测工作模式。在该模式下,飞控计算机通过数据总线与地面综合检测台交互工作——接收地面综合检测台发来的检测指令,并将检测结果送往检测台显示。主要进行如下工作:

① 飞控计算机加电自检测,也称为上电自检测,用 PUBIT 表示。

② 飞控系统飞行前自检测,用 PBIT 表示,主要用于飞行前对飞控系统完好程度进行检测。PBIT 对飞控系统的传感器、计算机、伺服作动控制设备进行检测,并将检测结果送往地面检测台显示。

③ 飞控系统维护自检测,用 MBIT 表示。MBIT 对飞控系统的传感器、计算机、伺服作动控制设备进行检测,并将检测结果送往地面检测台显示。主要用于飞行后和日常维护时对飞控系统的检测和故障排除。MBIT 的检测项目比 PBIT 要多,在测试手段上也有一些不同。

④ 导航系统、电气系统、发动机、起落架等检测。此时飞控计算机仅起指令中转发送与检测结果收集回送作用。

(2) 滑行模式

滑行模式是为了检验全机系统是否工作正常及模拟起飞、着陆过程而设置的,一般在全机地面联试完成后到正常放飞前进行。

滑行模式下可以装订滑行参数,包括起步油门、停车速度和停车时间。而在放飞模式(或称空中飞行模式)下,所装订的滑行参数不起作用。

起步油门决定了无人机滑行中所用的油门,从而决定了加速能力。

停车速度决定了本次滑行的最高速度,停车速度到,则停车以终止本次滑行。

停车时间作为滑行安全的又一保障,在停车速度不能满足的情况下,只要停车时间到,也一样停车以终止本次滑行。一般情况下,停车速度应该先到。

滑行过程中如出现侧偏,可通过遥控操纵或手动控制的方式进行纠正,但如果出现侧偏过大或航向偏离过快或出现严重故障,则应该结束滑行。

(3) 空中飞行工作模式

当不满足地面工作连锁条件且未设置为滑行模式时,系统自动进入空中飞行工作模式。在该模式下,飞控系统要进行基本输入输出与任务调度、飞行中自检测、余度管理、飞行控制、飞行管理与任务设备管理等工作。这是系统的主工作模式。

2. 飞行控制模式

在放飞模式(或空中飞行模式)下,一般有三种控制方式:程控自动飞行方式、遥控操纵方式以及手动控制方式。

程控自动飞行方式是系统的主控制方式,在该控制方式下,系统根据装订的航线自动控制无人机按航线飞行,同时响应测控系统上行的任务设备指令以完成飞行侦察任务。一般情况下,如果没有出现故障模式,系统应该工作在程控自动飞行方式。

遥控操纵方式一般在程控自动飞行方式不能正常进行时使用,比如经纬度信息失效则不能程控自动飞行,也有可能在传感器虽然正常但是不能满足自动着陆要求时使用。遥控操纵方式分为地面遥控方式和空中遥控方式两个阶段,以有效的"起飞"指令来区分。遥控操纵方式要求姿态信息有效,其主要控制途径为自动驾驶仪设置及油门控制。

手动控制方式作为最后的保留应急控制方式而存在,一般在遥控操纵方式都不能正常使用时才尝试使用。手动控制方式直接控制无人机的执行机构,一般在姿态信号失效情况下使用。手动控制方式同样分为地面手动方式和空中手动方式两个阶段。

某些无人机飞行的控制模式分得更细,有自主控制、人工修正、指令控制、姿态遥控和舵面遥控等。

(1) 自主控制

自主控制是指无人机从起飞、巡航、返航直至着陆,包括飞行过程中应急情况的处理等都是自主完成的。

(2) 人工修正

当自主控制不能达到满意的控制效果时,可采用人工修正控制对自主控制进行微量的修正,其修正量通过三个遥控操纵杆通道(升降舵操纵量、副翼操纵量、方向舵操纵量)进入飞控计算机,并做相应的比例转换后进入控制律中,从而达到对控制效果修正的目的。

(3) 指令控制

指令控制模式是无人机在巡航过程中,根据当时的实际情况需要通过指令控制改变无人机的飞行状态或飞行位置的一种控制模式,它不改变自主控制模式下的控制律结构。

设置的指令控制类指令有侧向的"左盘旋""右盘旋""8字飞""临时航路点"和纵向的"定高""高度设置",以及速度控制的"定速""速度设置"等。

在自主控制或指令控制模式下,从襟翼收起切入航线到飞完航线切入五边航线之间的航段,发送上述指令中的任意一个均可转入指令控制模式。

指令控制模式可再入,例如,"左盘旋"情况下可发送"右盘旋"改为"右盘旋",可发送"定高"指令保持当前的高度。相同类型的指令重发时,新的指令取代旧的指令,例如"定速"时,发送"速度设置"将设置新的速度。

指令控制退出的方法有以下三种:

① 发送"取消定高"指令时,从"定高"或"高度设置"指令控制中退出,给定高度取为目标航路点的高度。

② 发送"取消定速"指令时,从"定速"或"速度设置"指令控制中退出,给定速度取值与自主控制相同。

③ 发送"恢复航线"指令时,从侧向指令控制中退出,并从当前位置切入原来的航线到点。

（4）遥控控制

遥控控制模式分为姿态遥控和舵面遥控两种模式。

舵面遥控是遥控直接控制舵面(升降舵,副翼和方向舵),只是将遥控操纵量进行了合适的比例转换。姿态遥控是将遥控操纵量转换为对应的给定姿态角,通过自主控制规律解算出相应的舵偏控制指令控制舵面。两种控制模式的区别在于遥控控制操纵量的对应量和意义不一样。

对节风门或油门的遥控,两种遥控模式相同。

遥控控制有最高的控制权限,可以在任何时候任何情况切换到遥控控制模式。

3. 飞行阶段的划分

不同飞行阶段对无人机采用不同的控制策略,因此必须随时明确无人机所处的飞行阶段。飞行阶段可以根据无人机的位置信息和运动参数信息自动地确定。

从起飞到着陆的整个飞行过程可大致分为以下 7 个飞行阶段:等待、起飞飞行、航线飞行、进场飞行、着陆飞行、停机和复飞飞行。各个阶段定义如下:

① 等待阶段——系统上电后进入起飞飞行阶段前所处的阶段。在该阶段,可以通过地检软件进行模式设置、航路数据及着陆航线数据装订、全机设备状态检查等。

② 起飞飞行阶段——等待阶段准备完毕后,收到有效的起飞指令开始滑跑、起飞,并相对机场达到一定高度(如 100 m)的飞行阶段。

③ 航线飞行阶段——起飞阶段结束后,按照航线飞行且直到进场飞行阶段前的阶段。

④ 进场飞行阶段——航线飞行阶段中如出现本航段终点为机场点,则进入进场飞行阶段。

⑤ 着陆飞行阶段——进场飞行阶段结束后的四转弯着陆飞行阶段(切入五边航线的阶段)或直接着陆飞行阶段。

⑥ 停机阶段——着陆飞行阶段地速小于一定数值时进入该阶段。停机阶段一定时间后转等待阶段。

⑦ 复飞飞行阶段——着陆飞行过程中,如果在决断高度时不能满足正常着陆条件所做的拉起,直到再次进入着陆飞行前的阶段。

为了描述方便,把等待阶段和停机阶段称为地面阶段,其他阶段称为空中飞行阶段。

为能更好地针对不同阶段的飞行特点进行飞行控制,有些无人机对飞行阶段的划分更细,将整个飞行分为如下 13 个阶段:

① 地面等待——无人机初始加电后为地面等待阶段。该阶段无人机处于起飞前的停机状态或无人机完全着陆后的停机状态。

② 起飞地面段(起飞滑跑段)——在地面等待阶段,机场高度和五边航线装订后,接到起飞指令时转入起飞滑跑段。在起飞滑跑段,通过左右差动刹车和偏转方向舵控制无人机相对跑道中线的侧偏距及偏航角。

③ 起飞离地段——该飞行阶段从空速和高度大于一定数值开始,直到飞行至安全高度。该阶段主要控制无人机以一定的俯仰角爬升。

④ 爬升 1 段——起飞过程中,从安全高度开始到襟翼收起的阶段。该阶段主要控制无人机继续爬升,纵向转为空速控制,从安全高度开始依次收起落架、收襟翼。

⑤ 爬升 2 段——从襟翼收起到高度达到要求的巡航高度,或者从一个高度爬到另一个较高的高度的爬升飞行阶段。在该阶段,纵向按给定的空速控制,使无人机以最佳方式上升,横侧向控制无人机使无人机沿着预先装订的航线飞行。

⑥ 定高——纵向控制无人机的高度和保持空速给定值,横侧向进行侧偏距控制,使无人机按要求的高度和空速,沿着预先装订的航线飞行。

⑦ 下降——纵向控制无人机的空速,横侧向进行侧偏距控制,使无人机按给定的空速,沿着预先装订的航线下降到期望的高度。

⑧ 下滑 1 段——无人机沿预先设定的下滑线按给定空速从五边飞行高度下滑到下滑 1 段结束高度(如 100 m)。该阶段纵向控制无人机跟踪下滑线高度,横侧向消除无人机相对机场轴线的侧偏距,在有侧风的情况下使无人机无侧滑角。

⑨ 下滑 2 段——高度从下滑 1 段结束高度至拉平高度(17 m)。该阶段应使无人机以定直侧滑的方式下滑飞行。

⑩ 拉平——高度从拉平高度(17 m)到滚转改平高度(1.5 m)。该阶段主要将无人机的轨迹倾角拉平,使无人机以小的下降速度着陆,横侧向的控制方式与下滑 2 段相同。

⑪ 滚转改平——该阶段从滚转改平高度(1.5 m)到主轮给出触地信号或收到接地指令。

⑫ 着陆滑跑——该阶段以方向舵和刹车纠正无人机相对跑道轴线的侧偏距及偏航角。

⑬ 飘落。

4. 系统工作流程

系统工作流程包括:起飞前准备、起飞、巡航、进场着陆和飞行后维护。

(1) 起飞前准备

① 系统检测。系统检测时飞控计算机处于地面检测模式。检测的内容包括飞控计算机上电自检(PUBIT)、飞控系统自检(PBIT)、电气系统检测、动力系统检测、起落架系统检测、导航系统检测、任务设备检测、测控系统检测等。所有项目检测通过才能进行后续工作。

② 任务装订。包括航点装订、五边航线装订以及任务装订回显等。

③ 系统初始化。包括惯导数据初始化、惯导初始对准、大气场压校正、无线电高度表校正等。

④ 准备起飞。启动发动机,由地面供电转为机上供电,拔掉地面检测插头,飞控计算机转入空中飞行工作模式,并处于待机状态。

(2) 起　飞

① 开始起飞。一切准备工作就绪后,由地面控制站发送起飞指令。飞控系统接收到该指令后,襟翼打开到中档(如 15°),升降舵上偏一定的角度,进入起飞地面阶段。开始滑行时,可通过地面操作手操纵节风门和刹车,控制无人机滑行的速度和方向。

②滑跑。当滑跑速度小于一定值时,采用差动刹车和方向舵相结合的纠偏方式消除可能的航向和侧向偏差;当滑跑速度大于该值时,仅采用方向舵纠偏。到达起飞速度时,无人机将自动离地。无人机滑跑时,节风门或油门一般处于最大。

③爬升。无人机离地后,首先控制无人机保持一定的俯仰姿态爬高,到达安全高度时收起落架、收襟翼,节风门或油门恢复到巡航时的状态,纵向控制改用最佳爬升控制,而侧向控制则确保无人机进入特定的航线。

(3)巡　　航

①飞往目标区。到达巡航高度后,将节风门改为闭环控制,纵向由最佳爬升控制改为平飞控制,侧向控制使无人机沿预定航线飞往目标区。

②执行任务。到达目标区域附近时,根据遥控指令控制任务设备(如SAR、光电侦察平台等)工作。同时控制无人机沿预定的任务航线飞行。

③返航。执行完任务或者遇到特殊的情况需要返航时,控制无人机沿着预定的返航航线飞行。

(4)进场着陆

①下降进场。无人机飞临机场到达一定距离时,节风门收回到特定位置处,纵向改用最佳下降控制,使得无人机逐渐降低高度。侧向控制则确保无人机沿进场航线切入五边航线。

②进近着陆。无人机下降到一定高度时,改用高度保持和自动油门控制使得无人机等速平飞,侧向上控制无人机沿五边航线飞行,在第三边放起落架,在第四边放襟翼至中档位,在第五边将襟翼置于最大。待无人机基本对准跑道(进入下滑窗口时),控制无人机沿预定的下滑线进近。到达拉平高度时,收节风门或油门到怠速状态,将无人机拉平并逐渐飘落地面。

③着陆滑跑。无人机接地后,先采用方向舵纠偏,待速度减小到一定值时加入左右差动刹车纠偏,滑跑的最后阶段(速度减小到特定值时)可采用动刹车缩短滑跑距离。

(5)飞行后维护

飞行结束后,应对无人机进行维护自检测,显示飞行中的故障信息,并进行故障处理,为下一次飞行做好准备。

7.3.5　飞行控制与管理系统在使用中需要注意的事项

在使用飞行控制与管理系统的过程中,需要注意以下事项:

①飞控计算机和伺服控制盒为电子产品,应随时做好防静电工作,严禁在不具备防静电的情况下,用手触摸插座的针/孔,或用手触摸组件,特别是裸露的引脚或插针等部位;

②禁止频繁地对飞控计算机、伺服控制系统进行上电及下电动作,一般应保证下电后间隔三分钟再上电,并尽可能避免无谓的断电,以免对产品的寿命造成影响;

③电动舵机装机后在断电前应保证舵面回零,严禁在带载情况下长期停留在极限位置;

④在搬运产品(特别是速率陀螺、垂直陀螺、惯导系统等精密设备)的过程中应轻拿轻放,避免剧烈振动。

小　　结

本章讲述了飞行控制与管理系统的功能、组成、主要性能参数、工作原理及使用。飞行控制与管理系统是无人机系统的重要组成部分,是无人机机载各子系统的控制与管理中心,它有三大主要功能:飞行控制、飞行管理、任务设备管理。飞行控制的基本思想是:飞行控制与管理计算机通过传感器获得无人机实际运动的相关信息并与理想运动相比较,得到无人机实际运动与理想运动的偏差,然后根据该偏差解算飞行控制律,得到控制信号,并将该控制信号输出到相关舵机,使操纵面按一定的规律偏转,从而实现对无人机姿态和运动的控制。飞行管理主要包括:遥控/遥测管理、电气系统管理、动力装置管理、起落架及刹车管理、飞行安全性管理、地面检测管理、航点的装订与修改、飞行性能管理等。任务设备管理主要包括对于合成孔径雷达等任务设备的管理。

思考题

1. 飞行控制与管理系统由哪几部分组成?
2. 飞行控制与管理系统的主要功能有哪些?
3. 除了导航系统外,无人机飞控系统还有哪些传感器? 分别测量什么参数?

第8章　无人机导航与飞行控制操作

　　无人机导航和飞行控制操作涉及综合检测台和地面控制站(军用无人机常称为指挥控制站)。本章首先简要介绍综合检测台和指挥控制站的功能和基本组成,然后介绍这两个设备所要完成的与导航和飞行控制相关的操作。

8.1　无人机综合检测台简介

　　综合检测台属于无人机系统中的综合保障分系统,其基本功能是:检测无人机各子系统和设备是否正常,并对能否飞行给出建议。

8.1.1　综合检测台的功能

　　综合检测台的功能主要有:
　　① 向无人机电网、各机载分系统和子系统供电;
　　② 检测和控制无人机电网、起落架、推进装置系统;
　　③ 记录和显示无人机有关机载分系统和子系统的参数,为无人机飞行提供重要依据;
　　④ 检测无人机电网电流变化,必要时切断无人机供电;
　　⑤ 按通信协议与无人机飞行控制与管理子系统计算机的串行口进行通信,可对飞行控制与管理子系统发出控制指令,并对该子系统自身检测和接收到的无人机有关分系统和子系统的参数值、自检信息进行显示和记录。
　　需要指出,综合检测台并不直接与导航系统发生信号交联,而是通过飞控计算机与导航系统建立联系。

8.1.2　综合检测台的组成

　　综合检测台一般由电源、计算机、显示器、键盘和鼠标、电源控制器、综合检测控制器等组成,所有设备装在一个机柜中,如图 8-1-1 所示。
　　计算机是整个综合检测台的数据处理和管理控制中心,其主要功能是:
　　① 完成对无人机系统信号的采集;
　　② 提供综合检测软件运行平台;
　　③ 提供对无人机系统控制信号的采集和发送。
　　键盘和鼠标用于对软件界面进行操作,如输入数据、选择工作方式或参数等。
　　电源设备在发动机启动前为无人机提供工作电源,一般包括直流电源和交流电源两种。电源控制器用来对综合检测台的电源及相关配电功能进行控制,其面板上设置有与电源对应的开关和指示灯。
　　综合检测控制器主要用来实现无人机综合检测功能中的检测台电源调节、发动机启动控制、节风门舵机或油门控制、发动机供电控制、发动机停车等功能。

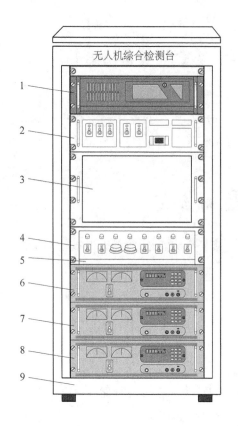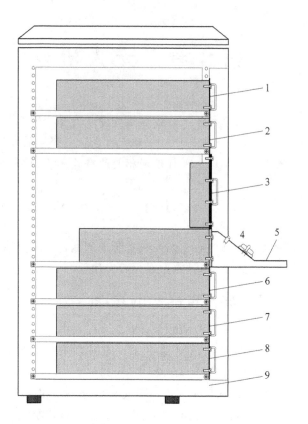

1—计算机；2—电源控制器；3—显示器；4—综合检测控制器；
5—键盘和鼠标；6—电源 1；7—电源 2；8—电源 3；9—机柜

图 8 - 1 - 1　综合检测台组成和布局

8.1.3　综合检测软件及检测操作顺序

　　综合检测软件是运行于综合检测计算机上的用于无人机系统综合检测的软件，其主要功能分为飞行前检测和维护检测。

　　综合检测软件从总体上可分为用户管理、数据库管理、系统维护、飞行前检测和维修检测五大模块，飞行前检测和维修检测涉及电气系统、飞控计算机、导航系统、大气机、舵机、发动机、起落架等设备，如图 8 - 1 - 2 所示。其中，用户管理模块对使用人员及其登录密码进行管理；数据库管理模块主要完成检测结果报表的生成、打印、拷贝以及数据文件的删除等功能；系统维护模块主要完成检测系统硬件自检；飞行前检测模块和维修检测模块完成无人机各主要分系统或设备的检测，是综合检测软件的主体。

　　在飞行前检测和维护检测过程中，对各分系统或设备的检查顺序有一定的要求，如图 8 - 1 - 3 所示。在飞行前检测中，必须在飞控计算机上电自检完成后方可进行其他设备的检查。原则上，依照飞控计算机、导航子系统、舵机、大气机、飞控附件、刹车子系统、发动机的顺序进行检测。图中右侧由飞行前检测方框至其下各方框的箭头线表示所有设备的检测界面都从"飞行前检测"界面进入。

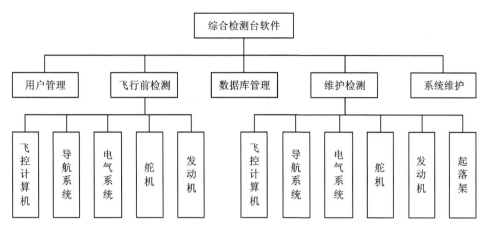

图 8 - 1 - 2　综合检测台软件的组成

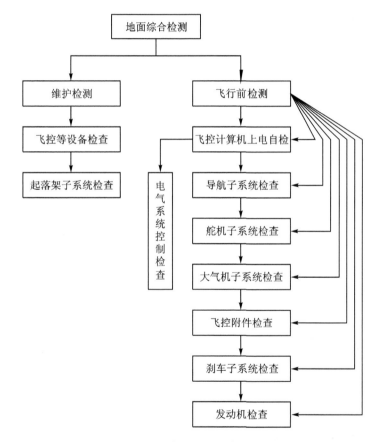

图 8 - 1 - 3　飞行前检测和维护检测的顺序示意图

8.2　控制站上的导航与飞行控制操作

无人机控制站是无人机系统的重要组成部分。因无人机以陆基无人机为主,控制站大多在地面工作,所以控制站常称为地面控制站或简称地面站。无人机操控人员通过控制站获知无人机的飞行状态和任务载荷相关信息,并通过控制站对无人机的飞行和任务载荷的工作进行控制。本节主要介绍在控制站上进行的与导航和飞行控制相关的操作,涉及任务控制席位和飞行控制席位。

8.2.1　无人机控制站简介

军用无人机的控制站通常称为指挥控制站,它与数据链子系统配合使用,完成对无人机遥控、遥测数据的传输。为保障工作的可靠性,有些无人机系统配备了两套指挥控制站设备,分别称为主指挥控制站和副指挥控制站。主站和副站与相应的数据链路配合,既可以单独使用也可以同时工作。当主站被毁或发生故障时,由副站接替主站的指挥功能。

1. 控制站的主要功能

控制站的主要功能包括:

① 数据的处理、存储及显示;

② 地图和航迹的综合显示;

③ 无人机飞行遥控指令的发送、记录与回报;

④ 任务设备状态的显示及控制,侦察信息的显示与记录;

⑤ 任务规划和航线装订;

⑥ 可进行模拟操作训练。

思考:上述功能中哪些功能与飞行控制相关?

2. 控制站的基本组成

军用无人机的指挥控制站一般由任务规划机柜、飞行控制机柜、任务控制机柜和链路控制机柜组成。一个机柜对应一个操作席位。一些中小型无人机的控制站只有一个机柜或机箱,可进行任务规划、飞行控制、任务载荷控制等操作。任务规划主要包括航路规划、任务载荷规划和数据链路规划三个方面。

任务控制席位主要完成以下工作:

① 地图管理;

② 预定航线输入;

③ 任务管理;

④ 任务规划。

飞行控制席位处理无人机下传的遥测数据,显示无人机的预定航线、实际飞行航迹、无人机飞行姿态、无人机及机载设备状态等,并且生成上行遥控数据,通过数据链路发送给无人机。主要完成以下功能:

① 监视无人机的飞行;

② 监视链路通信情况;

③ 发送各种遥控命令,控制无人机的飞行。

8.2.2　航路规划

航路规划是指根据无人机飞行任务的要求,制定出若干条可能的飞行航线,为无人机的飞行做好准备。航路规划由任务规划席位的操作人员在任务开始之前利用航路规划软件进行。航路规划的主要工作包括航路导入和航路编辑。

1. 航路导入

在收到飞行任务时,首先要由任务规划人员为每架飞机预定若干条航线,并由操作员完成航线的录入工作。在确定航线时,操作员需要根据飞行任务的要求,确定一系列的必经点(航路点),并将每条预定航线上所有航路点的参数(经度、纬度、飞行高度等信息)以文件方式输入到计算机。

2. 航路编辑

航路编辑的任务是增加、删除某条航线的航路点,或修改航路点的参数。航路编辑的主要步骤是:

① 启动任务规划软件;

② 选择要编辑的航线;

③ 选择需要修改、删除或在该点之前增加航路点的航路点;

④ 进行插入、修改或删除等操作;

⑤ 保存航线信息。

8.2.3　装载航路信息

航路信息的装载是在飞行控制席位进行的。飞行控制人员载入航路信息的主要步骤如下:

① 在飞行控制界面中调出航路装载和编辑界面;

② 选择相应的航路文件,完成航路信息装载;

③ 如有必要,可选择需要修改、删除或在该点之前增加航路点的航路点,然后进行插入、修改或删除航路点的操作。

8.2.4　飞行控制操作

无人机飞行控制人员通过飞行控制席位的飞行控制界面和相应开关、按钮、操作手柄等,对无人机的飞行进行控制。

主要操作步骤如下:

① 用鼠标单击飞行控制界面的"起飞"按钮,无人机自动起飞;

② 观察无人机飞行状态和发动机工作状态,必要时进行人工干预(控制姿态和油门、发送襟翼指令等);

③ 如需人工干预飞行,在飞行控制界面中选择"姿态遥控""指令控制""舵面遥控"等控制模式,通过手柄、指令开关/按钮、界面上的按钮等向无人机发出控制指令。人工控制飞行结束后,应将飞行控制模式改回"程序控制";

④ 任务结束,单击界面上"返航"按钮,无人机沿生成的返航航线返航。

小　　结

本章简要介绍了无人机综合检测台和指控控制站的功能和组成,在此基础上,介绍了与导航和飞行控制相关的操作。综合检测台的基本功能是:检测无人机机载子系统和设备,以判断这些子系统或设备是否正常。在综合检测台上进行的导航和飞行控制相关操作主要是对导航系统、飞行控制与管理系统进行飞行前检查,对导航系统进行初始化和初始对准。指挥控制站完成对无人机飞行和任务载荷工作状态的控制与监视。指挥控制站上的导航与飞行控制操作主要是建立航路信息,在飞行过程中对无人机进行控制。

思考题

1. 无人机综合检测台的功能中哪些功能与导航系统、飞行控制与管理系统有关？
2. 如何输入规划好的航路？

名词术语索引

名词或术语	解　释
B	
比力	为质点相对惯性空间的加速度与引力加速度之差,亦称为非引力加速度。
C	
侧滑角	为飞行速度与无人机参考面之间的夹角。当飞行速度处于参考面右侧时侧滑角为正。
侧偏距	也称为偏航距,为飞行器当前位置相对预定航线的距离。
初始对准	惯导系统的初始对准,是指惯导系统在进入导航工作状态之前所进行的输入初始条件、将惯导平台调整到预定坐标系、惯性器件的校准等工作,也称为惯导系统的初始化。
D	
大地水准面	以平静的海平面为基准,并把它向大陆延伸所形成的封闭曲面。
大地水准体	大地水准面所包围的几何形状。
导航	将运动物体从一个位置引导到另一个位置的过程。
导航系统	完成导航任务的整套设备。
地速	也称航迹速度,为飞行器重心相对于地面的速度。
动量矩	也称为角动量,为绕定轴转动的刚体内各质点的动量与其到轴的距离之乘积的总和,也就是刚体内各质点的动量对轴之矩的总和。
舵回路	一种由舵机、舵机运动传感器及放大器构成的伺服控制系统。
F	
飞行控制系统	能够在飞行器飞行过程中对飞行器的构型或飞行姿态、航向、速度、位置等运动参数实施控制的系统。
非自主式对准	惯导系统利用外部信息和惯性器件测量信号进行的初始对准。
俯仰角	无人机机体纵轴与水平面的夹角,以抬头时为正。
G	
惯性导航平台	用于惯性导航系统的陀螺稳定平台,简称惯导平台、惯性平台。
H	
航点	也称为航路点,指预定航线的起点、终点、转弯点及航线上其他关键点。一个航路点的信息一般包括位置(经度和纬度)、高度。
航迹侧滑角	航迹速度与无人机参考面之间的夹角。当航迹速度沿横轴的分量为正时,航迹侧滑角为正。
航迹方位角	简称航迹角,为航迹速度方向在水平面内的投影与地理北的夹角,右偏为正。
航迹角误差	为实际航迹角和应飞航迹角之间的差值。

航迹迎角	航迹速度在无人机参考面内的投影与机体纵轴之间的夹角。当航迹速度沿竖轴的分量为正时,航迹迎角为正。
航迹速度	即地速,为飞行器重心相对于地面的速度。
航向角	机体纵轴在水平面上的投影与地理系北向轴之间的夹角,机头右偏时为正。

Q

| 倾斜角 | 又称滚转角,为机体竖轴与包含机体纵轴的铅垂面之间的夹角,机体右倾时为正。 |

J

| 角动量 | 也称为动量矩,为绕定轴转动的刚体内各质点的动量与其到轴的距离之乘积的总和,也就是刚体内各质点的动量对轴之矩的总和。 |
| 经度 | 地球表面上某点所在的子午面与本初子午面的夹角。 |

K

| 卡尔曼滤波 | 一种递推线性最小方差估计算法。它利用系统的输入输出观测数据对系统的状态变量进行估计。 |
| 空速 | 为飞行器重心相对于未受飞行器流场影响的空气的速度。 |

P

爬升角	为航迹速度与水平面的夹角,无人机上升为正,下降为负。当爬升角为负时也常称为下滑角。
偏航距	也称为侧偏距,为飞行器当前位置相对预定航线的距离。
偏流角	飞行器空速在水平面的投影与地速在水平面的投影之间的夹角。

T

| 陀螺稳定平台 | 利用陀螺仪的特性制成的一种稳定装置,也叫陀螺稳定系统或陀螺稳定装置,常简称为陀螺平台、平台。 |

W

纬度	地球表面某点与地心的连线和地球赤道平面的夹角。
纬线	地球表面某点随地球自转所形成的轨迹。所有纬线都相互平行,并与经线垂直。
无人机	无人驾驶飞行器的简称,英文缩写为"UAV",是一种机上无人操纵、能自主飞行、具有一定载荷能力、可反复使用的航空器。
无人机系统	由无人机平台及任务载荷、数据链、发射与回收装置、控制站、保障与维护系统等组成,能完成特定任务的一组装备。

Y

| 迎角 | 又称攻角,为飞行速度在无人机参考面内的投影与机体纵轴之间的夹角。当飞行速度在对称面的投影位于机体纵轴之下时,迎角为正。 |

Z

重力	地球引力和由地球自转引起的离心力的矢量和。
姿态矩阵	捷联式惯导系统中机体坐标系到平台坐标系的坐标转换矩阵。
子午线	也称经线。定义为地球表面连接南北两极的大圆线上的半圆弧。

任两根经线的长度相等,相交于南北两极点。每一根子午线都有相对应的数值——经度。开始计算经度的一条子午线称为本初子午线或 0 度经线,该子午线通过英国伦敦格林尼治皇家天文台(旧址)埃里中星仪。

子午面　　　　　　　通过地面点且包含地球南北极的平面。由于该平面与地球表面的交线即为子午线,故称子午面。包含本初子午线的子午面称为本初子午面。

自主式对准　　　　　惯导系统利用陀螺仪和加速度计的测量信号进行的初始对准。

符号说明

符　号	说　明
$Ox_g y_g z_g$	地理坐标系
$Ox_e y_e z_e$	地球坐标系
$Ox_b y_b z_b$	机体坐标系
$Ox_p y_p z_p$	平台坐标系
θ	俯仰角
γ 或 ϕ	倾斜角
ψ	航向角
θ_k	爬升角
ψ_k	航迹方位角
α	迎角,又称攻角
β	侧滑角,又称偏流角
φ	纬度
λ	经度
H 或 h	飞行高度
Ω	地球自转角速度
R	地球半径(平均半径)
R_e	地球参考椭球长轴半径
R_p	地球参考椭球短轴半径
m	物体质量
G	引力加速度
g	重力加速度
F_G	引力
F_g	重力
M_g	陀螺力矩
M_s	稳定力矩
M_d	干扰力矩
a_{N}	北向加速度
a_{E}	东向加速度
V_{N}	北向速度
V_{E}	东向速度
$\boldsymbol{V}_{en}$	导航系相对地球系的速度矢量(地速矢量)
$\boldsymbol{a}_{in}$	导航系相对惯性系的加速度矢量(绝对加速度)
$\dfrac{\mathrm{d}\boldsymbol{R}}{\mathrm{d}t}\bigg|_i$	位置矢量 $\boldsymbol{R}$ 在惯性系中对时间的导数(绝对速度)

$\left.\dfrac{\mathrm{d}\boldsymbol{R}}{\mathrm{d}t}\right\|_e$	位置矢量 $\boldsymbol{R}$ 在地球系中对时间的导数(地速)
$\boldsymbol{\omega}_{ig}^{g}$	地理系相对惯性系的转动角速度在地理系中的三个分量构成的向量
$\boldsymbol{\omega}_{ie}^{g}$	地球相对惯性系的转动角速度在地理系中的三个分量构成的向量
$\boldsymbol{\omega}_{eg}^{g}$	地理系相对地球系的转动角速度在地理系中的三个分量构成的向量
$\boldsymbol{C}_{p}^{b}$	平台系到机体系的坐标转换矩阵
δ_e	定翼机升降舵偏角或直升机主桨纵向周期变距操纵量
δ_a	定翼机副翼偏角或直升机主桨横向周期变距操纵量
δ_r	定翼机方向舵偏角或直升机尾桨周期变距操纵量
δ_T	油门(节风门)或直升机主桨总距操纵量
δ_c	直升机主桨总距操纵量
$W_{\Delta\delta_e}^{\Delta\theta}(s)$	纵向短周期运动升降舵偏角增量到俯仰角增量的近似传递函数
$W_{\Delta\delta_e}^{\Delta\alpha}(s)$	纵向短周期运动升降舵偏角增量到迎角增量的近似传递函数
$M_{\Delta\delta_e}^{\Delta\bar{V}}(s)$	纵向长周期运动升降舵偏角增量到相对空速增量的近似传递函数
$M_{\Delta\delta_e}^{\Delta\theta}(s)$	纵向长周期运动升降舵偏角增量到俯仰角增量的近似传递函数
$M_{\Delta\delta_T}^{\Delta\bar{V}}(s)$	纵向长周期运动油门增量到相对空速增量的近似传递函数
$M_{\Delta\delta_T}^{\Delta\theta}(s)$	纵向长周期运动油门增量到俯仰角增量的近似传递函数
$M_{\Delta\delta_T}^{\Delta\alpha}(s)$	纵向长周期运动油门增量到迎角增量的近似传递函数
$W_{\delta_r}^{\beta}(s)$	横侧向运动方向舵偏角到侧滑角的传递函数
$W_{\delta_r}^{\phi}(s)$	横侧向运动方向舵偏角到横滚角的传递函数
$W_{\delta_r}^{\dot{\psi}}(s)$	横侧向运动方向舵偏角到偏航角速度的传递函数
$W_{\delta_a}^{\beta}(s)$	横侧向运动副翼偏角到侧滑角的传递函数
$W_{\delta_a}^{\phi}(s)$	横侧向运动副翼偏角到横滚角的传递函数
$W_{\delta_a}^{\dot{\psi}}(s)$	横侧向运动副翼偏角到偏航角速度的传递函数
X_{xy}, Y_{xy}, Z_{xy}	直升机旋翼气动力沿机体纵轴、横轴和竖轴的分量
X_{pw}, Y_{pw}, Z_{pw}	直升机平尾气动力沿机体纵轴、横轴和竖轴的分量

参考文献

[1] 无人机系统标准化协会. 无人机系统术语(试行稿):UASA/T 0001—2015[S]. [S. l. : s. n.],2015:12.

[2] 无人机系统标准化协会. 民用无人机系统分类和分析:UASA/T 2—2015[S]. [S. l. : s. n.],2015:12.

[3] 中国国家标准化管理委员会. 飞行力学 概念、量和符号 第1部分:坐标轴系和运动状态变量:GB/T 14410.1—2008[S]. 北京:中国标准出版社,2009:1.

[4] 秦博,王蕾. 无人机发展综述[J]. 飞行导弹,2002(08):4-10.

[5] 周军,徐文. 无人机的发展趋势和前景[J]. 飞航导弹,2003(07):31-40.

[6] 刘重阳. 国外无人机技术的发展[J]. 舰船电子工程,2010,30(1):19-23.

[7] 张涛,芦维宁,李一鹏. 智能无人机综述[J]. 航空制造技术,2013(12):32-35.

[8] 张翼麟,张绍芳,李鹏飞. 2012年世界军用无人机发展动向及评述[J]. 飞航导弹,2013(07):69-72.

[9] 刘涛,楚帅领,张春元. 军用无人机的发展趋势[J]. 科技创新导报,2013(08):29-30.

[10] 刘春芳,李增良,赵璞,等. 无人机的发展趋势[C]// 中国无人机大会论文集编审组编. 尖兵之翼. 北京:航空工业出版社,2010.

[11] 杨晕. 先进无人机飞行控制技术研究[J]. 飞行力学,2002(03):1-4.

[12] 顾云涛. 无人机导航技术研究[J]. 现代导航,2013(06):198-201.

[13] Benjamin C K, Golnaraghi F. Automatic Control Systems(自动控制系统)[M]. 汪小帆,李翔,译. 8版. 北京:高等教育出版社,2004.

[14]《数学手册》编写组. 数学手册[M]. 北京:高等教育出版社,2004.

[15] 胡寿松. 自动控制原理[M]. 5版. 北京:科学出版社,2007.

[16] 姚佩阳. 自动控制原理[M]. 北京:清华大学出版社,2005.

[17] Fahlstrom P G. 无人机系统导论[M]. 北京:电子工业出版社,2003.

[18] 戴远文. 无人机测控原理[M]. 北京:解放军出版社,2001.

[19] 中国惯性技术学会,中国航天电子技术研究院. 惯性技术词典[M]. 北京:中国宇航出版社,2009.

[20] 谢钢. GPS原理与接收机设计[M]. 北京:电子工业出版社,2009.

[21] 付梦印,邓志红,许国祯. 神奇的惯性世界[M]. 北京:北京理工大学出版社,2015.

[22] 秦永元. 惯性导航[M]. 北京:科学出版社,2006.

[23] Titterton D H, Weston J L. Strapdown Inertial Navigation Technology[M]. London: Peter Peregrinus Ltd. , 1997.

[24] 胡伍生,高成发. GPS测量原理及其应用[M]. 北京:人民交通出版社,2002.

[25] 谢钢. GPS原理与接收机设计[M]. 北京:电子工业出版社,2009.

[26] 徐菁. 2013年世界导航卫星回顾[J]. 国际太空,2014(02):32-37.

[27] 韩梦泽. 俄罗斯GLONASS系统发展进程研究[J]. 江苏科技信息,2013(10):73-74.

[28] 冉承其. 北斗卫星导航系统运行与发展[J]. 卫星应用，2014(08)：7-10.

[29] 辛洁，赵金贤，胡彩波，等. 卫星导航系统发展及其军事应用特点分析[C]//中国卫星导航学术年会组委会. 第六届中国卫星导航学术年会论文集. 中国西安，2015.

[30] 吴海玲，高丽峰，汪陶胜，等. 北斗卫星导航系统发展与应用[J]. 导航定位学报，2015(06)：1-6.

[31] 中国卫星导航系统管理办公室. "北斗"卫星导航系统发展报告[J]. 国际太空，2014(04)：10-14.

[32] 曹昌龙. 北斗二代定位算法优化设计与应用[D]. 合肥：中国科学技术大学，2014.

[33] 郭秀中. 惯导系统陀螺仪理论[M]. 北京：国防工业出版社，1996.

[34] 张明廉. 飞行控制系统[M]. 北京：航空工业出版社，1994.

[35] 吴森堂，费玉华. 飞行控制系统[M]. 北京：北京航空航天大学出版社，2005.

[36] 蔡满意. 飞行控制系统[M]. 北京：国防工业出版社，2007.

[37] 杨一栋. 直升机飞行控制[M]. 北京：国防工业出版社，2011.

[38] 黄德鸣. 神奇的指路魔杖[M]. 济南：山东教育出版社，2001.

[39] 航空工业科技词典编辑委员会. 航空工业科技词典——导航与飞行控制系统[M]. 北京：国防工业出版社，1982.

[40] 申安玉，申学仁，李云保，等. 自动飞行控制系统[M]. 北京：国防工业出版社，2003.

[41] 赵嶷飞，周阳. 五边到场交通态势安全评估研究[J]. 中国安全科学学报，2011(06)：99-102.

[42] 余晓艇，王勇. 无人机轮式着陆横侧向控制[J]. 系统仿真学报，2010(02)：166-171.

[43] 窦尚成，刘亮. 一类无人直升机的旋翼操纵机构的分析[J]. 机电工程，2005(02)：43-46.

[44] 唐大全，毕波，王旭尚，等. 自动着陆/着舰技术综合述[J]. 中国惯性技术学报，2010，18(5)：550-555.

[45] 陈晓飞，董彦非. 精密进场雷达引导无人机自主着陆综述[J]. 航空科学技术，2014(01)：69-71.